中国轻工业“十四五”规划立项教材
高等学校香料香精技术与工程专业教材

香料制备工艺学

Spice Preparation Technology

赵铭钦　主编

中国轻工业出版社

图书在版编目（CIP）数据

香料制备工艺学/赵铭钦主编. —北京：中国轻工业出版社，2024. 7

中国轻工业“十四五”规划立项教材 高等学校香料香精技术与工程专业教材

ISBN 978-7-5184-4945-3

Ⅰ. ①香… Ⅱ. ①赵… Ⅲ. ①香料—制备—研究—高等学校—教材 Ⅳ. ①TQ65

中国国家版本馆 CIP 数据核字（2024）第 085754 号

责任编辑：罗晓航
策划编辑：伊双双 罗晓航 责任终审：白 洁 封面设计：锋尚设计
版式设计：砚祥志远 责任校对：朱燕春 责任监印：张 可

出版发行：中国轻工业出版社（北京鲁谷东街 5 号，邮编：100040）
印 刷：三河市万龙印装有限公司
经 销：各地新华书店
版 次：2024 年 7 月第 1 版第 1 次印刷
开 本：787×1092 1/16 印张：20. 5
字 数：450 千字
书 号：ISBN 978-7-5184-4945-3 定价：59. 00 元
邮购电话：010-85119873
发行电话：010-85119832 010-85119912
网 址：http://www. chlip. com. cn
Email：club@ chlip. com. cn

232158J1X101ZBW

本书编写人员

主　编　赵铭钦（河南农业大学）

副主编　武志勇（河南农业大学）

来　苗（河南农业大学）

徐俊驹（云南农业大学）

参　编（按姓氏笔画为序）

王　娜（湖北中烟工业有限责任公司）

申洪涛（河南中烟工业有限责任公司）

张晓平（河南农业大学）

张渤海（河南农业大学）

邵志晖（河南农业大学）

周　鹏（云南农业大学）

梁　森（北京工商大学）

前言 Foreword

香料香精工业是国民经济重要的支柱产业之一，与人类日常生活密切相关，对日化、食品以及烟草等工业的高质量发展起着不可替代的作用。半个世纪以来，随着香料工业的不断发展壮大，中国香料香精行业已经发展成为一个独立的工业体系，而香料制备生产是香料工业重要的有机组成部分。为满足高等学校香料香精技术与工程专业课程教学的需要，并配合香料工业的快速发展，本书编写组综合运用辩证唯物主义方法编写了《香料制备工艺学》。本书主要包括天然香料制备、合成香料制备以及香精调配技术基础等三大部分内容，系统阐述了天然香料的提取方法与各种植物源香料的制备工艺；各类合成香料（烃类，醇、酚、醚类，醛、酮类，羧酸、酯类，杂环类，含硫类等）的性质、结构、香气特点及其制备方法。同时，本书还对香精的概念及调香技术基础也做了简要介绍。

本书由河南农业大学、云南农业大学、北京工商大学、河南中烟工业有限责任公司、湖北中烟工业有限责任公司联合编写。全书共分 12 章，第一章由赵铭钦编写，第二章由王娜编写，第三章由王娜、邵志晖编写，第四章由徐俊驹编写，第五章由梁森编写，第六章由邵志晖、周鹏编写，第七章由张晓平编写，第八章、第九章由来苗编写，第十章由武志勇编写，第十一章由申洪涛编写，第十二章由张渤海编写，本书第五章到第十一章所涉及的生产工艺流程图由姬会福绘制。全书由赵铭钦统稿和修改。

本书在编写过程中参考了国内外许多专家学者的相关研究成果、书籍和近期发表的文献，同时也得到了河南农业大学烟草学院部分师生的大力支持和帮助，在此一并感谢。香料制备工艺学是一门新兴交叉学科，涉及学科面广，加之作者水平和经验有限，不妥和错误之处在所难免，敬请读者批评指正。

编者

2024 年 2 月于郑州

目录 Contents

第一章　绪论

第二章　天然香料的制备方法与技术

第三章 生物产香技术制备香料

第四章 不同种类天然香料及其制备工艺

第六章 烃类香料制备工艺

第七章 醇、酚、醚类香料制备工艺

第八章 醛、酮类香料制备工艺

第九章 羧酸、酯类香料制备工艺

第十章 杂环类香料制备工艺

第十一章 含硫类香料制备工艺

第十二章 香精及其制备工艺

第一章
绪论

课程思政点

【本章简介】

本章主要介绍了香料的概念、分类、制备技术种类，进而介绍了香料制备工艺学研究的基本内容，最后，介绍了香料工业在我国国民经济中的重要贡献。

香料是具有香气和（或）香味的材料，前者指能被人类嗅觉感知的物质，后者指使人类产生滋味（香气、味道和口感的综合效果）的物质。香料主要用于调配成香精用于加香产品，或直接作为食品添加剂使用。香精是由人工调配出来的或由发酵、酶解、热加工等方法制造的含多种香味成分的混合物。从香料香精产业链来看，其上游原料包括植物、动物和石化原料，经加工后可得到初级原料如松树叶、香茅草、抹香鲸分泌物等；中游则是香料香精的制作生产；下游则是应用，包括食品、日化品、烟草、医药、化妆品等领域。由此看来，香料香精的加工制备对于许多行业来说至关重要。

第一节　香料的概念及分类

香料又称香原料，是一种能被嗅觉嗅出香气或被味觉尝出香味的物质，一般沸点较低，是配制香精的原料，可以是单体或混合物。香料按其来源和加工方法可分为天然香料、单离香料和合成香料三部分。

一、天然香料

天然香料是指从天然动植物的组织、器官及分泌物中提取出来的致香物质，可进一步细分为动物性香料和植物性香料。动物性香料主要是动物的排泄物或分泌物，种类较少，目前常见的有麝香、龙涎香、灵猫香、海狸香等4种。植物性香料品种繁多，主要是以芳香植物的根、茎、枝、叶、花、果、籽、皮及分泌物（树脂或树胶）等为原料，通过超临界萃取、水蒸气蒸馏法、吸收法、浸提法、压榨法等方法生产出的精油、净油、浸膏、酊剂和香脂等致香产品，如玫瑰精油、茉莉浸膏、香荚兰酊、白兰香脂、吐鲁香脂、水仙净油等。这类香料品种很多，目前已知的有2000余种，常见的有200余种。

二、单离香料

单离香料是利用物理或化学方法从天然香料中分离出来的单体香料化合物。单离香料属于天然香料，例如，在薄荷油中含有的70%~80%的薄荷醇，用重结晶的方法从薄荷油中分离出来的薄荷醇就是单离香料，俗称薄荷脑。从天然精油中分离出来的单离香料，绝大多数也可以用有机合成的方法获得，因此单离香料和合成香料除来源不同外，在结构和香味特征上并无太大不同。单离香料有时也被归入合成香料范围。

三、合成香料

合成香料是通过化学合成的方法制取的香料化合物。目前合成香料有7000多种，常用的有400多种。合成香料的分类方法主要有3种：

（1）按官能团进行分类　主要有酯类、醇类、醛类、酮类、内酯类、醚类、腈类、硫醇、硫醚及其他香料。

（2）按碳原子骨架分类　可分为萜烯类、芳香类、脂肪族类、含氮类、含硫类、杂环类以及合成麝香类。

（3）按香味类型分类　可分为花香型香料、果香型香料、柑橘香型香料、香草香型香料、乳香型香料、辛香型香料、青香型香料、草香型香料、凉香型香料、烤香型香料、葱蒜香型香料、烟熏香型香料、肉香型香料、药香型香料、蜜糖香型香料、壤香型香料、醛香型香料、海鲜香型香料、动物香型香料、木香型香料、烟草香型香料等。

第二节　香料主要制备技术

香料工业是国民经济中的一个重要组成部分。近年来，我国香料香精行业总体保持增长态势，但发展速度相对放缓，与欧美发达国家相比，差距有扩大趋势。2020年我国香料香精行业主营业务收入超过400亿元，其中食品用香料香精的产量及销售额超过香料香精行业总量的三分之一。香料是香精的原料，随着科学的进步及分析测试技术的发展，对天然香料、单离香料、合成香料的制备方法进行深入研究就显得尤其重要。

一、天然香料制备

从天然生长的芳香植物中获取香味物质，是香料开发的灵感来源，也是香料工业化生产的基本方法。从天然香料中提取香料的方法基本可分为浸提法、水蒸气蒸馏法、冷榨法、近临界萃取法、加速溶剂萃取法和生物产香技术。

1. 浸提法

浸提法是利用溶剂萃取芳香原料中的香味物质。目前浸提法应用较为广泛，按照所提取的成分不同，可分为浸提法（固-液萃取法）和萃取法（液-液萃取法）。浸提法是指将样品浸泡在溶剂中，将固体样品中的某些组分浸提出来的方法；萃取法是指利用被提取组分在互不相溶的两溶剂中分配系数不同而达到分离。浸提法操作简单，可以通过不同的溶剂提取各种成分，得率高，对醇类和脂类的提取最为有效。

2. 水蒸气蒸馏法

在植物性天然香料生产中，水蒸气蒸馏（又称水汽蒸馏）是最常用的一种技术。水蒸气蒸馏又分为水中蒸馏、水上蒸馏与直接蒸汽蒸馏三种。在各种蒸馏方式中水蒸气蒸馏法是操作最简单的提取方法，能有效地防止成分的分解和变质。

3. 压榨法

压榨法是在工业化生产中使用较多的传统提取方法，包括冷榨法和热榨法。其中冷榨法不需要进行香料植物的前处理，入榨和压榨温度均较低，有效避免了传统压榨中高温对香料植物成分的破坏。所获得冷榨油无须像常规精油进一步精炼，仅通过过滤即可满足食用油标准，是一种绿色环保的生产技术，适合高含油天然香料植物压榨生产高品质的精油。

4. 近临界萃取法

近临界萃取法分为超临界萃取技术和亚临界萃取技术。早在 1879 年，英国科学家 Hanny 和 Hogarth 就发现了超临界流体（SCF）的独特溶解现象，但这并未引起人们的注意。直到 1970 年，Zosel 采用超临界 CO_2 萃取技术从咖啡豆中提取咖啡因，超临界流体萃取（SFE）技术开始引起人们的极大关注，在基础理论和应用研究等方面均取得了很大进展。亚临界萃取（sub-critical fluid extraction technology）是利用亚临界流体作为萃取剂，在密闭、无氧、低压的压力容器内，依据有机物相似相溶的原理，通过萃取物料与萃取剂在浸泡过程中的分子扩散过程，达到固体物料中的脂溶性成分转移到液态的萃取剂中，再通过减压蒸发的过程将萃取剂与目的产物分离，最终得到目的产物的一种新型萃取与分离技术。亚临界流体萃取相比其他分离方法有许多优点：无毒、无害、环保、无污染、非热加工、保留提取物的活性成分不破坏、不氧化、产能大、可工业化大规模生产、节能、运行成本低、易于和产物分离等。

5. 加速溶剂萃取法

加速溶剂萃取是通过提高温度和增加压力来进行有机溶剂的自动萃取。该方法是

1995 年 Richer 等提出的一种全新的萃取方法。目前主要用于分析、药物、食品等领域，在天然产物提取中应用较少，需要进一步的研究发展。

6. 生物产香技术

生物产香技术利用包括诸如酶工程、发酵工程、植物细胞工程、基因工程等手段，是将天然原料转化为人们所期望获得的各类香料物质的一种新途径。它的主要优势在于，酶或微生物进行催化反应的专一性强，特别是立体选择性很高，而且生产过程中反应条件温和、节能、对环境友好。采用生物技术生产的香料，已被欧洲和美国的相关法律界定为“天然”的产品，因此可视为“等同天然香料”，具有良好的市场价值。微生物发酵工程是以天然植物为原料，利用微生物的生长代谢活动来生产各种天然香料的技术。微生物发酵可以产生很多香味物质，如小分子醇类、酯类、酸类和羰基类化合物等。利用突变技术可以提高微生物生产天然香料物质的能力，采用细胞固定化等技术手段还可以大幅提高天然香料的产量。酶处理产香技术是指在一定的生物反应器内，利用酶的催化作用生产各种有价值物质的技术。目前，已有 100 多种产品是利用生物催化反应进行工业化生产的，实验室利用酶催化技术小规模生产的产品更是多达 13000 余种。香料合成中应用较多的是脂肪酶、酯酶、蛋白酶、核酸酶和糖苷酯酶等。

二、单离香料制备

在天然香料中，如果某一种成分或者几种成分含量较高，根据实际使用的需要，常将它们从天然香料中分离出来，成为单离香料。单离香料的制备方法包括物理方法和化学方法。物理方法一般为分馏、冻析、重结晶、分子蒸馏等，化学方法有亚硫酸氢钠加成法、硼酸酯法、酚钠盐法等。

加工精制单离香料的分馏过程主要是精馏和减压蒸馏，而水蒸气蒸馏和简单蒸馏很少使用，是因为单离香料的分离纯度一般要求较高，而且很多精油都是热敏性的，在较高温度下很容易发生分解、聚合等化学反应而影响产品质量。冻析法是利用低温使天然香料中的某些化合物呈固体析出，然后将析出的固体化合物与其他液体成分分离，从而获得较纯的单离香料。适用于单离的化合物与其他组分的凝固点有较大差距的天然香料，例如，从薄荷油中提取薄荷脑，从柏木油中提取柏木脑，从樟脑油中提取樟脑等。某些在天然精油中含量较高的香料组分，在常温下呈固态，通过蒸馏的方法加以分离后，可通过重结晶的方法进行精制，最终得到合乎要求的单离香料，比如柏木醇和香紫苏醇。分子蒸馏是一种特殊的液-液分离技术，它不同于传统蒸馏依靠沸点差分离原理，而是靠不同物质分子运动平均自由程的差别实现分离。简而言之，就是在高真空状态下，蒸发的分子从蒸发面跳跃到冷却面之间的距离小于分子的自由行程的蒸馏方法，比如，可以用分子蒸馏法制备小花茉莉精油。

天然精油中的醛、酮类化合物与饱和亚硫酸氢钠溶液作用（加成反应），生成不溶于有机溶剂的 α-羟基磺酸钠晶体。加成产物的水溶液与稀酸或稀碱共热可分解析出原来的羰基化合物。酚类化合物与碱作用生成的酚钠盐溶于水，将天然精油中其他化合物组成的有机相与水相分层分离，再用无机酸处理含有酚钠的水相，便可以实现酚类香料化合物的单离。精油中的醇类化合物与硼酸反应生成高沸点的硼酸酯，再利用精馏的方法分离，硼酸酯经过水解即可得到醇类单离香料。

三、合成香料制备

合成香料是指采用天然原料或化工原料，通过化学合成的方法制取的香料化合物。合成香料是精细有机化学品的一类，合成方法繁简不一，涉及多种有机反应，例如氧化、还原、酯化、水解、缩合、环化、异构化、加成等。合成香料的制备方法主要包括全合成法和半合成法。

全合成法是从各种基本有机化工原料为起始原料，经过一系列的有机化学反应合成香料化合物的方法。典型的全合成法，一是石油化工产品全合成法。在石油和天然气中含有大量的甲烷，甲烷在1500℃下可得到乙炔，由乙炔和丙酮为原料，经炔化反应生成甲基丁炔醇，经还原反应生成甲基丁烯醇，然后与乙酰乙酸乙酯缩合，即可得到β-甲基庚烯酮。乙炔和β-甲基庚烯酮反应生成脱氢芳樟醇。若将芳樟醇异构化，可以得到柠檬醛。柠檬醛与硫酸羟胺发生肟化反应，最后得到柠檬腈。此外，柠檬醛与丙酮发生缩合反应生成假性紫罗兰酮，在浓硫酸存在下，假性紫罗兰酮环化可得到α-紫罗兰酮和β-紫罗兰酮。二是异戊二烯合成法，从异戊二烯为起始原料可以制得氯代异戊烯，然后与丙酮进行加成反应合成甲基庚烯酮，以甲基庚烯酮为原料可以合成柠檬醛、芳樟醇、维生素 A、维生素 E、维生素 K、类胡萝卜素等重要化合物。三是以芳香族化合物为原料的合成法。以芳香族化合物为起始原料，可以合成许多有价值的香料化合物。例如，以愈创木酚为原料可以制备丁香酚。以丁香酚为原料可以制备香兰素。

半合成法是采用从天然精油中单离出的单离香料为起始原料，经过一系列的反应合成香料化合物的方法。常用的单离香料有蒎烯、柠檬烯和单萜类化合物等。比如，从α-蒎烯和β-蒎烯出发可以合成很多有用的香料化合物。

第三节　香料工业在国民经济中的作用

香料行业是一个具有悠久历史的行业，是国民经济中科技含量高、配套性强、与其他行业关联度高的行业。近代以来，随着科学技术的飞速发展，香料工业也已发展成为国民经济中的一个重要组成部分。它是食品工业、日用化学工业、烟酒工业、医药卫生工业、饲料工业等不可缺少的重要原料。近年来，香料工业已成为世界上增长速度最快的产业之一，在 20 世纪 70 年代初，香料行业全世界年销售额仅有 10 亿美元。到 2006 年左右，香料行业全球销售额增加到 180 亿美元，2015 年达到 241 亿美元，年复合增长率为 3. 30%。我国香料工业起步于改革开放以后，到 2000 年左右，年销售额刚达到 100 亿元，随后得以快速发展。但近年来由于国内香料香精行业正处于结构转型期，市场规模增速有所变缓。数据显示，2020年我国香料香精行业销售规模达511.3亿元，同比增长2.5%。2021年我国香料香精市场销售额为525.5亿元，同比增长2.78%。在世界市场上，美国、日本和欧盟的香料香精销售额分别约占世界销售总额的25%、15%和33%，各个国家数以千计的香料企业之间的竞争十分激烈。我国目前出口的香料有100多种，如龙脑、薄荷脑、香兰素、乙基香兰素、香豆素、麦芽酚等，在国际上享有盛誉。无论从国际市场的占有率还是从国内市场的发展前景来看，我国香料工业的发展都具有很大潜力。今后，我国香料企业应适度扩大规模，提高竞争力，注意技术引进与改造，重视采用综合利用的技术路线，以求不失时机地取得更大发展。

重点与难点

（1）香料的概念和分类；

（2）香料的主要制备技术；

（3）香料工业在国民经济中的作用。

思考题

1. 简述天然香料、单离香料和合成香料的概念。
2. 天然香料、单离香料和合成香料的制备方法有哪些？
3. 香料制备工艺学的主要研究内容包括哪些？
4. 我国香料制备技术的现状是什么？
5. 学习香料制备工艺学有何意义？

第二章
天然香料的制备方法与技术

课程思政点

【本章简介】

本章主要介绍了天然香原料的预处理方法、天然香料的制备方法、天然香料的分离纯化技术，以及天然香原料及天然香料的储存与保管。

天然香料具有独特、自然、舒适的香气和香韵，非人工所能调制，所以天然香料的制备技术历来都强调保留各种天然香料特有的香韵，尽量减少分离过程对其香气成分的破坏和微量成分的丢失，以期制备出具有天然香料植物香气的浓缩香料产品。

第一节　天然香原料的预处理方法

在加工过程中为取得更好的产品质量、更高的得率以及提高天然香料的制备效率，需对天然香料植物进行预处理。预处理主要分为净选、切制、炙法、发酵、炒制和烘焙等方法。

一、净选

净制即净选加工，是在天然香料植物进一步进行预处理之前，选取规定部分，除去非选用部位、杂质及霉变品、虫蛀品、灰屑等，使其达到可以使用净度标准的方法。天然香料植物必须净选后方可进行切制、炒制等预处理。

净选加工的目的：一是分离使用部位，使不同天然香料植物部位各自发挥更好效果；二是进行分档，便于在水处理和加热过程中分别处理，使其均匀一致；三是除去非使用部位，减少杂味；四是除去泥沙杂质及虫蛀霉变品，主要是去除产地采集、加工、贮运过程中混入的泥沙杂质、虫蛀及霉变品，以达到洁净卫生要求。

一般把天然香料植物中混存的杂质规定为三类：一是来源与既定天然香料植物相同，但其性状或部位不符；二是来源与既定天然香料植物不同的物质；三是无机杂质。在操作过程中，根据质地与性质，清除杂质的方法也有所不同，一般可分为挑选、筛选、风选、水选和磁选等。

二、切制

将净选后的天然香料植物进行软化，再切成一定规格的片、丝、块、段等炮制工艺，称为切制。切制的目的：一是便于有效成分溶出。天然香料植物切制按质地不同而采取“质坚宜薄”“质松宜厚”的切制原则，以利于提取出有效成分；同时由于切片与溶媒的接触面增大，可提高有效成分的提取率，并可避免细粉在提取过程中出现糊化、黏接等现象，显示出饮片“细而不粉”的特色；二是利于炮炙。天然香料植物切制成片后，便于炮炙时控制火候，使其受热均匀；同时还有利于各种辅料的均匀接触和吸收，提高炮炙效果；三是便于鉴别。对性状相似的天然香料植物，切制成一定规格的片型，显露其组织结构特征，便于区分，防止混淆；四是利于贮藏。切制后，随着含水量下降，减少了霉变、虫蛀等现象。

三、炙法

将净选或切制后的天然香料植物，加入定量的液体辅料拌炒，使辅料逐渐渗入组织内部的炮制方法称为炙法。

炙法一般是用液体辅料，拌匀焖润使辅料渗入天然香料植物内部发挥作用。炙法所用温度较低，一般用温火，在锅内翻炒时间稍长，以天然香料植物炒干为宜。炙法根据所用辅料不同，可分为蜜炙、酒炙、醋炙等。

四、发酵

发酵法是把经净选或处理后的天然香料植物，在一定的温度和湿度条件下，由于菌类和酶的催化分解作用，使天然香料植物产生香气物质的方法。

根据不同品种，将发酵原料采用不同的方法进行加工处理后，再放置于温度、湿度适宜的环境中进行发酵，如鸢尾、香荚兰等天然香料植物均采用该方法进行预处理。

发酵过程主要是微生物新陈代谢的过程，因此，此过程要保证其生长繁殖的条件。主要条件如下：一是菌种来源。主要是利用空气中微生物自然菌种进行发酵，但有时会因菌种不纯，影响发酵的质量。二是培养基问题。主要为水、含氮物质、含碳物质、无机盐类等。三是环境温度。一般发酵环境的最佳温度为30~37℃。温度太高则菌种老化、死亡，不能发酵；温度过低，虽能保存菌种，但繁殖太慢，不利于发酵，甚至停止发酵。四是环境湿度。一般发酵的相对湿度应控制在70%~80%。湿度太大，则天然香料植物发黏，且易生虫霉烂，造成发暗；过分干燥，则易散而不能成形。以“握之成团，指间可见水迹，放下轻击则碎”为宜。五是其他条件。还要有适宜的pH、溶氧、无机盐等。

五、炒制

将净选或切制过的天然香料植物，筛去灰屑，大小分档，置炒制容器内，加辅料或不加辅料，用不同火力加热，并不断翻动或转动使之达到一定程度的炮制方法，称为炒法。炒制的目的是进一步激发香气，如葫芦巴籽通过炒制来增加焦香，提高品质。

六、烘焙

将净选或切制后的天然香料植物用温火直接或间接加热，使之充分干燥的方法，称为烘焙法。烘焙法主要是把天然香料植物加热到所需要的熟度，偏浅度烘焙能更好展现天然香料植物自然风味，偏深度烘焙增加了天然香料植物焦化烘焙风味。

烘就是将天然香料植物置于近火处或利用烘箱、干燥室等设备，使天然香料植物所含水分徐徐蒸发，从而使其充分干燥。焙则是将净选后的天然香料植物置于适当容器或锅内，用温火较短时间加热，并不断翻动，焙至天然香料植物颜色加深，质地酥脆为宜。目前由于在烘制过程中多利用烘箱、干燥室等设备，减少了传统炒炙法中的翻炒，减轻了劳动强度，又避免了烟熏火燎，还可以使其受热均匀，便于控制炮制程度，提高产品质量。烘焙法不同于炒法，一定要用温火，并要加强翻动，以免焦化。

第二节 天然香料的制备方法

一、浸提法

（一）溶剂提取法的原理

溶剂提取法是根据天然香料植物中各种成分在溶剂中的溶解性质，选用对活性成分溶解度大，对不需要溶出成分溶解度小的溶剂，而将有效成分从天然香料植物组织内溶解出来的方法。其基本原理是：当溶剂加到天然香料植物中时，溶剂由于扩散、渗透作用逐渐通过细胞壁透入细胞内，溶解了可溶性物质，而造成细胞内外的浓度差，于是细胞内的浓溶液不断向外扩散，溶剂又不断进入植物组织细胞中，如此多次往返，直至细胞内外溶液浓度达到动态平衡时，将此饱和溶液滤出，继续多次加入新溶剂，就可以把所需要的成分近于完全溶出或大部溶出。

（二）影响提取的因素

影响溶剂提取法的因素主要有溶剂的选择、提取的方法、天然香料植物的前处理程度、温度、时间、浓度差等。其中，选择合适的溶剂是溶剂提取法的关键。良好溶剂的选择应遵循“相似相溶”原理，即根据溶剂的极性，被提取成分及共存的其他成分的性质来决定，同时兼顾考虑溶剂是否使用安全、易得、廉价、浓缩方便等问题。

1. 溶剂的选择

运用溶剂提取法的关键，是选择适当的溶剂。溶剂选择适当，就可以比较顺利地将需要的成分提取出来。选择溶剂要注意以下四点：①溶剂对所需成分的溶解度要大，对杂质溶解度要小。②溶剂不能与天然香料植物成分产生化学反应，即使反应是属于可逆性的，也是不可以的。③溶剂要经济易得，并具有一定的安全性。④沸点宜适中，便于回收反复使用。

在此，我们可以将常见溶剂分为水溶剂、亲水性有机溶剂和亲脂性有机溶剂三类。

（1）水溶剂　水是一种强极性溶剂，天然香料植物中亲水性的成分，如无机盐、糖类、分子不太大的多糖类、鞣质、氨基酸、蛋白质、有机酸盐、生物碱盐及其苷类等都能被水溶出。有时为了增加某些成分的溶解度，也常采用酸水或碱水作为提取溶剂。通常用酸水提取生物碱。对于有机酸、黄酮、蒽醌、内酯、香豆素以及酚类成分，则常用碱水提取，可使成分易于溶出。

（2）亲水性有机溶剂　是指与水能混溶的有机溶剂，如乙醇（酒精）、甲醇（木精）、丙酮等，以乙醇最常用。乙醇的溶解性能比较好，对天然香料植物细胞的穿透能力较强。天然香料植物中除亲水性成分如蛋白质、黏液质、果胶、淀粉、部分多糖，精油和蜡质等外，其余成分在乙醇中皆有一定程度的溶解度；一些难溶于水的亲脂性成分在乙醇中的溶解度也较大。而且乙醇的浓度还可以根据被提取物质的性质而变化，采用不同浓度的乙醇进行提取。用乙醇提取时，乙醇的用量、提取时间皆比用水提取节省，溶解出来的水溶性杂质也少。

（3）亲脂性有机溶剂　是一般所说的与水不能互溶的有机溶剂，如石油醚、苯、氯仿、乙醚、乙酸乙酯、二氯甲烷等。这些溶剂的选择性强，不能或不容易提出亲水性杂质，易提取亲脂性的物质，如精油、挥发油、蜡质、脂溶性色素等强亲脂性的成分。这类溶剂容易挥发，多易燃（氯仿除外），一般有毒，价格较贵，设备要求也比较高，操作需要有通风设备。另外这类试剂透入植物组织的能力较弱，往往需要长时间反复提取才能提取完全。鉴于以上原因，在大量提取天然香料植物原料时，或工业生产时直接应用这类溶剂有一定的局限性。

如果有效成分是酸性或碱性化合物，常可加入适当的酸或碱，再用有机溶剂提取。例如，生物碱在植物体中一般与酸结合成盐存在，在生药中加入适量的碱液，拌匀，使生物碱游离出来，再用有机溶剂（如苯、氯仿）提取。同样，有机酸可加酸使其游离，然后用有机溶剂提取。

2. 提取方法

用溶剂提取天然香料植物成分，常用浸渍法、渗漉法、煎煮法及回流提取法等。同时，原料的粉碎度、提取时间、提取温度、设备条件等因素也都能影响提取效率，必须加以考虑。

(1) 浸渍法　浸渍法系将天然香料植物粉末或碎块装入适当的容器中，加入适宜的溶剂（如乙醇、烯醇或水），浸渍天然香料植物以溶出其中成分的方法。本法比较简单易行，但浸出率较差，且如用水为溶剂，其提取液易于发霉变质，须注意加入适当的防腐剂。

(2) 渗漉法　渗漉法是将天然香料植物粉末装在渗漉器中，不断添加新溶剂，使其渗透过天然香料植物，自上而下从渗漉器下部流出浸出液的一种浸出方法。在大量生产中常将收集的稀渗漉液作为另一批新原料的溶剂使用。

(3) 煎煮法　煎煮法是我国最早使用的传统的浸出方法。直接加热时最好时常搅拌，以免局部天然香料植物受热太高，容易焦煳。

(4) 回流提取法　烟用天然香原料的工业化生产通常使用这种提取方法。应用有机溶剂加热提取，需采用回流加热装置，以免溶剂挥发损失。小量操作时，可在圆底烧瓶上连接回流冷凝器。瓶内装天然香料植物约为容量的30%~60%，溶剂浸过天然香料植物表面约1~2cm。在水浴中加热回流，一般保持沸腾约1h后放冷过滤，再在药渣中加溶剂，做第二、三次加热回流分别约0.5h，或至基本提尽有效成分为止。此法提取效率较冷浸法高，大量生产中多采用连续提取法。

(5) 连续提取法　应用挥发性有机溶剂提取天然香料植物的香气成分，不论小型实验或大型生产，均以连续提取法为好，而且需用溶剂量较少，提取成分也较完全。实验室常用脂肪提取器或称索氏提取器。连续提取法，一般需数小时才能提取完全。提取成分受热时间较长，遇热不稳定易变化的成分不宜采用此法。

二、水蒸气蒸馏提取法

1. 挥发油

挥发油（volatile oils）也称精油（essential oils），是存在于植物体中的一类在常温下具有挥发性、可随水蒸气蒸馏出来的、与水不相混的油状液体的总称。挥发油在植物中分布极广，是天然香料中的一类常见的重要有效成分，具有多种生理活性。

2. 挥发油的理化性质

(1) 色泽　挥发油大多为无色或微黄色透明油状液体，有些因含有某些色素而呈特别的颜色，如桂皮油呈棕色或黄棕色，麝香油呈红色，洋甘菊油呈蓝色，具有特殊的气味。

(2) 相对密度和熔点　多数相对密度小于1，个别大于1（如丁香油、桂皮油等），相对密度为0.850~1.070。挥发油为混合物，无确定的沸点，沸点在70~300℃。借此性质可用分馏法来分离挥发油。挥发油在常温下大多为液体，少数为固体，如八角茴香油。多数挥发油无确定的凝固点。有些挥发油在低温条件下，可析出固体成分，称为“脑”。如薄荷油中的薄荷脑等。滤去“脑”的油称为“脱脑油”，如薄荷的脱脑油习称为“薄荷素油”，其中含有50%的薄荷脑。

（3）光学性质　由于大多数挥发油分子中含有不对称碳原子，故具有光学活性，挥发油中主要成分的含量和旋光度有一定的比例关系。挥发油的比旋光度在-117°~97°，如天然薄荷脑的比旋光度为-50°~-49°，而合成薄荷脑没有旋光性。有些多来源的挥发油，其组成不完全一样，因而没有一定的比旋度。

挥发油都具有强烈的折光性。折射率在1.430~1.610。折射率常因储藏日久或不当而增高。当有杂质时，折射率就会改变。这是挥发油的品质标志的重要数据。

（4）溶解性　挥发油难溶于水而易溶于亲脂性有机溶剂，在高浓度乙醇中全溶，在低浓度乙醇中只能部分溶解。当挥发油中掺有脂肪油或萜烯类成分时，在一定浓度乙醇中的溶解度就会减少。

（5）氧化性　挥发油经常与空气、光线接触会逐渐氧化变质，使挥发油相对密度增加，黏度增大，颜色变深，并失去原有的香气，因此挥发油应装入棕色瓶内低温保存。

3. 挥发油的组成

挥发油虽然组成成分复杂，但多以数种化合物占较大比例，从而使不同的挥发油具有相对固定的理化性质及生物活性，组成挥发油的成分可为如下4类。

（1）萜类化合物　挥发油的组成成分中萜类所占比例最大，且主要是单萜、倍半萜及其含氧衍生物。其含氧衍生物是该油中生物活性较强或具有芳香嗅味的主要成分，如薄荷油含有薄荷醇80%左右。

（2）芳香族化合物　组成挥发油的芳香族化合物多为小分子的芳香成分，在油中所占比例次于萜类。有些是苯丙素类衍生物，多具有C6~C3骨架，且多为酚性化合物或其酯类，如桂皮醛。有些是萜源化合物，如百里香酚。还有些具有C6~C3或C6~C1骨架的化合物。

（3）脂肪族化合物　一些小分子的脂肪族化合物在挥发油中也广泛存在，但含量和作用一般不如萜类和芳香族化合物。

（4）其他类化合物　除上述3类化合物外，有些天然香料经过水蒸气蒸馏能够分解出挥发性成分，也常称之为“挥发油”，如挥发杏仁油是苦仁苷水解后产生的苯甲醛。

4. 水蒸气蒸馏的形式

在天然香料生产方法中，水蒸气蒸馏法是常用的一种。该方法的特点是设备简单、容易操作、成本低、产量大。除在沸水中主香成分容易溶解、水解或分解的植物原料外（如茉莉、玫瑰等），绝大多数芳香植物均可用水蒸气蒸馏方法生产精油。传统的水蒸气蒸馏方法生产精油有3种主要形式：水中蒸馏、水上蒸馏、直接蒸汽蒸馏。

（1）水中蒸馏　将蒸馏的原料放入水中，使其与沸水直接接触。它适宜于玫瑰、橙花等用直接蒸汽蒸馏易黏着结块、阻碍水蒸气透入的品种。而对薰衣草等含有酯类的品种，则易发生水解作用，故不宜采用。

（2）水上蒸馏　于蒸馏锅内下部增装一块多孔隔板，原料装于板上，板下面盛水，水面距板有一定距离，水受热而成饱和蒸汽，穿过原料而上升。在蒸馏过程中，使原料与沸水隔离，从而减少水解作用。

（3）直接蒸汽蒸馏　与水上蒸馏方法基本相同，只是水蒸气来源和压力不同。此方法于锅内不加水，而将锅炉发生的水蒸气通入蒸馏锅内下部，穿过多孔板及其上面的原料而上升，因此，其水解作用小，蒸馏效率高，故用于薰衣草花穗的蒸馏是很适宜的。该法设备条件要求较高，需要附设锅炉，适用于大规模生产。

以上方法各有所长，将其特点归纳见表 2-1。

表 2-1　　蒸馏方式的比较

比较项目	水中蒸馏	水上蒸馏	直接蒸汽蒸馏
原料要求	不适于水解及热分解原料	不适于易结块及细粉状原料	不适于易结块及细粉状原料
加热方式	直火加热、间接蒸汽、 直接蒸汽	直火加热、间接蒸汽、 直接蒸汽	直火加热、间接蒸汽、 直接蒸汽
温度	95℃左右	95℃左右	可调节
压力	常压	常压	
精油质量	高沸点成分不易蒸出， 直火加热易焦煳	较好	最好

在水蒸气蒸馏中水主要发生三种作用，即扩散作用、水解作用和热力作用。水的作用过程简单归纳如下：

原料表面湿润 → 水分子向细胞组织中渗透 → 水置换精油或微量溶解 → 精油向水中扩散 → 形成精油与水的共沸物 → 精油与水蒸气同时蒸出 → 冷凝 → 油水分离 → 精油。

5. 工艺要求

（1）装料　水蒸气蒸馏法生产精油的第一步是加料。装料不好会产生蒸汽的“短路”，严重时还会产生料层“穿洞”现象。装料的基本要求是装得均匀，松散要一致，四周应压紧。一般装料体积为蒸馏锅有效容积的 70%～80%。

（2）加热　加热热源方式有 3 种：锅底直接加热、间接蒸汽加热和直接蒸汽加热。无论采用何种蒸馏方式和加热方式，在蒸馏开始阶段均应缓慢加热，缓慢加热阶段一般应维持 0.5～1h，然后才可以按蒸馏需要，逐渐加大热源，使之维持正常蒸馏速度。

（3）蒸馏速度　蒸馏速度亦称流出速度，即每小时馏出量。任何一种蒸馏方式，在开始阶段，其流速应小些，以后可以逐渐增大。按蒸馏锅容积而论，常取每小时蒸出蒸馏锅容积 5%～10%的流出速度。

（4）蒸馏终点　理论上的蒸馏终点，是指所得总精油量不再随蒸馏时间的延长而增加。在水蒸气蒸馏法生产中，当蒸出总精油量的90%~95%时，就作为蒸馏结束时间。蒸馏时间拖得很长，从生产效率和精油质量角度考虑都是无益的。

（5）冷凝　在水蒸气蒸馏法生产精油时，精油和水混合蒸汽的冷凝，大多数要求冷却到室温。鲜花类精油宜冷却到室温以下。对黏度大、沸点高、容易冷凝的精油，如香根油、鸢尾油等冷凝温度一般保持在40~60℃。

（6）油水分离器　精油和水混合蒸汽经冷凝器转变为馏出液进入油水分离器。根据精油和水的密度不同，可选择轻油油水分离器、重油油水分离器或轻油重油两用油水分离器。为了加强油水分离的效果，还可采用两个或两个以上的串联油水分离器。一般均采用间歇放油和连续出水的形式。馏出液在油水分离器中的动态分离时间以30~60min为宜。

（7）粗油精制　从油水分离器分出的精油称为直接粗油，分出的水液称为馏出水。由于馏出水中含有一些香气质量较好的含氧化合物精油成分，应采用萃取和复馏方法进行回收。从馏出水中回收的精油称为水中粗油。

直接粗油和水中粗油，都要分别进行净化精制处理。净化精制过程包括澄清、脱水和过滤3个步骤。直接粗油经净化精制后称为“直接油”，水中粗油经净化精制后称为“水中油”。直接油和水中油混合后，才为精油产品。

三、冷榨法

1. 冷榨的概念

冷榨是指原料不经过常规热榨工艺中的蒸炒过程，直接进行压榨的一种制油方法。它之所以称作冷榨，是因为加工的精油没有经过传统热榨工艺中的蒸炒处理，这时原料中的精油还是以分散状分布于原料的未变形蛋白质细胞中。冷榨对机器的要求比热榨时要高。一般而言，相同装机容量，冷榨机的处理量仅为热榨机的一半，同时冷榨饼的残油量会较热榨饼高1~2倍。表2-2给出了小茴香籽冷榨和热榨的技术指标。

表2-2　冷榨和热榨的技术指标比较

项目	处理量/（t/d）	装机容量/kW	饼中残油/%	压榨温度/℃
冷榨	30	130	11~18	60~70
热榨	70	150	3~7	100~130

2. 冷榨技术制取精油的特点

采用冷榨技术制油，就是力求避免对香料植物的过度加热和过多的化学处理，使得精油的品质得到相应提高，如油的香气、外观等，保持油的纯天然特性，避免高温加工精油时产生有害物质，又尽可能保留油中的香气物质。

据报道，经冷榨所得的精油仅含微量的磷和游离脂肪酸，具有色浅，气味清香柔和等较好的品质特性。

3. 冷榨制油工艺

冷榨工艺流程为：

香料植物的除杂初选 → 香料植物的低温干燥处理 → 香料植物的破碎和脱壳 → 香料植物的冷榨 → 冷榨精油的干燥过滤 → 包装成品

传统压榨、溶剂浸提技术制油相比，冷榨的优势如下。

（1）冷榨方式的入榨料温度低（进入冷榨机前不需对物料加热或蒸炒处理），最大限度地保存了油中的天然风味。

（2）产品冷榨油是绿色、无污染的天然香料产品。由于在生产过程中采用低温冷榨工艺，使所获得的冷榨油不需进一步精炼工序，从而避免了该冷榨油在精炼过程中与碱液、脱色白土、磷酸等的直接接触和精炼时的高温对精油可能造成的稳定性破坏。同时，由于冷榨油是直接将香料植物通过压榨方法制得的，因此还回避了常规精油提取过程中的溶剂浸出过程，从而避免了精油与石化类溶剂的直接接触。

（3）冷榨工艺是一种对环境影响较小的制油工艺。由于在冷榨工艺中采用了低温冷榨技术，所获得的冷榨油满足直接使用的要求，而不需进一步的精油精炼。因此避免了各类化工原料的消耗（如碱、酸、白土），各种反应废料对环境的污染（如水洗废水），以及在精炼过程中所进行的加热、真空等各项能量的消耗和由此对环境所造成的污染（如电、蒸汽的消耗和冷却的真空废水）。由于在前处理工序中不需要像常规工艺那样对原料进行蒸炒和对产品的精炼，因此冷榨工艺总的能源消耗远低于常规法制油。而且有利于保护环境。

4. 冷榨设备

目前，世界各国所通用的榨油设备是连续螺旋榨油机，根据现有的压榨工艺，可分为两大类：全压榨油机和预榨榨油机。冷榨机应属于全压榨油机的范畴。

螺旋冷榨机和螺旋榨油机的工作原理基本相同。经过前处理的物料不经过轧坯和蒸炒，在较低的温度下进入榨膛，利用螺旋轴的旋转推进作用，将物料向前推进；在这过程中，由于榨螺导程的缩短，推进速度变慢，根圆直径的逐渐加大，使榨膛空间体积依次变小而产生逐渐增大的压力，经过螺旋挤压、剪切，将物料中的精油挤压出来从榨笼缝隙中流出，而余下料渣被挤压成薄饼从榨轴出口端排出，从而完成低温榨油工作过程。整个榨油过程一直保持在较低的温度下，入料温度在室温至65℃以下，出饼温度不超过70℃。

四、近临界萃取法

近临界萃取技术是一种高科技的提取技术，它是利用系统中组分在溶剂中有不同的溶解度来分离混合物的单元操作。主要分为超临界萃取法和亚临界萃取法，下面一一进行详细阐述。

（一）超临界萃取法

1. 超临界 CO_2 萃取技术的发展过程

超临界萃取（SFE）是一种利用处于临界压力和临界温度以上的流体具有特异增加的溶解能力而发展出来的化工分离新技术。在1850年，英国女皇学院的Thoms Andrews博士就对 CO_2 的超临界现象进行了初步研究；1879年，Hannay和Hograth在英国皇家学会上报道了超临界流体的独特溶解能力的现象。1979年，联邦德国的HAG公司首先建成了用超临界萃取技术除去咖啡中咖啡碱的生产线，1982年，德国SKW公司采用UHDE公司 $6.5m^3 \times 3$ 的装置用于啤酒花和茶叶的提取。1985年，北京化工学院[1]从瑞士引进了我国首台超临界流体萃取机。现在超临界萃取技术已广泛应用于石油、化工、食品、医药等领域。

2. 超临界 CO_2 萃取技术的基本原理

（1）超临界流体定义　沿气-液饱和曲线增加压力和温度至某一临界状态，此时气-液界面消失，体系性质均一，不再分为气体和液体，与此相对应的温度和压力称为临界温度和临界压力，当体系处在高于临界压力和临界温度时，称为超临界状态，处于超临界状态的流体称为超临界流体（SCF）。不同的物质其临界点所要求的压力和温度各不相同。

目前研究较多的超临界流体是二氧化碳（CO_2），因其具有无毒、不燃烧、对大部分物质不反应、价廉等优点，最为常用。在超临界状态下，CO_2 流体兼有气液两相的双重特点，既具有与气体相当的高扩散系数和低黏度，又具有与液体相近的密度和物质良好的溶解能力。其密度对温度和压力变化十分敏感，且与溶解能力在一定压力范围内成比例，所以可通过控制温度和压力改变物质的溶解度。

（2）超临界流体萃取的基本原理　超临界流体萃取分离过程，是利用超临界流体的溶解能力与其密度的关系，即利用压力和温度对超临界流体溶解能力的影响而进行的。当气体处于超临界状态时，成为性质介于液体和气体之间的单一相态，具有和液体相近的密度，黏度虽高于气体但明显低于液体，扩散系数为液体的10~100倍；因此，对物料有较好的渗透性和较强的溶解能力，能够将物料中某些成分提取出来。在超临界状态下，将超临界流体与待分离的物质接触，使其有选择性地依次把极性大小、沸点高低和相对分子质量大小的成分萃取出来。并且超临界流体的密度和介电常数随着密闭体系压力的增加而增加，极性增大，利用程序升压可将不同极性的成分进行分步提取。当然，对应各压力范围所得到的萃取物不可能是单一的，但可以通过控制条件得到最佳比例的混合成分，然后借助减压、升温的方法使超临界流体变成普通气体，被萃取物质则自动完全或基本析出，从而达到分离提纯的目的，并将萃取分离两过程合为一体，这就是超临界流体萃取分离的基本原理。

---

[1] 北京化工学院于1994年更名为北京化工大学。——编者注

3. 超临界 CO_2 萃取技术在天然香原料开发方面的优点

用超临界 CO_2 萃取技术萃取香料不仅可以有效地提取芳香组分，而且还可以提高产品纯度，能保持其天然香味，如从茉莉花、菊花、玫瑰花等中提取香精，从胡椒、肉桂、薄荷等中提取香辛料，从芫荽籽、茴香等原料中提取精油。具有较高的利用价值。

用超临界 CO_2 萃取技术进行天然香原料研究开发及产业化，与传统方法相比，具有许多独特的优点。

（1）CO_2 无毒、无害、不易燃易爆、黏度低，表面张力低、沸点低，不易造成环境污染，操作参数容易控制，有效成分及产品质量稳定。

（2）超临界 CO_2 萃取不是简单地纯化某一组分，而是将有效成分进行选择性地分离。

（3）超临界 CO_2 还可直接从单方或复方天然原料中提取不同部位或直接提取浸膏进行筛选，开发新的天然香原料，大幅提高筛选速度。同时，可以提取许多传统法提不出来的物质，且较易从天然原料中发现新成分，从而发现新的天然香原料。

（4）超临界 CO_2 通过直接与气相色谱（GC）、红外光谱（IR）、质谱（MS）、液相色谱（LC）等联用，客观地反映提取物中有效成分的浓度，实现提取与质量分析一体化。

（5）提取时间快、生产周期短　超临界 CO_2 提取（动态）循环伊始，分离便开始进行。一般提取 10min 便有成分分离析出，2~4h 便可完全提取。同时，它不需浓缩等步骤，即使加入夹带剂，也可通过分离功能除去或只是简单浓缩。

（6）超临界 CO_2 提取天然香原料，经评吸证明，不仅工艺上优越，质量稳定且标准容易控制，而且其评吸效果能够得到保证。

（7）超临界 CO_2 萃取工艺，流程简单，操作方便，节省劳动力和大量有机溶剂，减小三废（即废水、废气和固体废弃物）污染，这无疑为天然香原料的开发提供了一种高新的提取、分离、制备及浓缩新方法。

（二）亚临界萃取法

亚临界萃取是利用亚临界流体作为萃取剂，在密闭、无氧、低压的压力容器内，依据有机物相似相溶的原理，通过萃取物料与萃取剂在浸泡过程中的分子扩散过程，达到固体物料中的脂溶性成分转移到液态的萃取剂中，再通过减压蒸发的过程将萃取剂与目的产物分离，最终得到目的产物的一种新型萃取与分离技术。

亚临界流体萃取保留了超临界无毒、无害，环保、无污染、非热加工、保留提取物的活性产品不破坏、不氧化的优点。

亚临界萃取利用在常温为液体的溶剂进行提取，需要压力低于其临界压力，所需温度高于其沸点低于其临界温度。亚临界流体萃取是继超临界流体萃取技术之后诞生的新技术，主要解决了超临界萃取设备容积小、造价高、耗能大、不适合大规模工业生产的缺陷。

亚临界萃取目前较为广泛的使用溶剂为丙烷、丁烷、高纯度异丁烷等弱极性与非极性溶剂，这点与超临界萃取是一致的。采用亚临界萃取进行水溶性成分及极性成分的萃取，取得较好的效果，其中，丁香精油的萃取得率达到了13%以上。

另外，部分精油提取物有着不溶于酒精及水，以及口感不佳，存在残留的问题。面对该类问题，亚临界萃取和分子蒸馏分离联合处理，如可可、咖啡、丁香等，效果较好。另外，对于此类问题也可以采用低温脱脂处理，如香荚兰、白肋烟等，经脱脂处理后的超声提取物较直接超声提取的提取物效果较好。亚临界萃取在精油提取及天然原料处理方面有较好的应用前景，能够作为天然植物提取开发的一项新技术。

五、加速溶剂萃取法

加速溶剂萃取法（ASE）是一种在提高温度和压力的条件下，用有机溶剂萃取的自动化方法，主要分为微波萃取法和超声萃取法。

（一）微波萃取

微波萃取，即微波辅助萃取（MAE），是根据不同物质吸收微波能力的差异使得基体物质的某些区域或萃取体系中的某些组分被选择性加热，从而使得被萃取物质从基体或体系中分离，进入介电常数较小、微波吸收能力相对差的萃取剂中，达到提取的目的。

微波是一种频率在300MHz~300GHz之间的电磁波，它具有波动性、高频性、热特性和非热特性四大基本特性。常用的微波频率为2450MHz。微波加热是利用被加热物质的极性分子（如H_2O、CH_2Cl_2等）在微波电磁场中快速转向及定向排列，从而产生相互摩擦而发热。传统的提取方法，如索氏提取、水煎提取、超声提取等的热传递公式为：热源→器皿→样品，因而能量传递效率受到了制约。由于微波具有穿透能力，因而可以直接选择性地与样品中有关香味物质分子或分子中的某个基团作用，使得细胞内部温度迅速上升，使其细胞内部压力超过细胞壁膨胀承受能力，细胞破裂。被微波作用的分子或基团，很快与植物细胞和整个样品基体或其大分子上的周围环境分离开，从而使分离速度加快并提高提取率，其模式为：热源→样品→器皿。空气及容器对微波基本上不吸收和反射，这从根本上保证了能量的快速传导和充分利用。

微波对于天然香料植物萃取的机制可从两方面考虑：一方面微波辐射过程是高频电磁波穿透萃取介质，到达物料的内部维管束和腺胞系统。由于吸收微波能，细胞内部温度迅速上升，使其细胞内部压力超过细胞壁膨胀承受能力，细胞破裂。细胞内有效成分自由流出，在较低的温度条件下萃取介质捕获并溶解。通过进一步过滤和分离，便获得萃取物料。另一方面，微波所产生的电磁场加速被萃取部分成分向萃取溶剂界面扩散速率，用水作溶剂时，在微波场下，水分子高速转动成为激发态，这是一种高能量不稳定状态，或者水分子汽化，加强萃取组分的驱动力；或者水分子本身释放能量回到基态，所释放的能量传递给其他物质分子，加速其热运动，缩短萃取组分的分子由物料内部扩散到萃取溶剂界面的时间，从而使萃取速率提高数倍，同时还降低了萃取温度，最大限度保证萃取的质量。

微波萃取有以下三个特点：①体现在微波的选择性方面，因其对极性分子的选择性加热从而对其选择性地溶出。②MAE 大幅降低了萃取时间，提高了萃取速度，传统方法需要几小时至十几小时，超声提取法也需 0.5～1h，微波提取只需几秒到几分钟，提取速率提高了几十至几百倍，甚至几千倍。③微波萃取由于受溶剂亲和力的限制较小，可供选择的溶剂较多，同时减少了溶剂的用量。另外，微波提取工艺如果用于大生产，则安全可靠，无污染，属于绿色工程，生产线组成简单，并可节省投资。微波萃取一般适用于热稳定性的物质，对热敏性物质，微波加热易导致它们变性或失活；要求物料有良好的吸水性，否则细胞难以吸收足够的微波能将自身击破，产物也就难以释放出来；微波提取对组分的选择性差。

（二）超声波萃取

超声波，是指人耳听不见的声波。正常人的听觉可以听到 16～20kHz 的声波，低于 16kHz 的声波称为次声波或亚声波，超过 20kHz 的声波称为超声波。超声和可闻声本质上是一致的，其共同点都是一种机械振动，通常以纵波的方式在弹性介质内传播，是一种能量的传播形式，其不同点是超声频率高，波长短，在一定距离内沿直线传播具有良好的束射性和方向性。

超声波和其他声波一样，是一系列的压力点，即一种压缩和膨胀交替的波（图 2-1）。如果声能足够强，液体在波的膨胀阶段被推开，由此产生气泡；而在波的压缩阶段，这些气泡就在液体中瞬间爆裂或内爆，产生一种非常有效的冲击力。这种由无数细小的空化气泡破裂而产生的冲击波现象称为“空化”现象。

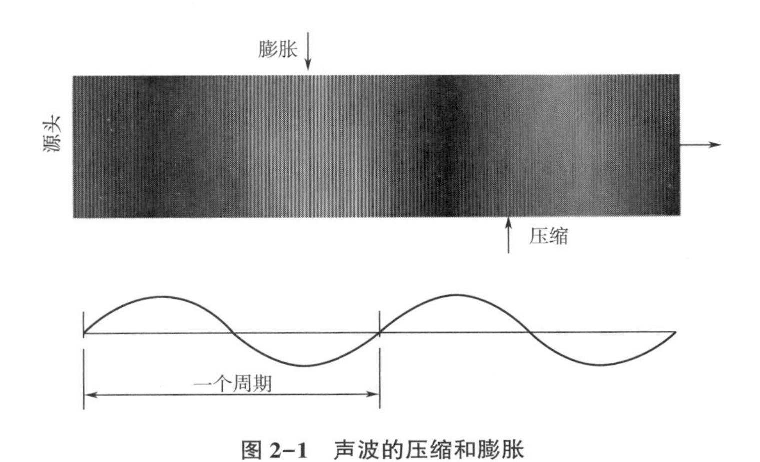

图 2-1 声波的压缩和膨胀

超声波提取技术是 20 世纪 90 年代发展起来的。利用超声波特殊的强纵向振动，高速冲击破碎、空化效应搅拌及加热等物理性能，在溶剂和被提取物之间产生声波空化作用，导致溶液内气泡的形成、增长和爆破压缩，从而分散固体被提取物，增大样品与萃取溶剂之间的接触面积，提高目标物从固相转移到液相的传质速率。

在超声提取过程中具有物理作用和生物作用。其中物理作用是利用超声波产生的空化现象可细化各种物质以及制造乳浊液，加速植物中的有效成分进入溶剂，使其进一步提取，以增加有效成分的提出率。还可以运用超声波的许多次级效应，如机械振动、乳化、扩散、击碎、化学效应等也都有利于使植物中的有效成分的转移，并充分和溶剂混合，促进提取的进行。超声波技术的生物作用表现为超声能会转变为热能，可以使药物组织内部的温度瞬时升高，加速有效成分的溶解。同时，超声波可以利用辐射压强和超声压强引起的机械作用，使生物分子解聚。使细胞壁上的有效成分溶解于溶剂之中。超声波产生的空化现象会产生大量的显微气泡，利用这些气泡的“定向扩散”形成共振腔，破坏了细胞膜和生物大分子，加速有效成分的扩散。因此可以说，热效应、机械粉碎作用及空化作用将成为超声技术在天然植物提取应用中的三大理论依据。

超声波提取具有提取时间短、产率高、条件温和、无污染等优点，同时无须高温加热也简化了设备要求和操作条件，在提取天然植物及天然香料植物有效成分方面的应用正受到越来越多的重视，目前，超声提取设备已经具备工业化条件，工业化的超声设备主要有以下 3 种形式。

（1）将超声振子按功率需要分布在普通提取罐周围夹层内，由外而内发散超声波，或做成菱柱形安装在提取罐中间，向周围发散超声波，这种形式的设备仅比传统的提取设备多了超声功能，物料处理量有限，要增大处理量振子就需要增加很多，重量也会增加很多。

（2）超声振子分布在提取罐周围夹层，不能把提取罐无限做大，由于超声波的传播衰减很快，因此罐体的直径不可能太大，目前最大的超声提取罐做到 2t，而且振子密封在夹层内不易维护，一旦坏，很难修复，因此这种设备的应用受到了限制。

（3）超声振子安装在提取罐中央，类似于搅拌棒位于提取罐中，同样存在罐体不能无限大、清洗维护困难的缺点，整个罐体很沉重，且容易在上部造成空烧，对振子有损害。

第三节　天然香料分离纯化技术

采用上述的方法提取所得到的天然植物提取物仍然只是混合物，需进一步除去杂质，进行分离、纯化、精制，才能得到所需要的有效部位或有效成分。具体的方法也要根据各种成分的性质来选择，成分不同，所采用的分离纯化的方法往往也有所不同。实验室和工业生产中常用溶液萃取技术、沉降分离技术、离心分离技术、膜分离技术、大孔吸附树脂分离技术、分子蒸馏技术等，现分述如下。

一、溶剂萃取法

1. 溶剂萃取技术概述

溶剂萃取（SE）是溶于水相的溶质与有机溶剂接触后，经过物理或化学作用，部分或几乎全部转移到有机相的过程。主要用于物质的分离和提纯，具有装置简单、操作容易的特点，既能用来分离、提纯大量物质，更适合于微量或痕量物质的分离、富集。

2. 常用溶剂萃取方法

萃取是天然产物化学实验中用来提纯和纯化化合物的手段之一。通过萃取，能从固体或液体混合物中提取出所需要的化合物。这里介绍常用的一些溶剂萃取方法。

（1）溶剂分离法　一般是选用三四种不同极性的溶剂，将天然产物总提取物，由低极性到高极性进行分步提取分离。水浸膏或乙醇浸膏常常为胶状物，难以均匀分散在低极性溶剂中，故不能提取完全，可拌入适量惰性填充剂，如硅藻土或纤维粉等，然后低温或自然干燥。粉碎后，再以选用溶剂依次提取，使总提取物中各组成成分，依其在不同极性溶剂中溶解度的差异而得到分离。利用天然香料植物化学成分，在不同极性溶剂中的溶解度进行分离纯化，是最常用的方法。

广而言之，自天然香料植物提取溶液中加入另一种溶剂，析出其中某种或某些成分，或析出其杂质，也是一种溶剂分离的方法。天然香料植物的水提液中常含有树胶、黏液质、蛋白质、糊化淀粉等，可以加入一定量的乙醇，使这些不溶于乙醇的成分自溶液中沉淀析出，而达到与其他成分分离的目的。目前，提取多糖及多肽类化合物，多采用水溶解、浓缩、加乙醇或丙酮析出的办法。

此外，也可利用其某些成分能在酸或碱中溶解，又在加碱或加酸变更溶液的 pH 后，成不溶物而析出以达到分离。一般天然香料植物总提取物用酸水、碱水先后处理，可以分为三部分：溶于酸水的为碱性成分（如生物碱），溶于碱水的为酸性成分（如有机酸），酸、碱均不溶的为中性成分（如甾醇）。还可利用不同酸、碱度进一步分离，如酸性化合物可以分为强酸性和弱酸性两种，它们分别溶于碳酸氢钠和碳酸钠，借此可进行分离。

（2）两相溶剂萃取法　简称萃取法，是利用混合物中各成分在两种互不相溶的溶剂中分配系数的不同而达到分离的方法。萃取时如果各成分在两相溶剂中分配系数相差越大，则分离效率越高、如果在水提取液中的有效成分是亲脂性的物质，一般多用亲脂性有机溶剂，如苯、氯仿或乙醚进行两相萃取，如果有效成分是偏于亲水性的物质，在亲脂性溶剂中难溶解，就需要改用弱亲脂性的溶剂，如乙酸乙酯、丁醇等。还可以在氯仿、乙醚中加入适量乙醇或甲醇以增大其亲水性。提取黄酮类成分时，多用乙酸乙酯和水的两相萃取。提取亲水性强的皂苷则多选用正丁醇、异戊醇和水作两相萃取。不过，一般有机溶剂亲水性越大，与水作两相萃取的效果就越不好，因为能使较多的亲水性杂质伴随而出，对有效成分进一步精制影响很大。

（3）逆流连续萃取法　逆流连续萃取法是一种连续的两相溶剂萃取法。其装置可具有一根、数根或更多的萃取管。管内用小瓷圈或小的不锈钢丝圈填充，以增加两相溶剂萃取时的接触面。如果一种天然香料植物的水浸液需要用比水轻的苯、乙酸乙酯等进行萃取，则需将水提浓缩液装在萃取管内，而苯、乙酸乙酯贮于高位容器内。萃取是否完全，可取样品用薄层层析、纸层析及显色反应或沉淀反应进行检查。

（4）逆流分配法　逆流分配法又称逆流分溶法、逆流分布法或反流分布法。逆流分配法与两相溶剂逆流萃取法原理一致，但加样量一定，并不断在一定容量的两相溶剂中，经多次移位萃取分配而达到混合物的分离。本法所采用的逆流分布仪是由若干乃至数百只管子组成。若无此仪器，小量萃取时可用分液漏斗代替。预先选择对混合物分离效果较好，即分配系数差异大的两种不相混溶的溶剂。并参考分配层析的行为分析推断和选用溶剂系统，通过实验测知要经多少次的萃取移位而达到真正的分离。逆流分配法对于分离具有非常相似性质的混合物，往往可以取得良好的效果。但操作时间长，萃取管易因机械振荡而损坏，消耗溶剂亦多，应用上常受到一定限制。

（5）液滴逆流分配法　液滴逆流分配法又称液滴逆流层析法。为近年来在逆流分配法基础上改进的两相溶剂萃取法。对溶剂系统的选择基本同逆流分配法，但要求能在短时间内分离成两相，并可生成有效的液滴。由于移动相形成液滴，在细的分配萃取管中与固定相有效地接触、摩擦不断形成新的表面，促进溶质在两相溶剂中的分配，故其分离效果往往比逆流分配法好。且不会产生乳化现象，用氮气压驱动移动相，被分离物质不会因遇大气中氧气而氧化。本法必须选用能生成液滴的溶剂系统，且对高分子化合物的分离效果较差，处理样品量小（1g 以下），并要有一定设备。目前，对适用于逆流分配法进行分离的成分，可采用两相溶剂逆流连续萃取装置或分配柱层析法进行。

二、膜分离技术

1. 膜分离技术概述

膜分离技术是一项新兴的高效分离技术，在 20 世纪初出现，20 世纪 60 年代后迅速崛起。它是利用天然或人工合成的具有选择透过性的薄膜，以外界能量或化学位差为推动力，利用膜对混合物各组分选择透过性能的差异，来实现对双组分或多组分体系进行分离、分级、提纯、精制、浓缩或富集的分离技术。膜分离优点如下。

①在常温下进行：有效成分损失极少，特别适用于热敏性物质，如抗生素等医药、果汁、酶、蛋白质的分离与浓缩。

②无相态变化：保持原有的风味，能耗极低，其费用约为蒸发浓缩或冷冻浓缩的 1/8~1/3。

③无化学变化：是典型的物理分离过程，不用化学试剂和添加剂，产品不受污染。

④选择性好：可在分子级内进行物质分离，具有普遍滤材无法取代的卓越性能。

⑤适应性强：处理规模可大可小，可以连续也可以间隙进行，工艺简单，操作方便，易于自动化。同时，具有高效、节能、环保、分子级过滤及过滤过程简单、易于控制等特征，因此，目前已广泛应用于化工、制药、食品、电子、电力、石油、冶金、轻工、纺织、生物工程、环境保护等相关领域。

膜是具有选择性分离功能的材料。膜的孔径一般为微米级，依据其孔径的不同（或称为截留相对分子质量），可将膜分为微滤膜、超滤膜、纳滤膜和反渗透膜，根据材料的不同，可分为无机膜和有机膜，无机膜主要还是微滤级别的膜，主要是陶瓷膜和金属膜。有机膜是由高分子材料做成的，如乙酸纤维素、芳香族聚酰胺、聚醚砜、聚氟聚合物等。

2. 膜分离技术在天然产物生产中的应用

目前该技术也被广泛应用于天然产物的生产方面，尤其是超滤、纳滤技术自20世纪90年代以来以其高效、无污染、无废品、不存在化学反应、避免物质破坏、能耗低、节能和绿色等特点，在天然产物中的应用越来越多。膜分离技术是提高天然产物的提取分离水平和产品质量，提高使用效果，降低能耗与成本的有效方法之一，对于我国天然产物产业的技术改造和现代化发展具有重要意义。

（1）预处理　在天然产物分离过程中，由于天然产物提取液中含有较多的固体杂质和相对分子质量较高的胶体、多糖和淀粉等，直接用膜分离技术分离会造成膜的污染，降低膜通量，缩短膜的使用寿命。因此天然产物提取液的预处理是提取物进行膜分离前必不可少的工序。常见的预处理方法包括以下步骤：

①絮凝沉淀：在提取液中加入絮凝剂，使大部分悬浮物沉积下来，从而使悬浮颗粒尺寸变大。经过絮凝处理的这些大胶体颗粒容易被微滤膜、超滤膜分离。

②用压滤或离心分离去除较大的固体杂质。

③在超滤前用微孔滤膜（孔径范围为50nm至0.2μm）进一步去除细菌、悬浮颗粒和胶体类物质。

（2）微滤的应用　微滤膜是膜分离技术的重要组成部分，是一种精密过滤技术，主要基于筛分原理。它的孔径范围一般为0.1~75μm，介于常规过滤和超滤之间，主要用于提取液的澄清，实现固态微粒、胶体粒子等与水溶性成分分离。

（3）超滤的应用　超滤膜截留的分子其相对分子质量范围为$5\times10^3\sim5\times10^5$，而天然香料有效成分的相对分子质量大多数不超过1000，无效成分（某些有生理活性的高分子物质应当成特例另作考虑）如淀粉、蛋白质、树脂、果胶等相对分子质量则在5×10^4以上。因此，选择一定截留相对分子质量的超滤膜可以实现有效成分与杂质的分离，还能够保留天然产物的原有特色，在最大程度上富集有效成分。

（4）纳滤的应用　纳滤是近年发展起来的一种介于超滤与反渗透之间的膜过滤方法，填补了由超滤到反渗透留下的空白，截留相对分子质量为200~2000。纳滤膜的表面分离层由聚电解质所构成，利用离子之间的静电相互作用而达到分离目的，能截留糖类低分子有机物和多价盐（如$MgSO_4$），对单价盐的截留率为10%~80%，而二价及多价盐的截留率均在90%以上。

（5）反渗透的应用　反渗透借助于半透膜对溶液中溶质的截留，在高于溶液渗透压的压差的推动力下，使溶剂渗透过半透膜，达到溶液脱盐的目的。反渗透膜构造上在表层有一层很薄的致密层（0.1~1.0μm），即脱盐层或活性层，在表层下部是多孔支撑层，厚度为100~200μm，活性层基本上决定了膜的分离性能，支撑层只是起着活性层的载体作用，基本上不影响膜的分离性能。反渗透在天然香料领域中主要用于药液的浓缩、各种无机盐的脱除和水的回用。

三、分子蒸馏技术

1. 分子蒸馏原理及特点

分子蒸馏（MD）是一种新兴的分离提纯技术，在高真空（0.1~1Pa）条件下对高沸点、热敏性物料液-液分离的有效方法，特点如下：操作温度低、真空度高、受热时间短、分离程度及产品回收率高。其操作温度远低于物质常压下沸点温度，且物料被加热时间非常短，不会对物质本身造成破坏，因此广泛应用于化工、医药、轻工、石油、精油等工业中。在天然香料提取领域的应用主要是对精油和净油进行处理，达到脱臭、脱色、提高纯度的目的；对高沸点、易氧化的合成香料进行精制，使香料品位大幅提高。

分子蒸馏的分离作用就是利用液体混合物各分子受热后会从液面逸出，并在离液面小于轻分子平均自由程而大于重分子平均自由程处设置一个冷凝面，使轻分子不断逸出，而重分子达不到冷凝面，从而打破动态平衡而将混合物中的轻重分子分离。其基本原理如图 2-2 所示。由于轻分子只走了很短的距离即被冷凝，所以分子蒸馏亦称短程蒸馏（short path distillation）。

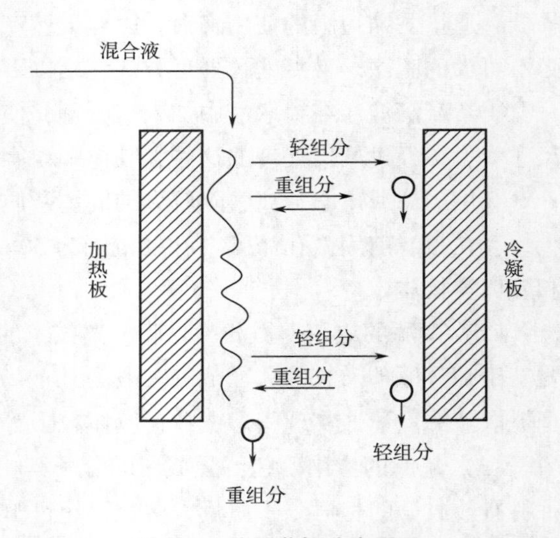

图 2-2　分子蒸馏分离原理

可以看出，在压力和温度一定的条件下，不同种类的分子，由于其分子有效直径不同，其平均自由程不同，即不同种类分子逸出液面后不与其他分子碰撞的飞行距离是不同的。轻分子的平均自由程大，重分子的平均自由程小，在距液面小于轻分子的平均自由程而大于重分子的自由程之处置一冷凝面，使得轻分子在冷凝面上被冷凝，而重分子因达不到冷凝面而返回液面，这样混合物即得以分离。

2. 分子蒸馏的优点及局限性

（1）蒸馏温度低　常规蒸馏是依靠物料中不同物质的沸点差进行分离的，因此料液必须加热至沸腾。而分子蒸馏是利用不同种类的分子受热逸出液面后的平均自由程的不同来实现分离的，只要蒸汽分子由液相逸出就可实现分离，可在远低于沸点的温度下进行操作，是一个没有沸腾的蒸发过程。由此可见，分子蒸馏技术更有利于节约能源，特别适用于一些高沸点热敏性物料的分离，且可以分离常规蒸馏中难以分离的共沸混合物。分子蒸馏的实际操作温度比常规真空蒸馏低得多，一般可低 50~100℃。

（2）蒸馏压强低　常规蒸馏装置存在填料或塔板的阻力而难获得较高的真空度，而分子蒸馏本身是必须降低蒸馏体系的压强来获得足够大的分子运动平均自由程。分子蒸馏装置内部结构比较简单，整个体系可以获得很高的真空度，物料不易氧化受损且有利于沸点温度降低。一般常规真空蒸馏其真空度仅达5000Pa，而分子蒸馏真空度可达0.1~100Pa。此外，分子蒸馏可以通过真空度的调节，有选择性地蒸出目的产物，去除其他杂质，还可以通过多级分离同时分离多种物质。

(3) 受热时间短　分子蒸馏技术要求加热面与冷凝面间的距离小于轻分子的平均自由程，距离很小且轻分子由液面逸出后几乎未发生碰撞即射向冷凝面，受热时间极短(0.1~10s)；常规减压蒸馏物料停留时间一般为1h以上。另外，蒸发表面形成的液膜非常薄，加之液面与加热面的面积几乎相等，传热效率高，这样物料受热时间就变得更短。从而在很大程度上避免了物料的分解或聚合，降低热损伤，使产品的回收率大幅提高。

(4) 分离程度及产品回收率高、品质高　分子蒸馏常常用来分离常规蒸馏不易分开、难以分离的物质。对用两种方法均能分离的物质而言，分子蒸馏的分离程度更高。由于分子蒸馏过程操作温度低，被分离的物料不易氧化分解或聚合；受热停留的时间短，被分离的物料可避免热损伤。因此，分子蒸馏过程不仅产品回收率高，而且产品的品质也高。对于高沸点、热敏性及易氧化物料的分离纯化，在保持天然产物（药物）的品质上，分子馏技术显示其独特优势。

(5) 不可逆性　普通蒸馏是蒸发与冷凝的可逆过程，液相与气相间形成平衡状态。而分子蒸馏过程中，轻分子从蒸发表面逸出直接飞射到冷凝面上，中间不与其他分子发生碰撞，理论上没有返回蒸发面的可能性，为不可逆过程。

(6) 没有沸腾和鼓泡现象　普通蒸馏有鼓泡、沸腾现象。而分子蒸馏是液层表面的自由蒸发，液体中无溶解空气且在较高的真空度下进行，因此蒸馏过程中不能使整个液体沸腾，没有鼓泡现象。

(7) 生产耗能小　由于分子蒸馏器独特的结构形式，其内部压强极低，内部阻力远比常规蒸馏小，分子蒸馏整个分离过程热损失少，因而可以大幅节省能耗。

(8) 清洁环保　分子蒸馏技术被人们一致认为是一种温和的绿色技术，无毒、无害、无污染、无残留，能极好地保证物料的天然品质，回收率高且操作工艺简单、设备少，还可用作脱臭、脱色。另外，分子蒸馏技术还可与多种技术配套使用，如超临界CO_2流体技术、膜分离技术等。

(9) 分子蒸馏技术的局限性　分子蒸馏技术的特点决定了它相对于常规减压精馏设备的结构复杂，由于要求物料形成均匀膜状在高真空下蒸馏，设备制造技术要求较高，对比于相同产量的常规减压精馏设备而设备庞大，投资较大；加热面积受结构限制及在低于沸点的情况下加热而导致相对气化量较小，使生产能力受到一定局限；混合物各组分的分子自由程相近时，使分辨能力受到影响而影响到应用的范围，因此主要用于不同组分分子平均自由程较大的混合物的分离。

3. 分子蒸馏技术的应用情况

由分子蒸馏的原理及特点可知，分子蒸馏技术可有效地脱除热敏性物质中轻分子物质，脱除产品中重物质及颜色，降低热敏性物质热损伤。不仅产品得率高，而且产品品质好。绝大多数天然或合成香料香精都属于热敏性物质，均适合采用分子蒸馏技术提纯。其中，利用分子蒸馏技术提取和分离纯化天然香料活性成分备受研究者们的关注。挥发油的分离和纯化是分子蒸馏技术应用的主要领域，可将芳香油中的某一主要成分进行浓缩，并除去异臭和带色杂质，提高其纯度。

分子蒸馏技术的应用要注意如下事项。

（1）注意前处理和后处理技术的处理　前处理和后处理技术具有比较广泛的含义，前者包括从原天然香料植物到待蒸馏提取物的过程和技术，后者则包括分子蒸馏（MD）馏分到最终目的物的过程和技术。MD 是一种单纯的分离或精制技术，它没有提取的功能，必须与常规的提取技术（如冷浸、蒸馏、回流等），甚至与超临界技术等上游技术联用，以得到足够多的含有有效成分的液体提取物，能顺利进行分子蒸馏，这是前处理的第一层含义。通常在一定的真空度下，轻分子的蒸气分压（沸点）较重分子的蒸气分压要大，因此，二者相对分子质量相比越大，则越易分离。

（2）在进行分子蒸馏之前应尽可能先了解待分离混合物中主要成分的种类、化学结构和有关的物理性质，对提取物进行合适的处理，如不能直接分子蒸馏就要考虑进行一些反应等前处理方法，增大待分离物与其他混合物的相对分子质量或蒸气分压的差别，以改善 MD 的分离效果。如果要进一步提高目标成分的纯度，除了反复多次进行 MD 之外，就需要进行后处理。

（3）天然香料提取物在蒸馏之前要进行脱气处理，否则原料很难连续进入系统进行蒸馏，而且带气原料在系统中因气体迅速膨胀而使原料飞溅，影响分离效果。

（4）温度是 MD 的重要参数之一，在系统真空度一定时，理论上选择一个最适温度使轻分子获得能量足以落在冷凝面上，而重分子则达不到冷凝面是我们一直所希望的。但实际操作中有一定的难度，因为混合物的成分有数十种甚至更多，而且各组分在高真空下的沸点并不清楚，需要通过先行实验检测以确定合适的温度。另外，设定蒸发面与冷凝面之间的温度差有时也很重要。温度差理论上在 70~100℃。实际操作中在馏出物保持流动性的前提下，温差越大越好，可以加快分离速度。蒸发面温度可用进口超级恒温油浴系统控制（高温时可精确到±1℃）。冷凝温度可用自来水、超级恒温浴槽或冷机的循环水进行调控。为了提高黏性物料的流动性并防止较高熔点物料在管道系统中凝固，同样可使用超级恒温浴槽进行循环系统保温，另外，保持物料的恒定温度对分离效果也有不可忽视的作用。为了尽可能防止低沸点物料被抽入真空泵中，影响回收率，影响系统真空度的提高，要在冷阱中设置含醇的冰水，以尽可能使低沸点组分在冷阱中被冷凝捕获。

（5）真空度控制　压强是 MD 又一重要参数。当蒸馏温度一定时，压强越小（真空度越高），分子平均自由程越大。对于高沸点、热敏性、高温易氧化的物料分离即可以靠提高真空度，相对降低温度而达到分离的目的，对这类提取物的分离真空度越高越好。即使对热不敏感的物料的分离也要尽可能在高真空低温度下进行。

（6）转速和流速的调控　刮膜式 MD 装置的刮膜转子主轴由变速机在 0～500r/min 调节。四氟转子环在高速离心下贴着内壁滚动，当料液流到内壁时很快被刷成 100～250μm 厚的薄膜，轻分子组分迅速挥发到冷凝面上而被收集。刮膜转速宜调在 250r/min 以上，以避免物料不成薄膜或膜不均匀化；但刮膜转速也不宜太快，因为刮膜器转动速率太快，会导致部分原料未经蒸发就直接被刮膜器甩到中间冷凝器上，导致分离效率的降低。物料流速与刮膜转速应协调一致。流速不能太快，否则待分离组分来不及蒸发即流到蒸发面底部，达不到分离的效果。尤其是物料黏度较大时应低流速、高刮膜转速进行蒸馏。实验用刮膜式 MD 的流速宜控制在 1 滴/s（相当 18mL/h），必要时应更慢。实验表明，在较低的温度下，以低流速，增加物料在蒸发器上的停留时间可以提高蒸馏效果。有时，低物料流速、高刮膜转速仍不能得到较好的分离效果，我们可以将馏余物再次进行分子蒸馏，以确保达到满意的分离效果。

（7）携带剂的应用　MD 要求物料在系统中始终处于流体状态。如果待分离的组分相对分子质量较大，熔点、沸点都较高，而且黏度也较大，流动性较差时，物料容易长时间滞留在蒸发面上，在较高温度下易焦化、固化，并使刮膜转子失去作用，严重时可损坏刮膜蒸发器，这时就应考虑加入携带剂，以改善物料的流动性。选用的携带剂应沸点高，对物料有良好的溶解性，并且不与物料发生化学反应，最后应易于分离出去。

分子蒸馏技术作为一种特殊的高新分离技术，是常规真空蒸馏的重要补充，主要适用于高沸点、热敏性、易氧化物料的提纯分离。随着人们对分子蒸馏技术研究的深入，加上它本身所特有的绿色和环境的低污染性，相信分子蒸馏技术将在医药产业中取得突破性进展。随着分子蒸馏技术研究的不断深入和发展，以及人们对高品质和天然绿色产品的追求，它在精油工业、精细化工、食品添加剂、医药工业、保健食品等工业方面的应用也将更加广泛。

四、沉降分离技术

沉降分离技术主要是用于流体与固体颗粒的分离。原理是利用颗粒与流体之间的密度差，将固体颗粒从流体中分离出来。根据作用于颗粒上的外力不同，沉降分离可分为重力沉降和离心沉降两大类。

1. 重力沉降

重力沉降是一种使悬浮在流体中的固体颗粒下沉而与流体分离的过程。其原理是：由于气体与液体的密度不同，液体在与气体一起流动时，液体会受到重力的作用，产生一个向下的速度，而气体仍然朝着原来的方向流动，也就是说液体与气体在重力场中有分离的倾向，向下的液体附着在壁面上汇集在一起通过排放管排出。它是依靠地球引力场的作用，利用颗粒与流体的密度差异，使之发生相对运动而沉降。

（1）重力沉降分类　颗粒在重力沉降过程中不受周围颗粒和器壁的影响，称为自由沉降。固体颗粒在重力沉降过程中，因颗粒之间的相互影响而使颗粒不能正常沉降的过程称为干扰沉降。

（2）影响沉降速度的因素　沉降速度由颗粒特性（颗粒密度、形状、大小及运动的取向）、流体物性（流体密度、颗粒相对流体的降落速度）及沉降环境综合因素所决定。在实际沉降操作中，影响沉降速度的因素有：流体的黏度、颗粒的体积浓度、器壁效应、颗粒形状的影响、颗粒的最小尺寸等。

（3）重力沉降的优缺点

①优点：一是设计简单；二是设备制作简单；三是工作稳定。

②缺点：一是分离效率最低；二是设备体积庞大；三是占用空间多。

（4）重力沉降在天然香原料的应用　重力沉降目前广泛应用于医药、食品、化学等各个领域，同时也是沉降烟用香原料较常用的分离方式。未经沉降的香料提取液中常含有大量杂质，如淀粉、多糖、蛋白质、树脂等，导致提取物存在口感差，有残留等问题。将沉降技术应用到香料提取物的分离过程中，可以通过自然沉降、低温重力沉降、加入强化剂沉降等不同方式将这些大分子的杂质除去，改善了部分香料的残留问题，口感得到明显改善，同时保持香料原有的香气香味。

2. 离心分离技术

离心技术在生物科学，特别是在生物化学和分子生物学研究领域，已得到十分广泛的应用，每个生物化学和分子生物学实验室都要装备多种型式的离心机。离心技术主要用于各种生物样品的分离和制备，生物样品悬浮液在高速旋转下，由于巨大的离心力作用，使悬浮的微小颗粒（细胞器、生物大分子的沉淀等）以一定的速度沉降，从而与溶液得以分离，而沉降速度取决于颗粒的质量、大小和密度。

离心机可分为工业用离心机和实验用离心机。实验用离心机又分为制备性离心机和分析性离心机，制备性离心机主要用于分离各种生物材料，每次分离的样品容量比较大，分析性离心机一般都带有光学系统，主要用于研究纯的生物大分子和颗粒的理化性质，依据待测物质在离心场中的行为（用离心机中的光学系统连续监测），能推断物质的纯度、形状和相对分子质量等。分析性离心机都是超速离心机。

（1）制备性离心机种类

①普通离心机：最大转速 6000 r/min 左右，最大相对离心力近 $6000\times g$，容量为几十毫升至几升，分离形式是固液沉降分离，转子有角式和外摆式，其转速不能严格控制，通常不带冷冻系统，于室温下操作，用于收集易沉降的大颗粒物质。这种离心机多用交流整流子电动机驱动，电机的碳刷易磨损，转速是用电压调压器调节，起动电流大，速度升降不均匀，一般转头是置于一个硬质钢轴上，因此精确地平衡离心管及内容物就极为重要，否则会损坏离心机。

②高速冷冻离心机：最大转速为 20000～25000r/min，最大相对离心力为 $89000\times g$，最大容量可达 3L，分离形式也是固液沉降分离，转头配有各种角式转头、荡平式转头、区带转头、垂直转头和大容量连续流动式转头、一般都有制冷系统，以消除高速旋转转头与空气之间摩擦而产生的热量，离心室的温度可以调节和维持在 0～40℃，转速、温度和时间都可以严格准确地控制，并有指针或数字显示，通常用于微生物菌体、天然植

物粗提物等的分离纯化工作。

③超速离心机：转速可达 50000~80000r/min，相对离心力最大可达 510000×g，最著名的生产厂商有美国的贝克曼公司和日本的日立公司等，离心容量由几十毫升至 2L，分离的形式是差速沉降分离和密度梯度区带分离，离心管平衡允许的误差要小于 0.1g。超速离心机的出现，使生物科学的研究领域有了新的扩展，它能使过去仅仅在电子显微镜观察到的亚细胞器得到分级分离，还可以分离病毒、核酸、蛋白质和多糖等；超速离心机目前也是天然香料粗提物纯化的有效工具。

超速离心机主要由驱动和速度控制、温度控制、真空系统和转头四部分组成。超速离心机的驱动装置是由水冷或风冷电动机通过精密齿轮箱或皮带变速，或直接用变频感应电机驱动，并由微机进行控制，由于驱动轴的直径较细，因而在旋转时此细轴可有一定的弹性弯曲，以适应转头轻度的不平衡，而不至于引起震动或转轴损伤，除速度控制系统外，还有一个过速保护系统，以防止转速超过转头最大规定转速而引起转头的撕裂或爆炸，为此，离心腔用能承受此种爆炸的装甲钢板密闭。

温度控制是由安装在转头下面的红外线射量感受器直接并连续监测离心腔的温度，以保证更准确更灵敏的温度调控，这种红外线温控比高速离心机的热电偶控制装置更敏感，更准确。

超速离心机装有真空系统，这是它与高速离心机的主要区别。离心机的速度在 2000r/min 以下时，空气与旋转转头之间的摩擦只产生少量的热；速度超过 20000r/min 时，由摩擦产生的热量显著增大；当速度在 40000r/min 以上时，由摩擦产生的热量就成为严重问题。为此，将离心腔密封，并由机械泵和扩散泵串联工作的真空泵系统抽成真空，温度的变化容易控制，摩擦力很小，这样才能达到所需的超高转速。

（2）转头种类

①角式转头：角式转头是指离心管腔与转轴成一定倾角的转头。它是由一块完整的金属制成的，其上有 4~12 个装离心管用的机制孔穴，即离心管腔，孔穴的中心轴与旋转轴之间的角度在 20°~40°，角度越大沉降越结实，分离效果越好。这种转头的优点是具有较大的容量，且重心低，运转平衡，寿命较长，颗粒在沉降时先沿离心力方向撞向离心管，然后再沿管壁滑向管底，因此管的一侧就会出现颗粒沉积，此现象称为“壁效应”，壁效应容易使沉降颗粒受突然变速所产生的对流扰乱，影响分离效果。

②荡平式转头：这种转头是由吊着的 4 个或 6 个自由活动的吊桶（离心套管）构成。当转头静止时，吊桶垂直悬挂，当转头转速达到 200~800r/min 时，吊桶荡至水平位置，这种转头最适合做密度梯度区带离心，其优点是梯度物质可放在保持垂直的离心管中，离心时被分离的样品带垂直于离心管纵轴，而不像角式转头中样品沉淀物的界面与离心管成一定角度，因而有利于离心结束后由管内分层取出已分离的各样品带。其缺点是颗粒沉降距离长，离心所需时间也长。

③区带转头：区带转头无离心管，主要由一个转子桶和可旋开的顶盖组成，转子桶中装有十字形隔板装置，把桶内分隔成四个或多个扇形小室，隔板内有导管，梯度液或

样品液从转头中央的进液管泵入，通过这些导管分布到转子四周，转头内的隔板可保持样品带和梯度介质的稳定。沉降的样品颗粒在区带转头中的沉降情况不同于角式和外摆式转头，在径向的散射离心力作用下，颗粒的沉降距离不变，因此区带转头的“壁效应”极小，可以避免区带和沉降颗粒的紊乱，分离效果好，而且还有转速高、容量大、回收梯度容易和不影响分辨率的优点，使超离心用于制备和工业生产成为可能。区带转头的缺点是样品和介质直接接触转头，耐腐蚀要求高，操作复杂。

④垂直转头：其离心管是垂直放置，样品颗粒的沉降距离最短，离心所需时间也短，适合用于密度梯度区带离心，离心结束后液面和样品区带要作90°转向，因而降速要慢。

⑤连续流动转头：可用于大量培养液或提取液的浓缩与分离，转头与区带转头类似，由转子桶和有入口和出口的转头盖及附属装置组成，离心时样品液由入口连续流入转头，在离心力作用下，悬浮颗粒沉降于转子桶壁，上清液由出口流出。

（3）制备性超速离心的分离方法

①差速沉降离心法：这是最普通的离心法。即采用逐渐增加离心速度或低速和高速交替进行离心，使沉降速度不同的颗粒，在不同的离心速度及不同离心时间下分批分离的方法。此法一般用于分离沉降系数相差较大的颗粒。

差速离心首先要选择好颗粒沉降所需的离心力和离心时间。当以一定的离心力在一定的离心时间内进行离心时，在离心管底部就会得到最大和最重颗粒的沉淀，分出的上清液在加大转速下再进行离心，又得到第二部分较大较重颗粒的沉淀及含较小和较轻颗粒的上清液，如此多次离心处理，即能把液体中的不同颗粒较好地分离开。此法所得的沉淀是不均一的，仍杂有其他成分，需经过2~3次的再悬浮和再离心，才能得到较纯的颗粒。

优点：操作简易，离心后用倾倒法即可将上清液与沉淀分开，并可使用容量较大的角式转子。

缺点：须多次离心，沉淀中有夹带，分离效果差，不能一次得到纯颗粒，沉淀于管底的颗粒受挤压，容易变性失活。

②密度梯度区带离心法：简称区带离心法。区带离心法是将样品加在惰性梯度介质中进行离心沉降或沉降平衡，在一定的离心力下把颗粒分配到梯度中某些特定位置上，形成不同区带的分离方法。

优点：a. 分离效果好，可一次性获得较纯颗粒；b. 适应范围广，能像差速离心法一样分离具有沉降系数差的颗粒，又能分离有一定浮力密度差的颗粒；c. 颗粒不会挤压变形，能保持颗粒活性，并防止已形成的区带由于对流而引起的混合。

缺点：a. 离心时间较长；b. 需要制备惰性梯度介质溶液；c. 操作严格，不易掌握。

密度梯度区带离心法又可分为两种。

一是差速区带离心法：当不同的颗粒间存在沉降速度差时（不需要像差速沉降离心法所要求的那样大的沉降系数差）。在一定的离心力作用下，颗粒各自以一定的速度沉降，在密度梯度介质的不同区域上形成区带的方法称为差速区带离心法。此法仅用于分离有一定沉降系数差的颗粒（20%的沉降系数差或更少）或相对分子质量相差 3 倍的蛋白质。离心时，由于离心力的作用，颗粒离开原样品层，按不同沉降速度向管底沉降，离心一定时间后，沉降的颗粒逐渐分开，最后形成一系列界面清楚的不连续区带，沉降系数越大，往下沉降越快，所呈现的区带也越低，离心必须在沉降最快的大颗粒到达管底前结束，样品颗粒的密度要大于梯度介质的密度。梯度介质通常用蔗糖溶液，其最大密度和浓度可达 1.28kg/cm^3 和 60%。此离心法的关键是选择合适的离心转速和时间。

二是等密度区带离心法：离心管中预先放置好梯度介质，样品加在梯度液面上，或样品预先与梯度介质溶液混合后装入离心管，通过离心形成梯度，这就是预形成梯度和离心形成梯度的等密度区带离心产生梯度的第二种方式。离心时，样品的不同颗粒向上浮起，一直移动到与它们的密度相等的等密度点的特定梯度位置上，形成几条不同的区带，这就是等密度离心法。体系到达平衡状态后，再延长离心时间和提高转速已无意义，处于等密度点上的样品颗粒的区带形状和位置均不再受离心时间所影响，提高转速可以缩短达到平衡的时间，离心所需时间以最小颗粒到达等密度点（即平衡点）的时间为基准，有时长达数日。等密度离心法的分离效率取决于样品颗粒的浮力密度差，密度差越大，分离效果越好，与颗粒大小和形状无关，但大小和形状决定着达到平衡的速度、时间和区带宽度。等密度区带离心法可分离核酸、亚细胞器等，也可以分离复合蛋白质，但简单蛋白质不适用。

收集区带的方法有许多种，例如，用注射器和滴管由离心管上部吸出；用针刺穿离心管底部滴出用针刺穿离心管区带部分的管壁，把样品区带抽出；用一根细管插入离心管底，泵入超过梯度介质最大密度的取代液，将样品和梯度介质压出，用自动部分收集器收集。

（4）离心操作的注意事项　高速与超速离心机是重要精密设备，因其转速高，产生的离心力大，使用不当或缺乏定期的检修和保养，都可能发生严重事故，因此使用离心机时都必须严格遵守操作规程。

一是使用各种离心机时，必须事先在天平上精密地平衡离心管和其内容物，平衡时重量之差不得超过各个离心机说明书上所规定的范围，每个离心机不同的转头有各自的允许差值，转头中绝对不能装载单数的管子，当转头只是部分装载时，管子必须互相对称地放在转头中，以便使负载均匀地分布在转头的周围。

二是装载溶液时，要根据各种离心机的具体操作说明进行，根据待离心液体的性质及体积选用适合的离心管，有的离心管无盖，液体不得装得过多，以防离心时甩出，造成转头不平衡、生锈或被腐蚀，而制备性超速离心机的离心管，则常常要求必须将液体装满，以免离心时塑料离心管的上部凹陷变形。每次使用后，必须仔细检查转头，及时清洗、擦干。转头是离心机中须重点保护的部件，搬动时要小心，不能碰撞，避免造成伤痕，转头长时间不用时，要涂上一层上光蜡保护，严禁使用显著变形、损伤或老化的离心管。

三是若要在低于室温的温度下离心时，转头在使用前应放置在冰箱或置于离心机的转头室内预冷。

四是离心过程中不得随意离开，应随时观察离心机上的仪表是否正常工作，如有异常的声音应立即停机检查，及时排除故障。

五是每个转头各有其最高允许转速和使用累积限时，使用转头时要查阅说明书，不得过速使用。每一转头都要有一份使用档案，记录累积的使用时间，若超过了该转头的最高使用限时，则须按规定降速使用。

（5）离心技术在烟用香料香精领域中的应用　离心技术是根据颗粒在匀速圆周运动时受到一个外向的离心力的行为发展起来的一种分离分析技术。用于工业生产的，如化工、制药、食品等工业大型制备用的离心技术，转速都在5000r/min以下。样品悬浮液在高速旋转下，由于巨大的离心力作用，使悬浮的微小颗粒（细胞器、生物大分子的沉淀等）以一定的速度沉降，从而与溶液得以分离，这项技术应用很广，诸如分离出化学反应后的沉淀物，天然的生物大分子、无机物、有机物。

植物原料中含有大量果胶、蛋白质、纤维素、木质素等不利于卷烟吸味的物质。在制备烟用香料香精时，既要去除不利于卷烟吸味的物质，又要保留原料特有的香味物质。离心技术作为制备烟用香料香精的一个工艺手段或者操作步骤，在去除植物原料中的生物大分子、无机物、有机物等方面能起到积极的作用。工业化的离心设备多采用连续离心的方式，处理量大而且快速。在工业化大规模生产制备烟用香料香精中，应用较多。

第四节　天然香料香精的储存与保管

一、天然香料植物的储存

1. 鲜料的储存

进场的鲜料，除根据不同品种的要求，检查各有关项目外，要准备场地和仓库进行存放。但是因为受设备处理能力的限制，存放一定时间是不可避免的，一般应在3~4h内能投入生产，鲜料应当在当日内处理完毕。

（1）鲜花的储存与保养

①花蕾：在保养过程中，对于不同品种也有不同的要求。对于花蕾（茉莉花、大花茉莉、晚香玉），从篓筐中取出后应摊在事先准备好的花架与花筛上进行保养，也可放在水泥平台上，如有条件也可以放在能机械传运的有孔眼的摊花机上。花蕾在存放过程中，原则上以薄层放置，厚度以不超过5cm为宜。有时为了使花蕾能全部和均匀一致地开放和发香，常每隔一定时间，把花蕾层轻轻地进行上下翻动。在干热的7~8月，对于大花茉莉的成熟花蕾，在保养过程中还需要均匀地喷洒雾水，使花蕾湿润，这样才能开

放得更好和香气更浓郁。

②鲜花：鲜花一般应及时加工处理完，如一时加工不完的鲜花也应该薄层放置，最好能放在较低的温度下保藏，这样可以抑制酶的活性，使制成的产品香气更接近原来鲜花的香气。玫瑰花和橙花，采用蒸馏法提油之前，如果原料进厂数量超过设备处理能力时，可将花瓣放在清水中保藏。一般说花保藏在比空气温度低的水中，能延续花的保藏时间，但时间过长仍然会发酵。

（2）鲜叶的储存　鲜叶运到工厂后，应薄层放置一定时间，甚至可以放置到半干，再进行投料生产，这样不但不影响质量，而且其绝对出油率高于鲜叶的出油率。如白兰叶、树兰叶、玳玳花叶、橙叶、薄荷叶等，放置一定时间或数天后，其出油率常比原来鲜叶高5%~20%（叶质量均按原来新鲜叶重计）。有些较为娇嫩的鲜叶如香叶等，不需要放置，采集后以立即组织生产为好。作为想长期保存的鲜叶，常在采集后，采用阴干或晒干办法，并通过打包进行保存，如紫苏叶等就采用这种方法。但在阴干或晒干（尤其是晒干）过程中，精油会有所损失。

2. 干料的储存

枝条、树皮、根类可压紧装成袋或打包成捆进行贮藏；橡苔、树苔可包在麻袋中，由于它们很容易吸收其他原料的香气，应与其他有香物质隔离堆放；心木（如楠木、樟木、愈创木、檀香木）存放在一般气温变化小的仓库中，可保存若干年之久；酒花装在麻袋中，酒花比树脂容易变化和分解，应保存于冷库中；枸杞和红枣因含糖量较高，吸湿性强，常规环境下保存易发生变质，应保存于冷库中；籽类一般装在麻袋中保存，但有的含有活性物质不易长期保存，如含有柠檬酸的提取物长期放置后，容易引起氧化，聚合、树脂化，影响香料的质量。上述原料的储存，应避免受潮发霉，存放的仓库内空气更通畅，温度要适宜。如果要长期保存，其环境一定要干燥。

二、天然香料香精的储存

从天然香料的组成，可以看出它们均具有不同程度的挥发性和可燃性，某些含天然香精成分较高的品种（如柑橘油香精等）受到日光的照射，空气的接触和较高气温的影响，容易发生氧化、聚合反应，致使变质变香，含植物油的香精在上述条件的影响下容易产生酸败，产生油哈气，贮存温度过低又会受冻而产生凝结，这些特性，决定了上述香精需贮存在满装密封的容器中，并置于温度为5~30℃，通风干燥又远离火源的场所，乳化香精由于其特殊性，更要妥善保存。它们的正常贮存温度必须在10~30℃，存放时间不得超过一年，切忌在烈日下暴晒和4℃以下存放，否则就会使稳定性加速恶化或者产生破乳。还有较多使用含有多量醇类和酚类的天然香料，如与铁接触会使色泽变色等，总之，根据产品的性能，正确贮存香精，有助于延长香精的使用寿命和提升加香的质量。

重点与难点

(1) 天然香原料的预处理方法及适用场景；
(2) 各种天然香料的制备方法及适用场景；
(3) 美拉德反应的机制及应用；
(4) 天然香料的分离纯化方法及适用场景；
(5) 天然香料的储存和保管方法及适用场景。

思考题

1. 简述天然香料的制备方法。
2. 简述美拉德反应的概念及主要过程。
3. 简述超临界 CO_2 萃取技术的优点。
4. 简述天然香料的分离纯化方法。
5. 简述膜分离技术原理及在天然产物中的应用。
6. 简述分子蒸馏技术的优点及局限性。
7. 简述天然香料的储存方法。

第三章
生物产香技术制备香料

课程思政点

【本章简介】

本章主要介绍了不同生物产香技术制备香料的研究进展及其代表性生产实例；生物产香技术在烟草中的作用及应用前景。

近20年来，随着科技革命与新技术、新方法的不断涌现，超临界流体萃取技术、分子蒸馏技术、生物工程技术、微波技术等在香料工业中应用越来越广泛。这些新技术广泛应用，给古老的香料工业注入了新的生机和活力，在某些方面甚至带来了颠覆性、革命性的变化。以天然动植物为原料，采用酶解、发酵等技术生产的香料和香精均属于天然制品，适应了当今世界崇尚自然、回归自然的潮流，在国际市场上备受欢迎。

第一节　生物技术制备香料概述

香料工业的不断繁荣与发展对丰富人们的物质生活做出了重要的贡献，但也带来了一些负面影响，特别是合成香料生产过程中产生的有害副产物对生态环境造成了严重的污染和破坏，低的生产效率也对资源和能源造成了浪费。如今，可持续发展已成为全球发展战略，不断开发和采用绿色新技术，从源头上消除或减轻污染，节省资源和能源，生产环境友好产品将成为香料工业发展的主要趋势。

天然香料不断增长的市场需求，促进了香料香精生产技术的迅速发展。人们在广泛追求自然的同时，就必然会与天然香料来源的有限性产生矛盾。生物技术作为近20年发展起来的一项极富潜力和发展空间的新兴技术，它的出现为天然香料的开发开辟了一个全新的方向。生物产香技术是利用包括诸如发酵工程、酶工程、植物细胞工程、基因工程等手段，将天然原料转化为人们所期望获得的各类香料物质的一种新途径。它的主要优势在于，微生物或者酶进行催化反应的专一性强，特别是立体选择性很高，而且生产过程中反应条件温和、节能、对环境友好。采用生物技术生产的香料，已被欧洲和美国的相关法律界定为“天然”的产品，因此可视为“等同天然香料”，具有良好的市场价值。

一、发酵工程

发酵工程是以工农业废料为原料，利用微生物的生长代谢活动来生产各种天然香料的技术。微生物发酵可以产生很多香味物质，如酯类、酸类和羰基化合物等。利用突变技术可以提高微生物生产天然香料物质的能力，采用细胞固定化等技术手段还可以大幅提高天然香料的产量。

1. 在香兰素合成中的应用

香兰素是一种用途广泛的香料，主要存在于香荚兰豆中，含量为7%左右，目前国际市场上只有0.2%香兰素是天然的，其余都是化学合成的。受货源限制、高昂的价格以及人们对天然产品依赖性不断增强的驱使，人们开发出大量的香兰素生物合成路径，其相关报道在所有香料化合物生物合成中也最多。一些微生物以阿魏酸、丁香酚、异丁香酚、姜黄素和泰国安息香树脂等化合物为前体，经发酵可获得香兰素，而转化率一般能达到30%左右。

阿魏酸［3-（4-羟基-3-甲氧基）丙烯酸］由于与香兰素的化学相似性，被认为是很有前途的前体物质，该物质大量存在于谷糠、甜菜糖浆等农业废料中，从这些原料中提取纯化阿魏酸，用来发酵生产香兰素，可大幅提高谷物与甜菜的综合利用率。当前，已经研制出用谷糠和甜菜糖浆生产天然香兰素的相当成熟的工艺。其主要流程是：

①从谷糠和甜菜糖浆中提取纯化阿魏酸；

②通过微生物发酵把阿魏酸转化为香兰素；

③采用超滤分离和去除微生物；

④从发酵液中萃取除去副产物，多次重结晶后得到高纯度的香兰素。

2. 在内酯合成中的应用

在日化及食品工业中，内酯化合物是常用的香料。如γ-内酯和δ-内酯通常具有水果香味，而某些大环ω-内酯具有麝香香味。工业上采用微生物发酵来生产一些重要的内酯，通常是利用羟基脂肪酸的β-氧化生产的。例如，用耶氏酵母（*Yarrowia lipolvtica*）或其他微生物降解天然蓖麻油酸来生产γ-癸内酯与R-蓖麻油酸的手性中心相同，且具有很高的光学纯度，通常包含98%以上的R-（+）-对映体。德国的Symrise公司就有利用生物发酵方法制备的R型γ-癸内酯出售。一些微生物还能直接利用非羟基脂肪酸作为前体合成内酯。例如，掷孢酵母（*Sporobolomyces adorus*）能将癸酸转化成γ-癸内酯，被孢酶（*Mortierella*）属的某些菌种能从辛酸合成γ-辛内酯，毛霉（*Mucor*）属的某些菌株能从C_4～C_{20}的羧酸转化成γ-内酯或δ-内酯。这无疑为这类内酯的大规模市场化供应提供了良好的生产路径。

二、酶工程

生物技术在香料开发中影响最大的就是酶工程技术。酶工程是指在一定的生物反应器内，利用酶的催化作用生产各种有价值物质的技术。目前，已有100多种香料产品是利用生物催化反应技术进行工业生产的，而实验室小型化酶催化开发出的香料产品更是多达1300余种。香料合成中应用较多的是脂肪酶、酯酶、蛋白酶、核酸酶和糖苷酯酶等，而脂肪酶又是其中研究最多、实际应用最广的一类。有报道的酶促反应工艺过程包括：将醇进行酶催化反应得到异丁酸等酸类香料；脂肪酶催化生产醇、酯及其内酯类香料；不饱和的脂肪酸经酶转化成低分子质量的醛类与醇类香料，如反-2-已烯醛和顺-3-已烯醇的生产等。

1. 在酯类香料合成中的应用

采用酶法合成的酯类香料化合物是最为广泛的。到目前为止，已有50多种的酯可由酶法合成。芳香酯是调制水果香型等日化和食用香精中常用的香料，在酿酒行业的高需求量尤为突出，仅浓香型白酒用的已酸乙酯在全国的产量就在3000t左右，产值上亿元。利用米氏毛霉脂肪酶（MML）在正庚烷中催化合成芳香酯，每千克MML每小时可产生288kg已酸乙酯。

2. 在乳制品香料制备中的应用

因为乳制品（如干酪、奶油和人造黄油）中的香味化合物是其中的脂肪、蛋白质和乳糖代谢的产物，因此，脂肪酶和蛋白酶被广泛地用于制备乳制品香料，如加快干酪的熟化和香味物质的产生。用脂肪酶处理过的乳制品比未处理的具有更好的香味和可接受性。

三、细胞工程

细胞工程是应用细胞生物学方法，按照人们预定的设计，有计划地保存、改变和创造遗传物质的技术。近年来，细胞工程的开发和应用主要集中在细胞杂交快速无性繁殖和细胞育种等方面。利用细胞杂交和细胞培养可生产独特的食品香味添加剂。以植物组织培养的技术生产草莓香料为例，首先使用各种香味的草莓来获取一种组织培养，然后将组织培养疏散到一种液体媒质中，从而由细胞产生所需要的草莓香料。利用上述方法提取出的香味物质与植物栽培法相同，极大地提高了植物香料的产量。

四、基因工程

基因工程，也可称为脱氧核糖核酸（DNA）重组技术，是指在分子水平上，通过人工方法将外源基因引入细胞，而获得具有新遗传性状细胞的技术。例如，日本山形县工业技术中心采取突变法，将产香能力强的遗传因子导入酵母菌中，经过两年时间培育出了新酵母菌。用这种新酵母菌酿制葡萄酒及一些果酒，可提高酒中乙酸异戊酯等 7 种香气的含量，使酒味香气浓郁。而将柠檬香叶遗传基因转移入天竺属香叶中，经转基因的香叶含香叶醇和香茅醇的量分别上升了 4 倍和 13 倍。可见，基因工程技术的潜力是巨大的。

利用具有生物活性的酶、微生物等生物催化功能生产香料、香精，与合成法相比较具有无可比拟的优点，它不仅带来生产方法的变革，而且所生产出的香料香精产品属于“绿色”范畴，符合当今发展的趋势。与此同时，我们也应该注意几个问题，一是某些动植物来源的酶提取途径较为复杂以及某些作为起始物的天然原料本身成本较高，这都有可能增加生产成本；二是利用基因工程技术所获得的香料化合物对其安全性还存在一定的争议，这也有可能影响该技术在香料工业中的发展。但我们相信随着科技工作者进一步探明动植物体内香料的合成途径以及人类认识水平的提高，生物技术在香料开发中的应用必将越来越广泛。

第二节　微生物发酵产香技术

一、微生物发酵法制备香料研究进展

生物技术涉及一系列传统和现代的生物学方法和手段，包括基因重组技术、生物酶工程技术、微生物诱变改良技术、发酵工程技术以及植物细胞或组织培养等。发酵工程技术是指以农业、工业等废料为原料，利用微生物的生产代谢生产各种香料的技术，其作为一项古老而又传统的方法，在酿酒和食品工业领域广泛使用，早期的研究主要是筛选产香微生物，而现代生物技术为它注入了新的内容，更多关注的是它的应用并提高生物催化的效率，利用突变技术可以显著提高微生物产香物质的能力，采用细胞固定化技术还可以提高香料的产量。近年来利用生物技术生产香料的研究极为活跃（图 3-1），已成为香料工业研究的热点，特别是在合成单体香料方面已取得了长足的进步，日益受到业内人士的关注。

已知有很多微生物可以通过全程合成从简单的培养基如糖、醇等中产生香料化合物，大量香料化合物属于此类。对这种食物发酵作用的进一步分析和优化，引发了对于纯微生物菌株通过全程或仅改变一种添加底物/前体分子而产生特定单一香味分子能力的研究。一些真菌能够合成包括花香香料在内的许多芳香化合物，如真菌长喙壳（*Ceratocystis*）能产生多种带有果味花香的萜烯；真菌念珠状角藻（*Ceratocysis moniliformis*）的主要香气产物是乙酸乙酯、乙酸丙酯、乙酸异丁酯、乙酸异戊酯、香茅醇和香叶醇等。为了避免抑制作用，人们发现利用渗透蒸发将产物移去可以降低生物反应器中的产物浓度并提高微生物的生长速率。这种综合生物过程所产生的香气化合物的总产量要高于传

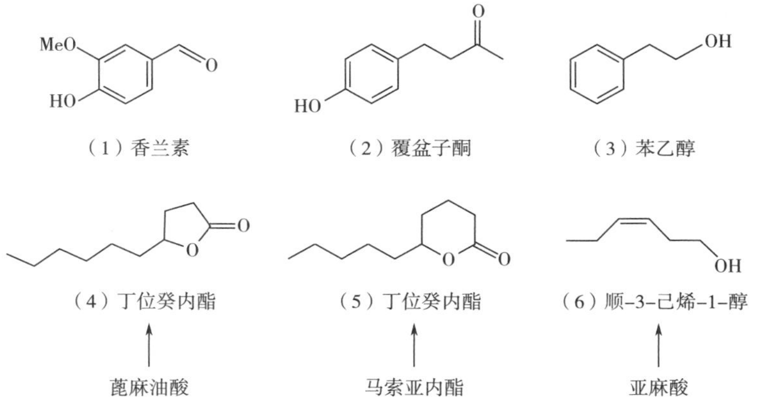

（1）香兰素　（2）覆盆子酮　（3）苯乙醇

（4）丁位癸内酯　（5）丁位癸内酯　（6）顺-3-己烯-1-醇

↑　↑　↑

蓖麻油酸　马索亚内酯　亚麻酸

图 3-1　通过生物转化制备的一些天然香料

统的分批培养。此外，从渗透蒸发中获得的渗透物是由高度浓缩的香料香精的混合物组成的。绿色木霉菌（*Trichoderma viride*）和哈茨木霉菌（*Tharzianum*）菌株能有效地形成椰子风味的内酯 6-戊基-α-吡喃酮（6-PP）；在一个综合的发酵过程中，6-PP 由渗透蒸发通过一个选择性膜被不断移去，因为如果它积累在培养基中会抑制生长。另外，水性二相体系也能够用于 6-PP 的原位回收。用微生物发酵法生产得到的有机酸，有的可直接作为香料使用，但更多的是它们的酯。目前利用微生物发酵方法已经实现大规模工业化生产的有机酸有：乳酸、柠檬酸、苹果酸以及各种氨基酸等。

糖类物质在厌氧条件下，由微生物作用而降解转变为乳酸的过程称为乳酸发酵。发酵性腌菜主要靠乳酸菌发酵，产生乳酸来抑制其他微生物活动，使蔬菜得以保存，同时也有食盐及其他香料的防腐作用。乳酸可以通过酯化得到乳酸乙酯、乳酸丁酯等，他们都是食品及日用香精中重要的香原料。

在食品及日化工业中，内酯化合物也是一种常用的香料，γ-内酯和 δ-内酯通常具有水果香味，而某些大环的 ω-内酯则具有麝香香味。工业上采用利用羟基脂肪酸的 β-氧化来生产一些重要的内酯。例如，耶氏酵母降解天然蓖麻油来生产 γ-癸内酯，产物具有很高的光学纯度。此外，酵母如乳酸克鲁维酵母（*Kluyveromyces lactis*）也能合成具有果香味、花香味的萜烯如香茅醇、芳樟醇和香叶醇等。Tahara 等发现酵母掷孢酵母能合成有香味的内酯，如桃子味的化合物 γ-癸内酯（4-decanolide）和 4-羟基-顺-6-十二碳烯酸 γ-内酯，尽管回收率较低，可以通过在培养基中加入适当的底物或前体分子来提高回收率。

已发现一些酵母能够合成大量的果味酯香料。土星拟威尔酵母（*Williopsis saturnus* var. *mrakii*）合成了重要的挥发性支链乙酸酯，主要是有香蕉香味的乙酸 3-甲基丁酯。从生物化学上看，缬氨酸、亮氨酸和异亮氨酸被酵母分别代谢为支链醇中间体异丁醇、3-甲基丁醇和 2-甲基丁醇。随后通过醇乙酰基转移酶的作用形成了相应的挥发性支链乙酸酯，如乙酸异丁酯、乙酸 3-甲基丁酯和乙酸 2-甲基丁酯。酵母可以将所加入的支链醇转化为相应的果味乙酸酯，其回收率得到明显提高。

另一种酵母克氏地霉（*Geotrichum klebahnii*）能全程合成多种支链羧酸的乙酯，产生一种令人愉快的果香。当加入异亮氨酸时，主要产物是2–甲基丁酸。此化合物稀释后具有令人愉快的水果味，给烟草增加水果、白酒和乳脂等风味，使烟气柔和滋润，可以明显降低辛辣与刺激性。

地丝菌（*Geotrichum fragrans*）通过氧化脱氨部分代谢了L–亮氨酸，加入乙醇引发酯化，形成具有香味的酯如异戊酸乙酯（图3–2），就可以经吸附从发酵罐的出气口回收。

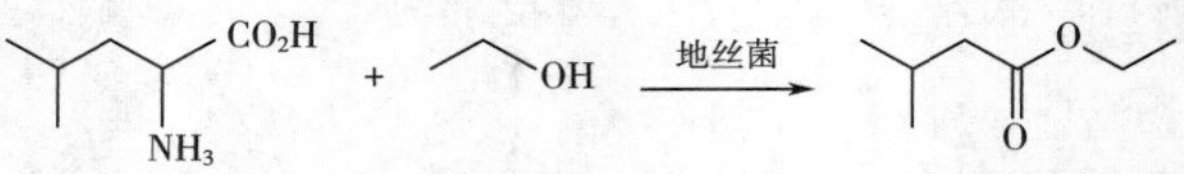

L–亮氨酸 + 乙醇 —地丝菌→ 异戊酸乙酯

图3–2 微生物转化酯化反应

细菌醋酸菌（*Acetobacter*）菌株能够合成一种有价值的一般香味酯的前体——甲基丁酸，作为底物它们可以氧化杂醇油中的甲基丁醇。由于其对细胞生长的有毒效应，它们必须以低浓度添加到发酵罐中。细菌如谷氨酸棒状杆菌（*Corynebacterium glutamicum*）可全程合成吡嗪；这些香味化合物覆盖了加热食物，如烤坚果、可可、咖啡豆、烘焙食物、烤肉等所形成的烘焙与坚果的香味。食品加工方法的变化比如微波炉加热中就不会产生吡嗪，这就需要加入这种有烘焙香味的天然吡嗪（表3–1）。吡嗪类化合物都有坚果和可可的香味，在卷烟中可增加可可、坚果、烘烤等香韵，提高烟香与烟味的品质。

表3–1 一些天然吡嗪的化学式及香味描述

吡嗪类化合物	化学结构	感官描述
2–甲氧基–3–异丙基吡嗪	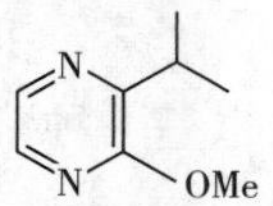	土壤、豌豆、马铃薯
四甲基吡嗪	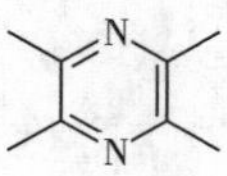	尖锐
2,5–二甲基吡嗪	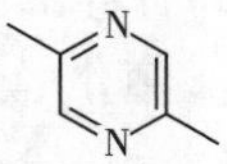	坚果、精油
2–甲氧基–3–异丁基吡嗪	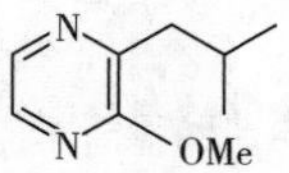	薄荷
2–甲氧基–3–甲基吡嗪	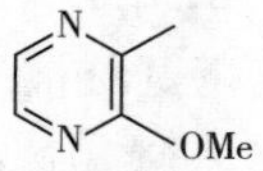	爆米花

续表

吡嗪类化合物	化学结构	感官描述
2-甲基-6-乙氧基吡嗪	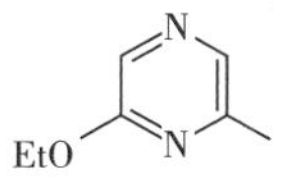 EtO N N	菠萝

羟苯基丁酮或称红莓酮（阈值：$1\times10^{-9}\sim1\times10^{-8}$）是红莓特有的香味组分，它可以通过丙酮与对羟基苯甲醛缩聚的化学方法获得，也可以从红莓中萃取，但 1kg 红莓中只能得到 3.7mg 红莓酮。微生物工程能有助于克服这些负面因素。例如，对于桦木糖苷（在杜鹃、桦木和枫木中发现的）的水解，就是在桦木苷醇中加入黑曲霉（*Aspergillus niger*）β-糖苷酶，该中间体可被博伊丁假丝酵母（*Candida boidinii*）的仲醇脱氢活性进一步转化为所需要的羟苯基丁酮（图 3-3）。

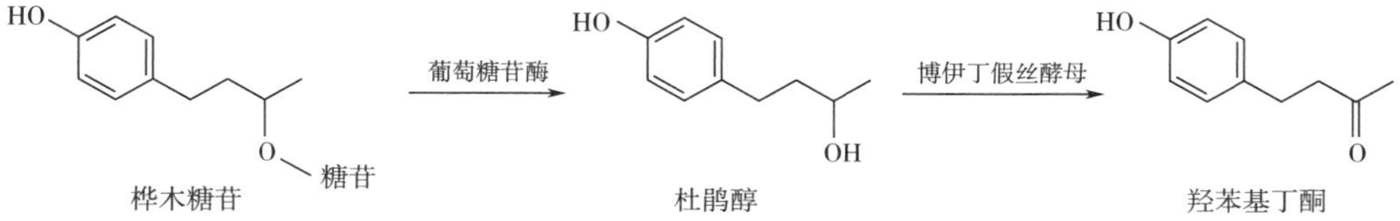

图 3-3 羟苯基丁酮的合成途径

二、由特定底物的生物转化合成香料案例

1. 酚作为底物合成香兰素香料

香兰素主要存在于香荚兰豆中，是一种用途广泛的香料。目前，香兰素是由愈创木酚经化学方法合成（年产 12000t，13.5 美元/kg）或从香豆中萃取而获得［其中天然香兰素含量为 2%（质量分数），年产 20t，3200 美元/kg］。受环境污染与绿色合成条件的限制，天然香兰素的高昂价格以及对天然香料的消费趋势推动了利用微生物工艺生产天然香兰素及其前体化合物（如丁香酚、姜黄素和阿魏酸等）的技术研发。阿魏酸［3-（4-羟基-3-甲氧基）丙烯酸］主要存在于甜菜等植物细胞壁中或谷糠等农业肥料中，从甜菜植物或谷糠肥料中提取纯化阿魏酸发酵生产香兰素，可以大幅提高谷物和甜菜的利用率，真菌和细菌能将阿魏酸代谢为香兰酸或香兰素。生产中，人们开发了一种两步真菌合成香兰素工艺路线（图 3-4）。由黑曲霉将阿魏酸转化为香兰酸，担子菌如朱红密孔菌（*Pycnoporus cinnabarinus*）或黄孢原毛平革菌（*Phanerochaete chrysosporium*）再将其进一步转化为香兰素（500mg/L）。发酵工艺的优化使其生产水平超过了 1g/L。在此水平上，香兰素对细胞会有较高的毒性。通过将产生的香兰素吸附到 Amberlite XAD-2 树脂上，可以减少毒性并进一步使回收率提高至 1.57g/L。进一步的研究发现，一种恶臭假单胞菌（*Pseudomonas putida*）细菌菌株能将阿魏酸非常有效地转化为香兰酸，而一种西唐链霉菌（*Streptomyces setonii*）细菌菌株转化阿魏酸为香兰素的水平可以

高达 6.4g/L。这表明细菌似乎比真菌能更好地实现这一生物合成。

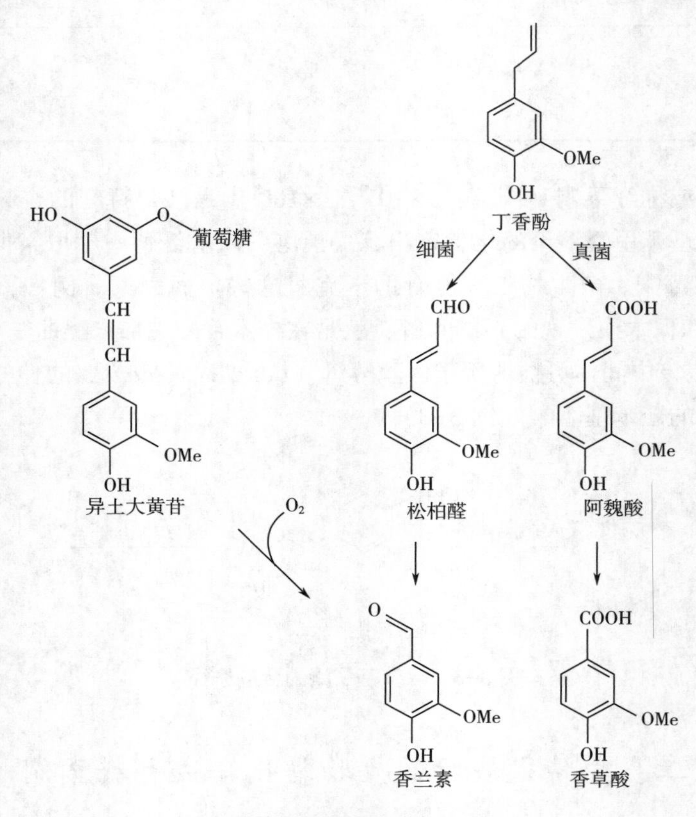

图 3-4 香兰素的生物合成路线

第二种可能的路线是利用节杆菌属（*Arthrobacter*）、棒状杆菌（*Corynebacterium*）或假单胞菌（*Pseudomonas*）菌株将阿魏酸、阿魏醛或松柏醛生物转化为丁香酚。作为丁香油的主要成分，丁香酚是可以在市场上购买到的。有研究表明，大豆脂肪氧合酶能够将丁香酚和松柏醛直接转化为香兰素，但其回收率是非常低的，其原因可能是由于所涉及的代谢途径尚未被揭晓。

第三条路线是由在云杉树皮中发现的天然 1,2-二苯乙烯（芪）、异土大黄苷的酚氧化而成的，起作用的酶是芪二加氧酶，存在于某种假单胞菌菌株中。所研究的其他方法都是利用香草植物细胞或根茎作为生物催化剂的。

香兰素均有浓郁甘甜的香荚兰豆的特征气味，香味持久，与烟草香味非常协调，添加到卷烟中可以赋予烟草丰满柔和的烟香风味。

2. 脂肪酸作为底物合成香料

许多昂贵的香料可以通过加入脂肪酸作为前体经由微生物来产生，包括能提供青草、蘑菇香味的化合物、特定内酯和甲基酮。甲基酮（2-烷酮）来源于中等长度的脂肪酸，有着很浓烈的与干酪类似的香味；它们是干酪如羊乳干酪、卡芒贝尔（*Camembert*）

软质干酪和斯第尔顿干酪香味开发的基础。甲基酮是由干酪真菌（*Penicillium roquefortii* 等）经一个不完全的氧化路径及特殊的酶如 3-酮烷基辅酶 A-硫代酸酯水解酶形成的，这些甲基酮比它们的前体 6-或 12-C 的脂肪酸少一个 C，如 2-戊酮、2-庚酮、2-壬酮和 2-十一酮（图 3-5）。一个大规模工艺使用了娄地青霉（*Penicillium roquefortii*）的分生孢子作为酶源，脂肪酶处理过的乳酯作为脂肪酸的来源。

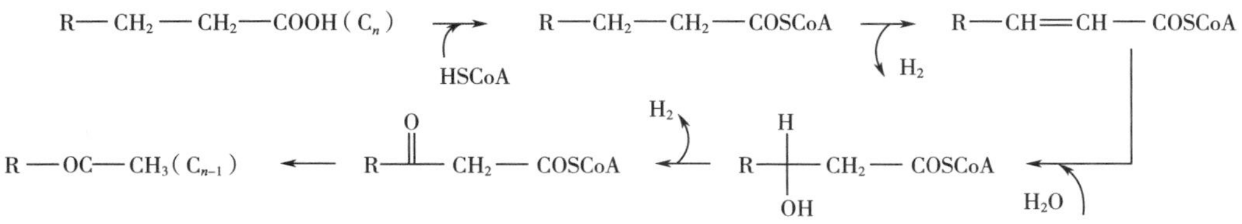

图 3-5 娄地青霉催化中等长度的脂肪酸形成干酪味的甲基酮香料

甲基酮类化合物添加到卷烟中能够增强烟草的芳香，使烟气甜醇，改善烟气吸味，改善粗劣气，增加天然感。

蒂腐病菌（*Botryodiplodia theobromae*）可以由 α-亚油酸（从亚麻子油中发现的）开始催化形成茉莉酸。用商用的脂肪酶将其酯化可以获得最终的香味产物——（+）-7-异茉莉酸，它能散发一种甜甜的、茉莉般的香气。在植物中通常发生的一个复杂过程涉及脂肪氧合酶［一种作用于多聚不饱和脂肪酸（PUFA）反式戊二烯部分的二加氧酶］、丙二烯氧化物合酶和环化酶，接着是 β-氧化步骤和双键还原（图 3-6）。其他一些真菌能通过脂肪氧合酶作用将亚油酸氧化为 1-烯-3-辛醇，这是蘑菇香味中最显著的一种。这一香味分子目前是将存在于很多植物油中的亚油酸作为发酵前体加入废弃的蘑菇茎秆中生产的。

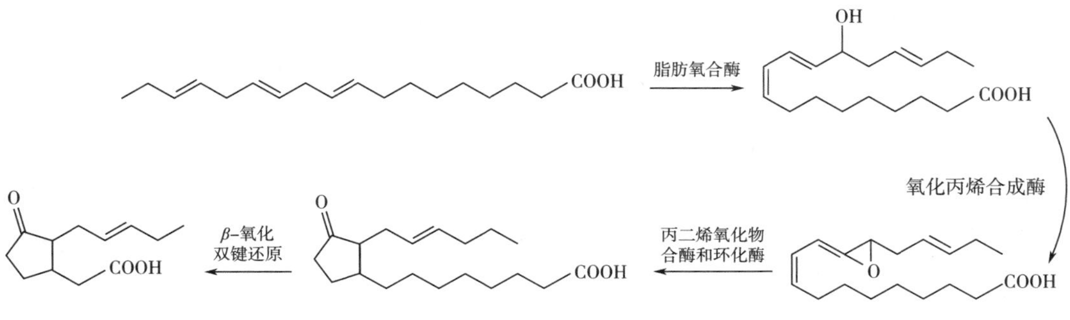

图 3-6 真菌蒂腐病菌催化的从 α-亚油酸到茉莉酸的生物转化

3. 生物合成苯乙醇香料

苯乙醇是芳香化合物中较为重要和应用广泛的一种可以食用的香料，因它具有柔和、愉快而持久的玫瑰香气而广泛用于各种食用香精、日用香精和烟用香精中。苯乙醇存在于许多天然的精油里，目前主要是通过有机合成或从天然植物中萃取获得该产品。

随着食品生物技术的飞速发展和人民生活水平的不断提高，通过微生物发酵法生产天然苯乙醇香料的工艺研究得到国内外业内人士的广泛关注与重视，如利用酿酒酵母（*Saccharomyces cerevisiae*）生产香味物质的原理即为利用酶或微生物将前体物苯丙氨酸转化为具有食品风味的苯乙醇香料。因为在酿酒酵母中芳香族氨基酸生物合成主要受DAHP合成酶、分支酸合成酶和分支酸变位酶等的调节，在酵母细胞中L-苯丙氨酸形成苯乙醇的途径中，对于苯丙氨酸，α-酮酸脱氢酶起主要作用。近年来微生物、酶因其使用量少，增香效果明显，微生物发酵生产天然香料和天然香精已成为世界上许多国家食品添加剂的研发热点。而烟草在芽孢杆菌（*Bacillus*）、枯草杆菌（*Bacillus subtilis*）、假单胞菌（*Pseudomonas*）等微生物发酵过程中能产生苯甲醇和苯乙醇等天然玫瑰香味成分，用于烟叶发酵，增加烟叶香气可视作一种理想的方法。在烟叶人工发酵方面，烤烟叶面微生物中，细菌占绝对优势，放线菌和霉菌较少。细菌中以芽孢杆菌属为优势菌群，霉菌中以曲霉为优势菌群。优良品种烤烟叶面微生物数量较大，种类较多。微生物是推动烟叶发酵、提高烟叶香气不可忽视的原因之一。

对于微生物发酵法生产天然苯乙醇香料工艺研究方面，近年来国外已成功研制出以苯丙氨酸、氟苯丙氨酸为原料，采用微生物酿酒酵母或克鲁维酵母（*Kluyveromyces*）发酵工艺转化来制取天然苯乙醇的工艺方法。华宝香化科技发展（上海）有限公司经过多年的创新研发，成功完成了以烟草（含烟梗、烟末）为原料的微生物发酵法生产香料苯乙醇的新工艺。该工艺利用烟草废弃物或下脚料作为生物转化的前体物，添加适当的培养基、选用合适的菌种［如产朊假丝酵母（*Candida utilis*）、酿酒酵母、克鲁维酵母中的一种］，在一定的发酵工艺条件下进行发酵培养，降解烟草中的木质素，果胶和多酚类化合物，并转化成苯乙醇，然后用萃取或离子交换树脂吸附分离的方法予以提纯。所得到的苯乙醇具有纯正的天然香味，可作为天然香料用于食品的加香。整个生产工艺简便，具有广泛的工业化发展前景，为烟草副产物找到了一条绿色环保的应用途径。

纵观微生物发酵法生产天然苯乙醇香料主要工艺技术，不难看到目前国外一般都采用以苯丙氨酸、氟苯丙氨酸为原料，进行微生物发酵转化制取苯乙醇。虽然此法提供了一种可行的天然苯乙醇香料生产方法，但由于这种方法所采用的苯丙氨酸、氟苯丙氨酸等原料价格昂贵，生产成本高，不宜实现规模化工业生产。近年来，国内企业通过创新研发，利用廉价天然的烟草废物资源作为微生物发酵法的起始原料，不仅为烟草的综合利用开辟了一条加工途径，而且也为香料工业找到了一种安全可靠、有利于可持续发展的有用资源，从而最大程度上降低生产成本，有效改善生态环境，更好地满足香料工业生产需求。

第三节 酶工程产香技术

一、酶制剂工业化研发进展

酶是生物催化剂，是细胞合成的调节生物体新陈代谢的一类具有高度催化活性的特殊蛋白质。酶工程是生物技术在香料开发过程中贡献最大的方法之一，酶工程是指在一定的生物反应容器内，利用酶催化生产有高附加值产品的技术，生命活动过程中的新陈代谢所涉及的各种化学反应由各种酶的催化来实现，它的主要优势就在于微生物或酶在进行催化反应时，具有转移性强、特别是立体选择性高的优点，且生产过程中反应条件较为经济、绿色。因此，其在研究生命活动规律、生物工程、医药工业（疾病发生、诊断和治疗等）、工农业生产、环境保护等领域的应用方面有着重要的意义。

食品中第一次商业化生产微生物酶产品（Taka 淀粉酶）的专利被药物公司 PARKE DAVIS 获得。1949 年，细菌淀粉酶的生产拉开了酶制剂大规模工业化生产的帷幕。自 1973 年以来，耐温淀粉酶（Termamyl）被引入连续淀粉水化过程后，淀粉加工业就发展成为继洗涤剂工业之后的第二大酶制剂应用市场。

二、酶法香料的制备

微生物能够制造香料其实并不是什么新鲜事，我们日常生活中天天见到的酒、醋、酱油、腐乳、泡菜、腌菜、酸乳等，其香味都是由微生物制造出来的。

在香料合成领域中，应用较多的有脂肪酶、脂酶和蛋白酶等。其中，关于脂肪酶的研究最多、实际应用也最广泛。酶促反应的工艺大致为：将醇进行酶催化反应得到异丁酸等酸类香料，脂肪酶催化生产醇、酯及其内酯类香料，不饱和的脂肪酸经酶转化成低分子的醛类及醇类香料，如反-2-己烯醛和顺-3-己烯醇的生产等。到目前为止，酶法合成的酯已有 50 多种，如芳香酯是调制水果香型等日化和食品香精中常用的香料，在酿酒行业中的需求较为旺盛，仅浓香型白酒用的己酸乙酯在全国的年产量就达 3000t 左右，产值达上亿元；而利用美国米氏毛霉脂肪酶（MML）催化正庚烷合成芳香酯，每千克 MML 转化为己酸乙酯的产量可达 288kg/h。

（一）醇、酯、酸类香料酶法制备

1. 醇类

酒精发酵是大家最熟悉的例子，糖类经过发酵后除了生成大量乙醇以外，还产生不少杂醇类。杂醇类可由碳水化合物代谢或氨基酸代谢形成，也可由相应的羰基化合物还原而生成。

2. 酯类

啤酒中含有各种各样的酯类化合物，有人曾经从中鉴定出 82 种不同的酯，这些酯大多数是通过主发酵途径生成的，它们与酵母的类脂物代谢有关。类脂物代谢会产生各种酸和醇，这些酸和醇是在酶（也由微生物产生）的催化作用下经酯化而产生了各种酯类化合物。

3. 酸类

糖通过酵母发酵生成乙醇，乙醇由醋酸菌的作用再转化成乙酸。乳酸杆菌可以通过同型发酵和异型发酵两种途径，将乳糖和非乳糖转变为乳酸。葡萄酒发酵时L-苹果酸也会转化为乳酸。氨基酸在微生物的作用下会产生脱氨作用，生成各种脂肪族或芳香族的酸。

（二）酮类香料的酶法制备

乳品中的柠檬酸盐通过发酵降解为乙酸盐和草酰乙酸盐，然后再脱羧生成丙酮酸盐，丙酮酸盐再通过几种酶的共同作用生成丁二酮。丁二酮具有奶油、坚果样香气，是发酵乳品的重要香味化合物。但在发酵食品中，丁二酮是不稳定的，因为合成丁二酮的微生物也含有丁二酮还原酶，能将丁二酮还原为没有香味的3-羟基-2-丁酮等。因此，像干乳等依靠丁二酮赋以香味的发酵食品，它的香味就会有一个最适期，当丁二酮被还原后，酪乳的香味强度和品质就会下降。

（三）其他香料的酶法制备

1. 萜类

关于薄荷醇的生物开发，主要由三条成熟的路线。第一条路线是将L-薄荷酮通过微生物作用转化为L-薄荷醇；第二条路线是将麝香草酚通过微生物的作用氢化生成四种异构的薄荷醇；第三条路线是采用微生物发酵的方法将羧酸酯水解而得薄荷醇。

2. 内酯

在酵母、霉菌、细菌等一些特定的微生物种群作用下，都能将酮酸转化成内酯，有的得率可以高至85%以上，有助于日后商业化大规模生产。

3. 吡嗪类

目前已发现有一株枯草杆菌能产生四甲基吡嗪，这在成熟的干酪中已经检测出多种吡嗪类化合物，虽然其中某些吡嗪是通过美拉德反应生成的，但另一些看来则是通过微生物的作用而生成的。

（四）酱油的酶法制备

酱油用的原料主要是植物性蛋白质和淀粉质。植物性蛋白质普遍取自大豆榨油后的豆饼，或溶剂浸出油脂后的豆粕，也有以花生饼、蚕豆代用，传统生产中以大豆为主。淀粉质原料普遍采用小麦及麸皮，也有以碎米和玉米代用，传统生产中以面粉为主。原料经蒸熟冷却，接入纯粹培养的米曲霉菌种制成酱曲，酱曲移入发酵池，加盐水发酵，待酱醅成熟后，以浸出法提取酱油。

生产酱油时，制曲是最为关键的环节，其目的是使米曲霉在曲料上充分生长发育，并大量产生和积蓄所需要的酶，如蛋白酶、肽酶、淀粉酶、谷氨酰胺酶、果胶酶、纤维素酶、半纤维素酶等。在发酵过程中味的形成是利用这些酶的作用，如蛋白酶及肽酶将蛋白质水解为氨基酸，产生鲜味；谷氨酰胺酶把成分中无味的谷氨酰胺变成具有鲜味的俗谷氨酸；淀粉酶将淀粉水解成糖，产生甜味；果胶酶、纤维素酶和半纤维素酶等能将细胞壁完全破裂，使蛋白酶和淀粉酶水解得更彻底。同时，在制曲及发酵过程中，从空气中落入的酵母和细菌也进行繁殖并分泌多种酶。也可添加纯粹培养的乳酸菌和酵母菌。由乳酸菌产生适量乳酸，由酵母菌发酵生产乙醇，以及由原料成分、曲霉的代谢产物等所生产的醇、酸、醛、酯、酚、缩醛和呋喃酮等多种成分，虽多属微量，但却能构成酱油复杂的香气。此外，由原料蛋白质中的酪氨酸经氧化生成的黑色素及淀粉经曲霉淀粉酶水解为葡萄糖，与氨基酸反应生成类黑素，使酱油产生鲜艳有光泽的红褐色。发酵期间的一系列极其复杂的生物化学变化所产生的鲜味、甜味、酸味、酒香、酯香与盐水的咸味相混合，最后形成色香味和风味独特的酱油。

利用微生物作用制造各种各样的香料在今后会越来越受到重视，因为它的产物被人们看作是“天然”的，认为比“合成品”更安全可靠。

第四节　生物香料在烟草中的作用及其应用前景

一、微生物产香技术特点及其制备烟用天然香料前景

随着近代微生物发酵工程与产香技术的迅猛发展，微生物已广泛应用在人类生活的各个方面，如各具风味的酱、醋、酸乳、面包等均是利用特定的微生物发酵作用生产出来的。由于微生物在增殖过程中可产生庞大的高活性酶系，如多糖水解酶类、蛋白酶类和纤维素酶类等，在酶促作用、化学作用及微生物体内复杂代谢的协同作用下，便可使底物发生分解、降解、氧化、还原、聚合、偶联、转化等作用，形成复杂的低分子化合物，其中包括各种香味化合物，如醇类、醛类、酮类、酸类和酚类等，这些香气物质无疑也是烟草的香气组分。微生物产生的香味物质是否适合于烟草香气特征则取决于产香菌的种类、培养基的组成以及发酵条件，如温度、湿度、酸碱度、诱导物、供氧状况等。通过选择特定的菌种、培养基和发酵条件，就可定向发酵生产出适合各种香型的烟用香料香精。如使用从烟叶上分离并纯化的一株产香菌，选择由烟末、烟秸秆、顶芽、腋芽、豆粕（含48%蛋白质、1%脂肪和22%碳水化合物）等的原料500g，粉碎后适当润水，于100℃蒸煮30min，冷却后接入产香菌，于30~60℃条件下发酵5d，然后将发酵产物于100℃加热回流30min灭菌，冷却后以乙醚（也可选择乙醇或正己烷等）为溶剂萃取发酵产物，萃取液经氮气流挥发除去乙醚后得到40g香料，回收率为8%。该香料是一种棕黄色树脂状物（以乙醚为萃取剂）或深棕色黏状膏体（以乙醇为萃取剂），

可完全溶于50%~95%的乙醇溶液，具有浓郁的果香、坚果香、焦糖香、烤香、酱香、草药香、烟草香特征，与烟香的协调性较好，可使烟气醇和而饱满，减轻杂气和刺激性，可用于中档、高档卷烟加香。

产香微生物发酵生产烟用香料具有以下特点。

1. 香料的风格独特

产香微生物发酵产生的香料系由多组分构成，香气浓郁，集果香、坚果香、焦糖香、烤香、酱香、草药香、烟草香为一体，具有独特风格而又与烟香谐调，不仅能显著提高香气质量，使烟气醇和、细腻、饱满，而且能产生由化工合成香料及天然植物提取香料所不能达到的效果。将其应用于调香工艺，可有助于形成卷烟产品的独特风格，在卷烟新产品开发加香工艺中可发挥较大作用。

2. 香料风格可定向调控

通过调节发酵原料组成、配比、菌种及发酵条件，同时采用各种提取、分离手段将产物分为酸性、碱性、中性等组分，甚至某几种重要的香气成分。通过定向改变发酵香料的香气特征，以满足各类型卷烟的加香需求，形成定型的如清香型烤烟微生物合成香料、浓香型烤烟微生物合成香料、混合型卷烟微生物合成香料等，也可以根据不同品牌卷烟加香要求，开发出适合某种品牌卷烟的专用香料。

3. 原料易得，成本低

所有富含淀粉、蛋白质、脂质、纤维素、香味前体物的植物、作物以及有机化合物均可作为原料选择对象，如烟草作物：包括烟叶、烟末、烟梗、烟茎、顶芽、侧芽、花蕾、种子；非烟草作物：豆类、禾谷类、花生饼、菜籽饼、芝麻饼、椰子饼等；香料植物：芸香科、檀香科、唇形科、橄榄科等的根、茎、叶、花、果实；有机化合物：单糖、氨基酸、蛋白质、烟碱、类胡萝卜素、淀粉等。上述原料成本普遍较低，烟草原料中除低次烟叶、烟末、烟梗目前可用于生产薄片外，其他部分均未得到合理利用，如将其用于生产烟用香料，不仅能变废为宝，而且经济效益显著。

4. 反应简捷，条件温和

原料按一定配方前处理并接种后，只需通过发酵过程，便可将原料转化为化工生产需多步反应才能完成的产品，且整个过程均可在较温和的温度、压力条件下进行，对设备条件要求不高，安全易行。

二、酶工程产香技术特点及其制备烟用天然香料前景

尽管酶在天然产物的提取活性方面应用广泛，但应用于烟用香精制备方面却报道较少。随着酶工程产香技术的不断发展，其作用越来越受到人们的重视。例如，在烟用葡萄香基的发酵过程中加入淀粉酶，作用后可产生杂油醇，而杂油醇的主要成分为1-丙醇、2-丙醇、丁醇及其异构体、戊醇、糠醛等，添加在卷烟中会增加酒香和轻微的青香。在烟用香橙提取物的制备过程中，加入果胶酶可除去香橙提取物中的果胶质，加入卷烟中赋予卷烟橙香和微弱的萜类气息，与没加果胶酶的橙汁相比，明显降低了果胶质

带来的刺激性。近年来，废次烟叶的酶处理技术是烟用天然香料的研究热点。经初步研究发现，在烟叶中加入果胶酶、纤维素酶、中性蛋白酶等能够改善烟叶浸膏在评吸时的口感，余味和刺激性。

重点与难点

（1）生物产香技术制备香料的具体途径及其区别；
（2）微生物发酵法制备香料的原理及其实际应用；
（3）酶法制备香料的研究现状；
（4）生物产香技术在烟用香料中的应用。

思考题

1. 通过生物技术制备香料主要包括哪些方法？
2. 微生物发酵法可以制备的香料化合物有哪些？
3. 酶处理发酵法可以制备的香料化合物有哪些？
4. 如何评价微生物产香技术制备烟用香料效果？

第四章 不同种类天然香料及其制备工艺

课程思政点

【本章简介】

本章主要介绍了常见天然香料的分类；代表性天然香料的制备工艺。

天然香料包括动物性和植物性天然香料两大类。动物性天然香料常用的商品化品种有麝香、灵猫香、海狸香和龙涎香四种；植物性天然香料是以植物的花、果、叶、皮、根、茎、草和种子等为原料提取出来的含有多种化学成分的混合物。

天然香料是在历史上最早应用的香料，天然香料是指以动植物的芳香部位为原料，经过简单加工制成的原态香材或者是利用物理方法（水蒸气蒸馏、浸提、压榨等）从天然原料中分离出来的芳香物质，其形态常为精油、浸膏、净油、香膏、酊剂等，如玫瑰油、茉莉浸膏、香荚兰豆酊、白兰香脂等。

天然香料广泛分布于植物或动物的腺囊中。天然香料有其特有的定香、协调作用及独特的天然香韵，是合成香料难以媲美的。天然香料的主要成分有萜烯、芳香烃、醇、酸、酮、醚、酯和酚等。

随着人们消费观念的改变，考虑到化学合成物质的安全性及环境问题，化学合成香料的用量逐渐减少，而天然香料的用量日益增加。天然香料以其绿色、安全、环保等特点，日益受到各个行业及领域的广泛使用，世界天然香料产量正逐渐增加。香料香精广泛用于香皂、洗涤剂、各种化妆品、牙膏、空气清洁剂等环境卫生用品，糖果、饮料、烟酒等食品，以及医药、纸张、皮革、织物等加香。

目前常用的天然香料的生产加工包括以下几种：水蒸气蒸馏法、萃取法、冷榨冷磨法、吸附法。天然香料生产加工方法的选择应取决于香料的种类、用途以及成本等因素，在选择过程中应注意保证香料的质量和安全性。

第一节 精油类香料及其制备工艺

一、花朵类精油

（一）玫瑰精油

玫瑰系蔷薇科蔷薇属灌木，原产于中国，现今在全世界各地广泛种植，玫瑰品种多达3万余种，主要包含有大马士革玫瑰、百叶玫瑰、白玫瑰、香水玫瑰、重瓣玫瑰等品种。玫瑰花富含多种维生素，包括维生素C、B族维生素、维生素K。玫瑰精油不仅具有安神、美容护肤的作用，同时在食品以及医药方面也有很广泛的应用，有“液体黄金”之称。

1. 传统工艺提取技术

（1）水蒸气蒸馏法　由于玫瑰花精油具有易挥发、难溶于水、化学性质较稳定的特点，所以水蒸气蒸馏法是玫瑰精油提取工艺中最常用的技术。水蒸气蒸馏法的原理是利用高温水蒸气将玫瑰精油从玫瑰花中蒸馏出来，利用油水不互溶原理将混合液体分离，从而得到玫瑰精油。水蒸气蒸馏法具有易操作、低成本的优点，但是由于蒸馏时间以及蒸馏速度难以控制，会影响玫瑰精油的出油率，同时高温还会破坏玫瑰精油中的有机物的分子结构，从而影响玫瑰精油的色泽和气味。张睿等在水蒸气蒸馏技术上进行了改进，提出了二步变馏式回水蒸馏工艺，在不增加蒸馏时间的同时，将出油率提高到了27%，大幅提高了玫瑰精油出油率。

（2）压榨法　压榨法其原理是利用物理压榨方式将玫瑰花瓣原料进行挤压，把玫瑰花中的水分与芳香成分的精油直接从原料中挤压从而形成油水混合物，再通过过滤或离心将油水混合物进行分离从而得到玫瑰精油。此方法操作简单，成本低，且在提取过程中不会破坏玫瑰精油的天然成分，无污染，但此方法提取玫瑰精油的产出率低，且纯度不高。

（3）有机溶剂萃取法　有机溶剂萃取法是目前提取玫瑰精油常用工艺，其原理为相似相溶原理，利用有机溶剂如石油醚与氯仿的混合物来直接浸取玫瑰花瓣原料，再经过浓缩脱蜡从而得到玫瑰精油。此方法优点在于可同时从玫瑰精油中提取出高沸点和低沸点精油成分，从而大幅降低了芳香油成分的损失，同时最大程度地保留了天然玫瑰精油的香气，该方法操作简单，且玫瑰精油产出率较高。不足之处是由于提取时间过长，容易产生溶剂残留，从而影响玫瑰精油的纯度和品质。因此后期常常利用其他方法辅助有机溶剂萃取法来提高玫瑰精油的产出率。毛佩芝等利用二氯甲烷来二次萃取玫瑰精油，其产出率为0.048%；杨云月等利用超声波手段辅助有机溶剂萃取法，使得玫瑰精油的产出率达到0.61%。此外在工业生产中，常常利用蒸馏法和玫瑰精油萃取法相结合手段，极大地提高了精油出油率，此方法又名蒸馏萃取同步法。

2. 新型工艺提取技术

（1）超临界CO_2萃取法　超临界二氧化碳萃取法又名超临界流体萃取法，此提取工艺原理是当二氧化碳处在超临界高温或者低温状态下，其密度接近于流体CO_2，这使得它具有类似有机溶剂液体的萃取功能，但同时又保留了气体独特的扩散功能。因此当把玫瑰原料放入超临界CO_2流体中，通过减压或者升温方式将玫瑰花中的有机成分从液体中萃取出来，便能够得到纯度很高的玫瑰精油。该提取工艺的优点在于常温状态即可提取玫瑰精油，其次采用了对人体健康的试剂乙醇和CO_2，高温状态不会受热分解。因此该工艺具有提取率高、无有机溶剂残留及绿色环保无污染的特点，目前较广泛应用于天然产物的提取。但此工艺所需的高压操作对设备与操作技术的要求很高，且成本较大，所以在实际工业生产中此方法还未普及，应用范围有限。有学者采用响应面法重新优化了超临界CO_2萃取技术，成功将玫瑰精油提取率提高了1.29%。

（2）亚临界CO_2萃取法　亚临界CO_2萃取法是在超临界CO_2萃取技术的基础上进行优化改进后的新型工艺技术。其工作原理是在热力学状态下，处于超临界CO_2的边缘，在临界温度以下又在临界压力以上的流体CO_2。该工艺的最大的优点在于玫瑰精油提取过程无毒、无害、无挥发性有机溶剂、绿色环保、无污染、非热加工，其次可保护提取物的活性成分不被破坏、不被氧化，而且其产能大、可工业化大规模生产，节能且运行成本低，易于和产物分离。此外与超临界CO_2萃取技术相比较，玫瑰精油提取过程较温和，因此对高压设备的要求没有那么苛刻，且对于目标产物的溶解度更大，成本更低。

（3）分子蒸馏纯化法　分子蒸馏纯化法的工作原理是指在高真空状态下，利用“蒸气分子的平均自由行程大于蒸发表面与冷凝表面之间的距离”的原理，将料液混合物中各组分蒸发速率有差异的物质进行蒸馏分离。分子蒸馏纯化技术作为新兴的植物精油提取技术，相比于传统提取工艺，其优点是极为显著的。首先是原料被加热时间较短，不会对原料有机物质本身造成破坏，因此极其适合于玫瑰精油的提取，这也是传统的蒸馏提取技术完全无法达到的。其次由于玫瑰精油提取过程中实验要求温度较低，受热时间短，因此各组分分离程度及精油提取率较高。此外，分子蒸馏纯化技术不仅仅应用于芳香油的提取，更广泛应用于化工、医药、轻工、石油、油脂、核化工等工业中。而在实际的生产运用当中，也常以有机溶剂萃取-分子蒸馏纯化技术相互结合的方法来提取玫瑰精油。

（二）桂花精油

桂花，别称木樨，属木樨科常绿灌木或乔木，分为金桂、银桂、丹桂、月桂等4类。桂花富含黄酮、酚类、萜类、木脂素类、苯丙素类等多种有效成分，具有抗氧化、抗炎、抑菌、辅助抗肿瘤、抗衰老等药理活性。桂花香味独特，除供食用和观赏外，还可提取精油。而桂花精油是目前唯一一种不能人工合成的高档花香香料，为我国特有，具有柔和、芬芳、令人愉悦的香气。国内外报道的桂花精油提取方法有多种，如水蒸气蒸馏法、溶剂提取法、超临界 CO_2 萃取法及其他辅助技术等。

（1）水蒸气蒸馏法　水蒸气蒸馏法是一种常用的提取方法，将桂花与水共同蒸馏，使其成分扩散至水蒸气中，随水馏出，再经冷凝进行水油分离，最终得到桂花精油。徐继明等用此法将鲜桂花蒸馏 3h，提取得到具有桂花香味、淡黄色的挥发油。此法设备简便、操作简单、精油生产成本低，但其缺点也很明显，蒸馏时间长且温度高，可能会引起精油中热敏性物质的分解，对精油产品质量造成不利影响。

（2）溶剂提取法　溶剂提取法是利用有机溶剂，如石油醚、无水乙醇、乙酸乙酯等对桂花进行浸提萃取，提取液蒸馏除去溶剂得桂花精油。该法所需设备简单、成本低、产率高，适用于制备精油粗制品，缺点是在制备过程中需使用大量的有机溶剂，精油中的溶剂残留很难除去。周姚红等以桂花为原料，采用此法对桂花精油进行提取。结果表明，相比石油醚和乙酸乙酯两种，用无水乙醇提取得率最高，为 7.35%。

（3）超临界 CO_2 流体萃取法　该萃取法是先将桂花装入萃取釜打碎，溶解在超临界 CO_2 流体中，利用流体进行萃取，再恢复至常温常压，分离出桂花精油。该法工艺简单，回收率高，同时很好地保持了桂花的主要天然成分。缺点是该法对设备的要求很高，生产成本比较高，目前并没有大规模运用于生产中。李发芳等采用此提取方法对桂花进行提取，精油得率为 0.19%。陶清等研究超临界 CO_2 提取桂花油的工艺条件，考察了萃取时间、温度、压力、夹带剂对桂花油回收率的影响。结果表明，在压力 15MPa、温度 50℃、时间 20min、采用水-乙醇混合夹带剂［含水 40%（质量分数）］的条件下对桂花进行提取，精油得率为 1.07%。

（4）超声波辅助提取法　超声波辅助提取法是一种物理破碎的过程。该法利用超声波使植物的细胞壁遭到破坏，进而溶剂渗透到细胞中，加速溶出细胞中活性成分。此法大幅缩短了提取时间，提高了提取率。郑义等将超声波辅助提取新鲜桂花精油的工艺进行优化，并研究了工艺条件对提取率的影响。结果表明，在料液比 1：9（g：mL）、超声频率 60 kHz、提取时间 45min、提取温度 60℃的条件下，精油得率为 3.58%。

（5）酶制剂辅助提取法　该法是选择对应的酶对桂花进行预处理，利用生物酶破坏其细胞壁的结构，使细胞内的成分溶解于溶剂中，再配合传统提取方法对桂花进行萃取。此法具有提取时间短、成分破坏少、精油品质好的优点。张雪松等比较了单一酶和复配酶辅助提取桂花精油的工艺条件。结果表明，使用复配酶处理不仅提高了桂花精油得率，同时还提高了桂花精油中多种主要香气成分的含量。

（6）微波辅助提取法　微波辅助提取法是利用微波能来提高萃取率的一种新技术。它通过调节微波的参数，加热、提取与分离目标成分。该法具有萃取时间短、节省萃取溶剂且产品回收率高的特点。由于微波射线穿透性极好，可施加于任何天然产物，提取其有用物质，该法广泛用于有机化学和分析化学制备样品。陈培珍等研究出了一种微波辅助同时蒸馏萃取桂花精油的方法。在此最佳工艺条件下重复提取 3 次，桂花精油的平均得率为2.34%。

(三) 丁香花精油

丁香为木犀科丁香属落叶灌木植物，主要分布在中国、朝鲜、日本以及欧洲东南部。我国是丁香属植物的分布中心，主要生长在西南、西北、华北、东北等地区。丁香精油是食品、化妆品、医药工业的良好香料，发展潜力巨大。目前，丁香精油主要采用传统压榨法、浸出法、蒸馏法提取。而目前超声波在物质提取方面已广泛应用，可采用超声波辅助提取法对丁香花进行精油提取。

采用超声波辅助萃取丁香花精油的提取工艺的研究发现：①丁香花在花蕾期和衰败期的含油量最低，半开期含油量次低。丁香花采摘的最佳发育时期为花朵完全盛开时。②丁香花精油的最佳提取工艺条件是：超声时间为40min、料液比为1∶20、浸泡时间24h。③提取丁香精油最常用的是水蒸气蒸馏法和有机溶剂萃取法，但存在提取时间较长，溶剂挥发损失较多，成本较高，且提油率较低等问题。而超声波辅助提取可提高有效成分的提取率，缩短提取时间，提高提取效率，节省溶剂用量，简化操作步骤。

通过丁香花的气相色谱-质谱（GC-MS）分析结果表明：①丁香花在开花过程中的各种挥发性成分的释放规律是不一致的。通过鉴定基本成分有丁香醇A~D、芳樟醇、2-羟基-2-乙酰基-4-甲基苯、丁香醛B等。②丁香花4个花期的划分虽然并不绝对，但实验研究表明香精油化学成分和含量在不同花期存在差异，可见丁香花器官的生长发育与香精油含量和化学成分有关。③感官上全开期的丁香花最香。检测结果表明，全开期的香精油化学成分的含量最大，且化学成分较多，有36种。苯乙醛为重要的醛类香料成分，具有风信子香气。苯甲醇具有甜的果香和花香，丁香醛A是香料的组成成分，丁香醛A的香味极限为0.2 ng。其中所含有的4个丁香醇异构体和丁香醛是丁香鲜花的特征香气成分。

(四) 薰衣草精油

薰衣草是一种小灌木，具有很多栽培品种，且具有全株都能提取精油的特点，市面上出现的薰衣草精油品类多样，含量差别也较大。即使是同一株薰衣草，提取的部位不同，制取的薰衣草精油成分也有很大的差异性。薰衣草的生长环境、采取时间对其精油的产量都有影响。所以，怎样高效提取精油，制备出成分含量较高的精油，是研究人员一直在探究的问题。现代薰衣草精油的萃取工艺技术有多种，经常使用的工艺技术有：水蒸气蒸馏法、有机溶剂萃取法、超声波萃取法、超临界CO_2萃取法等。每种萃取工艺都有不同的优点和缺点，所以在进行萃取时，应该结合薰衣草的情况，选择合适的方式高效萃取。

(1) 水蒸气蒸馏法　将薰衣草和水放在一起进行蒸馏，在液体内各个成分不发生化学反应的条件下，液体的总蒸气压和各个成分的饱和蒸气压相同时，薰衣草内的一些挥发性成分就会和水蒸气一起被蒸馏出来，再经过冷凝、分液处理后，得到薰衣草精油。

水蒸气蒸馏法属于一项比较传统的精油萃取工艺，其具有低成本产量大的优点，蒸馏技术比较简单，操作方便，萃取精油成分较高。但也存在着一定的缺点，萃取的效率相对较低，还会影响精油中的一些有效成分。张秋霞等研究发现，薰衣草在经过较长时间的蒸馏之后，会在水中溶解较多，原本一些热敏物质会消失，影响萃取效率，并且在高温下，精油中的一些易水解物质会被水解，造成含量下降。

水蒸气蒸馏法的原理是借助水蒸气，将这种芳香油气化带出来，然后进行冷却，油水会进行分层，进而萃取出植物精油。在蒸馏时，根据原料放置的位置不同，主要有三种蒸馏方法，分别是：水中蒸馏、水上蒸馏、水气蒸馏。水中蒸馏法不是所有植物都适用，如柠檬就不适用，因为这种蒸馏方法会造成原料中的一些有效成分被水解。

使用水蒸气蒸馏法提取薰衣草精油还受到蒸馏时间的影响，蒸馏时间会影响出油率。理论上讲，蒸馏重点是所有精油不再随时间延长而增加。然而，在实际操作中，必须考虑到能源消耗与得油率之间的关系。以 2h 为例，可以发现在蒸馏 0.5h 时，精油获得率相当于理论得油率的 57%左右，如果蒸馏时间为 1h，那么这个百分比则是 80%左右，如果时间增加到 1.5h，那么百分比为 93%左右。蒸馏过程中得油率的提升不是均匀增加的，而是先大后小。通过综合考虑，兼顾得油率以及能源节约两个因素，建议使用水蒸气蒸馏法提取薰衣草精油的时间最好为 1h。

（2）有机溶剂萃取法　植物精油属于油脂类，具有溶于有机溶剂的特点，并且植物中含丰富的植物芳香油，这种油脂具有较强的挥发性。用有机溶剂法来萃取薰衣草精油时，先将薰衣草全部打碎，然后进行干燥处理，之后使用苯等有机溶剂来浸泡薰衣草，将其中的易挥发成分分离出来，之后将有机溶剂作过滤处理，这样就可以得到薰衣草的浸膏，使用酒精将浸膏溶解，经过低温脱蜡处理，就可以获取成分较高品质较好的薰衣草精油。

有机溶剂萃取工艺和水蒸气蒸馏法相比，能够提高萃取的效率，并且提高含量。然而有机溶剂萃取工艺，在萃取时需要使用大量的有机溶剂，成本相对较高。曹少华等研究人员研究发现，使用有机溶剂法进行薰衣草精油萃取时，如果溶剂使用量比较少，那么得到的浸膏中就会有一些杂质，在后续分离时难度较大，所以想要保证萃取纯度，就需要消耗大量的有机溶剂，进而提高成本。

使用有机溶剂萃取工艺获得的精油量会明显比水蒸气蒸馏法高，但是获得的精油在香型上存在一定的差异，有机溶剂萃取出来的浸膏中，带有一种刺激性的气味，可见其中必定有一些杂质，影响精油的成分。针对浸膏进行纯化实验处理，将其溶解到乙醇中，乙醇需要加热到 60℃，顺时针搅拌直到室温，然后进行离心分离，转数达到 3000r/min，等冷却杂质析出，然后对溶液作降压处理，回收乙醇，进而得到比较纯的薰衣草精油。在进行薰衣草精油制取时，水蒸气蒸馏法较有机溶剂萃取法相比，能够萃取出纯度更好的薰衣草精油。

（3）超声波萃取法　超声波萃取法是在有机溶剂的基础上升级的一种萃取方法，将薰衣草放入有机溶剂当中，然后使用超声波对溶剂和薰衣草进行处理，发挥超声波的强空化效应，快速将薰衣草击碎，破坏其细胞，最大化地将其成分溶解到溶剂中，提高提取的效率。

超声波萃取薰衣草精油，具有萃取时间短、效率高等优点。李双明等研究人员通过研究发现，在超声波功率达为160W时，超声强化液固比为15∶1，使用硫酸镁作为溶剂，其浓度控制为10g/L，保持超声15min，就能提取到最高纯度的精油。由于这种萃取技术还不是十分成熟，所以不能在工业上普及使用，只能用于实验室中进行精油的制取。超声波萃取技术实际使用时，需要注意下面几点：

①控制好超声时间：因为超声时间如果过长，就会影响出油率，最佳的超声时间是在45min，超过这个时间，精油的溶解度就会增加，造成一些热敏物质流失。

②控制好超声频率：超声频率会直接影响萃取效率，通常情况下，超声频率在45kHz时，是提取的最佳阶段，如果超声频率保持在28kHz时，就应该采取交频的方式来进行提取，这样才能保证提取质量。

③控制好超声温度：随着超声温度的变化，提取率是增加后减少，所以超声温度保持在50℃是最佳。

（4）超临界CO_2萃取法　这种萃取方法是一项新的萃取技术，其工作原理是保持超临界状态，让薰衣草和CO_2流体接触，然后可以将其中不同成分的分子按照一定的顺序萃取出来，控制好萃取的条件，保证各个成分最佳比例混合，然后再做减压升温处理，将CO_2流体放出，最后得到有效成分，可以获取比较纯的薰衣草精油。

超临界CO_2萃取技术需要在一个密闭的环境中实施，对温度没有过高的要求，只需要保持常温即可，其具有操作相对简单，萃取成本低，制取浓度高等优势，这主要是由于CO_2成本低，容易制取，可以循环利用，同时这种萃取方法，不会破坏薰衣草中的成分，能够制取出纯度比较高的精油。马萱等研究人员对水蒸气蒸馏法和超临界CO_2萃取法进行对比，发现超临界CO_2萃取法的操作时间短，获取效率高，并且萃取的纯度也比较高，能够获取到4.5%的萃取物，对其进行色谱峰检测，发现具有60多个色谱峰，并且萃取的精油香气更柔和。但是这种萃取方法唯一一个缺点就是设备要求比较高，所以造成整体的萃取成本增加，但这种萃取方法仍旧值得推广。

二、乔木灌木精油

（一）松节油

松节油是中国林业化工的重要产品之一，亦是一种重要的化工原料，它可用于制造樟脑、冰片、农药、香料、化工轻工业食品、医药产品等，在精细化学工业中也有重要的用途。松节油的主要成分为α-蒎烯、β-蒎烯，它是一种天然的易挥发的芳香油，是无色透明的液体，有特殊的气味。

松节油是从粗松脂中提取的，而粗松脂即为直接从松树上采集而没有预处理的松脂，其俗名为松树油。常用的提取方法是传统加热方式进行水蒸气蒸馏或有机溶剂萃取。国内生产松节油的几种方法为：

①用松树上采割来的松脂经蒸馏加工得到，称之为脂松节油；

②用汽油浸提松树明子的浸提液加工提取，称之为木松节油或浸提松节油；

③用松木为原料的硫酸盐制浆造纸时从蒸煮木片的废汽中回收，称之为硫酸盐松节油；

④干馏含脂量高的松木或明子，得到的是干馏松节油。

目前第一种方法应用最广泛，产量也最大，这种加热方法提取的缺点是热传导和松节油从树脂中溶出的方向相反，从而影响松节油溶出的速度。

而采用微波加热水蒸气馏的方法提取松节油，其加热方式是对内部加热，松节油溶出的方向是从内部向外部溢出，二者的方式一致，有利于松节油的溶出，并且长时间加热也会影响松节油的质量。微波加热作用的特点是可在不同的深度同时产生热，这种“体外加热作用”不仅使加热更快速，而且更均匀，从而大幅缩短了处理材料所需的时间，节省了宝贵的能源，还大幅改善了加热的质量，防止材料中的有效成分被破坏或流失等。

（二）柏木油

柏木油是一种重要天然植物香料，属于芳香油，是一种浅黄色至黄色清澈油状液体，香气具有柏木特征香气。柏木油的主要成分为α-柏木烯、β-柏木烯、罗汉柏木烯和柏木脑等，经单离和化合而成，可加工成一系列产品，用于调配化妆、香皂用香精。柏木油可以柏树的干根提取而得到，是我国主要出口精油之一。

对于柏木油的提取，世界各地大都采用水蒸气蒸馏法，我国采用该法的得率为2%~5%。水蒸气蒸馏法要消耗大量能源，超临界萃取法对设备要求太高，反渗透法处理量较小且膜比较难制又易损坏，故工业化都还存在一定问题，溶剂萃取法工艺简单，无须消耗大量能源。到目前为止，还未见有关萃取法提取柏木油的报道，因水蒸气蒸馏法和萃取法各有利弊，故而对比两种不同方式分别对柏木油进行提取，水蒸气蒸馏法成本低，工艺操作简单，但消耗大量能源。萃取法提取柏木油确实可行，以异丙醇为萃取剂较佳，其优点是无须消耗大量能源，但成本高。

（三）桉树精油

桉树为桃金娘科高大乔木，又称洋草果、金鸡纳树、蚊子树等。桉树精油是一种由多种单萜、倍半萜、芳香的酚类、氧化物、醚类、醇、酯、醛、酮组成的复杂混合物，主要成分是1,8-桉叶油素、α-崖柏烯、α-蒎烯、莰烯、蒎烯、对伞花烃、罗勒烯、异松油烯、α-水芹烯、α-松油烯、柠檬烯、石竹烯、香茅醛、橙花叔醇、芳樟醇、反-松香芹醇、松桉叶醇和α-桉叶醇等。

桉树精油可应用于医药领域，桉树精油具有抵抗多种细菌的作用，尤其是针对上呼吸道感染和慢性支气管炎，同时还具有祛痰和防治某些皮肤病的作用，常作为创伤面、溃疡和瘘管的冲洗剂。桉树精油可应用于香料和日化领域，桉树精油含有香茅醛，可用于合成薄荷脑和麝香草酚香精以及配制香水、香皂和香精油等。此外，桉树精油还可以应用于工业领域，桉树精油具有较高的表面活性和杀菌能力，是一种天然乳化剂和杀菌剂，可用于制造空气洁净剂、消毒剂或泡沫肥皂等。

水蒸气蒸馏法是现在工业中最常用的精油提取方法，此法对工业设备要求简单，但存在蒸馏时间长、提取率较低，有效成分可能会分解或氧化等问题，实际生产中，桉树精油的分离与纯化过程通常占生产成本的50%~70%，甚至高达90%，存在步骤多、耗时长，往往成为制约生产的瓶颈。而新方法新技术可以有效提高出油率，例如超临界CO_2萃取法，这种萃取方法是一项新的萃取技术，其工作原理是保持超临界状态，让桉树和CO_2流体接触，然后可以将其中不同成分的分子按照一定的顺序萃取出来，控制好萃取的条件，保证各个成分最佳比例混合，然后再作减压升温处理，将CO_2流体放出，最后得到有效成分，可以获取比较纯的桉树精油。

超临界CO_2萃取技术需要在一个密闭的环境中实施，对温度没有过高的要求，只需要保持常温即可，其具有操作相对简单，萃取成本低，制取浓度高等优势，这主要是由于CO_2成本低，容易制取，可以循环利用，同时这种萃取方法，不会破坏桉树中的成分，能够制取出纯度比较高的精油。

（四）檀香精油

檀香木原产于南亚，是一种半寄生树，在南印度海拔600~2400m的高地上尤其茂盛。这种树的高度中等，树龄40~50年时可达成熟期，约12~15m高，此时心材的周长达到最长，含油量最高。具香气与含油的部分是在心材与根，树皮与边材则无味。当檀香木的树龄为40~50岁，而树干的干围有60~62cm长时，深褐色的树干有强烈的气味，靠近地面的部分与根部尤其浓郁。成熟的树可以生产200kg的精油，数量庞大。根部产生的精油从6%~7%不等，心材则为2%~5%。檀香精油从蒸馏出，经过6个月保存才能达到适当的成熟度与香气，颜色从淡黄色转至黄棕色，黏稠而浓郁，有明显的天然水果香甜味。

檀香精油适合老化、干燥及缺水的皮肤使用，可淡化疤痕、细纹，滋润肌肤、预防皱纹；还具有镇静特质，能安抚神经紧张和焦虑，使人放松。

超临界CO_2萃取技术是一种新兴的绿色分离技术，具备保持产品生物活性、提取率与分离纯度高、省时、操作简单安全等优点。其中，超临界CO_2流体密度主要受温度与压力的调节，该流体具有传质性、溶解性，且经济、无毒、不易发生反应及易分离等特点，因此该技术不仅提取效率高，而且绿色环保，所提取的产品安全有效，适合檀香精油的提取。

檀香精油主要成分包括α-檀香醇、β-檀香醇以及α-檀香烯和β-檀香烯等，属于易挥发类成分。超临界CO_2萃取技术提取檀香精油时，萃取温度与萃取压力是影响其提取率最为重要的两个因素。首先，在温度较高时挥发类成分易挥发与分解；其次，温度升

高也将影响 CO_2 流体溶解度，而二者都将导致精油提取率的下降。压力的增大会导致 CO_2 流体的密度增加，进而使流体溶解度增大，促进檀香精油的溶解，提高提取率，但是随着压力的增大，CO_2 流体的流速也会加快，导致流体与原料间接触时间减少，使檀香精油提取率降低。因此，研究与选择合理的萃取温度与萃取压力参数极为重要。

通过单因素实验分别研究了萃取时间、萃取压力、萃取温度以及药材是否浸泡对檀香精油提取率的影响，结果表明：①在药材不被浸泡时檀香精油提取率更高；②在150min 时檀香精油的提取率达到最佳；③在萃取压力为（30±2）MPa 时檀香精油提取率最高；④在萃取温度为 45℃时檀香精油提取率最高。因此，利用超临界 CO_2 萃取檀香精油最适合的工艺条件为萃取时间 150min、萃取压力 30MPa、萃取温度 45℃。

三、果实类精油

（一）甜橙油

甜橙为芸香科柑橘亚科柑橘属果树的果实，是具有很高利用价值的植物资源。果肉可直接食用或制作橙汁；果皮富含挥发油，性味苦、辛、温，有快气利隔、化痰降逆、消食利胃等作用。甜橙油由甜橙的果皮制得，含有柠檬烯、芳樟醇和香叶醇等成分，在医药、食品、日化品和烟草中广泛应用。甜橙油的制备主要有冷榨（或冷磨）法、水蒸气蒸馏法、有机溶剂浸提法和超临界 CO_2 萃取等方法。

亚临界萃取是继超临界萃取之后发展起来的一种新型提取技术。其利用亚临界流体作为萃取溶剂，在密闭、无氧、低温、低压条件下萃取，具有溶剂易回收、无残留、萃取产物不易氧化、提取物活性不易被破坏等优点。相较于超临界萃取，亚临界萃取溶剂选择范围更广，萃取压力属于低压范围，对于反应设备要求较低。

甜橙油的主要成分大多为热敏性物质，因此采用冷榨法、超临界 CO_2 萃取等低温提取方法，能够较好地保持香气成分不发生变化，其香气也更天然逼真。甜橙油中柠檬烯含量达 90%，但其对精油香气贡献很小，且受光和热易氧化，是甜橙油变质的主要原因；其他成分如癸醛、辛醛、芳樟醇等含量较低，却是甜橙油特征香气的主要来源。因此，降低柠檬烯含量、富集特征香气成分对提高甜橙油稳定性，改善风味品质具有重要意义。

利用亚临界萃取提取甜橙油，最佳的亚临界萃取工艺条件为：萃取压力 1.0MPa、萃取温度 45℃、萃取 90min、萃取 2 次，得率为 9.21%。所得甜橙油能够较好地保持香气成分不发生变化，其香气也更天然逼真。利用分子蒸馏降低柠檬烯含量、富集特征香气成分，最优的分子蒸馏工艺条件为：蒸馏温度 50℃、蒸馏压力 150Pa、进料速度 1.5mL/min、刮板转速 200 r/min。萜烯去除率为 60.36%，香叶烯、香叶醇、癸醛和芳樟醇等柑橘类精油特征香气得到有效富集。亚临界萃取结合分子蒸馏提取甜橙油，能有效富集特征香气成分、降低柠檬烯含量、改善甜橙油风味品质。

(二) 柠檬油

柠檬属芸香科常绿小乔木，果实为淡黄色柑橘类水果，而柠檬皮中含有丰富的精油。精油因其独特的清香和良好防腐抗菌性能，广泛应用于食品、化妆品、香料香精以及医药等领域。因此，提高柠檬加工的综合开发利用，对提高柠檬加工产品附加值具有重要意义。

目前，柠檬精油的常用提取方法有压榨法、有机溶剂提取法、超临界流体萃取法、水蒸气蒸馏法。压榨法精油提取率较低；有机溶剂提取法容易造成有机溶剂残留；超临界流体萃取法时间短、得率高，但其生产成本较高，很难在生产中广泛应用；水蒸气蒸馏法操作简单，成本较低，但耗时较长。因此，探索操作简单、提取率高、成本低的柠檬精油提取方法，依然是柠檬深加工综合利用的关键。目前超声波辅助提取技术是一种新的提取分离技术，具有时间短、温度低、提取效率高等特点。

超声波辅助水蒸气蒸馏提取柠檬精油的最佳工艺条件为：超声波功率 320W、液料比 15.5∶1（mL/g）、超声波时间 36min、蒸馏时间 140min，提取率可达 1.97%，所得精油为淡黄色液体，其香气接近鲜柠檬果香。该柠檬精油共鉴定出 26 种化学成分，占总成分的 96.16%（质量分数），其主要成分为柠檬烯。超声波通过有效破坏柠檬的细胞结构，促进了精油的快速释放。超声波辅助水蒸气蒸馏与传统水蒸气蒸馏提取相比，虽然提取效率相近，但超声波辅助水蒸气蒸馏明显缩短了提取时间。所以，超声波辅助水蒸气蒸馏提取法是一种高效提取柠檬精油的方法。

(三) 葡萄柚精油

葡萄柚又名西柚，是一种芸香科柑橘属小乔木。由葡萄柚果皮提取所得到的葡萄柚精油，富含柠檬烯等萜烯类物质以及醇类、醛类等含氧化合物，具有其独特香气、优良品质和特殊功能，近年来被广泛应用于食品、医疗、美容等领域。

提取葡萄柚精油常用的方法有水蒸气蒸馏法、冷榨法，此外还有溶剂法、超临界二氧化碳萃取法、微波辅助、超声提取法等。据相关研究报道，利用水蒸气蒸馏法提取葡萄柚精油的得率在 0.5%~2%。水蒸气蒸馏法被普遍应用于各种植物精油的提取，但是由于葡萄柚精油富含萜类等不稳定物质，受热易发生氧化分解从而影响精油的品质。因此，提取葡萄柚精油应采用冷榨、冷磨等常温处理方法，冷榨法提取精油率相较于蒸馏法偏低，但冷榨法提取得到的精油其香气更为新鲜自然，精油品质高于蒸馏法所提取的精油。从化学成分上看，通过冷榨法提取所得到的葡萄柚精油其萜烯类含量低于蒸馏法，但含氧化合物含量高于蒸馏法。

除此之外，由于葡萄柚精油中绝大部分成分为柠檬烯等萜烯类化合物，其对精油香气的贡献相对较少，且易引起精油品质下降，不利于贮藏。通常要对所得的精油进行进一步浓缩精制，一方面提高精油品质、延长贮藏时间；另一方面分离出柠檬烯等副产物。对葡萄柚精油的浓缩精制除了用传统的蒸馏法，近几年应用较多的有超临界 CO_2 萃取技术和分子蒸馏技术等。通过分子蒸馏技术对葡萄柚精油进行浓缩并与原油进行对比发现，浓缩后的精油颜色更深、香气更浓郁、含氧化合物更多，而柠檬烯含量大幅下降，因此少量的精油即可达到理想的加香效果。

(四) 红橘精油

红橘，属芸香科柑橘亚科植物。红橘外果皮中富含红橘精油，红橘精油无色透明，具有诱人的橘香味，是世界上广泛应用的天然香料香精之一。研究表明，红橘精油具有抗菌消炎、抗氧化、杀虫、杀菌、镇痛、抗癌、使人体中枢神经镇静、促进胃肠蠕动和消化液分泌等作用。同时，红橘精油对于减肥、美容保健也有一定的功效。

目前，红橘精油的提取方法主要有水蒸气蒸馏法、压榨法、溶剂萃取法、微波辐射法以及超临界萃取法等。其中，水蒸气蒸馏法以其设备简单、成本低、产量高的优势，可广泛应用于工业化生产。但传统的水蒸气蒸馏法因蒸馏时间长且温度高，容易使精油发生热分解、水解、氧化、异构化等反应，导致精油中的有效成分含量下降。而利用超声波进行辅助提取，则可以弥补传统水蒸气蒸馏法的缺点。超声波是一种频率高于 2×10^4Hz 的声波，其热作用、机械作用、空化作用以及它们的结合作用可使组织细胞破壁，从而加速细胞内含物质释放并溶于提取溶剂中。

四、种子类精油

(一) 芹菜籽油

芹菜，又名旱芹，是伞形科一年生或两年生草本。芹菜的鲜、干品和种子均可药用。芹菜籽具有消除寒湿闭阻、消食健胃、消肿散气、消石止痛、调和百药等功效。近年来已有不少报道芹菜籽油具有明显的防治心血管疾病的药理作用，其药用有效成分为丁基苯酞，此外芹菜籽油具有清新的香味，亦广泛用作食品、化妆品的香味剂。

超临界 CO_2 流体技术萃取芹菜籽油的工艺条件是：萃取温度 30.4℃、萃取时间 80.0min，萃取压力 20.02MPa，此时芹菜籽油的得率达到极值 4.47%。该方法具有回收率高、产品纯度高、污染小、节约能源等特点。

在超临界状态下，将超临界流体与待分离的物质接触，使其有选择性地把极性大小、沸点高低和相对分子质量大小的成分依次萃取出来。超临界流体的密度和介电常数随着密闭体系压力的增加而增加，极性增大，通过升压可将不同极性的成分进行分步依次提取。虽然对应各压力范围所得到的萃取物不可能是单一的，但可以通过控制相应条件得到最佳比例的混合成分，然后借助减压、升温的方法使超临界流体变成普通气体，被萃取物质则自动完全或部分析出，从而达到分离提纯的目的，并将萃取分离两过程合二为一。

(二) 芫荽籽油

芫荽籽别名胡荽籽、香菜籽、松须菜籽等，具有温和的辛香，带有鼠尾草和柠檬混合的味道。芫荽籽油主要成分为芳樟醇。芳樟醇是香水香精及日化产品香精中使用频率最高的香料产品，在卷烟香料中也使用频繁，有增加卷烟香气和提调烟香的作用。天然芳樟醇气味纯正圆和，市场缺口大，因此，挖掘新的天然芳樟醇已成为当前香料研究的热点。

传统的芫荽籽油提取方法是水蒸气蒸馏法，该方法的提取率较低，仅为 0.3%～1.1%，芳樟醇含量在70%左右。周娜等利用超临界技术对芫荽籽精油进行提取，提取率可达4.735%，但芳樟醇含量降至 35%。近年来，有较多超临界与分子蒸馏联用技术的报道，不仅能提高精油提取率，而且利用分子蒸馏分离纯化后还能提高有效成分含量。在精油提取方面，亚临界萃取技术也得到广泛应用。常大伟等利用亚临界流体萃取技术提取姜油，生姜出油率为 3.14%，比传统水蒸气蒸馏法提取率高 2.14%（绝对值），而且姜油的主要组分 α-姜黄烯、姜烯含量与产品质量均得到提升。

（三）黑胡椒精油

黑胡椒，作为人们最常用的调味品之一，具有很高的食用价值。胡椒果实中不仅含有胡椒精油、胡椒碱、粗脂肪、粗蛋白等，还含有烯萜、有机酸、酚类化合物、黄酮类、木脂素等风味成分，胡椒还含有人体生长所必需的维生素和微量元素等。

比较不同溶剂（正己烷、乙醇、乙酸乙酯和甲醇）浸提的黑胡椒油，通过综合考虑得油率、胡椒碱含量及香气成分，乙醇是一种理想的浸提溶剂。采用响应面优化法进一步确定乙醇浸提黑胡椒精油的工艺条件：温度 56℃、时间 8h、粒度为 90 目、料液比 1：16.6（g：mL），黑胡椒油树脂得率可达 10.862%，油树脂中的胡椒碱含量为 38.73%（质量分数）。

超声波辅助乙酸乙酯提取的黑胡椒油树脂得率最高达到 26.29%，超声波辅助乙醇提取的黑胡椒油树脂中的胡椒碱含量最高达到 45.27%。超声波辅助乙酸乙酯提取得到的黑胡椒油树脂中检测到了 23 种香气成分，主要的香气物质有胡椒碱、四氢胡椒碱、反-石竹烯等。超声波辅助乙醇提取的黑胡椒油树脂中含有 23 种化合物，主要有胡椒碱、四氢胡椒碱、反-石竹烯、斯巴醇等香气物质。

采用超临界 CO_2 萃取黑胡椒精油得到的提取优化结果为：萃取压力为 30MPa、黑胡椒粒径为 40 目、萃取温度 50℃、萃取时间 3h，在此优化条件下精油的得率为 0.818%，胡椒碱的含量为 25.65%（质量分数）。

超声波-微波辅助甲醇提取的黑胡椒精油的得率最高达到 27.79%，超声波-微波辅助乙醇提取得到的黑胡椒精油中的胡椒碱含量最高达到 37.87%（质量分数）。超声波-微波辅助甲醇提取的精油中含有 18 种香气物质，超声波-微波辅助乙醇提取的精油中检测到 20 种化合物。

（四）胡萝卜籽精油

胡萝卜籽为伞形花科二年生草本植物胡萝卜的果实，是一种重要药食兼用植物资源。胡萝卜籽具有温胃、开通阻滞、填精利尿通经的作用。胡萝卜籽精油的应用领域逐步扩大，已用于调配日化香精、食用香精和烟用香精等。

与水蒸气蒸馏提取胡萝卜籽精油相比，用 CO_2 超临界萃取胡萝卜籽精油成分耗时少，收得率高（水蒸气蒸馏的回收率一般在 1.6%～3.6%），提取的成分也较多。经 GC-MS 解析，超临界萃取法能将所需的有效成分提取出来。而且用 CO_2 超临界萃取胡萝卜籽精油可以防止精油氧化、热解以及提高精油的品质，且提取的精油无有机试剂，无毒副作用，可以直接用于食品、医药等领域。

五、草本类精油

（一）薄荷油

薄荷是唇形科薄荷属植物，具有疏散风热、清利头目、利咽、透疹、疏肝行气的作用，可用于风热引起的感冒、风温初起、头痛、麻疹、喉痹、口疮、风疹、目赤和胸胁胀闷。薄荷油的提取方法主要如下所述。

（1）水蒸气蒸馏法　蒲维维等用单因素实验法研究了薄荷油的提取工艺，以薄荷油提取量为指标，得出薄荷挥发油提取工艺条件是将薄荷饮片粉碎成粗粉（过 0.688mm 筛），并加入 10 倍质量的水，蒸馏 8h，该提取方法能够完全提出薄荷油。祖里皮亚·塔来提等得出提取工艺为薄荷油：水＝1：18（体积比），先浸泡 12h，加热提取 3h，薄荷油提取率为 0.798%。

（2）超临界 CO_2 萃取法　超临界 CO_2 萃取利用超临界 CO_2 对某些天然产物的特殊溶解作用，借助超临界 CO_2 挥发油萃取率大小的萃取压力、萃取温度和 CO_2 流量等 3 个因素进行研究，得出的溶解能力与其密度的关系，依靠压力和温度对超临界 CO_2 溶解能力的影响来实现。李岗等使用超临界 CO_2 萃取技术，得出提取薄荷的最佳条件为萃取压力 15MPa、CO_2 流量 40L/h、萃取温度 50℃，萃取率为 3.2%；应用 2,2′-联氮-双-3-乙基苯并噻唑啉-6-磺酸法和铁离子还原/抗氧化能力法对薄荷超临界提取物的抗氧化能力进行检测，并与使用水蒸气蒸馏法萃取薄荷油进行抗氧化能力对比，表明在 2,2′-联氮-双-3-乙基苯并噻唑啉-6-磺酸法萃取条件下，薄荷超临界 CO_2 提取物的抗氧化能力有显著差异，而铁离子还原/抗氧化能力法条件下薄荷超临界提取物间的抗氧化能力无明显差异，但使用超临界萃取法在两种方法下效果均优于水蒸气提取。

（3）超声波提取法　张国栋等使用超声波辅助水蒸气蒸馏提取法，得出结论为蒸馏时间 135min，超声波功率 300W，超声波处理 10min，所得薄荷挥发油的得率最高，达到 3.42%。

（4）微波提取法　微波辅助提取是以微波来提取植物中有效成分的方法。吴晓菊使用微波辅助 CO_2 萃取，得出在 480W 微波处理 3min 后，再在 CO_2 流量 20L/h、萃取压力 12MPa、萃取温度 45℃条件下萃取 80min，椒样薄荷精油得率为 3.58%，而微波时间继续增长时，由于其细胞壁过度破裂，得率反而下降。

（二）鼠尾草油

鼠尾草属唇形科鼠尾草属植物，产于四川西部和西北部、青海省南部等地区，早在几千年前该属种植物就成为重要的药用植物。鼠尾草主要含萜类、酚酸类、黄酮类、丹参酮类、挥发油、多糖等成分。具有活血祛瘀、调经止痛及清热安神等功效。

迷迭香酸是一类水溶性多酚类化合物，是鼠尾草属植物中的主要化学成分，迷迭香酸及其衍生物具有抗炎症、抗抑郁、抗氧化、辅助抗肿瘤、抗微生物及减轻过敏性鼻炎、哮喘症状等特点，具有减弱 T 细胞受体介导的信号传导，减缓阿尔茨海默病的发展等生理作用，在制药、食品及化妆品领域具有广阔的应用前景。

采用超声波提取方法，以乙醇提取液浓度、提取时间、料液比、提取次数为因素，提取鼠尾草油的工艺为：乙醇浓度 80%、提取时间 30min、料液比 1∶14（g∶mL）、重复提取次数为 3 次。在此条件下迷迭香酸提取效果最佳，其含量可达 9.85mg/g。

（三）玫瑰草精油

玫瑰草别名马丁香、印度天竺葵、罗莎，属禾本科香茅属植物，玫瑰草有两个品种：摩提亚（Motia）和苏菲亚（Sofia）。

玫瑰草可用来提取玫瑰草精油，玫瑰草精油具有强烈的甜香，如天竺葵精油的香气，是一种强烈综合的甜味和玫瑰的复合香气。玫瑰草精油尽管它的柔和特质没有玫瑰精油那样明显，但其味道介于玫瑰精油和天竺葵精油的气息之间，给人以振奋和提神的效果。

玫瑰草精油有杀菌和清凉提神及其他生理功能，可作为抗抑郁剂、杀菌剂、防腐剂、伤口愈合药、驱虫剂（体内）、刺激血液循环、抗贫血剂、助消化药、抗风湿药、抗毒素剂、兴奋剂、净化剂、滋补剂等。玫瑰草精油也很适合用来护养皮肤，它具有保湿和刺激皮脂的自然分泌、恢复水分平衡的功能，对干燥性皮肤非常有益。

可通过水蒸气蒸馏法从玫瑰草中提取玫瑰草精油：①所用的原料：玫瑰草包括茎、叶、花；②所用的工具：铡碎机、蒸馏塔、输汽管、冷却罐，灌装瓶；③将割下的玫瑰草清洗干净后晾晒干燥；④用铡碎机将玫瑰草铡碎成秆长度≤2cm 的碎段；⑤将铡碎后的玫瑰草放进蒸馏塔进行水蒸气蒸馏，120℃≥蒸馏温度≥100℃，蒸馏锅底要保持水分、原料不能触锅底，以免产生焦煳，中间要疏松，便于底部气流上升；⑥蒸馏出的混合汽体通过输汽管直接输送到冷却罐，−5℃≤冷却温度<0℃，加压液化，液体中高析出冰块，得到玫瑰草精油；⑦将玫瑰草精油低温下灌装瓶密封盖，−5℃≤灌装瓶温度<0℃。

（四）香蜂草精油

香蜂草又称蜜蜂花、蜂香脂、皱叶薄荷，原产于南欧和地中海地区，唇形科多年草本植物，因其具有清新的柠檬香气和清爽香甜的口感，常被作为调味料用在食品及饮料中。

香蜂草精油还可作为抗菌剂、抗氧化剂、抗炎剂、镇静剂等用于治疗各种疾病，且不同的柠檬香蜂草精油表现出对包括芽孢杆菌、金黄色葡萄球菌（*Staphylococcus aureus*）、大肠杆菌（*Escherichia coli*）、铜绿假单胞菌（*Pseudomonas aeruginosa*）在内的多种微生物的抑菌效果。清新的味道、良好的功效、低毒性和易于种植的特点使得香蜂草精油具有成为理想的天然食品添加剂的潜质。

基于不同的香蜂草精油成分受产地与溶剂的影响，可采用水蒸气蒸馏萃取法提取香蜂草的精油。

第二节 浸膏类香料及其制备工艺

一、红枣浸膏

红枣，系鼠李科枣属植物，成熟后变为红色。经红枣制成的食品原料主要有浓缩枣汁、红枣浸膏、红枣粉、红枣膳食纤维、大枣多糖、红枣浸膏等，其中红枣浸膏是经红枣萃取而成，广泛用于医药、保健品及烟草香精配制等行业。

红枣浸膏的制取方法，包括以下步骤：①红枣选材：制作红枣的果实要求成熟度高，着色好，果面全部变红，糖分含量高，肉质肥厚饱满，皮薄，核小，然后将红枣去核后进行烘干；②红枣热烫；③将红枣进行晾晒阴干；④将阴干的红枣装入酊剂浸提器中，加入乙醇，加热回流浸提 2 次，然后洗涤 2 次，浸出液过滤后浓缩至乙醇含量，得到红枣浸膏。该红枣浸膏制取方法简单方便，并且对红枣浸膏制取质量和效率较高。

二、茉莉浸膏

茉莉浸膏，可用于草莓、樱桃、杏、桃等果香香精中作修饰剂，能产生圆和的效果，也可用于高级香水、香皂及化妆品香精。

传统的茉莉浸膏制备方法，包括浸提和浓缩两个过程。浸提过程采用浸提罐，浸提罐内部装有特殊结构的溶剂分布器和过滤器。花为固定相，溶剂为流动相，溶剂为石油醚。浸提的操作条件为：第一次浸提溶剂比 2.5∶1（体积比），2h；第二次浸提溶剂比 1.5∶1（体积比），30min；第三次浸提溶剂比 1.5∶1（体积比），30min。浓缩过程采用了三级串联蒸发器一次蒸发的工艺，即第一、二级采用升膜蒸发器，第三级是旋转薄膜蒸发器。浓缩液进行真空过滤，将其中花粉及其他杂质过滤掉，然后在收膏釜中浓缩收膏得到成品茉莉浸膏，收膏时间一般 30~40min。这种传统的制备方法存在提取时间长，溶剂使用量大，提出率低的缺点。

目前，研发的利用高频超声空化技术制备茉莉浸膏的主要包括以下步骤：①在超声提取罐中加入提取溶媒，将茉莉花放入提取溶媒中，使溶媒能浸没茉莉花，搅拌均匀；

②在搅拌过程中，间歇性地开启超声波发生器，对混合液进行兆赫兹波段超声波直接作用；③将浸提液的上清液过滤，并压榨残液，合并滤液和压榨液；④萃取合并后的滤液和压榨液，即获得茉莉浸膏。此方法适合于茉莉浸膏提取，即采用兆赫兹波段超声波能产生有效的空化效应，可以打破植物的细胞壁，大幅提高了有效成分的提取效率和茉莉浸膏的质量。

三、烟草浸膏

烟草浸膏是一种深棕色黏稠膏体，具有烟草的特征性香气。烟草浸膏用于烟草加香中可补充或增强烟草本身固有的特征香气，掩盖单一地区烟叶的地方性气息。现有的烟草浸膏的生产往往用水萃取烟草原料，萃取液酸化，之后蒸馏浓缩，浓缩物重蒸馏得挥发油，萃取液的浓缩物用醇沉淀，回收醇后加入挥发油便得烟草浸膏。

卷烟生产中所剩下的烟草边角料及废弃物，由于物理指标不符合生产加工要求而被废弃，但烟草边角料及废弃物富含大量的有用成分，经过浸提后按照一定的比例加入烟草中可以改善卷烟的品质口感，以香味补偿的方式再次加入产品中，对稳定产品质量和增强产品风格特色将会有显著的作用，并能使废弃物再回收利用，很大程度上避免了浪费，又可以为企业带来一定的经济效益。

（一）烤烟浸膏

烤烟是一种以烤制为主的烟草类型。通过对不同种类与剂量的选择、滤液 pH 及酸化时间调整、蒸馏浓缩物中杂质除去条件、蒸馏过程中温度控制等烤烟浸膏的提取实验，结果表明，选用蒸馏水或经过磁化的去离子水并以无水乙醇和蒸馏水以 1∶4~1∶5（体积比）的比例作为萃取剂，烟末与萃取剂（蒸馏水）的比例为 1∶5（质量比）时，制得的浸膏出现沉淀较少、浸膏质量呈棕褐色、黏稠、香气浓郁、纯净谐调，产出率高。当滤液 pH 为 3.0、酸化时间为 60min 时，提取浸膏质量较好，香气浓郁、丰满、谐调、纯净。一般乙醇与浓缩物比例为 3∶1（体积比），沉淀时间 60min，当一次蒸馏温度控制在 101℃以下时，提取的浸膏质量最为理想。二次蒸馏的目的主要是对沉淀溶剂的回收，当温度控制在 81~85℃时，乙醇回收较为完全。利用此工艺生产出的烤烟浸膏纯度高，香气丰满、浓郁、谐调，对改善卷烟的香味，提高香气量，减少杂气和刺激性的作用明显。

（二）香料烟浸膏

香料烟是一种半晒半晾且以晒制为主的烟草类型，因其富含有机酸和赖柏当等成分，香气风格独特。香料烟浸膏的提取，常用乙醇作为溶剂，浓缩物能完全溶解，去除残渣彻底，且时间短而无毒副作用，制得的浸膏质量好。提取时若改用乙醚作溶剂，由于乙醚具有毒性，回收时如果控制不当，就会严重影响浸膏质量，且操作中易对人身体产生危害。

当乙醇与浓缩物比例过小时，浓缩物中的致香成分就不能完全溶解，杂质去除也就不完全，因而浸膏的提取质量表现为香味差，且不够纯净。当沉淀时间过短时，浓缩物与乙醇不能完全互溶，杂质就不能完全沉淀，这也影响到浸膏的纯度与质量。因此为了提高浸膏的产率，合理利用乙醇，以乙醇：浓缩物为 3：1（质量比），沉淀时间掌握在 90min 左右时，提取的香料烟浸膏质量最为理想。

（三）白肋烟浸膏

白肋烟是一种以晾制为主的烟草类型。因其碱性香味突出，因而白肋烟浸膏常常用作烟草增香剂。白肋烟浸膏可用于卷烟加香和烟草薄片加香，具有增加卷烟香味浓度，提升劲头，改进吸味，醇和余味，改善燃烧性的作用。

通过酿酒酵母 hhL-1 处理白肋烟叶制备白肋烟浸膏，结果表明：白肋烟最佳提取工艺条件是乙酸添加量为 0.02%（质量分数），葡萄糖添加量为 1.0%（质量分数），酿酒酵母的接种量为 1.0%（体积分数），发酵温度为 26℃，发酵时间为 7d。

（四）雪茄烟浸膏

雪茄烟叶浸膏的生产方法主要包括以下步骤：①收集雪茄烟烟梗、边角料或碎末等原料；②将雪茄烟烟末等原料加水和酶，依次进行酶解、发酵、烘干；③以二氧化碳为溶剂，以体积分数为 80%～90%的乙醇水溶液为夹带剂进行超临界萃取制得萃取液；④将所述萃取液利用超滤得到超滤液，将超滤液采用薄膜蒸发仪反复浓缩至膏状。此工艺可明显减少后续环节对烟草的提取时间和大幅提高雪茄烟浸膏的提取率，有效保留雪茄香气，且提取出的浸膏添加到卷烟烟支后，可使烟支实现补充香气、醇和吃味、提升劲头的效果。

（五）罗汉果浸膏

罗汉果是葫芦科多年生藤本植物的果实。别名拉汗果、假苦瓜、光果木鳖、金不换、罗汉表、裸龟巴等，被人们誉为“神仙果”，其叶心形，雌雄异株，夏季开花，秋天结果。罗汉果营养价值很高，富含维生素、糖苷、果糖、葡萄糖、蛋白质、脂类等成分。罗汉果味甘性凉，归肺、大肠经，有润肺止咳、生津止渴、润肠通便的功效。

利用酶制剂处理罗汉果，制备罗汉果浸膏的工艺为：将罗汉果粉碎至 20～60 目，加入质量分数为 20%～50%的复合酶制剂，于 30～40℃条件下酶解反应 2～7h，于 105～120℃温度下高温处理，使酶制剂中的酶失活。之后将经酶制剂处理后的罗汉果按料液比 1：4～1：10（质量比）加入 50%～90%的乙醇水溶液中，并于 40～80℃下回流提取两次，每次 1～6h；将两次提取液合并，沉淀后抽滤，将滤液减压浓缩除去溶剂，制得相对密度为 1.20～1.36 的罗汉果浸膏。

传统的提取方法得到的罗汉果浸膏中会不可避免的带有蛋白质、淀粉、纤维素等大分子物质，而将复合酶制剂应用于提取烟用罗汉果浸膏，能够将淀粉、蛋白质、纤维素等大分子物质水解为单糖、多肽、氨基酸等小分子物质，并促使罗汉果中具有香气特征的小分子化合物得以合成、转化和积累。

第三节 净油类香料及其制备工艺

一、杏子净油

杏属于蔷薇科杏属落叶乔木。圆、长圆或扁圆形核果，果皮多为白色、黄色至黄红色，向阳部常具红晕和斑点，暗黄色果肉，味甜多汁。杏具有助护营养、强身健脑、明目养颜、润肠止咳等功效，多用于身体虚弱、咳嗽多痰、胸闷便秘、视弱面暗等症状的补品。

对于杏子的萃取过去常采用有机溶剂提取法，但由于产品中存在大量溶剂残留难以处理等问题，故而采用超临界流体萃取技术制备精油。该技术在植物油脂提取方面，弥补了传统方法产率低、油脂易氧化酸败、溶剂残留等缺点。超临界 CO_2 萃取杏子精油其提取工艺条件为：萃取压力 35MPa、萃取温度 40℃、萃取时间 4h、CO_2 流量 6 L/min。在杏子精油的基础上，再用乙醇进一步萃取杏子精油，经过冷冻处理，滤去不溶于乙醇中的全部物质，然后经过减压低温蒸去乙醇，从而得到杏子净油。

二、茉莉净油

茉莉净油是花香类天然香料中比较常用且名贵香料之一，它可以与其他花香香料调和成众多类型的高级日用香精产品，且市场需求广阔。茉莉净油是多种化合物的混合物，其净油中含量较高的组分是苯甲酸顺-3-乙烯酯、方樟醇、石竹烯、苯甲醇、吲哚等。而具有香气特征的主要组分则是乙酸苄酯茉莉酮、茉莉内酯等。具有茉莉清香的组分有：乙酸顺-3-乙烯酯、顺-3-己烯醇、苯甲酸、苯甲酸顺-3-乙烯酯、α-萜品醇。

精油的制备目前大致有三种方法：一种是采用吸附-溶剂洗脱法，另一种是同时蒸馏-萃取法，还有一种是有机溶剂浸提法。而有机溶剂浸提法由于其方法简单，成本低，有效成分高而被广泛使用，可由鲜茉莉花等用石油醚（或乙烷）萃取而得茉莉浸膏，一般 1t 茉莉花可得 2. 5~3kg 浸膏。由于浸膏中含有相当数量的植物蜡、色素等杂质，色深而质硬，不宜配制高级香精，需提成纯净油作为香料使用，而茉莉净油广泛用于高级日用香料中。

利用乙醇对芳香成分溶解受温度变化小，而对除去类脂化合物和蜡质等杂质随温度降低而下降的特点，先用乙醇溶解浸膏，再挥发乙醇而制得净油，该工艺得率在 52%~63%。随着超临界 CO_2 萃取方法的成熟，有报道称该方法得到的茉莉浸膏中的净油含量已达 74. 3%，因此探索该方法的最佳工艺条件将有很大的实用价值。用体积分数在 95%以上的乙醇，其用量与茉莉净膏质量比为 6∶1。热搅拌 1h 再降至室温后，冰盐浴冷却搅拌 2h 后减压蒸馏（真空度在 93.1kPa），控制乙醇蒸出温度为 35℃。其净油质量的理化指标表现为：折射率 1.478～1.4900，酸值 8～14，酯值 120～210，乙醇残存量<1%，红棕色液体，无浑浊现象。

三、野菊花净油

野菊为菊科菊属多年生草本植物，叶、花及全草入药。主要化学成分包括萜类、挥发油、黄酮类化合物、酚酸类化合物等。野菊花精油是从野菊的头状花序里提取的挥发油成分。研究表明，野菊花精油具有较强的抗炎镇痛效果，还具有辅助降血压、辅助抗肿瘤、抗氧化、防辐射等作用。

野菊花精油的提取方法主要有索式提取、水蒸气蒸馏、溶剂萃取、超临界 CO_2 萃取、超声辅助萃取以及微波辅助蒸馏等。而微波无溶剂萃取法将微波加热和干馏相结合，利用植物体含有的水分吸收微波并加热提取植物体内挥发性成分，提取鲜花精油不需添加任何溶剂，提取干花精油仅需较少水分。微波无溶剂萃取法提取精油与微波辅助蒸馏法相比能耗低，与水蒸气蒸馏法相比时间短、收益率高。此外，微波无溶剂萃取法提取精油比溶剂萃取更安全，比超临界 CO_2 萃取更经济，作为一种绿色提取方法，目前广泛应用于香料、医药等行业和芳香疗法。

对于野菊花净油的制备，一般是先用乙醇溶解野菊花精油，再挥发乙醇而获得。

四、白兰花净油

白兰花为木兰科含笑属的常绿乔木。花可提取香精或熏茶，也可提制浸膏供药用，有行气化浊，医治咳嗽等功效。

白兰花精油的制备一般采用超临界流体 CO_2 萃取法，其工艺条件为：夹带剂用量 1.0mL/g、萃取压力 25MPa、萃取温度 40℃、萃取时间 1h，白兰花精油得率为 1.68%。经超临界流体 CO_2 萃取法提取的白兰花精油，其香气清新自然，有明显的白兰花特征香气，甜润感足，清香突出，且含有较多的低沸点、易挥发成分。其关键致香组分为芳樟醇、柠檬醛、苯乙醇、香叶醇和反-橙花叔醇。

用乙醇进一步萃取白兰花精油，经过冷冻处理，除去不溶于乙醇中的其他全部物质，然后在减压低温下挥发乙醇，从而得到白兰花净油。

第四节　酊剂类香料及其制备工艺

一、酸枣酊

酸枣为鼠李科酸枣属的果实，酸枣肉的主要化学成分为蛋白质、多糖类、黄酮、有机酸、维生素 C 及钙、铁等元素，其风味独特，含有丰富的营养成分，可作为保健饮料、保健食品的添加剂。

其制备工艺为：取酸枣皮肉，碾碎，置回流提取器中，加适量乙醇，加热回流 4h，趁热过滤，得回流液。减压回收溶剂，放置 1d，下有一层沉淀出现。回收溶剂后，将其置于低温中冷藏 12d，倾出上层液，得酸枣浸膏。其酸枣特有香气突出。之后，再用醇提工艺对酸枣浸膏进行提取制得酸枣酊，其醇提工艺得率高，气味芳香，酸枣气味浓厚。

二、香荚兰豆酊

香荚兰又称香子兰、香草兰、香果兰、香草和香兰等，为兰科香荚兰属植物。香荚兰产品广泛应用于饮料、食品、烟草和化妆品中，它能协调合成香料，具有独特的定香、提香效果，可使成品香精香气圆润和谐、透发飘逸，被誉为“食品香料皇后”。香荚兰的香味来自豆荚，而不同产地的香荚兰豆荚，由于形成香气的物质种类和含量均有所差别而呈现不同的香味。

香荚兰豆酊在食品工业及卷烟工业中应用广泛，它是由一定规格的乙醇水溶液作为溶剂萃取纯天然香荚兰豆荚而获得，是一种组成极为复杂的香料。我国市面上香荚兰豆酊一般有 1∶3、1∶5、1∶10（料液体积比）三种规格。

在分三次提取的条件下，1∶10 香荚兰豆酊剂的最佳提取条件为：提取溶剂为 65% 的乙醇，提取温度 70℃，各次提取时间及相应料液体积比为 3h 与 1∶5、1.5h 与 1∶3 和 1.5h 与 1∶2，总提取时间为 6h，总料液体积比为 1∶10。

通过对热提与冷浸酊剂的对比发现，热提酊剂原料特征和风味强度接近于冷浸酊剂。在香兰素含量上两种酊剂差别不大，热提酊剂可以代替冷浸酊剂。

三、山楂酊

山楂又名红果、山里红，分布于我国大部分地区，其果实营养丰富，含有大量的糖类、蛋白质、脂肪、维生素 C 等。山楂在医疗上有散瘀、消积、化痰、解毒、清胃、增进食欲等多种功效。经临床检验，山楂制剂对治疗冠心病、高血压、动脉粥样硬化颇有效果。

山楂酊生产工艺步骤为：①选用成熟且无腐烂变质的山楂果，用高压自来水清洗，除去果柄、果皮上的杂物及微生物孢子后再用自来水冲洗一遍，装塑料筐让其自然晾干待用。②将晾干后的山楂果置入不锈钢破碎机中破碎成 1~2cm 小块。③将碎果料进行软化渗浸：第一次软化用的溶剂是鲜果重量的 2 倍，温度 65~80℃，时间 20~30min，软化渗浸 8~12h，过滤得第一次滤液；滤渣加入适量的无菌水升温至沸，并保持微沸状 30min，微沸中热浸（一般 3h 以上）温度 65~80℃，再过滤，将 2 次滤液合并，加入抗氧化剂进行护色，保持原汁风味。④澄清处理：一般有两种方法：一是自然澄清法，即将合并的果液静置于容器中，在常温下自然沉降 12h 左右；二是加酶澄清法，即添加适量的活性酶，将原液中含有的果胶高分子化合物水解为乳糖、醛、酸等低分子化合物。

⑤酶制剂用量：应根据原液中果胶含量、所用酶制剂活性大小、澄清条件（原液温度）而定，如使用干粗酶制剂，一般按原液质量计算的用量为0.3%，将定量的酶制剂加入温度为30~37℃的原液中，搅拌均匀，静置3~5h。⑥精滤：不管采用哪种澄清方法，原液必须精滤，以获得澄清透明的均匀液体。⑦灭酶杀菌一次进行：将精滤后的原液泵入瞬时高温灭菌机，在120℃下约4s，经冷却后流出，其料温在65℃左右，冷却后可得成品山楂酊。

四、甘草酊

甘草，又称国老、甜草、乌拉尔甘草、甜根子，系豆科甘草属多年生草本植物，根与根状茎粗壮，是一种补益中草药。气微，味甜而特殊。具有清热解毒、祛痰止咳、脘腹等功效。

目前，从甘草中提取甘草酊的方法成本高，原料的利用率低，工艺复杂，不能满足工业生产的需要。因此从甘草提取物中提取甘草酊的提取方法就更为合适，主要包括以下步骤：①选用甘草的根、茎或叶，称重后清洗干净，自然风干后粉碎成50~80目甘草颗粒，过筛；②将甘草颗粒放入浸提容器内，加入乙醇水溶剂混合，密封浸提容器，静止浸泡1.5~4h；③再次加入乙酸乙酯溶液混合，将溶液的pH调至4.5~9.0，加热至40~60℃后在超声波辅助下分三次超声波处理，每次30~60min，间隔15~20min，超声波功率为80W，超声频率为30kHz；④静置浸泡过夜，离心分离，收集沉淀物，干燥后得到甘草酊。此方法制备的甘草酊纯度高，原料利用率高，生产成本低，具有广阔的市场前景。

第五节 香脂类香料及其制备工艺

一、安息香

安息香又称苯偶姻，其化学名称为2-羟基-1,2-二苯基乙酮。安息香是重要的化工原料，也可用作医药中间体，还被广泛应用为苯偶酰的合成原料。

经典的安息香缩合是用苯甲醛在热氰化钾或氰化钠的乙醇溶液中反应，在氰负离子催化下，两分子苯甲醛缩合得到二苯羟乙酮，氰化物作为催化剂在该反应中催化效果好、产率高，但是氰化物同时具有毒性大、不适合工业生产、实验操作危险、污染大等不可忽视的缺点。之后改用维生素 B_1 代替其作催化剂，但是传统的维生素 B_1 催化安息香缩合反应是通过加热回流进行的，具有过程复杂、产率低、操作烦琐等缺点。

目前，安息香制备采用超声辅助合成法就克服了上述缺点。该方法是，以苯甲醛和B族维生素为原料在超声的条件下合成安息香，其最优生产条件为：催化剂量1.47g、时间75min、温度60℃、功率210W，产率为50.6%。通过超声改良后的产率不仅时间缩短，产率明显提高，并且具有操作简单、重现性好、绿色环保等优点。

二、白松香

松脂是松树分泌出的天然产物，主要含有松香和松节油。松脂不溶于水，而溶于有机溶剂。松香可用于橡胶、树脂、油墨、有机原料等化工产品的制备过程，松香的品质由颜色、软化点和透明度决定，一般认为颜色越浅的松香，品质越高。

针对白松香的制备方法，主要包括如下步骤：①溶解松脂，并制取草酸溶液；②将混合罐抽真空，然后用两根进料管向混合罐内通入草酸溶液和混合液，过滤、静置滤液，取上层脂液；③将上层脂液投入第一反应釜内，第二反应釜通过导液管与第一反应釜连通，导液管上设置有阀门，将第二反应釜抽真空，打开阀门，待第一反应釜内的上层脂液进入第二反应釜，关闭阀门，取活性炭颗粒，用保护气体将活性炭颗粒送入第二反应釜内，然后加热第二反应釜至温度为260~270℃并保温4~7h，启动真空泵，抽出低沸物；④过滤即得水白松香。此方法能够一定程度避免现有技术所造成的颜色偏深、有机试剂残留、过程烦琐等问题。

三、没药香

没药为橄榄科没药属没药树及其同属植物皮部渗出的树脂，主要含有2.5%~9%（质量分数）挥发油、25%~35%（质量分数）树脂以及57%~65%（质量分数）树胶等，具有活血、消肿、止痛的功效。传统中医认为，没药挥发油是止痛的重要药物，其主要有效成分为β-榄香烯。β-榄香烯有很好的辅助抗肿瘤作用，对多种肝癌细胞的生长、增殖、凋亡有影响。

现代研究表明，没药的主要药效为挥发油和部分树脂类成分。传统的提取工艺存在效率低、能耗大，提取过程中易结块等缺陷。与传统提取方法相比，CO_2超临界萃取避免了以上缺点，具有得率较高，成本低、提取时间短等优点，非常适用于没药等含脂溶性成分较多的药物提取。CO_2超临界萃取没药香的最佳工艺参数为：萃取压力25MPa，温度35℃，萃取时间2h。

四、榄香脂

榄香脂是一种来自几种热带橄榄科树种的软树脂。榄香脂和没药类似，可以使皮肤清凉干爽，对溃疡、霉菌生长和受感染的伤口有明显的改善作用，用于健康皮肤则可平衡皮脂分泌。榄香脂也可用于治疗黏膜发炎，调节寒性身体，减轻肺部充血，控制过多的黏膜，有助于抑止体液过度分泌，如多汗症状。

提取榄香脂可用传统的水蒸气蒸馏法。利用高温水蒸气将榄香脂从榄香树脂中蒸馏出来，再通过冷凝形成油水混合物，最后利用油水不互溶原理将混合液体分离，便可以得到榄香脂。此方法具有操作简单、成本低等特点。

重点与难点

（1）精油类香料的分类及其不同提取方法之间的区别；
（2）代表性浸膏类香料及其提取方法；
（3）代表性净油类香料及其提取方法；
（4）代表性酊剂类香料及其提取方法；
（5）代表性香酯类香料及其提取方法。

思考题

1. 天然香料制品有哪些主要种类？
2. 常用的香料提取加工方法有哪些？
3. 精油的主要组分和基本性质有哪些？
4. 浸膏的基本概念？简述浸膏的提取加工工艺流程。
5. 简述超临界 CO_2 萃取法的工艺流程以及特点。
6. 在溶剂浸提过程中如何进一步提高浸提效率？
7. 比较酊剂类与其他香料种类制品在加工工艺方面的异同点。
8. 简述水蒸气蒸馏工艺的优缺点。
9. 简述植物体内香气成分含量的影响因素及其变化机制。

第五章
合成香料的原料及分类

课程思政点

【本章简介】

本章主要介绍了不同来源（林木、煤化工、石油化工）的合成香料的原料；合成香料的分类及其生产工艺。

通过化学合成所形成的具有明确化学结构的香气和香味的物质称为合成香料。广义的合成香料也称为单体香料，包括单离香料、化学合成香料以及利用生物产香技术制备的香料。狭义的合成香料是指以农林加工产品、煤化工产品和石油化工产品等为原料，通过化学合成的方法制备的香料。目前，世界上合成香料大约有6000多种，常用的产品有3000多种。全球年均用量（单品种）在5000t以上的达100多种，主要品种为桃醛、椰子醛、芳樟醇、香叶醇、香兰素、麦芽酚等。500~5000t的达300多种，主要品种为丙位癸内酯、丁位十二内酯、麝香T、乙偶姻、薄荷酰胺等。20~500t达1000多种，主要品种为丙位己内酯、草莓酸、硫噻唑等。几十千克至几吨的达5000多种，主要是茶香酮、茶螺烷、糖内酯、1-辛烯-3-醇、2,4-癸二烯醛等。

第一节　合成香料的主要原料

合成香料的原料非常丰富，很多农林加工产品、煤炭化工产品和石油化工产品均可作为生产合成香料的原料。

一、用农林加工产品合成香料

19 世纪，人们就开始研究天然精油及其主要成分的萜类化合物，并从中分离出单体化合物即单离香料。随着科学技术的发展，人们利用有机合成方法，将此单离香料化合物加工制成具有香气优美、附加值高、应用前景广的香料化合物。

（一）松节油

松节油是由松科属植物分泌的松脂经加工提取而获得的一种精油，是当今世界上产量巨大且价格低廉的精油。根据获取途径的不同，松节油可分为 3 类，即脂松节油，由松脂经水蒸气蒸馏获得；硫酸盐松节油，由硫酸盐制浆过程回收获得；木松节油，由明子经溶剂浸提获得。尽管由于获取途径、树种及种植区域的不同，松节油的组成成分存在一定差异，但是松节油最主要的组成成分始终是 α-蒎烯和 β-蒎烯，二者在松节油中的总含量达 90%（质量分数）以上，其中 α-蒎烯约占 60%（质量分数），β-蒎烯为 30%（质量分数）左右。α-蒎烯和 β-蒎烯具有良好的化学反应活性，可以发生加成、异构化、氧化、聚合和热裂等诸多反应，是合成香料的重要原料。

从 α-蒎烯出发，可以合成很多有用的香料化合物。例如，α-蒎烯加氢还原可生成蒎烷，蒎烷经过热裂解可以制得二氢月桂烯。二氢月桂烯是一种很重要的香料中间体，可用于生产二氢月桂烯醇、香茅醇、阿弗曼酯等多种产品（图 5-1）。

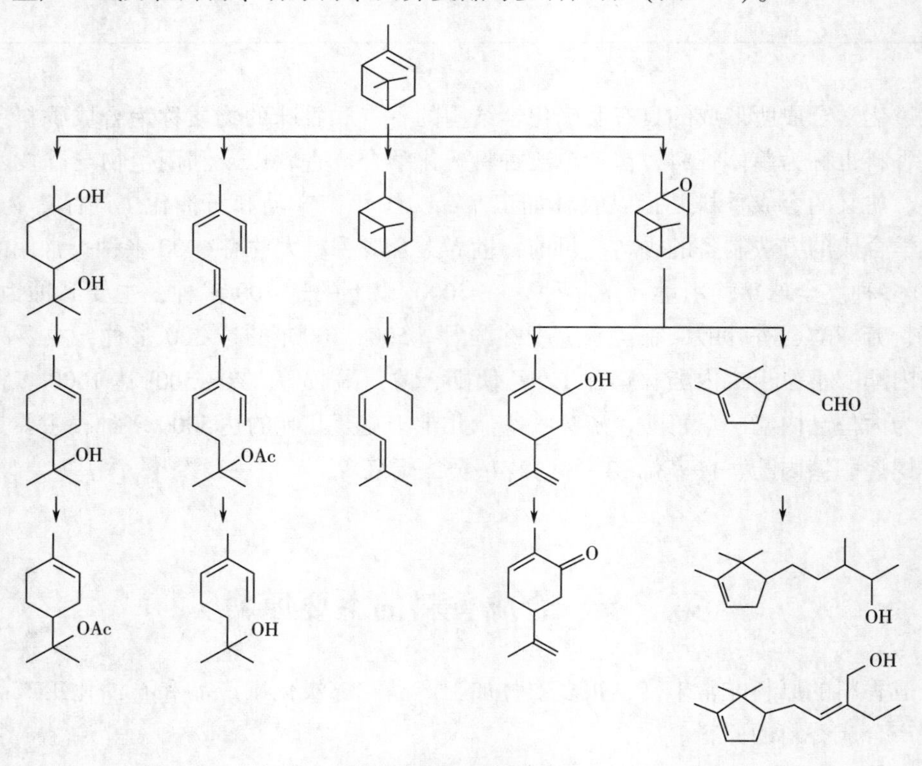

图 5-1　α-蒎烯为原料的衍生化反应

同样，以β-蒎烯为原料也可以合成很多有用的香料化合物。例如，β-蒎烯在经热裂解开环可得到月桂烯，其得率高达90%。以月桂烯为原料，可以合成出橙花醇、芳樟醇、香茅醇、柠檬醛、香茅醛、羟基香茅醛和紫罗兰酮等一系列合成香料（图5-2）。

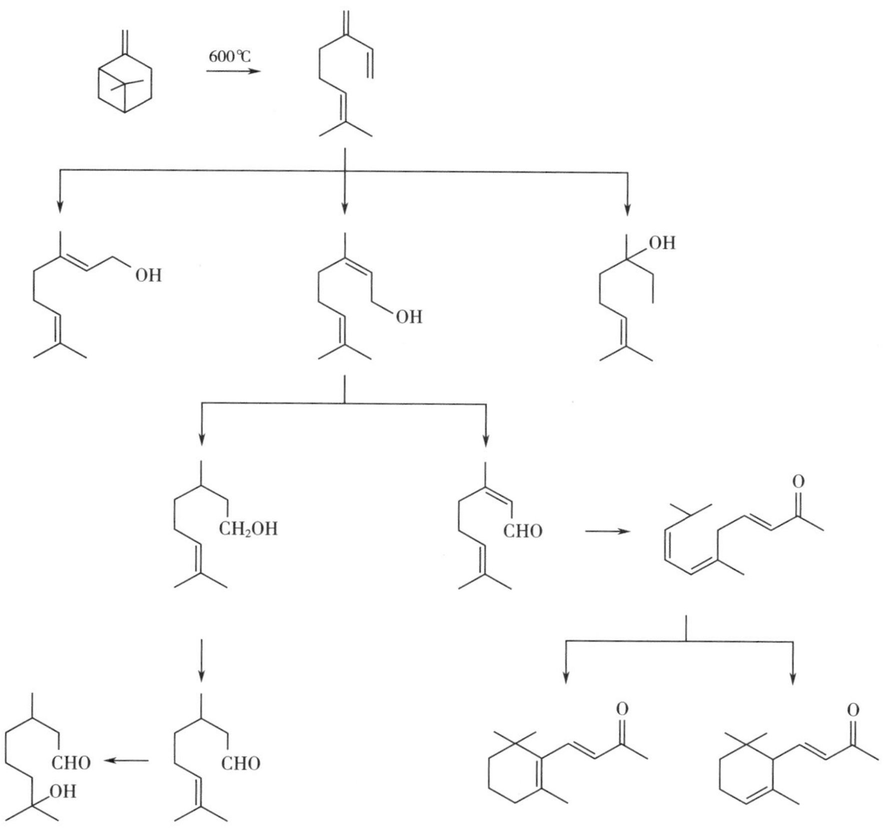

600℃

OH

OH

OH

CH_2OH

CHO

O

CHO

CHO

OH

O

O

图5-2 β-蒎烯为原料的衍生化反应

（二）山苍子油

山苍子油是指从山苍子果实的果皮中分离出来的植物精油，其主要成分为柠檬醛。不同的山苍子种间化学成分组成及含量有所差别，就含量最多的柠檬醛而言，脱毛山苍子精油含量最高，达90.0%（质量分数）；清香山苍子油含量次之，为87.5%（质量分数）；毛叶山苍子精油含柠檬醛，为82.4%（质量分数）；尖叶山苍子含量最低，为66.0%（质量分数）。山苍子油不仅本身具有优美的香气，以其主要成分柠檬醛为原料可以合成多种高档香料，如假性紫罗兰酮、紫罗兰酮（图5-3）、烯丙基紫罗兰酮、甲基紫罗兰酮、柠檬醛二缩醛、柠檬腈等香料，从而改善香气质量，提高产品附加值。

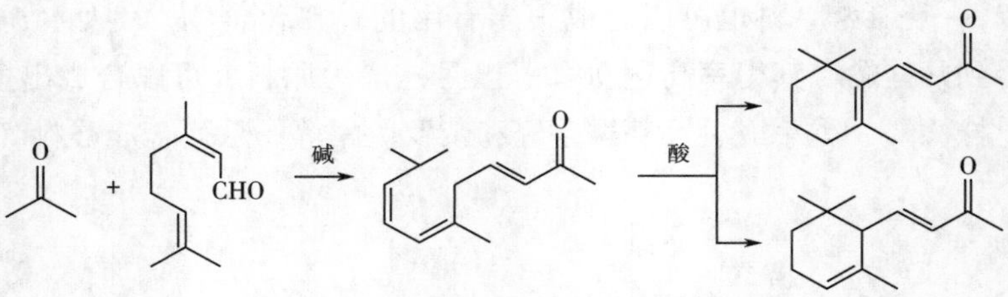

碱 酸 CHO

图 5-3 以山苍子油制备紫罗兰酮的反应

（三）香茅油

在香茅油和柠檬桉油中，分别含有 40%（质量分数）和 80%（质量分数）的香茅醛。香茅醛是一种重要的香原料，可用于合成薄荷酮、异胡薄荷酮、薄荷醇、香茅醇及羟基香茅醛等食用香原料，也可用于合成香茅醛缩醛等日用香原料。从精油中分离出来的香茅醛，在酸性条件下制得异胡薄荷醇，再经加氢还原得到薄荷醇（图 5-4）。

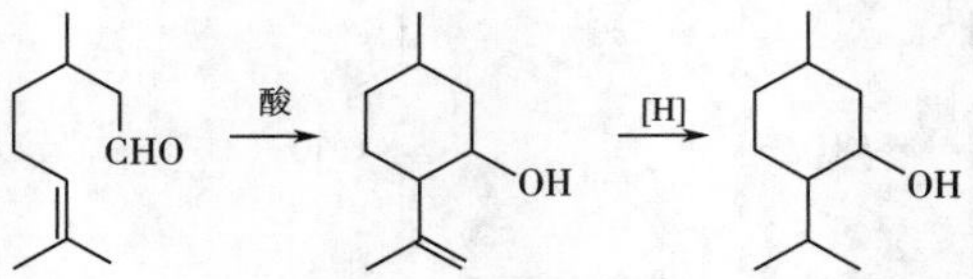

CHO 酸 OH [H] OH

图 5-4 以香茅油制备薄荷醇的反应

（四）八角茴香油

中国广西、云南、福建盛产八角茴香。八角茴香油是从八角茴香的枝叶或果实中提取的具有芳香气味的挥发油，其中茴香脑的含量最丰富，约 80%（质量分数）左右。茴香脑经臭氧或高锰酸钾氧化，制得具有山楂花香的茴香醛。茴香醛采用还原法和高压催化加氢法可以得到茴香醇（图 5-5）。

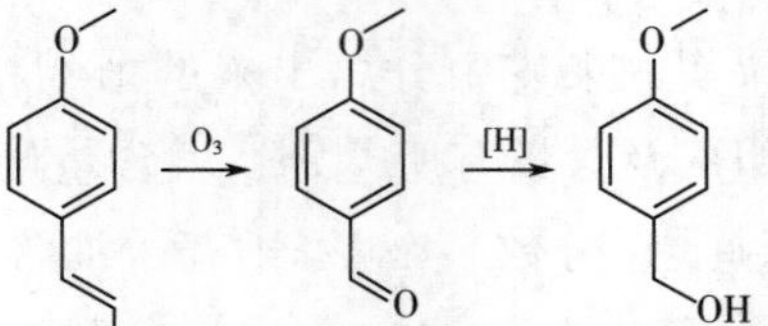

O_3 [H] OH

图 5-5 以茴香脑制备茴香醛和茴香醇的反应

（五）黄樟油

黄樟油素是一种重要的天然香料，它存在于黄樟、香桂、岩桂等多种植物的精油中。在黄樟油中，黄樟油素的含量为 60%~95%（质量分数）。黄樟油素具有黄樟树特有的香气，是合成洋茉莉醛、胡椒基丁醚、胡椒基丙酮、香兰素等产品的原料。从精油中分离出来的黄樟油素，在热浓碱中发生异构化反应，生成异黄樟油素后，经臭氧或重铬酸钾氧化则制成具有葵花香的洋茉莉醛（图 5-6）。

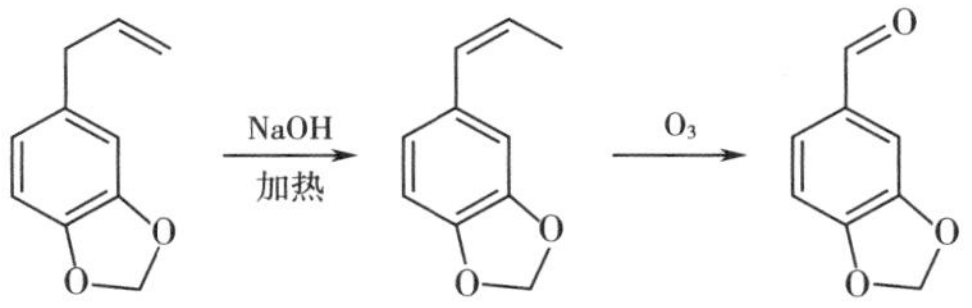

图 5-6 以黄樟油素制备洋茉莉醛的反应

（六）柏木油

柏木油是以柏木根为原料，采用水上蒸馏提取制得。常用来单离出柏木烯和柏木醇，并进一步合成其他品种的香料，如柏木酯、柏木烷酮、乙酰柏木烯等，这一系列香料具有木香、龙涎香、甜香等香型。香型稳定，留香时间长，为人们所喜爱。柏木烯在双氧水的作用下氧化成柏木酮。以柏木醇为原料，用乙酸酐酯化得乙酸柏木酯（图 5-7）。乙酸柏木酯是一种木香型香料，稳定性好，具有柔郁而持久的檀香和强烈的木香香味，适用于木香、花香香精中作定香剂。

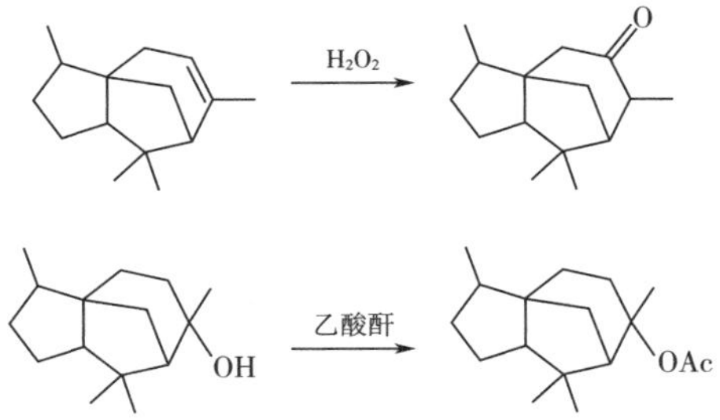

图 5-7 以柏木烯和柏木醇为原料分别制备柏木酮和乙酸柏木酯的反应

（七）蓖麻油

蓖麻籽经压榨后可以得到蓖麻油，是一种天然脂肪酸的甘油三酯，其主要成分为蓖麻醇酸，约占 90%（质量分数），因其分子中有烯键、酯键和羟基，因而可以发生多种反应，使蓖麻油成为宝贵的工业植物精油。蓖麻油经氧化、还原、酯化、水解、加成、水合、缩聚等化学反应可加工成多种合成香料，广泛应用于食品及化妆品香精中。以蓖麻油热解产物庚醛、10-十一烯酸等为原料可以合成庚酸酯、内酯等香料（图 5-8）。

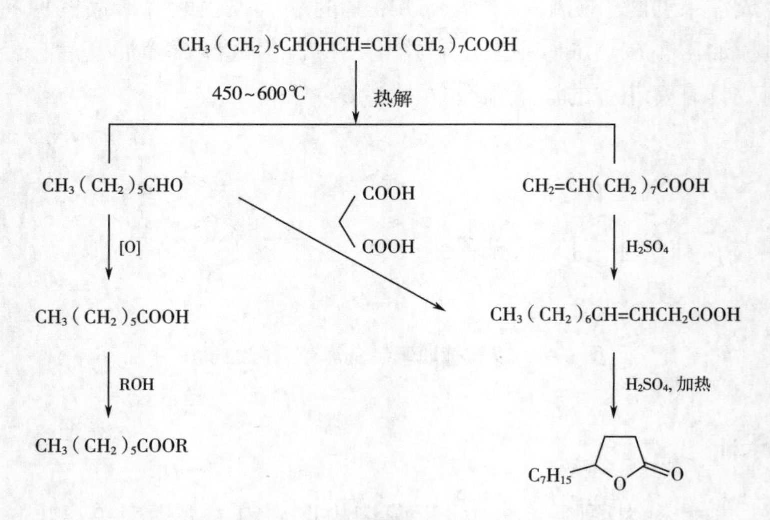

图 5-8　以蓖麻油为原料的衍生化反应

(八) 糠醛

糠醛是重要的林化产品之一，它可由富含五碳糖的阔叶材、玉米芯、玉米秸秆等为原料，经稀酸水解制得。我国是农业大国，有丰富的生产糠醛的资源，以糠醛为原料生产合成香料是糠醛应用的有效途径之一。

以糠醛为原料可以制备麦芽酚（图 5-9）。

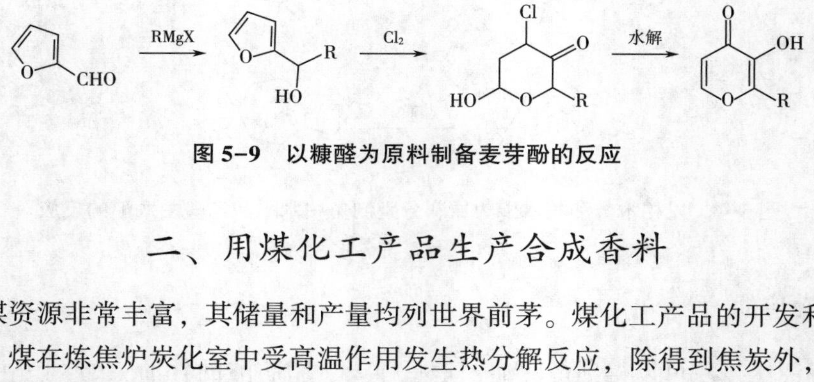

图 5-9　以糠醛为原料制备麦芽酚的反应

二、用煤化工产品生产合成香料

中国煤资源非常丰富，其储量和产量均列世界前茅。煤化工产品的开发和利用具有广阔前途。煤在炼焦炉炭化室中受高温作用发生热分解反应，除得到焦炭外，还可得到煤焦油、煤气等副产品。这些焦化副产物进一步分馏、纯化，可得到酚、萘、苯、甲苯、二甲苯等基本有机化工原料，利用这些有机化工原料，可以合成得到大量芳香族香料和硝基麝香等香料化合物。

(一) 以苯酚为原料合成茴香醛

以苯酚为原料，与硫酸二甲酯进行甲基化可生成茴香醚，然后与甲醛、HCl 发生氯甲基化反应，再在环六次甲基四胺存在下将氯甲基转变为醛（图 5-10）。

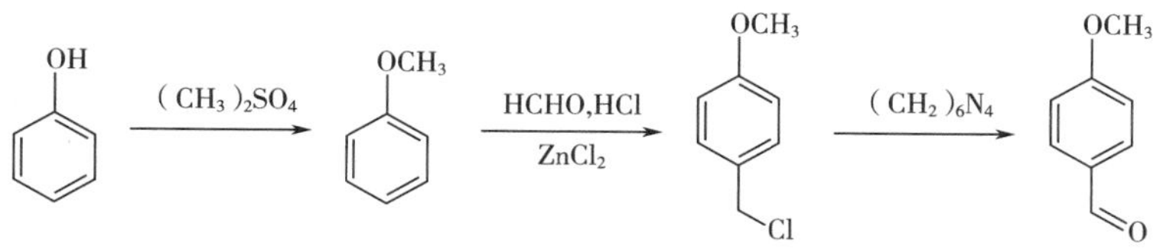

图 5-10 以苯酚为原料制备茴香醛的反应

（二）以萘为原料合成β-萘甲醚和β-萘乙醚

β-萘甲醚、β-萘乙醚在工业上均由煤焦油分馏纯化产品萘为原料合成制得。萘经磺化、碱熔生成β-萘酚。β-萘酚与甲醇在硫酸存在下加热回流，进行甲基化反应得β-萘甲醚。β-萘酚与乙醇在硫酸存在下加热回流，进行乙基化反应得到β-萘乙醚。亦可由β-萘酚与硫酸二甲酯或硫酸二乙酯在氢氧化钠存在下进行烷基化反应得到相应的β-萘甲醚或β-萘乙醚（图 5-11）。

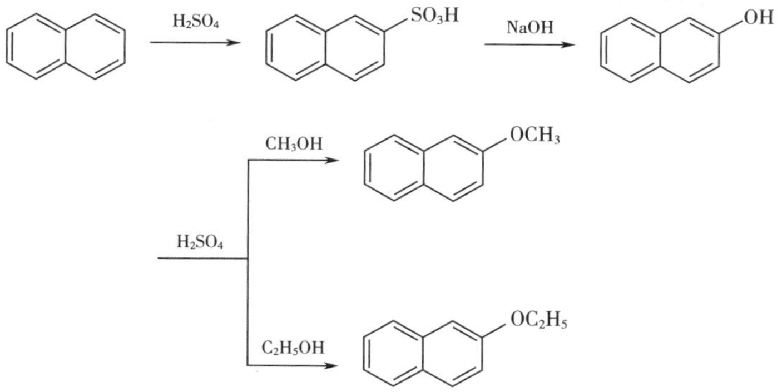

图 5-11 以萘为原料合成β-萘甲醚、β-萘乙醚的反应

亦可由β-萘酚与硫酸二甲酯或硫酸二乙酯在氢氧化钠存在下进行烷基化反应得到相应的β-萘甲醚或β-萘乙醚（图 5-12）。

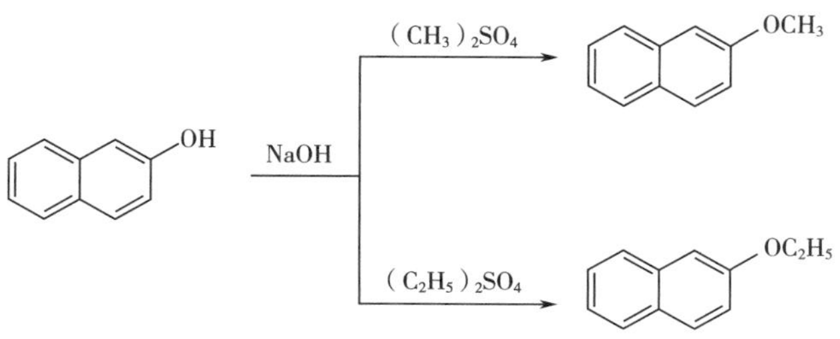

图 5-12 以萘酚为原料合成β-萘甲醚、β-萘乙醚的反应

（三）以苯为原料合成萨利麝香

苯是香料工业中最常用的基本原料，它可合成出许多芳香族香料，萨利麝香则是其中之一。

苯与叔丁醇反应生成叔丁基苯，叔丁基苯在酸性催化剂存在下与异戊二烯环化反应，生成烷基取代的茚满，再继之以三氯化铝为催化剂，与乙酰氯反应则生成萨利麝香（图 5-13）。

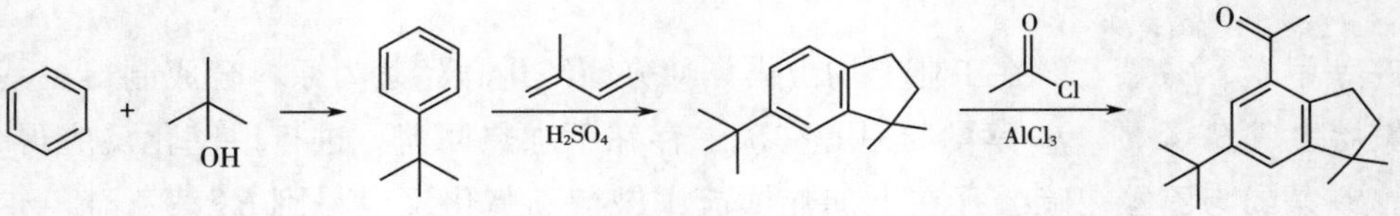

OH　H_2SO_4　O　Cl　$AlCl_3$　O

图 5-13　以苯为原料合成萨利麝香的反应

（四）以甲苯为原料合成苯甲醇、苯甲醛与桂醛

甲苯是合成香料工业中最常用的有机溶剂，同时也是合成各种香料的重要原料。利用甲苯可制得苯甲醇、苯甲醛、桂醛等常用香料（图 5-14）。

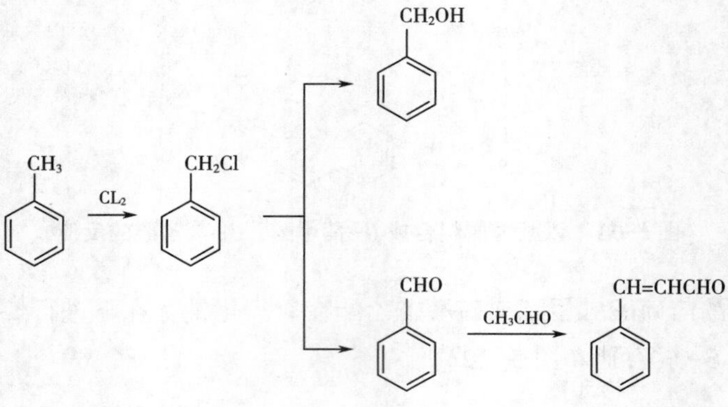

CH_2OH　CH_3　CL_2　CH_2Cl　CHO　CH_3CHO　CH=CHCHO

图 5-14　以甲苯为原料合成苯甲醇、苯甲醛、桂醛

（五）以二甲苯为原料合成硝基麝香

二甲苯是合成硝基麝香的主要原料。以间二甲苯和异丁烯为原料，在三氯化铝存在下进行叔丁基化反应，然后可以由此合成出酮麝香、二甲苯麝香和西藏麝香（图 5-15）。

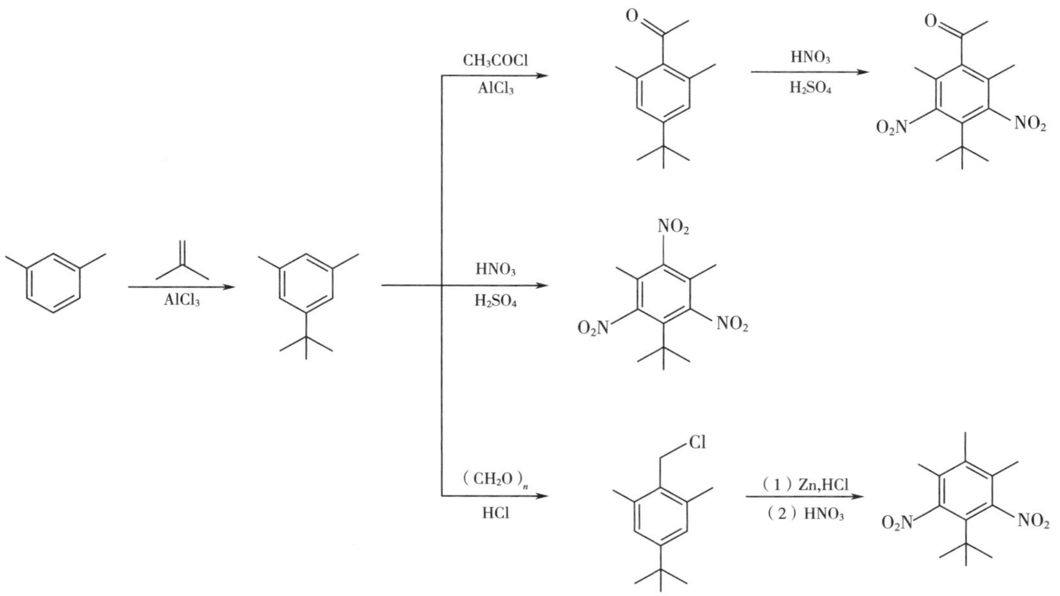

图 5-15 以二甲苯为原料合成硝基麝香

三、用石油化工产品合成香料

从石油和天然气加工过程中，可以直接或间接得到大量的有机化工原料，主要有苯、甲苯、乙炔、乙烯、丙烯、异丁烯、丁二烯、异戊二烯、乙醇、异丙醇、环氧乙烷、环氧丙烷、丙酮等。利用上述石油化工原料，除可用来合成脂肪族醇、醛、酮、酯等一般香料化合物外，还可合成芳香族香料、萜类香料、合成麝香以及其他名贵的合成香料。随着石油化工的发展，合成香料工艺的不断完善，以廉价的石油化工产品为原料进行香料化合物的合成，已成为国内外香料工业开发的重要领域。可以肯定，今后以石油化工产品为原料合成的香料品种将不断增加，前景非常广阔。

(一) 乙炔

石油气和天然气中含有大量甲烷，甲烷在 150℃下脱氢可得到乙炔。以乙炔和丙酮为原料，经炔化反应生成甲基丁炔醇，经还原生成甲基丁烯醇，然后与乙酰乙酸乙酯缩合，即可得到甲基庚烯酮。乙炔与甲基庚烯酮反应生成脱氢芳樟醇，脱氢芳樟醇异构化，可制得柠檬醛。柠檬醛与丙酮发生缩合反应生成假性紫罗兰酮，在浓硫酸作用下，假性紫罗兰酮经环化可制得 α-紫罗兰酮和 β-紫罗兰酮（图 5-16）。

(二) 乙烯

乙烯是石油裂解的主要产物之一，是生产乙醇、环氧乙烷的重要原料，再由乙醇、

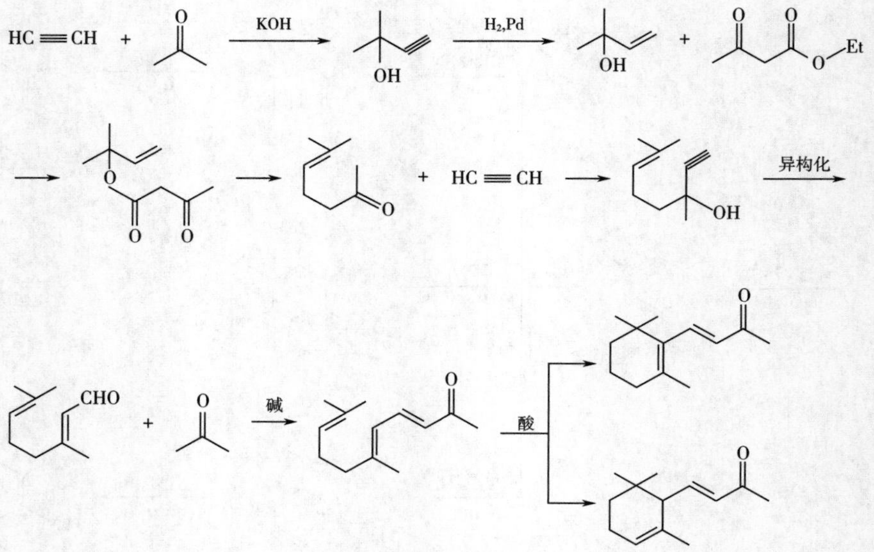

图 5-16 乙炔的衍生化反应制备紫罗兰酮

环氧乙烷出发可以合成一系列香料化合物。乙醇与羧酸发生酯化反应，可以合成一系列乙醇酯类香料化合物。环氧乙烷与苯发生傅列德尔-克拉夫茨（Friedel-Crafts，简称傅-克）反应，可制得β-苯乙醇。以β-苯乙醇为原料，可以合成苯乙醇酯类、苯乙醛、苯乙缩醛等香料化合物（图 5-17）。

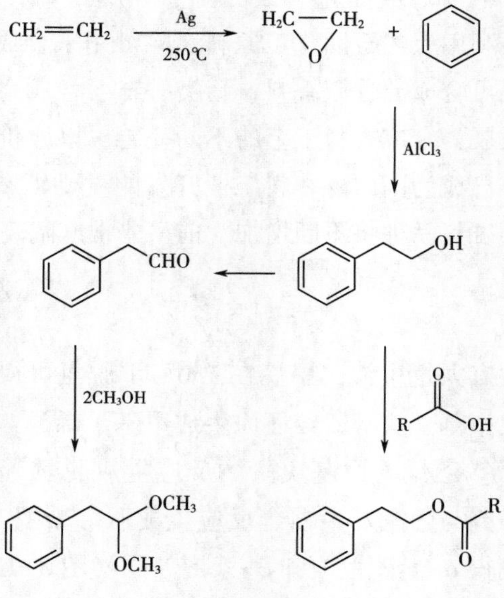

图 5-17 乙烯的衍生化反应

（三）丙烯

丙烯也是石油裂解的产物之一，它主要用于生产聚丙烯。此外，它也是生产环氧丙烷、异丙醇、丙酮及许多香料化合物的原料。在工业上已经采用丙烯与甲苯反应，生成对伞花烃。从对伞花烃出发，又可以合成橙花酮、伞花麝香、粉檀麝香等香料化合物（图 5-18）。

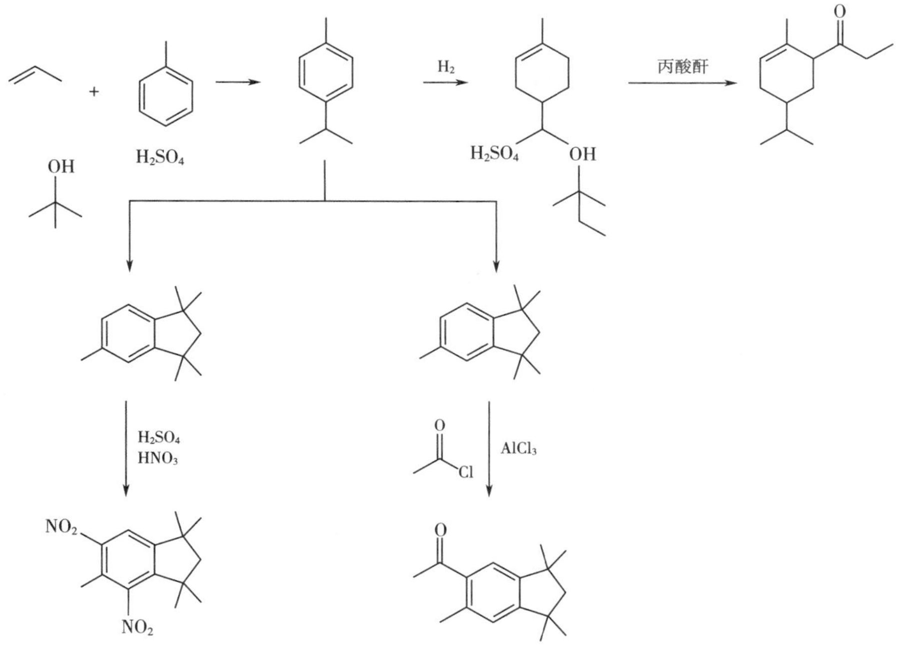

图 5-18 丙烯的衍生化反应

（四）异丁烯

德国 BASF 公司用异丁烯与丙酮、甲醛在 30MPa 及 300℃左右，一步反应即可得到 α-甲基庚烯酮。α-甲基庚烯酮在钯、羰基铁等催化剂存在下，加热就可以转化得到 β-甲基庚烯酮。β-甲基庚烯酮与乙炔反应生成脱氢芳樟醇，最后经氢化制得芳樟醇。此外，异丁烯还是生产硝基麝香的基本原料（图 5-19）。

（五）异戊二烯

异戊二烯是一种来源丰富，而且价格低廉的合成香料化合物的原料。由异戊二烯同氯化氢在 10~12℃下进行加成反应得到氯化异戊烯，生成的氯化异戊烯与丙酮在苛性钾的存在下，以二甲基甲醚胺作催化剂缩合生成甲基庚烯酮（图 5-20），是合成柠檬醛、紫罗兰酮等重要香料的原料。

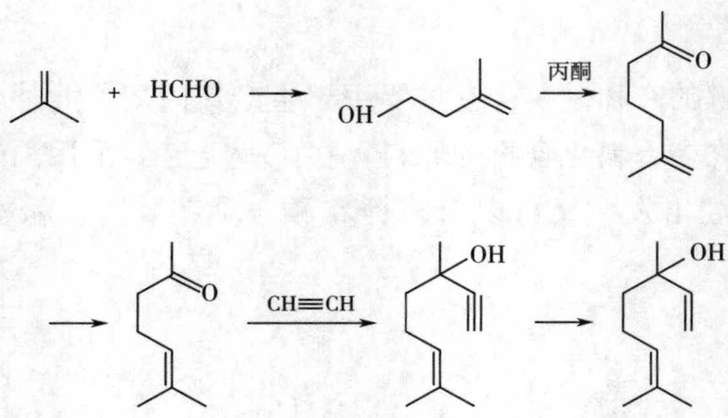

丙酮
HCHO
OH
O
CH≡CH
OH

图 5-19 异丁烯的衍生化反应

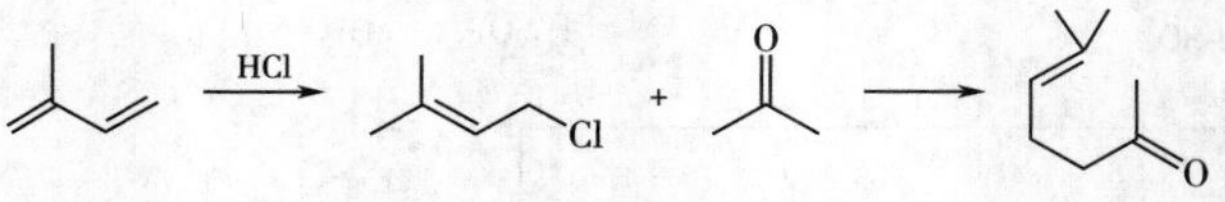

HCl
Cl
O

图 5-20 以异戊二烯为原料制备甲基庚烯酮的反应

以异戊二烯为原料，经二聚、与甲醛环合，再经氧化和加氢反应生成玫瑰醚酮，然后经格利雅（Grignard）反应，脱水后得到保加利亚玫瑰油中的微量香气成分——氧化玫瑰（图 5-21）。

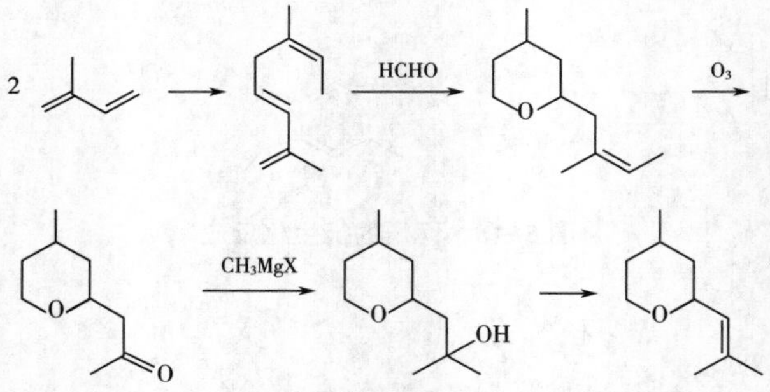

2
HCHO
O_3
CH_3MgX
OH

图 5-21 异戊二烯为原料制备氧化玫瑰

第二节 合成香料的分类及其生产

一、合成香料的分类

合成香料主要分为三类，详见第一章第一节“三、合成香料”。

二、合成香料的生产特点

香料生产根据它的性质来说，是有机合成工艺的一部分，属于精细有机合成工业。因此其工艺过程的实施、生产过程所用设备与其他化工企业类似。但合成香料工业也有其本身的特点。

(1) 大部分香料的合成具有反应步骤多、纯度要求高的特点。各个反应步骤间大多需要经过分离提纯才能进入下一步的合成反应。因此一个香料产品的合成常常需要多种反应设备及几十种辅助设备，生产过程复杂，控制要求严格。

(2) 大部分产品（半成品）对于温度的作用是敏感的且是不稳定的，其中有一些对光和空气及设备的材料也是如此。因此生产过程中广泛采用低温工艺、蒸汽蒸馏和真空蒸馏。生产设备大部采用不锈钢、搪瓷、铝或玻璃以适应化工原料及产品的要求。

(3) 由于香料品种多、产量小，因此大部分合成香料的生产是在间歇式生产设备中进行，且多是典型的化工单元操作。

(4) 由于合成香料生产所用化工原料种类多，其性质各不相同。原料和产品大都具有挥发性强、易燃等特点，因此在组织生产时应注意各种生产操作不能混淆，以免影响香气质量。产品仓库必须有严格的消防措施，注意安全生产。

(5) 合成香料广泛应用于食品、化妆品工业中，因此与人们的日常生活、身心健康息息相关，所以对产品质量、包装要求十分严格，要有安全卫生管理制度及必要的检测手段，同时还必须有毒理学检验和安全性评估报告。

三、典型香料合成反应与工艺流程

合成香料的生产工艺过程，从其性质来看是属于有机合成工艺的一部分，因此在生产方式上与其他有机合成基本上是一致的，因而在生产过程中所选用的设备基本类似。

（一）大茴香醛合成工艺

1. 化学结构式

大茴香醛结构见图5-22。

2. 合成原理

以对羟基苯甲醛和硫酸二甲酯为原料合成大茴香醛（图5-23）：

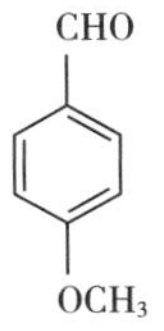

CHO
OCH_3

图5-22 大茴香醛

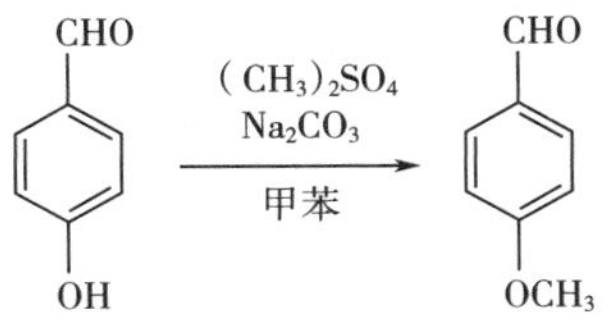

CHO
OH
$(CH_3)_2SO_4$
Na_2CO_3
甲苯
CHO
OCH_3

图5-23 大茴香醛合成路线

3. 原料规格

（1）对羟基苯甲醛　淡黄色晶体，含量99%（质量分数）；工业级。

（2）硫酸二甲酯　无色液体，含量99%（质量分数）。

（3）碳酸钠　白色固体粉末，含量99%（质量分数）；工业级。

（4）甲苯　无色液体，含量99%（质量分数）；工业级。

4. 生产工艺流程

在1000L的搪瓷反应釜内加入甲苯315kg、对羟基苯甲醛126kg和无水碳酸钠148kg，开搅拌，开蒸气压力0.15~0.3MPa。加热到80℃左右时，关蒸气压力，开夹套冷却水，滴加硫酸二甲酯163kg。先慢后快原则，20~30min滴加完毕，具体视反应激烈程度而定。滴加完成后，开蒸汽加热，在回流状态下，保温3~3.5h，温度保持在98~103℃。再回流即可，在回流时水分可以通过分水装置分出。

保温结束，取样分析合格后，稍冷，加清水至釜内容积上限，搅拌10~15min，静置分层，油层用清水洗至中性进蒸馏釜。

先在常压下蒸出甲苯，再用水真空泵拖尽甲苯，最后改用高真空进行蒸馏。在1.33kPa真空下收集117℃以内馏分（内温135~140℃）为大茴香醛正品（图5-24）。

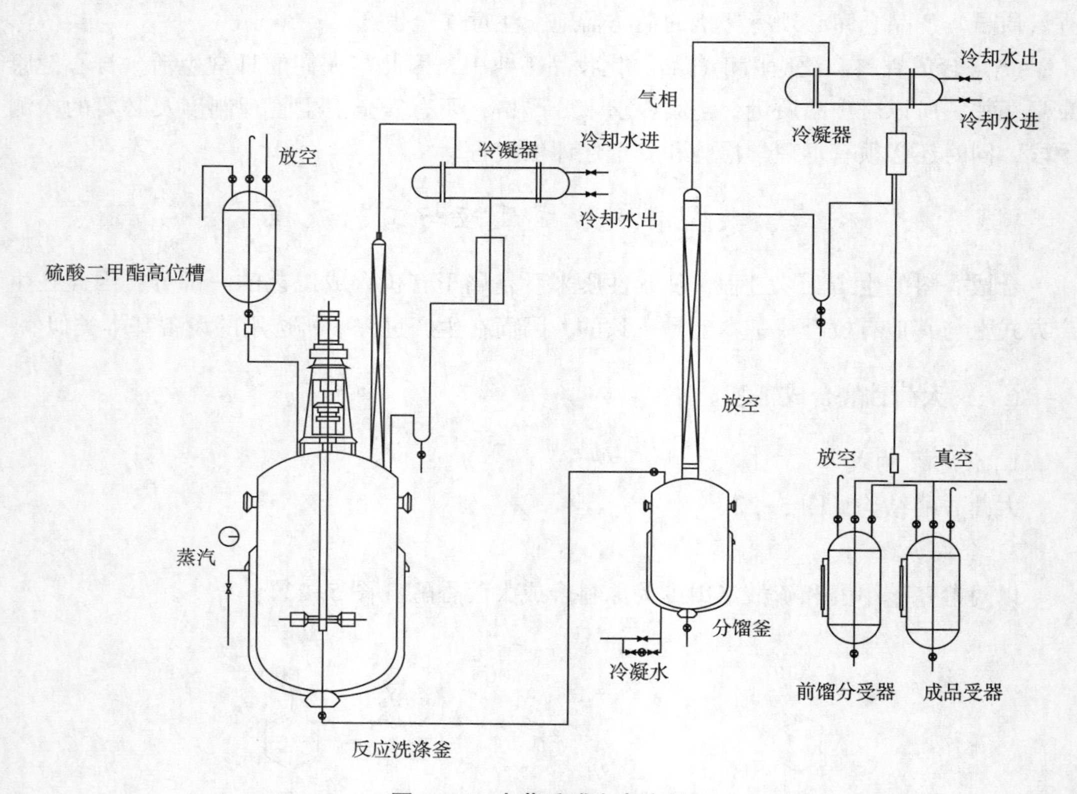

图5-24　大茴香醛生产流程

5. 大茴香醛产品规格

（1）色状 无色透明至微黄色透明液体。

（2）醛 含量（GC[1]）≥99%（质量分数）。

（3）相对密度 $d_{25}^{25}=1.119\sim1.123$。

（4）折射率 $n_d^{20}=1.571\sim1.574$。

（5）香气 似山楂香气。

（6）溶解度（25℃） 1mL 样品全溶于 7mL 50%的乙醇。

（二）乙酸苄酯合成工艺

1. 化学结构式

乙酸苄酯结构见图 5-25。

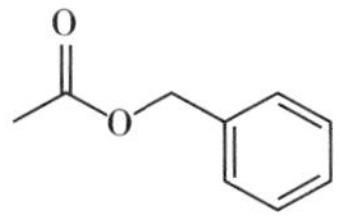

图 5-25 乙酸苄酯

2. 合成原理

以氯化苄和乙酸钠为原料合成乙酸苄酯（图 5-26）：

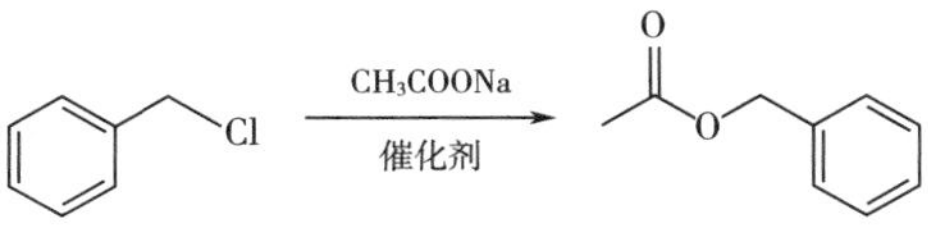

图 5-26 乙酸苄酯合成路线

3. 原料规格

（1）三结晶水乙酸钠 晶形、白色颗粒，含量 58%~60%（质量分数）。

（2）氯化苄 含量（GC）≥ 98.5%（质量分数）。

（3）三乙胺 含量（GC）≥ 99%（质量分数）；工业级。

4. 生产工艺流程

在 2000L 反应釜中加入 177kg 水、351kg 无水乙酸钠、650kg 氯苄和 12kg 催化剂，搅拌、升温至 110℃，保持在回流状态下 6h。反应结束后分层，放去水层，有机相用 0.5%（质量分数）的碳酸钠洗至 pH 7~8，送入精馏塔精馏，收集 211.5~213.5℃馏分（图 5-27）。

---

[1] 表示纯度是通过气相色谱法（GC）测定的。——编者注

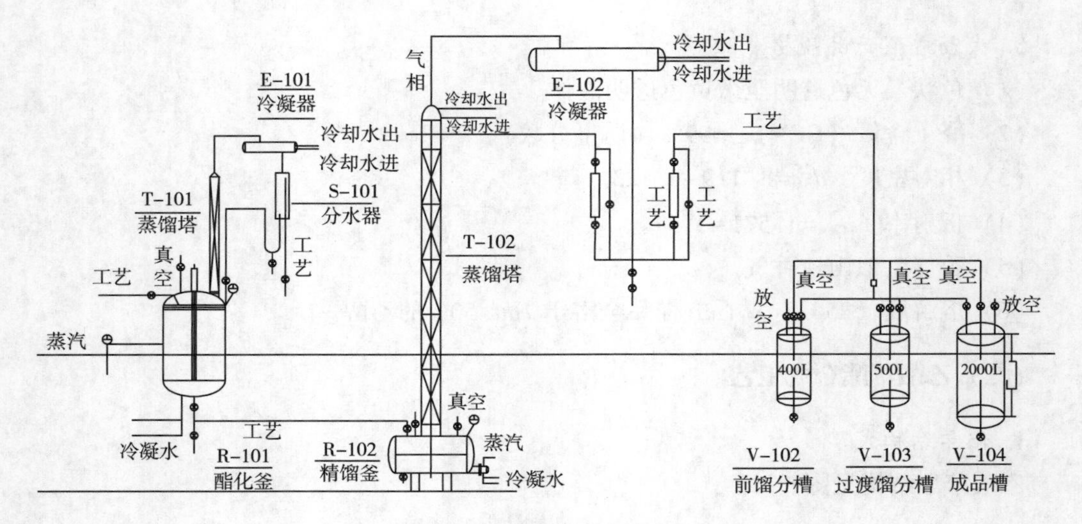

图 5-27　乙酸苄酯生产流程

5. 乙酸苄酯产品规格

(1) 色状　无色透明液体。

(2) 含量（GC）　>99%（质量分数）。

(3) 香气　果香，茉莉香气。

(4) 溶解度（25℃）　1mL 样品全溶于 5mL 的 60%的乙醇中。

重点与难点

(1) 合成香料的分类；

(2) 合成香料的特点；

(3) 用农林加工产品合成香料。

思考题

1. 以农林加工产品 β-蒎烯为原料，设计合成薄荷醇。
2. 以煤化工产品苯酚为原料，设计合成香兰素。
3. 以石油化工产品异丁烯为原料，设计合成柠檬醛。
4. 简述合成香料的特点。

第六章 烃类香料制备工艺

课程思政点

【本章简介】

本章主要介绍了烃类合成香料的分类、制备方法及其生产工艺。

烃类化合物是碳氢化合物的统称，是由碳与氢原子所构成的化合物，主要包含烷烃、环烷烃、烯烃、炔烃、芳香烃。在自然界中，烃类化合物广泛存在，在石油和煤化工中，存在大量的脂肪族、芳香族烃类产品，但是由于这些烃类化合物沸点低、香气质量欠佳，一般很少直接用作香料。

烃类香料中最重要的化合物是萜类化合物，它们在植物精油成分中占有重要地位。直链和支链的饱和与不饱和的脂肪烃类化合物在自然界中大量存在，但是由于它们对香气和滋味的贡献有限，因此在商业上的用处较少。唯一例外的是1,3,5-十一碳三烯及其合成前体物。

第一节 萜烯类香料及其制备方法

据文献记载，结构中具有（C_5H_8）$_n$ 结构的链状或环状烯烃的化合物统称为萜烯。1887年，萜类化学先驱奥托·瓦拉赫（Otto Wallach）提出了所谓的“异戊二烯规律”，把具有两个异戊二烯单位（$n=2$）的化合物称为单萜烯，$n=3$ 的称为倍半萜烯，以此类推，还有二萜、三萜和多萜等。由此衍生的醇类、醛类、酯类、醚类以及氧化物等统称为萜类化合物。但是有些高分子萜类化合物（如类胡萝卜素）的生物降解产物，其分子中碳元素子数并不符合上述规律，但仍将它们归为萜类化合物，称为“降类异戊二烯”。萜类化合物存在于许多水果及精油中，种类繁多，有的含量相当大，常用于合成日用及食用香料的原料。

作为香料需要有一定的挥发性，因此萜类香料一般以单萜和倍半萜类为主，二萜类香料只有极个别，如植醇、异植醇和香叶基芳樟醇，它们的香气较弱但有良好的定香作用。精油是萜类香料的重要来源，它是从芳香植物的不同部位采用水蒸气蒸馏、溶剂浸提、压榨等方法，并采用物理方法去除水相后得到的具有一定挥发性和特征香气的油状物，它可以直接用于香精（如玫瑰精油、薰衣草精油等），也可以通过物理或化学方法从中单离出某种成分后使用（如采用冷冻法从薄荷精油中分离出的薄荷脑）。

一、单萜类香料

根据分子中两个异戊二烯单位相互连接的方式不同，单萜类化合物被分为链状单萜类、单环单萜类以及双环单萜类。单萜多数具有挥发性，是植物精油的重要组成部分。单萜的沸点一般在 140~180℃，其含氧衍生物的沸点则为 200~300℃。

（一）链状单萜类香料

链状单萜是由两个异戊二烯单位构成的链状化合物，其结构主要存在两种：罗勒烯和月桂烯，它们的含氧衍生物如香叶醇、橙花醇、柠檬醛、香茅醇等是精油的主要成分。其中橙花醇和香叶醇是一对顺反异构体，橙花醇是它的顺式异构体，香气比较温和；香叶醇是它的反式异构体，具有显著的玫瑰香气，存在于多种精油中。

1. 月桂烯

结构式见图 6-1。

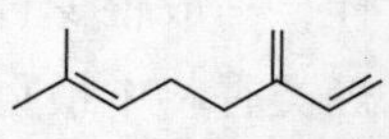

图 6-1 月桂烯结构式

月桂烯又称为香叶烯、7-甲基-3-亚甲基-1,6-辛二烯。相对分子质量 136.23，不溶于水，溶于乙醇、乙醚、氯仿、冰乙酸和大多数非挥发性油。沸点 167℃，相对密度（d_4^{20}）0.791，折射率（n_D^{20}）1.469，天然存在于月桂叶精油、酒花油和马鞭草油中，月桂烯的香气较弱，容易在空气中氧化和聚合。主要用于合成芳樟醇、香叶醇、紫罗兰酮等名贵香料，少量用于配制什锦水果和柑橘类香精、古龙香水和消臭剂。

月桂烯的制备方法主要有：一是由含量高达 30%~35%（质量分数）的酒花油分离而得。二是由 β-蒎烯热裂解而得（图 6-2）。三是由异戊二烯溴化物偶合而得（图 6-3）。

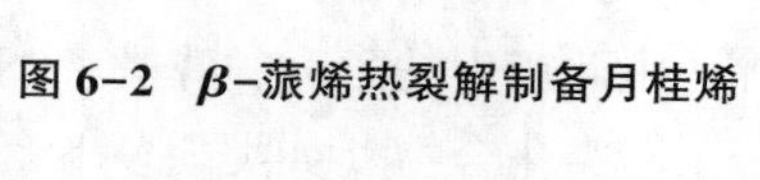

约500℃

△

图 6-2 β-蒎烯热裂解制备月桂烯

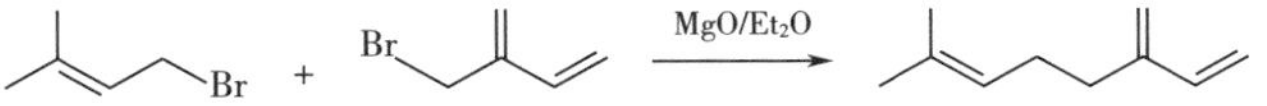

图 6-3 异戊二烯溴化物偶合制备月桂烯

2. 罗勒烯

结构式见图 6-4。

罗勒烯又称为 3,7-二甲-1,3,6-辛三烯。不溶于水，溶于乙醇、乙醚、氯仿、冰乙酸和大多数非挥发性油。相对分子质量 136.23，沸点 65～66℃，相对密度（d_4^{20}）0.818，折射率（n_D^{20}）1.485，它具有扩散性强而清新的白柠檬香气，并带有花香的底香。天然存在于罗勒油、薰衣草油、龙蒿油等精油中，一般在花香型、青香-花香型香精中使用。

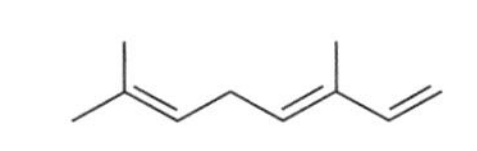

图 6-4 罗勒烯结构式

罗勒烯的制备方法主要有：一是由 α-蒎烯在 160℃下裂解而得（图 6-5）；二是由月桂烯在异丙醇中催化而得（图 6-6）。

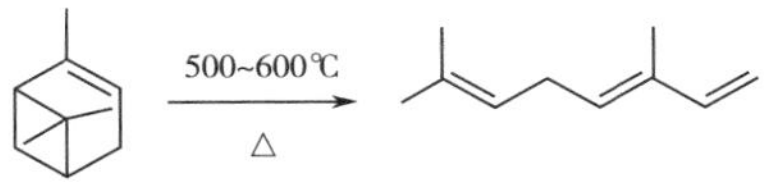

图 6-5 α-蒎烯热裂解制备罗勒烯

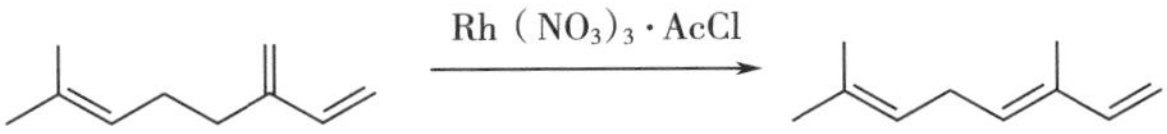

图 6-6 月桂烯在异丙醇中催化制备罗勒烯

3. 芳樟醇

结构式见图 6-7。

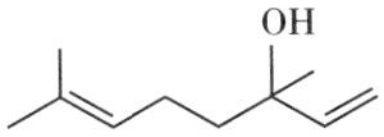

芳樟醇又称为伽罗木醇、胡荽醇、芫荽醇、3,7-二甲基-1,6-辛二烯-3-醇。不溶于水、甘油，易溶于乙醇、乙二醇和乙醚等有机溶剂，容易发生异构化，但在碱中比较稳定。相对分子质量 154.25，沸点 194～197℃，相对密度（d_4^{20}）0.870，折射率（n_D^{20}）1.462。天然存在于樟树樟脑油、薰衣草油、白柠檬油、玫瑰油、依兰油等精油中，可用于甜豆花、茉莉、铃兰、紫丁香等所有的花香型香精，以及果香型、青香型、木香型、醛香型、琥珀香型、素心兰型、香薇型等非花型香精中，也可用于配制橙叶、香柠檬、薰衣草、杂薰衣草油等工精油。在香皂、食用香精中应用广泛。

图 6-7 芳樟醇结构式

芳樟醇的制备方法主要有：一是从伽罗木油、玫瑰木油、胡荽子油、芳樟油等天然精油中分离而得；二是以β-蒎烯为原料，加氢得到蒎烷，再经氧化得到蒎烷-2-醇，最后裂解得到芳樟醇（图6-8）。

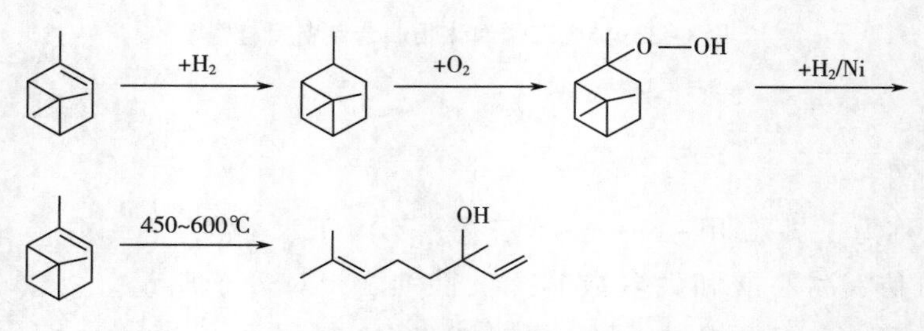

图6-8 芳樟醇制备方法

4. 柠檬醛

结构式见图6-9。

柠檬醛又称为2,6-二甲基-2,6-辛二烯醛。不溶于水、甘油，易溶于乙醇、丙二醇、非挥发性油和挥发性油中。相对分子质量152.23，沸点229℃，相对密度（d_4^{20}）0.888，折射率（n_D^{20}）1.488。天然存在于柠檬草油，柠檬油、白柠檬油、柑橘油、山苍子油、马鞭草油等精油中。是柠檬型、防臭木型香精、人工配制柠檬油、香柠檬油和橙叶油的重要香料，是合成紫罗兰酮类、甲基紫罗兰酮类的原料。可用于生姜、柠檬、白柠檬、甜橙、圆柚、苹果、樱桃、葡萄、草莓及辛香等食用香精，也可用来掩盖工业生产中的不良气息。

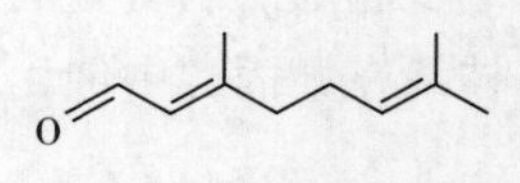

图6-9 柠檬醛结构式

柠檬醛的制备方法主要有：一是从柠檬草油、山苍子油中分离、纯化制得；二是从工业香叶醇（及橙花醇）用铜催化剂减压气相脱氢可制取柠檬醛（图6-10）。

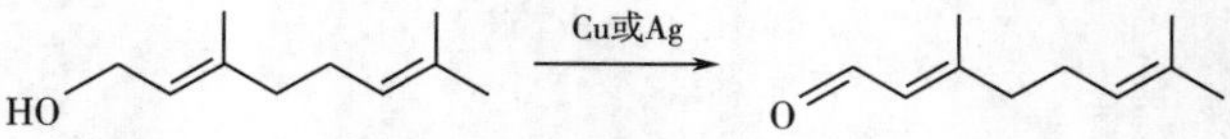

图6-10 香叶醇铜催化剂减压气相脱氢制备柠檬醛

5. 香茅醛

结构式见图6-11。

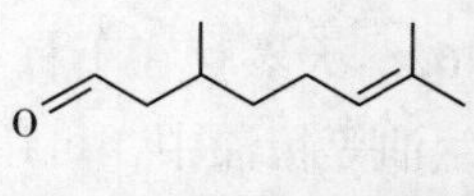

香茅醛又称为3,7-二甲基-6-辛烯醛。不溶于水、甘油，易溶于乙醇和大多数非挥发性油中。相对分子质量154.23，沸点207℃，相对密度（d_4^{20}）0.857，折射率（n_D^{20}）1.451，天然存在于柠檬桉油和香茅油等精油中，主要用于合成香茅醇、羟基香茅醛、薄荷脑等的原料，少量用于低档柠檬型、古龙型、玉兰型、铃兰型、蜂蜜型、香薇型等香精中，主要是取其有突出草青气的功效。

图6-11 香茅醛结构式

香茅醛的制备方法主要有：一是从柠檬桉油、爪哇香草油中分离、纯化制得；二是利用柠檬醛选择加氢制得香茅醛（图 6–12）。

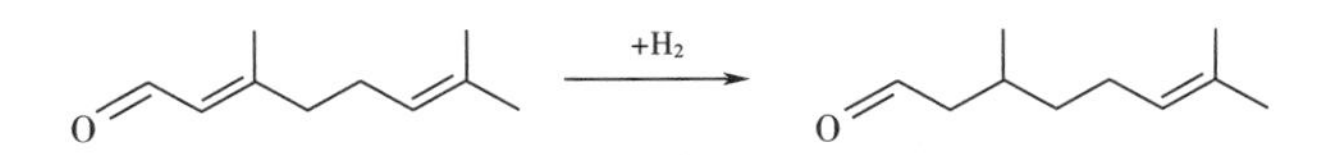

图 6–12 柠檬醛加氢制备香茅醛

（二）环状单萜类香料

1. 苧烯

结构式见图 6–13。

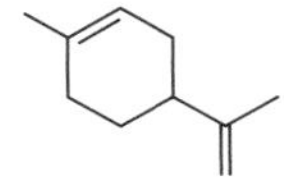

图 6–13 苧烯结构式

苧烯又称为柠檬烯。不溶于水，易溶于乙醇。相对分子质量 136.23，沸点 170 ~ 180℃，相对密度（d_4^{20}）0.860，折射率（n_D^{20}）1.473，广泛存在于天然的植物精油中，其中主要含右旋体的有蜜柑油、柠檬油、香橙油、樟脑白油等，含左旋体的有薄荷油等，含消旋体的有橙花油，杉油和樟脑白油等。可用作配制人造橙花、甜花、柠檬、香柠檬油的原料。作为一种新鲜的头香香料，用于化妆、皂用等日化香精，在古龙型、茉莉型、薰衣草型以及松木、醛香、木香、果香或青香型中均较适宜。在食用香精中作为修饰剂用于白柠檬、果香及辛香等配方。

苧烯的制备方法主要有：一是从上述天然精油中分馏制取；二是从柑橘油除萜工艺中获取。

2. 薄荷醇

结构式见图 6–14。

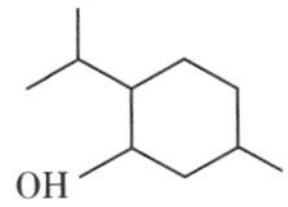

图 6–14 薄荷醇结构式

薄荷醇又称为薄荷脑。极易溶解于乙醇、氯仿、石油醚、乙醚、液状石蜡或挥发油中，在水中极少量溶解。相对分子质量 156.27，沸点 216℃，相对密度（d_4^{20}）0.890，折射率（n_D^{20}）1.462，广泛存在于亚洲薄荷油和椒样薄荷油中。作为食用香料与增味剂，可用于糖果（薄荷糖、胶姆糖）、饮料、冰淇淋等中。薄荷脑和消旋薄荷脑也可用作牙膏、香水、饮料和糖果等的赋香剂。在医药上用作刺激药作用于皮肤或黏膜，有清凉止痒作用；内服可作为驱风药，用于头痛及鼻、咽、喉炎症等。

薄荷醇的制备方法主要有两种方法：一是由薄荷油冷冻结晶分离制得；二是由香茅醛闭环得异胡薄荷醇再加氢制得（图 6–15）。

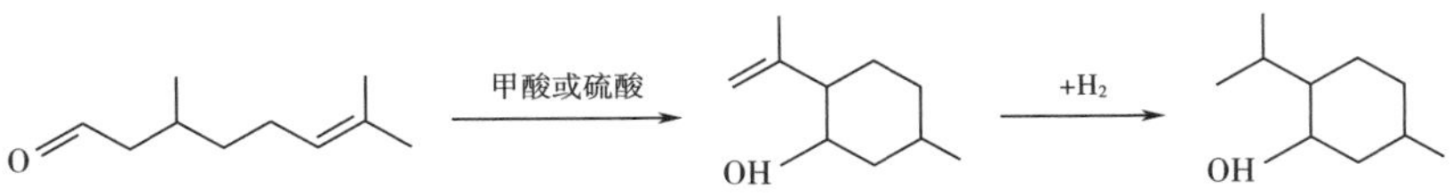

图 6–15 香茅醛闭环得异胡薄荷醇再加氢制薄荷醇

3. 薄荷酮

结构式见图 6-16。

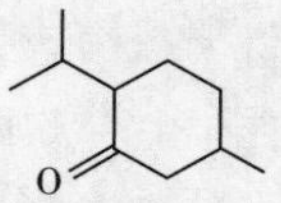

薄荷酮又称为5-甲基-2-（1-甲基乙基）环己酮。溶于70%乙醇中。相对分子质量154.25，沸点85~88℃，相对密度（d_4^{20}）0.896，折射率（n_D^{20}）1.450，广泛存在于薄荷油、胡薄荷油、布枯油、香叶油等精油中。薄荷酮是配制香叶油的香料，微量用于香茅醇中或用于玫瑰等花香香精中，有提调花香之作用。适量用于薰衣草、香薇、辛香等香型的香料中，也可作食用凉味香精的原料，用于果香精如悬钩子等，可提调香味，并增加鲜清而减少过甜的口味。

图 6-16 薄荷酮结构式

薄荷酮的制备方法主要有两种方法：一是由天然精油真空蒸馏，将其转变成肟或缩氨基脲，进行重结晶，分离出纯的薄荷酮；二是由4-对蓋烯-3-醇在丙酮中用铬酸盐氧化，继用钯催化加氢制得（图6-17）。

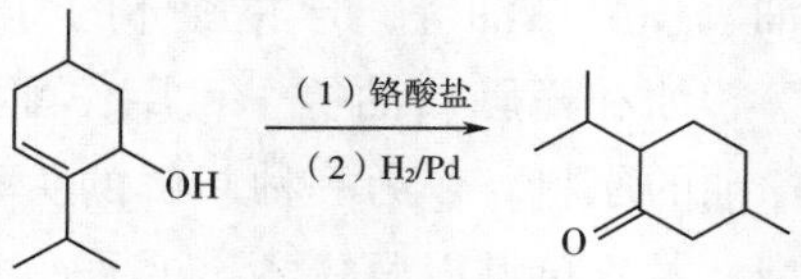

（1）铬酸盐
（2）H_2/Pd

图 6-17 钯催化加氢制备薄荷酮

（三）其他单萜类香料

龙脑结构式见图 6-18。

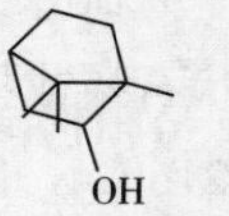

龙脑又称为冰片。溶于乙醇以及大多数精油中。相对分子质量154.25，沸点208℃，相对密度（d_4^{20}）1.011，折射率（n_D^{20}）1.459。龙脑樟树是目前已发现的天然右旋龙脑（D-龙脑）含量最高的植物资源，其叶片精油含量高达2%，精油中D-龙脑的含量在85%（质量分数）以上。

图 6-18 龙脑结构式

龙脑的制备方法主要有两种：一是由龙脑香树树脂，经水蒸气蒸馏升华，冷却结晶后制得；二是由α-蒎烯在GC-82型固体酸催化剂催化下合成龙脑（图6-19）。

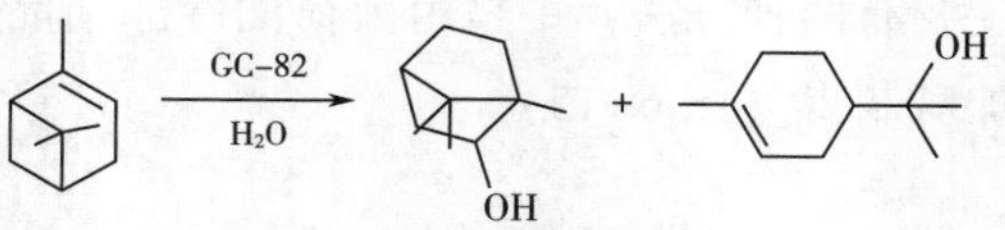

GC-82
H_2O

图 6-19 龙脑制备方法

二、其他萜类香料

1. 金合欢醇

结构式见图 6-20。

金合欢醇又称为法尼醇。溶于 70%乙醇以及许多香料和油类。相对分子质量 222.37，沸点 61~63℃，相对密度（d_4^{20}）0.886，折射率（n_D^{20}）1.490，天然存在于黄葵子油、苦橙油、印蒿油、玫瑰油、柠檬草油、伊兰油、木犀草油以及金合欢油等多种植物精油中，广泛用于各种香型的香精中，可用于菩提花、紫丁香、铃兰、鸢尾、玫瑰、紫罗兰、刺槐、金合欢、玉兰、兔耳草花及素心兰型、膏香型香精中，能增强甜花香香气，也可少量用于杏子、香蕉、樱桃、桃子、黄瓜、草莓、悬钩子、甜瓜、圆醋栗及柑橘等食用香精中。

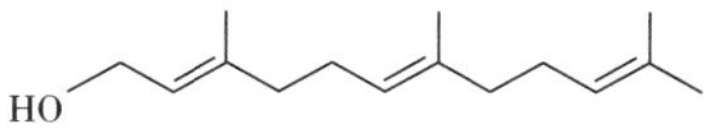

HO

图 6-20 金合欢醇结构式

金合欢醇的制备方法主要是从橙花叔醇和乙酸钾在丙酮中反应得到乙酸金合欢脂，皂化后经提纯得到金合欢醇（图 6-21）。

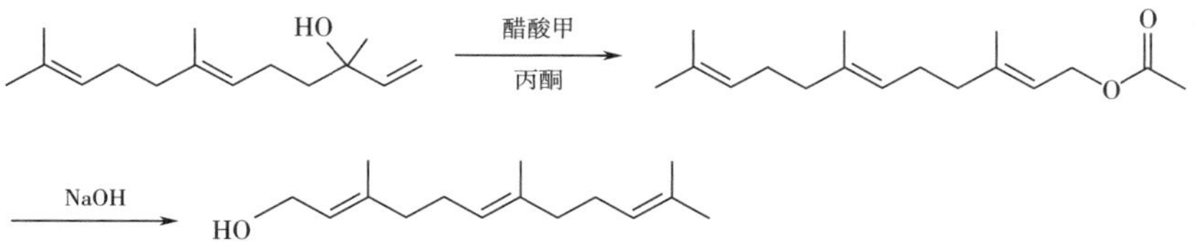

HO 醋酸甲 丙酮 O O

NaOH HO

图 6-21 金合欢醇制备方法

2. 广藿香醇

结构式见图 6-22。

广藿香醇又称为百秋里醇。溶于乙醇，在水中的溶解性极小。相对分子质量 222.37，沸点 140℃，相对密度（d_4^{20}）1.028，折射率（n_D^{20}）1.502，广藿香醇是广藿香精油的主要成分，平均含量约 33%（质量分数）。本身香气较淡，有良好的定香作用，通常以广藿香精油直接用于香精中。

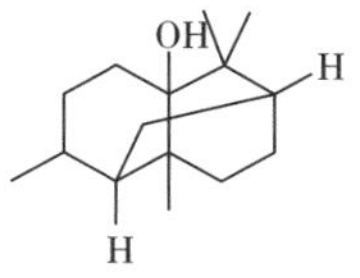

OH H H

图 6-22 广藿香醇结构式

广藿香醇的制备方法主要有由广藿香精油减压分馏而得。

第二节 芳烃及卤代芳烃香料及其制备方法

芳香族化合物正如上述所讨论的碳氢化合物一样，在香料行业中的应用也较少。只有少数芳香族化合物具有香气并在香料行业中有所应用。

一、主要芳香族烃类香料

芳香烃类香料有20多种，但由于这类香料化合物的香气比较粗糙，目前只有少数烷基和芳基取代的芳香烃在香料中有少量的使用，如对伞花烃、二苯甲烷和苯乙烯等。而对于大多数的芳香族烃类化合物只能作为溶剂、萃取剂或合成香料的中间体等。

1. 对伞花烃

结构式见图6-23。

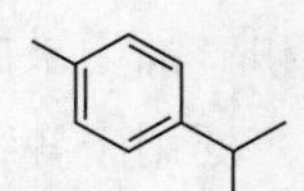

图6-23 对伞花烃结构式

对伞花烃又称为4-异丙基甲苯，对异丙基甲苯。不溶于水，溶于乙醇等有机溶剂中。相对分子质量134.11，无色液体，沸点175~176℃，相对密度（d_4^{20}）0.857，折射率（n_D^{20}）1.4917，天然存在于柏木油、肉桂油、柠檬油中，是许多精油中的一种成分，具有强烈的类似胡萝卜香气。对甲基异丙苯是合成粉檀麝香、伞花麝香的主要原料，还是驱风油的成分，少量用于日用香精和调味品、软饮料、口香糖和冰淇淋等香精中。

对异丙基甲苯的制备方法主要有两种：一是来自亚硫酸盐法造纸的洗涤液；二是由甲苯和丙烯通过烷基化反应合成对甲基异丙苯（图6-24）。

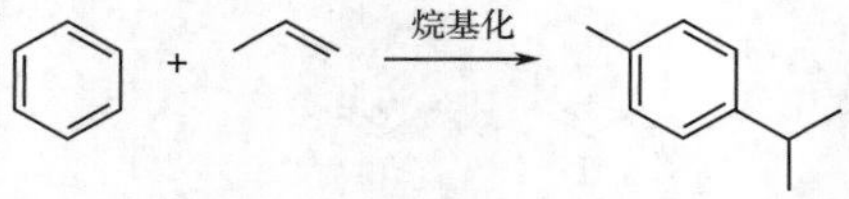

图6-24 对伞花烃制备方法

2. 二苯甲烷

结构式见图6-25。

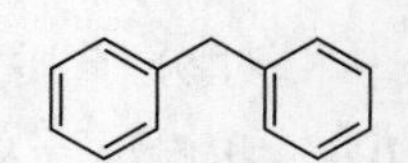

图6-25 二苯甲烷结构式

二苯甲烷又称为1,1-二苯基甲烷。不溶于水，溶于乙醇等有机溶剂中。相对分子质量168.09，白色针状晶体，熔点26~27℃，沸点260~261℃，相对密度（d_4^{20}）1.0056，折射率（n_D^{20}）1.575~1.577，具有香叶、甜橙香气。常被用作定香剂，也被用于玫瑰、香薇等香型香皂、化妆品日用香精中。

利用Friedel-Crafts反应，以氯化苄和苯为原料，在氯化铝或浓硫酸存在下经缩合反应可制备得到二苯甲烷（图6-26）。

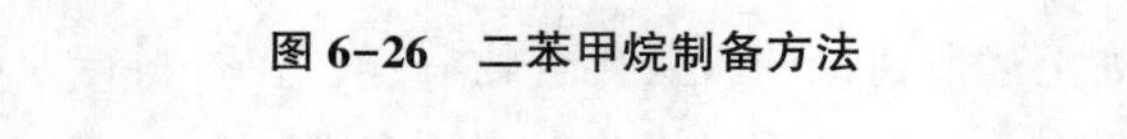

图6-26 二苯甲烷制备方法

3. 联苯

结构式见图 6-27。

联苯为白色至浅黄色片状晶体，不溶于水，溶于乙醇等有机溶剂中。相对分子质量 154.21，熔点 70~71℃，沸点 254~255℃，相对密度（d_4^{73}）0.992，折射率（n_D^{20}）1.475。天然存在于煤焦油中，具有尖刺气息，稀释后具有类似玫瑰香气。少量用于日用香精和食用香精中，可用作菌类生长抑制剂，常作为热交换和有机合成的中间体。

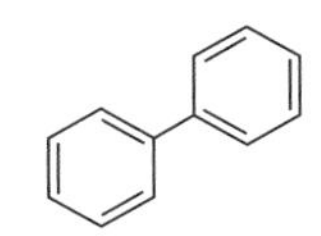

图 6-27 联苯结构式

联苯的制备方法主要有两种：一是由煤焦油中分离制得联苯；二是由苯加热催化脱氢而制得（图 6-28）。

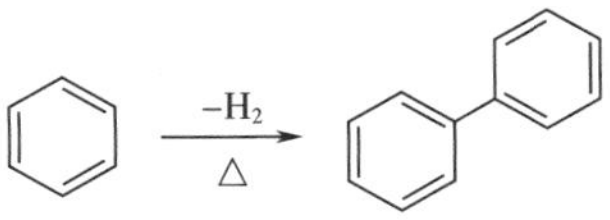

图 6-28 联苯制备方法

4. 苯乙烯

结构式见图 6-29。

苯乙烯又称为苏合香烯。无色油状液体，微溶于水，溶于乙醇等有机溶剂中。相对分子质量 104.06，沸点 145~146℃，相对密度（d_4^{20}）0.909，折射率（n_D^{20}）1.5463，天然存在于越橘、葡萄、可可、咖啡、牛乳、茶、醋中，具有刺激性芳香气味，少量用于日用香精和食用香精中，是聚苯乙烯塑料合成的主要原料。

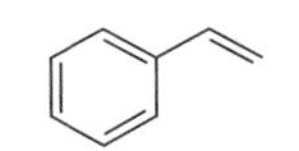

图 6-29 苯乙烯结构式

苯乙烷在三氧化铬和氯化铝存在下经高温脱氢的方法可制备苯乙烯（图 6-30）。

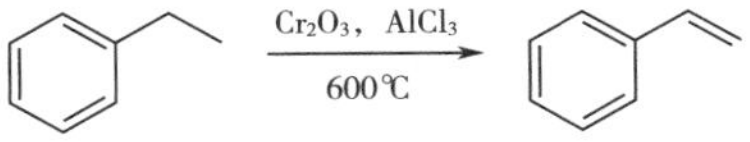

图 6-30 苯乙烯制备方法

二、卤代芳香烃类香料

在本教材所讨论的各类有机香料化合物中，以卤代衍生物的种类最少。这是因为对于在分子结构中含有一个或几个卤原子的化合物，或者没有香气，或者具有令人不愉快的刺激性气味。不仅如此，如果某一种香料化合物的合成需要用到卤化物作为反应原料，那么该过程很可能伴有含卤杂质的生成，一般就需要对该香料化合物进行反复的净化才能使用。有时，即使仅有极微量的卤化物杂质存在于香料中，也会损害到香料本身所具有的香气，使其无法在香精中应用。

但个别含卤素有机物因具有一定的香气，故被用于香精的调配中。主要的含卤香料有以下几种。

1. β-溴代苏合香烯

结构式见图 6-31。

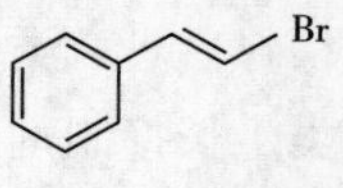

β-溴代苏合香烯又称为β-溴代苯乙烯、1-溴-2-苯乙烯。浅黄色液体，微溶于水，溶于乙醇等有机溶剂中。相对分子质量 183.06，沸点 219~220℃，相对密度（d_{20}^{20}）1.422~1.426，折射率（n_D^{20}）1.604~1.608，未在天然产物中检测到该物质的存在，具有强烈的类似素馨花清甜膏香、蜂蜜香香气，久置日光中易变为褐色，应密闭储存于阴凉处。β-溴代苏合香烯在化妆品香精中很少应用，主要用于低档柏木、风信子、紫丁香、水仙、葵花香型皂用和洗衣粉香精中。

Br

图 6-31 β-溴代苏合香烯结构式

β-溴代苏合香烯的常规合成方法是以肉桂酸为原料，经溴化和脱羧反应制备(图 6-32)。

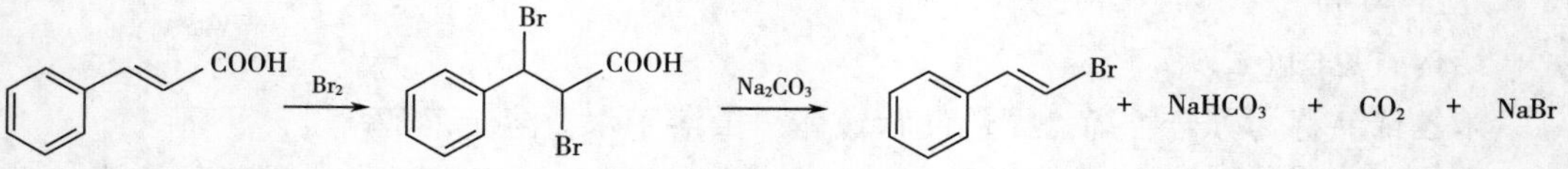

COOH $\xrightarrow{Br_2}$ Br COOH Br $\xrightarrow{Na_2CO_3}$ Br + $NaHCO_3$ + CO_2 + NaBr

图 6-32 β-溴代苏合香烯制备方法

2. 结晶玫瑰

结构式见图 6-33。

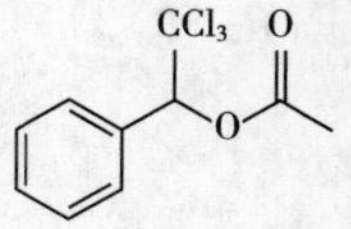

结晶玫瑰又称为三氯甲基苄醇乙酸酯、乙酸三氯甲基苯原酯。白色晶体，不溶于水，溶于乙醇等有机溶剂。分子式 $C_{10}H_9Cl_3O_2$，相对分子质量 267.55，熔点 86~88℃，沸点 280~282℃、117℃/400Pa，闪点>100℃。未在天然产物中检测到该物质的存在，具有微弱的柔和似玫瑰样的香气，香气持久，同时带有清香和粉香，留香时间长，不能食用。结晶玫瑰作为定香剂广泛应用于玫瑰、香叶等日用香精中。广泛用于各种香精配方。特别是在玫瑰、香叶型香精中，更适合于在香皂、浴盐和香粉香精中，作定香剂使用。留香时间长而又美好。

CCl_3 O

O

图 6-33 结晶玫瑰结构式

结晶玫瑰的制备方法主要有两种：一是以苯甲醛和氯仿为原料，在碱性条件下反应生成三氯甲基苯原醇，然后再与乙酰氯反应生成结晶玫瑰（图 6-34）；二是以苯和三氯乙醛为原料，在三氯化铝催化下反应生成三氯甲基苯原醇，然后再与乙酸酐反应生成结晶玫瑰（图 6-35）。

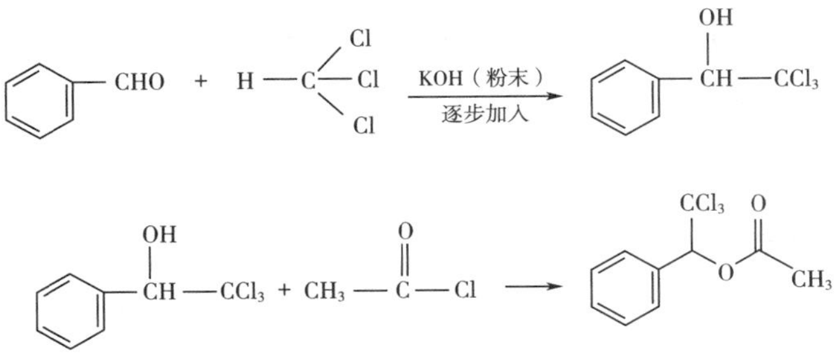

图 6-34 结晶玫瑰制备方法一

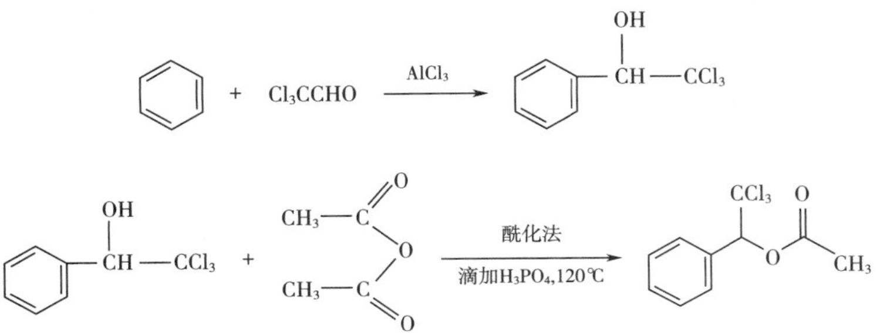

图 6-35 结晶玫瑰制备方法二

3. 环玫瑰烷

结构式见图 6-36。

环玫瑰烷又称为 1-甲基-1-苯基-2,2-二氯环丙烷。无色液体，不溶于水，溶于乙醇等有机溶剂。分子式 $C_{10}H_{10}Cl_2$，相对分子质量 201.09，凝固点≥11℃，沸点 116～117℃/2.26kPa、92～93℃/533Pa，相对密度（d_{25}^{25}）1.186～1.189，折射率（n_D^{20}）1.5400～1.5430，闪点约 140℃。未在天然产物中检测到该物质的存在，具有强烈新鲜的玫瑰、香叶似的香气，但香气较为尖刺。环玫瑰烷可少量用于日化香精中。

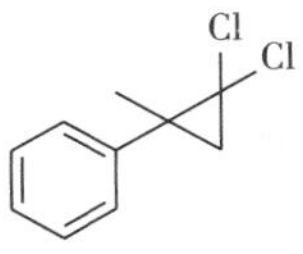

图 6-36 环玫瑰烷结构式

环玫瑰烷的常规合成方法是由 α-甲基苯乙烯和氯仿在相转移催化条件下发生反应制得（图 6-37）。

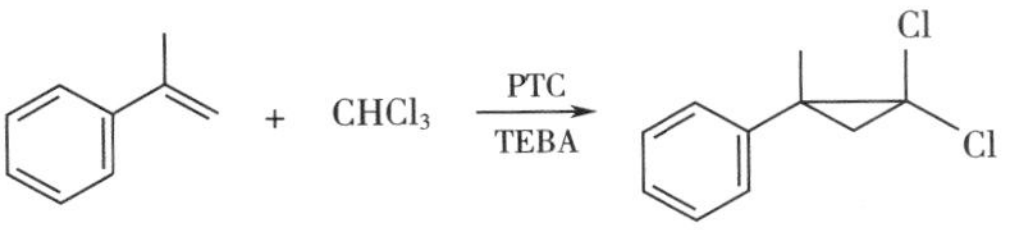

图 6-37 环玫瑰烷制备方法

第三节 乙酰基莰烯系列香料的生产实例

莰烯是一种双环单萜烯类化合物，存在于多种天然挥发油中，如香茅油、柏木油、松节油及樟脑油等。由于其在挥发油中含量较少，目前工业上使用的莰烯主要是由松节油中的蒎烯经催化异构而来，产物主要是以莰烯和双戊烯为主，经精馏提纯能达到工业生产需求。莰烯是多种合成香料的中间体，由莰烯出发制备 α-，β-不饱和酮系列香料是其应用之一。由莰烯制备的 ω-乙酰基莰烯、ω-丙酰基莰烯、ω-（2-甲基）丁酰基莰烯等具有膏香和赖百当样香气，可用于食品和化妆品的加香中。

由莰烯制备 α-，β-不饱和酮系列香料需要经过下列三个反应步骤。莰烯与三氯氧磷（$POCl_3$）和 N,N-二甲基甲酰胺（DMF）以 0.85 : 1.2 : 2.0 的摩尔比参与反应，继续经过水解得到 ω-甲酰基莰烯（$C_{11}H_{16}O$）（图 6-38）。

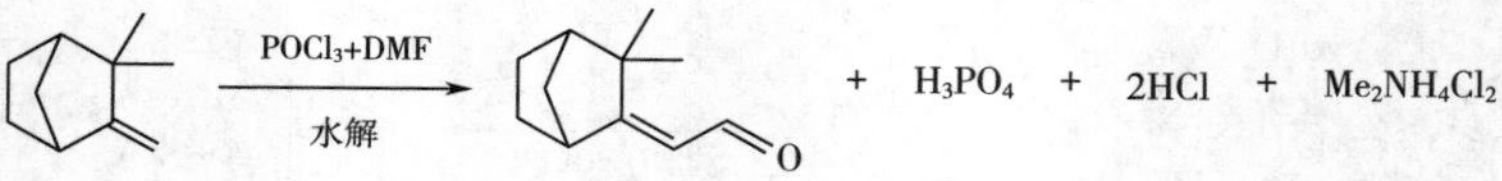

$POCl_3$+DMF，水解 → + H_3PO_4 + 2HCl + $Me_2NH_4Cl_2$

图 6-38 ω-甲酰基莰烯制备方法

反应在二氯甲烷溶剂中进行，反应温度约 40℃。反应结束后，经中和、洗涤、干燥，除去溶剂后减压蒸馏，收集相应馏分得到 ω-甲酰基莰烯［淡黄色液体，相对密度（d_{20}^{20}）0.9935，折射率（n_D^{20}）1.5065］。ω-甲酰基莰烯与格氏试剂在无水乙醚中反应，继续经水解后得到醇。

制备得到相应的格氏试剂（合成乙酰基莰烯时使用碘甲烷，合成丙酰基莰烯时使用碘乙烷），然后加入 ω-甲酰基莰烯的乙醚溶液，在室温下搅拌进行反应。反应结束在冷却环境下加入氯化铵饱和溶液并搅拌使格氏加成产物分解，静置后分层得到醇的乙醚溶液（图 6-39）。

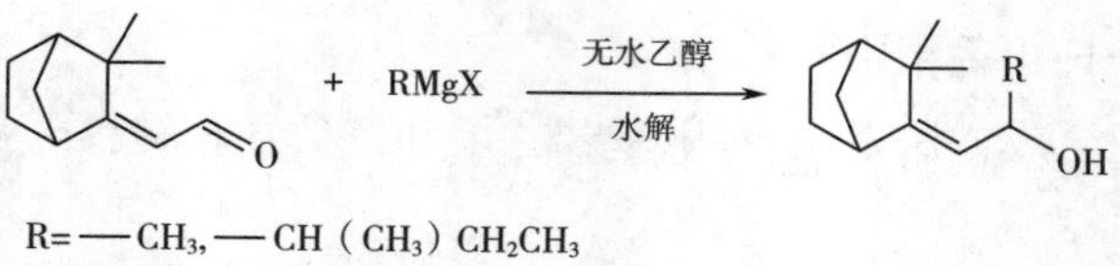

+ RMgX，无水乙醇，水解 →

R=—CH_3，—CH（CH_3）CH_2CH_3

图 6-39 ω-甲酰基莰烯与格氏试剂的反应

上述步骤中所得醇化合物经琼斯（Jones）氧化剂（铬酸、硫酸溶液）氧化，可得最终产物 α-，β-不饱和酮香料化合物［ω-乙酰基莰烯、ω-丙酰基莰烯、ω-（2-甲基）丁酰基莰烯等系列香料化合物］（图 6-40）。

Jones 氧化剂（铬酸、硫酸溶液）需要提前在冰水中冷却，随后在搅拌、冷却（冰水浴）条件下将氧化剂缓慢滴入步骤 2 中所得的醇的乙醚溶液中。反应结束后，静置分

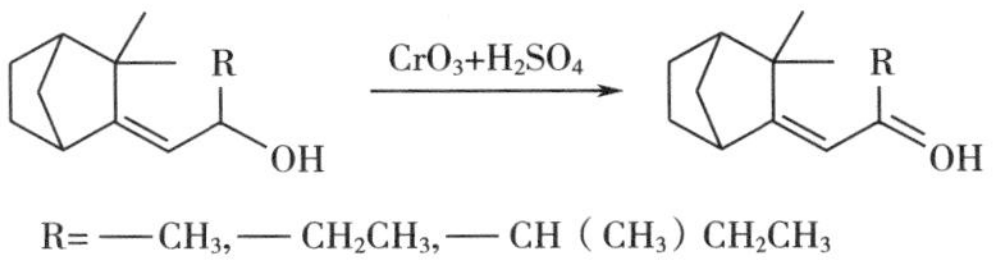

$CrO_3+H_2SO_4$

R= —CH_3, —CH_2CH_3, —CH（CH_3）CH_2CH_3

图 6-40 ω-（2-甲基）丁酰基莰烯的氧化反应

层，有机醚相经中和、干燥、过滤后除去溶剂，最后经减压蒸馏收集得到淡黄色液体产品馏分。

实验证明，ω-甲酰基莰烯与格氏试剂反应后，不需要将溶剂（乙醚）蒸出，直接使用 Jones 试剂氧化能够以较好的产率得到目标产物，上述第二步、第三步的总产率可达 55%~60%。

第四节 烃类香料生产工艺

以结晶玫瑰为例，简述如下。

一、化学结构式

结晶玫瑰结构式见图 6-33。

二、反应式

1. 主反应

结晶玫瑰合成主反应式见图 6-41。

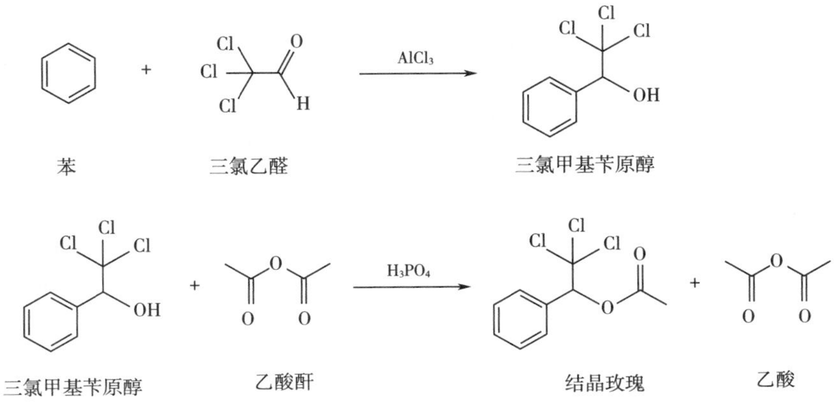

苯 + 三氯乙醛 —$AlCl_3$→ 三氯甲基苄原醇

三氯甲基苄原醇 + 乙酸酐 —H_3PO_4→ 结晶玫瑰 + 乙酸

图 6-41 结晶玫瑰合成主反应式

2. 副反应

结晶玫瑰合成副反应式见图 6-42。

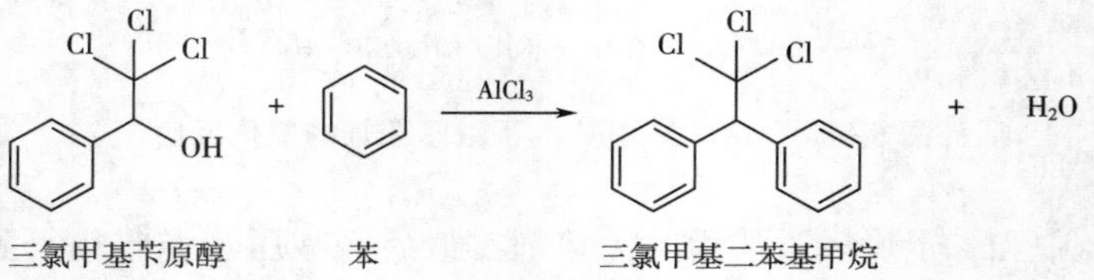

三氯甲基苄原醇 + 苯 $\xrightarrow{AlCl_3}$ 三氯甲基二苯基甲烷 + H_2O

图 6-42 结晶玫瑰合成副反应式

三、原料规格

（1）三氯乙醛 含量≥98%（质量分数）。

（2）三氯化铝 含量≥97%（质量分数）。

（3）纯苯 含量≥99%（质量分数）；凝固点≥5℃；香气合格；含水<0.1%（质量分数）。

（4）乙酸酐 含量≥98%（质量分数）。

（5）磷酸 含量≥85%（质量分数）。

（6）乙醇 含量≥95%（质量分数）；香气合格；含水<5%（质量分数）。

四、工艺过程

结晶玫瑰生产工艺设备流程如图 6-43 所示。

1. 加成反应

在干燥的 2000L 加成反应釜 R-101 中加入无水纯苯 1400kg，开加成反应釜冷却水阀门并搅拌，在搅拌下加入细粉末状无水三氯化铝 50kg 后立即关闭加料口，搅拌 15min。同时将 250kg 三氯乙醛抽入滴加高位槽。保持加成反应釜温度在 25～30℃ 时开始滴加，约 1h 滴加完毕。滴加完毕在该温度下保持反应 6h 为反应终点。将此反应好的料液抽入 3000L 洗涤回收釜 R-102 中，加清水 1000kg，搅拌 15min，静止 30min 后用 pH 试纸检测油层 pH，若 pH 7，则分去下层水层，洗涤结束。开洗涤回收釜 R-102 夹套蒸汽，常压回收纯苯（此纯苯经干燥处理后重复利用）。当釜温升至 120℃ 后利用低真空（-0.05～0.06MPa）至釜温 130℃ 为止，将参与苯回收尽。稍冷，在洗涤回收釜中加入清水 300kg 搅拌 15min，静止 1h 后将下层三氯甲基苄原醇抽入浓缩蒸馏釜 R-103，水层放去。送入 R-103 的油层必须呈中性。

2. 三氯甲基苄原醇蒸馏

将脱苯以后的物料抽入 R-103 蒸馏釜，开电加热及水泵。蒸出少量苯及前馏分直至釜温升至 100℃，换机械泵，收集釜温在 100～140℃ 馏分为前段。换真空度高的机械泵，使塔顶真空度不低于 133.22Pa，开始收集精品。应注意控制油温不超过 225℃，釜内物

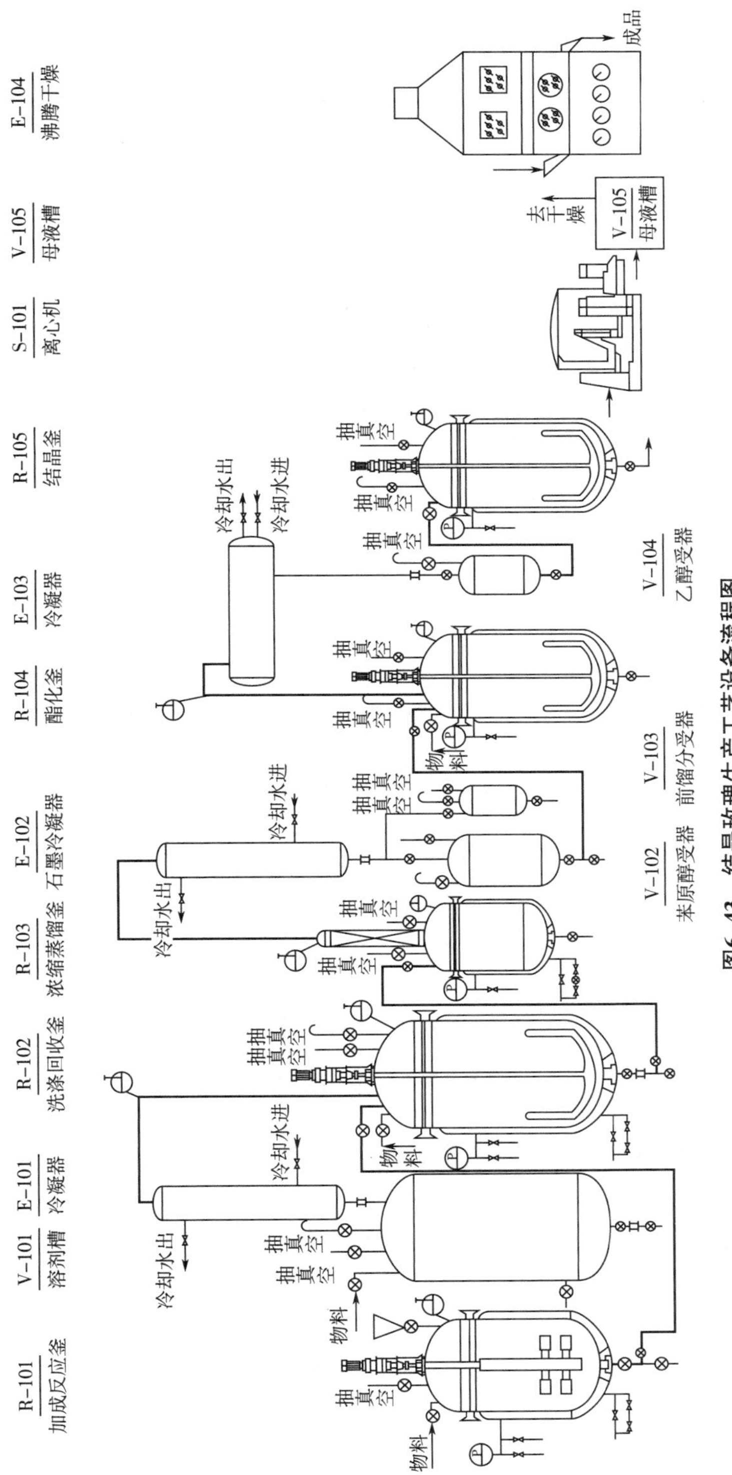

图6-43 结晶玫瑰生产工艺设备流程图

料尽量蒸出。可得到三氯甲基苄原醇 280~285kg，釜内残留物 12~16kg。

3. 酯化反应及粗结晶

酯化反应投料比：三氯甲基苄原醇：乙酸酐：磷酸=1：0.6：0.006（质量比）。在 1000L 搪瓷酯化釜 R-104 中加入两批三氯甲基苄原醇，将计算好分量的乙酸酐留下 40kg 左右后其余全部加入 R-104 中，再将计算好的磷酸抽入后用剩下的乙酸酐冲洗管道。打开酯化釜透气口，开酯化釜搅拌，用 0.2MPa 蒸汽加热至内温 60~70℃，关蒸汽。反应放热，釜温自然上升，通常可升至 115~120℃。若不能自然升温至此温度，可适当开蒸汽加热至此温度。在 115~120℃保持反应 4h 后稍开夹层冰水进管道，待釜内料温降至 50℃后加入适量乙醇（第一次酯化）或上次结晶的母液 120~160kg，然后开足夹层冰水进口阀门，当釜内料温降至 10℃左右进行甩滤。用离心机 S-101 甩滤去除乙酸母液，得到酸性结晶。将该酸性结晶放在容器内，以回收乙醇［含量≥90%（质量分数）］浸没，使晶体均匀地分散在乙醇中，然后进行甩滤。甩干后得粗品结晶。

4. 精制

将粗品结晶玫瑰放入烊料锅，开蒸气加热至内温 90℃左右。晶体熔化后，将其加入结晶釜 R-105 中，开搅拌，自高位槽放入乙醇（95%）。控制结晶釜内温，夹套可用冷水或冰水冷却至结晶析出完全。甩离去除乙醇母液，在甩离过程中再用新乙醇淋洗至不呈酸性为止。甩干后得湿成品结晶，再经沸腾床干燥即得白色结晶玫瑰。

五、结晶玫瑰成品规格

（1）色泽　白色结晶。

（2）含量（GC）　≥99.8%（质量分数）。

（3）熔点　86.5~88℃。

（4）香气　似玫瑰香气。

（5）溶解度（25℃）　1g 样品全溶于 25mL 95%的乙醇中。

六、注意事项

（1）加成反应必须无水，三氯乙醛必须清澈透明，应无白色乳状物（三氯乙醛水合物）。

（2）加成油层必须洗涤至中性；回收苯后粗三氯甲基苄原醇必须呈中性后才能精制。

（3）三氯甲基苄原醇精制时真空度必须达到 133.22Pa，油浴温度不可超过 225℃。

（4）酯化反应温度必须达到 115~120℃，并在此温度下反应 4h 以上。

重点与难点

（1）萜烯类香料的定义、结构及分类；
（2）代表性链状单萜类香料及其制备方法；
（3）代表性环状单萜类香料及其制备方法；
（4）芳烃和卤代芳烃类香料的定义及其代表性香料的制备方法；
（5）乙酰基莰烯系列香料的生产实例；
（6）结晶玫瑰的生产工艺。

思考题

1. 请简述烃类香料的分类与特点。
2. 请简述萜烯类香料的结构特点与分类，并举例说明。
3. 烃类香料的功能是什么？

第七章
醇、酚、醚类香料制备工艺

课程思政点

【本章简介】

本章主要介绍了醇、酚、醚类香料的化学性质及制备方法；部分醇、酚、醚类香料以及代表性醇、酚、醚类香料的生产工艺。

第一节　醇类香料

醇类香料在香料工业中是一个重要的大类，约占香料总数的20%，其中有许多醇对香料工业具有很大的作用，是调配日化香精和食用香精时大量使用的香原料。醇类化合物广泛存在于自然界中，在各种天然精油、香花成分或蔬菜、水果香味挥发物中，醇类香料是普遍存在的，在许多天然芳香油的成分中脂肪醇和萜类醇也占有很大的比例，且种类繁多。例如，乙醇、丙醇、丁醇在各种酒类、酱油、食醋、面包中均有存在，苯乙醇是玫瑰、橙花的主要香成分之一，在香花精油和浸膏中经常发现含有芳樟醇、香叶醇、苯乙醇、松油醇和叶醇等。因此，醇类化合物是香料香精中重要的组成部分，在香料工业中占有重要地位。

一、醇类香料概述

醇是脂肪烃分子中的氢原子或芳香烃侧链上的氢原子被羟基（—OH）取代后的化合物。醇的通式为R—OH。醇的主要物理化学性质是由羟基引起的，故羟基为醇类的官能团。根据分子中含羟基的数目，可将醇分为一元醇、二元醇和三元醇（图7-1）等。

在一元醇中，羟基连接在一级碳原子上的称作伯醇（一级醇），羟基连接在二级、三级碳原子上的分别称作仲醇（二级醇）、叔醇（三级醇）。根据醇分子中的羟基与所连接的烃基结构不同，分为饱和醇、不饱和醇、脂环醇、芳香醇和萜醇等。

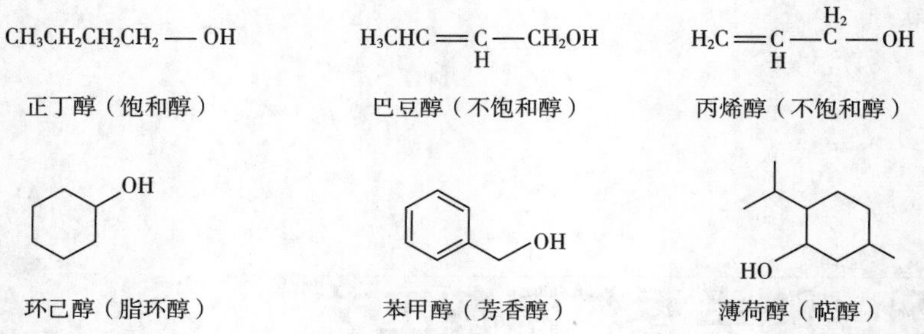

$CH_3CH_2CH_2CH_2—OH$ 正丁醇（饱和醇）

$H_3CHC═CH—CH_2OH$ 巴豆醇（不饱和醇）

$H_2C═CH—CH_2—OH$ 丙烯醇（不饱和醇）

环己醇（脂环醇）

苯甲醇（芳香醇）

薄荷醇（萜醇）

图 7-1　各类型醇化合物结构式

低级醇是具有酒味的无色透明液体，高级醇为蜡状固体。醇在水中的溶解度随碳原子数的增多而下降，相对分子质量低的醇能与水混溶，如甲醇、乙醇、丙醇能与水任意混溶。从正丁醇起在水中的溶解度显著降低，到 C_{10} 癸醇以上则不溶于水。但烃基的大小对缔合有一定的影响，烃基越大，醇羟基形成氢键的能力就越弱，醇的溶解度渐渐由取得支配地位的烃基所决定，因而在水中的溶解度也就降低以致不溶。高级醇和烷烃极其相似，不溶于水，而可以溶于汽油中。

醇的化学性质主要由羟基官能团所决定，同时也受到烃基的一定影响。从化学键来看，C—O 键或 O—H 键都是极性键，这是醇易于发生反应的两个部位。在反应中，究竟是 C—O 键断裂还是 O—H 键断裂，则取决于烃基的结构以及反应条件。醇的烃基结构不同时，将产生不同的反应活性。

（一）醇与活泼金属反应

醇羟基上的氢可以被金属（如 Na、K、Li、Mg 及 Al 等）取代生成醇钠和氢气（图 7-2）。醇与金属钠反应比水与金属钠反应要缓和得多，这表明醇是比水弱的酸，或者说烷氧负离子 RO^- 的碱性比 HO^- 强。

$$H_3C—CH_2—OH + Na \longrightarrow H_3C—CH_2—ONa + H_2\uparrow$$

图 7-2　醇与金属钠的反应

（二）醇与氢卤酸反应

醇与氢卤酸反应生成卤代烷和水，这是制备卤代烃的一种重要方法。反应速度与氢卤酸的性质和醇的结构有关（图 7-3）。氢卤酸的活性次序是 $HI>HBr>HCl$。醇的活性次序是烯丙醇和叔醇>仲醇>伯醇。例如，伯醇与氢碘酸（47%，质量分数）一起加热就可生成碘代烃；与氢溴酸（48%，质量分数）作用时必须在硫酸存在下加热才能生成溴代烃；与浓盐酸作用必须有氯化锌存在并加热才能产生氯代烃；烯丙型醇和三级醇在室温下和浓盐酸一起振荡后就有氯化物生成。

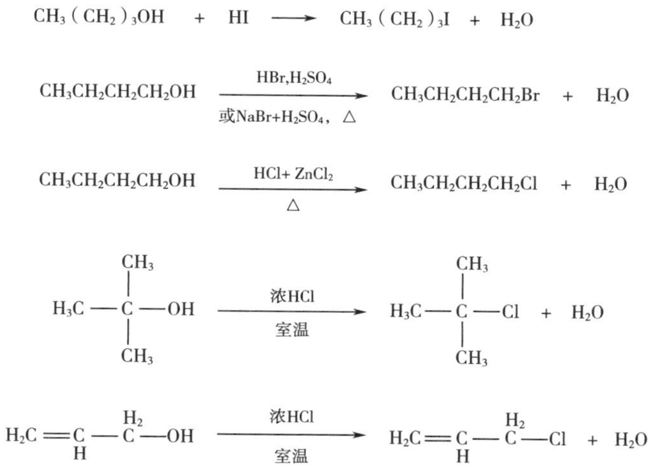

$$CH_3(CH_2)_3OH + HI \longrightarrow CH_3(CH_2)_3I + H_2O$$

$$CH_3CH_2CH_2CH_2OH \xrightarrow[\text{或}NaBr+H_2SO_4,\ \triangle]{HBr, H_2SO_4} CH_3CH_2CH_2CH_2Br + H_2O$$

$$CH_3CH_2CH_2CH_2OH \xrightarrow[\triangle]{HCl+ZnCl_2} CH_3CH_2CH_2CH_2Cl + H_2O$$

$$(CH_3)_3C-OH \xrightarrow[\text{室温}]{\text{浓}HCl} (CH_3)_3C-Cl + H_2O$$

$$H_2C{=}CH-CH_2-OH \xrightarrow[\text{室温}]{\text{浓}HCl} H_2C{=}CH-CH_2-Cl + H_2O$$

图 7-3 醇的卤化反应

（三）醇与碱作用

氢氧化钠溶解在醇中，有少量的醇钠产生，形成动态平衡（图 7-4）。

$$NaOH + C_2H_5OH \rightleftharpoons C_2H_5Na + H_2O$$

图 7-4 醇与碱的反应

这是个可逆反应，如果能将生成的水分除去，就可使平衡朝着生成醇钠的方向进行。故目前在工业上制备醇钠已实现不用金属钠，而是通过乙醇和固体氢氧化钠作用，并常在反应液中加苯进行共沸蒸馏除水，以使上述平衡朝着生成醇钠的方向移动，这样可避免使用金属钠的危险性，成本也较低。工业品为含 17%～19%（质量分数）乙醇钠的乙醇溶液，并含有少量的苯。

（四）脱水反应

醇的脱水反应有两种方式，一种是分子内脱水生成烯烃（图 7-5），另一种是醇分子间脱水生成醚（图 7-6）。醇在较高温度（400～800℃）下，直接加热可以脱水生成烯烃，如有 $AlCl_3$ 或浓 H_2SO_4 催化剂存在时脱水可以在较低温度下进行。

醇分子内脱水生成烯烃，工业上小规模生产乙烯就是利用这种方法。而两个醇分子之间在较低温度时作用则脱水生成醚。

$$H_3C-\overset{H_2}{C}-OH \xrightarrow[170℃]{H_2SO_4} H_2C=CH_2 + H_2O$$

图 7-5 醇分子内脱水反应

$$2CH_3-\overset{H_2}{C}-OH \xrightarrow[140℃]{H_2SO_4} CH_3CH_2O-CH_2CH_3 + H_2O$$

图 7-6 醇分子间脱水反应

(五) 酯的生成

醇与酸或酰卤在含氧的无机酸或有机酸催化下发生反应可生成酯（图 7-7），这是制备酯的主要方法。

$$R-OH + R-\overset{O}{\overset{\|}{C}}-OH \xrightarrow{H^+} R-\overset{O}{\overset{\|}{C}}-OR' + H_2O$$

图 7-7 酯的制备

酯化反应的活性顺序是：伯醇>仲醇。叔醇在酸催化下加热回流容易生成烯烃，所以叔醇的酯类不宜使用该法制取。在香料工业上，该反应除了用于制备酯类外，还时常利用硼酸和醇反应生成酯，以精制醇类，并用减压蒸馏法将杂质从硼酸酯中分出后，随后加少量碱，将酯用水分解，释出的醇经蒸馏，便可以得到纯度较高的醇。但叔醇遇酸极易异构化和脱水，因此必须改用硼酸丁酯进行醇交换来生成硼酸酯进行精制。

(六) 氧化和脱氢反应

1. 氧化

伯醇在重铬酸钾的硫酸溶液氧化下先生成醛，醛能继续氧化生成酸，生成的醛和酸与原来的醇含有相同的碳原子数（图 7-8）。如果要得到醛，就必须把生成的醛立即从反应混合物中蒸馏出去，使之不与氧化剂接触，否则就会被继续氧化成酸。

$$\underset{}{R-CH_2OH} + \underset{\text{橙红}}{Cr_2O_7^{2-}} \longrightarrow R-CHO + Cr^{3+}$$

$$R-CHO \xrightarrow{K_2CrO_7\text{绿色}} R-COOH$$

图 7-8 伯醇的氧化

仲醇在铬酸氧化剂下氧化生成含同碳原子数的酮，生成的酮在此条件下比较稳定，但在强烈的氧化条件下，往往发生碳碳键的断裂（图 7-9）。

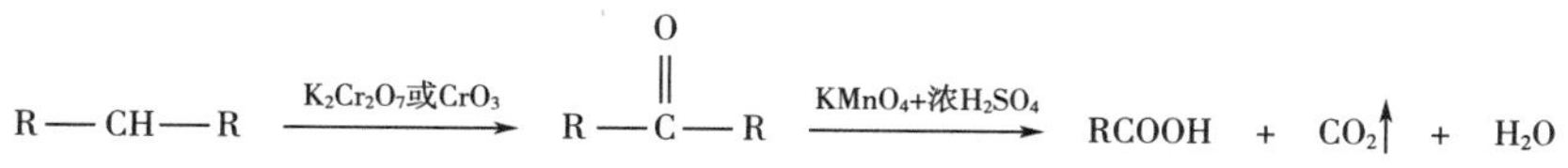

$$R-CH-R \xrightarrow{K_2Cr_2O_7或CrO_3} R-\overset{\overset{O}{\|}}{C}-R \xrightarrow{KMnO_4+浓H_2SO_4} RCOOH + CO_2\uparrow + H_2O$$

图 7-9 仲醇的氧化

叔醇分子中不含 α-H，在上述条件下不被氧化，但在剧烈条件下，如热的高锰酸钾的硫酸溶液一起回流，则氧化生成含碳原子数较少的产物，最终产物是羧酸和二氧化碳（图 7-10）。

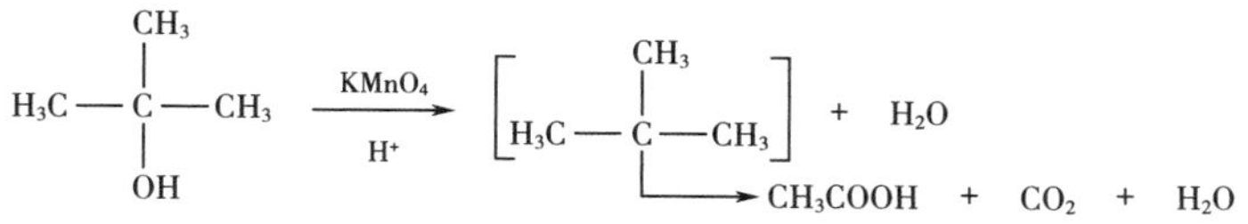

$$H_3C-\underset{OH}{\overset{CH_3}{C}}-CH_3 \xrightarrow[H^+]{KMnO_4} \left[H_3C-\overset{CH_3}{C}-CH_3\right] + H_2O \longrightarrow CH_3COOH + CO_2 + H_2O$$

图 7-10 叔醇的氧化

2. 沃氏（Oppenauer）氧化反应

在叔丁醇铝或异丙醇铝的存在下，仲醇和丙酮（或甲乙酮、环己酮）反应（有时需要加入苯或甲苯做溶剂），醇的两个 H 给了丙酮而变成酮，丙酮得了两个 H 被还原成异丙醇（图 7-11）。这个反应只在醇和酮之间发生了 H 的转移，不涉及分子的其他部分，因而对分子中含有 C═C 双键或其他对酸不稳定的基团时，此法特别有利。因此该法也是由一个不饱和仲醇制备不饱和酮的有效方法。

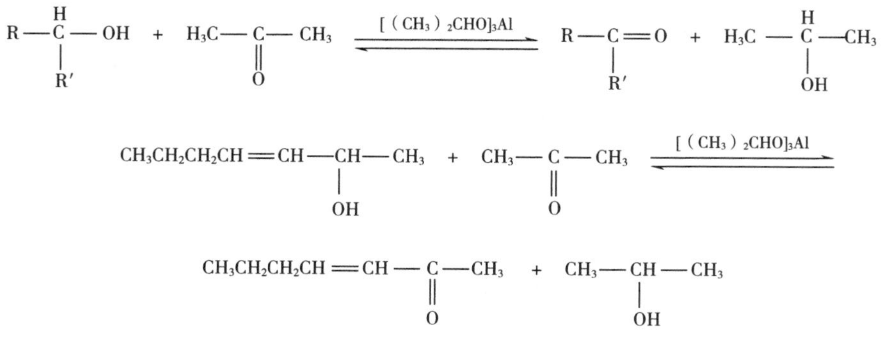

$$R-\underset{R'}{\overset{H}{C}}-OH + H_3C-\underset{\|}{\underset{O}{C}}-CH_3 \xrightleftharpoons{[(CH_3)_2CHO]_3Al} R-\underset{R'}{C}=O + H_3C-\underset{OH}{\overset{H}{C}}-CH_3$$

$$CH_3CH_2CH_2CH=CH-\underset{OH}{CH}-CH_3 + CH_3-\underset{\|}{\underset{O}{C}}-CH_3 \xrightleftharpoons{[(CH_3)_2CHO]_3Al}$$

$$CH_3CH_2CH_2CH=CH-\underset{\|}{\underset{O}{C}}-CH_3 + CH_3-\underset{OH}{CH}-CH_3$$

图 7-11 Oppenauer 氧化反应

这一反应是可逆的，所以也可以由酮制醇。如果要制酮，需加大量丙酮使反应向右进行。此反应曾广泛应用于甾类化合物的研究中。

3. 脱氢

伯醇、仲醇的蒸气在高温下通过活性铜催化剂时即发生脱氢反应（图 7-12），生成醛和酮。

醇的催化脱氢大多用于工业生产上。叔醇分子中没有 α-H，不能脱氢，只能脱水生成烯烃。

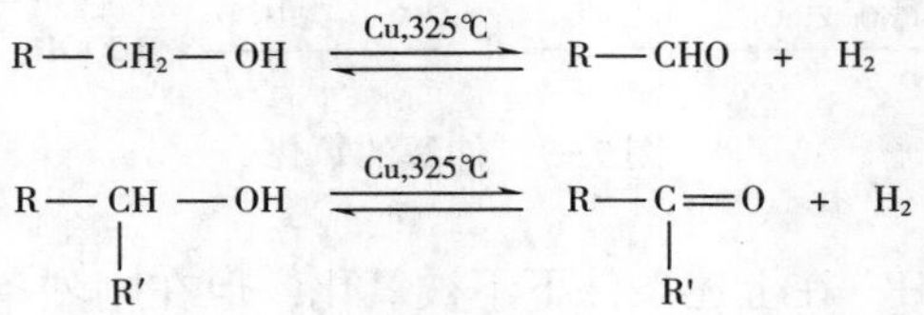

$$R—CH_2—OH \underset{}{\overset{Cu,325℃}{\rightleftharpoons}} R—CHO + H_2$$

$$\underset{\displaystyle R'}{R—CH}—OH \overset{Cu,325℃}{\rightleftharpoons} R—\underset{\displaystyle R'}{C}=O + H_2$$

图 7-12 脱氢反应

二、醇类香料

（一）脂肪族醇类香料

1. 叶醇

结构式见图 7-13。

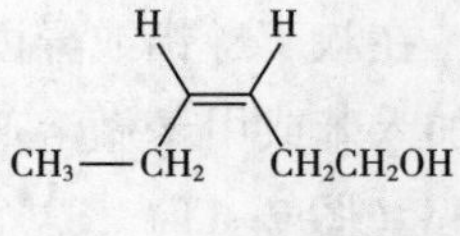

无色油状液体，具有强烈的新鲜嫩青叶香气。微溶于水，溶于乙醇和丙二醇等有机溶剂，可与油类混合。沸点 156～157℃、66～67℃/2.5kPa，相对密度（d_4^{20}）0.846～0.854，折射率（n_D^{20}）1.4380～1.4430，闪点 64℃。存在于许多种植物的叶子、精油和水果中，在绿茶的精油中含量为 35%～50%（质量分数）。广泛用于日化香精和食用香精中，由于其香气极为强烈，故使用小剂量即可。用于调配铃兰、丁香、香叶油、橡苔、薰衣草和薄荷等各种精油中，也可用于调配各种花香型香精，使精油和香精具有青香的头香香韵，增加天然感。在草莓、薄荷、甜瓜、水果、茶叶等食品中和各类有瓜果香气的复方中也可少量使用，主要作用是提调头香，使香气新鲜飘逸。叶醇也是合成茉莉酮和茉莉酮酸甲酯的重要原料。

H H

$CH_3—CH_2$ CH_2CH_2OH

图 7-13 叶醇结构式

2. 月桂醇

结构式见图 7-14。

月桂醇为无色固体，具有微弱的油脂香气，略带柑橘香气。不溶于水，溶于乙醇等有机溶剂。熔点 26℃，沸点 255～258℃、150℃/2.7kPa，相对密度（d_{25}^{25}）0.830～0.836，折射率（n_D^{20}）1.4400～1.4440。存在于白柠檬油、松针油、酸橙油等植物精油中。主要用于调配菠萝、柠檬、椰子、甜橙等食用香精，少量应用于橙花、铃兰、玫瑰、紫罗兰、金合欢、水仙、晚香玉等日用香精中。

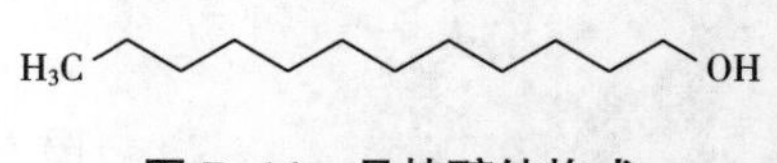

图 7-14 月桂醇结构式

（二）芳香族醇类香料

在芳香族脂肪醇类化合物中，苯乙醇从数量和含量上都是最重要的香料之一，其低相对分子质量的同系物（苯甲醇）和高相对分子质量的同系物（二氢肉桂醇）也均具有特征香气，但应用时多用其酯类化合物。肉桂醇是最重要的不饱和芳香族脂肪，在日用和食用香料中都具有重要价值。

1. 苯乙醇

结构式见图 7-15。

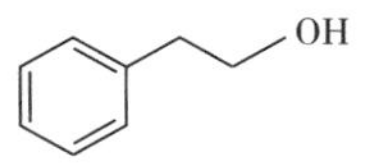

苯乙醇又称 2-苯乙醇、2-苯基乙醇、β-苯乙醇。无色黏稠液体，具有柔和的玫瑰样花香香气，是配制玫瑰香精的主要原料之一。微溶于水，溶于乙醇等有机溶剂。沸点 220~223℃，相对密度（d_{25}^{25}）1.017~1.020，折射率（n_{D}^{20}）1.531~1.534。在玫瑰油、天竺葵油、依兰油、橙花油、香叶油、风信子油、水仙浸膏、茶叶、烟草中均有存在。苯乙醇是最广泛应用于各种香精配方的香料之一，这主要是由于它的价格廉价和香气的广谱性，与各类香气都有良好的协调性与配伍性，是配制玫瑰香精的主香剂。它对碱的作用稳定，是合成其他精细化学品的重要中间体。

图 7-15 苯乙醇结构式

2. 肉桂醇

结构式见图 7-16。

肉桂醇又称桂醇、苯丙烯醇、3-苯基-2-丙烯醇。具有香脂香气，并带有甜润的花香和风信子香韵。几乎不溶于水，溶于乙醇等有机溶剂。熔点 34.5℃，沸点 257~258℃、116.5℃/14.18kPa，相对密度（d_{4}^{20}）1.044，折射率（n_{D}^{20}）1.5810~1.5820。顺式肉桂醇为无色至淡黄色液体，沸点 127~128℃/1.33kPa，相对密度（d_{4}^{20}）1.041，折射率（n_{D}^{20}）1.5700，闪点>100℃。肉桂醇以游离态或酯的形式天然存在于苏合香、某些香树脂、风信子花及少数精油中。肉桂醇具有温和的甜香，用途极广。在化妆品或香皂香精中，具有增加甜感且持久的香气。它是风信子香精的主香剂，可与苯乙醛合用，也是香石竹、水仙的重要合和剂。在香石竹、茉莉、玫瑰、铃兰、葵花、紫丁香、兔耳草、含羞花等香精中也经常使用，还可用于桃子、杏子、柠檬、草莓等食品和白兰地酒用香精中。

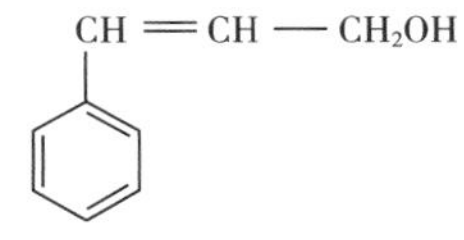

图 7-16 肉桂醇结构式

（三）萜醇类香料

尽管环萜醇在天然产物中广泛存在，但很少因为具有感官功能而成为重要的日用或食用香料。α-松油醇和（-）-薄荷脑例外，（-）-薄荷脑因为具有清凉与清爽的作用而被广泛使用。许多环状倍半萜醇是精油中的关键香气成分，如柏木油中的柏木脑、香根油中的各种香根醇、檀香油中的两种檀香醇等。

玫瑰醇结构式见图 7-17。

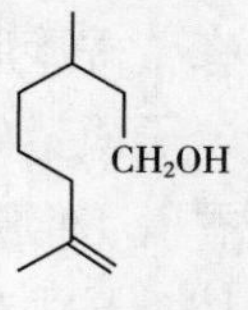

玫瑰醇又称 α-香茅醇、3,7-二甲基-7 辛烯-1-醇，为左旋体。无色液体，具有甜的花香、蜡香、玫瑰样香气。沸点 225~230℃，相对密度（d_{25}^{25}）0.860~0.880，折射率（n_D^{20}）1.4630~1.4730。不溶于水，溶于乙醇等有机溶剂。通常将左旋的香茅醇称为玫瑰醇，但商品级的玫瑰醇是一个含有香叶醇及其他醇的混合醇，并且某些商品的玫瑰醇主要含有的是 α-香茅醇。玫瑰醇是配制玫瑰香韵香精的主香原料，一般等级的玫瑰香精常用含有玫瑰醇较多的除萜香叶油或香叶油代替天然玫瑰精油，因其价格便宜。玫瑰醇经常应用于铃兰、兰花、紫罗兰、香罗兰、茉莉、桂花、晚香玉等许多花香型日用香精中。有时玫瑰醇中有极微量的薄荷酮（估计是来自香叶油），可增浓玫瑰香韵。同时玫瑰醇也是配制巧克力、葡萄、草莓、柑橘、樱桃、覆盆子等食用香精的香原料，也常用于烟用香精中。

CH_2OH

图 7-17 玫瑰醇结构式

（四）具有檀香香气的醇类香料

檀香醇结构式见图 7-18。

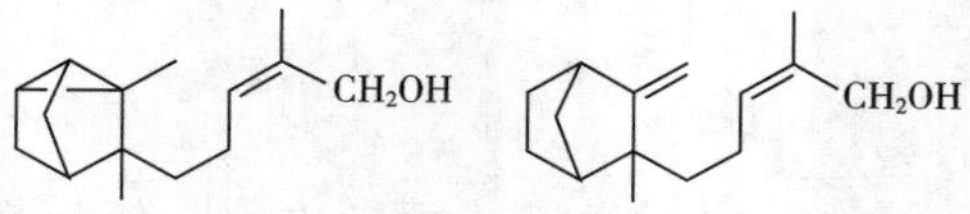

CH_2OH　　CH_2OH

α-檀香醇　　β-檀香醇

图 7-18 檀香醇结构式

檀香醇为无色至淡黄色黏稠液体，具有强烈的檀木香气，为 α-檀香醇和 β-檀香醇的混合物。高纯度的 α-檀香醇具有较淡的檀木香气，而高纯度的 β-檀香醇则具有典型的檀木香气。不溶于水，溶于乙醇等有机溶剂。市售的檀香醇通常含 50%~70%（质量分数）的 α-檀香醇和 20%~40%（质量分数）的 β-檀香醇，相对密度（d_{25}^{25}）0.968~0.976，折射率（n_D^{20}）1.5040~1.5090。α-檀香醇的沸点为 302℃，β-檀香醇的沸点为 309℃。存在于东印度檀香油和澳大利亚檀香油中。作为优良的定香剂主要用于调配檀香、香石竹、铃兰、素心兰、玫瑰等日用香精，也可少量用于调配水果、坚果、覆盆子等食用香精。

三、醇类香料的制备方法

虽然有些醇类化合物在芳香油（精油）中存在，可通过物理或化学等处理方法（如水蒸气蒸馏、溶剂浸提、吸附、真空蒸馏、超临界萃取及柱层析法、分子蒸馏等）将其分离出来，但有些醇类化合物由于在芳香油中含量极少，可是在调配香精时又不能缺少，须通过化学合成法来进行制备。目前在调香中所使用的许多醇类化合物，大部分是采用化学合成法合成的。而且有些醇类化合物并不存在于自然界，都是经过科学实验筛选后被应用于调香中。

（一）卤代烃水解法

卤代烃经水解可制得醇类，其反应式见图7-19。

$$RX + H—O—H \rightleftharpoons R—OH + HX$$

图7-19 卤代烃水解制醇

这个反应是可逆的，除三级卤代烃外，其他在常温时进行得很慢。因此在大多数情况下必须加入碱（如氢氧化钠、氢氧化钾或氢氧化钙等）以破坏可逆反应。但在强碱存在下，有些卤代烃常常容易产生副反应，例如仲卤代烃和叔卤代烃容易产生消除反应成为烯烃；有的卤代烃还会和已经水解出来的醇再发生反应。在实验室为了减少这种副反应，常用比较缓和的碱性试剂，如Na_2CO_3、悬浮在水中的氧化铝或氧化银等。

卤代烃水解合成醇的方法有很大的局限性，因为在一般情况下醇比相应的卤代烃更容易得到（图7-20）。通常是由醇合成卤代烃，只有在相应的卤代烃容易得到时才采用这种方法，如从氯苄和烯丙基氯合成苄醇和烯丙醇。

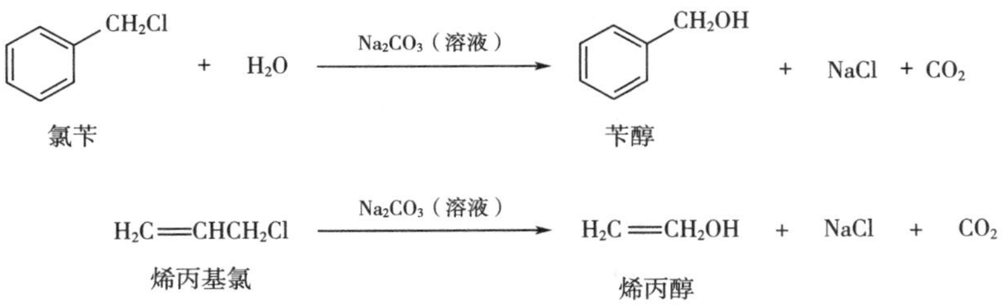

$$C_6H_5CH_2Cl\ (氯苄) + H_2O \xrightarrow{Na_2CO_3（溶液）} C_6H_5CH_2OH\ (苄醇) + NaCl + CO_2$$

$$H_2C=CHCH_2Cl\ (烯丙基氯) \xrightarrow{Na_2CO_3（溶液）} H_2C=CH_2OH\ (烯丙醇) + NaCl + CO_2$$

图7-20 卤代烃水解合成醇

（二）由烯烃制醇法

1. 烯烃与水的加成反应

烯烃与水的加成反应是合成醇的常用方法（图7-21），具有十分重要的工业意义。此反应必须有催化剂存在下才能进行，过去通常采用硫酸为催化剂（图7-22），其反应式为：

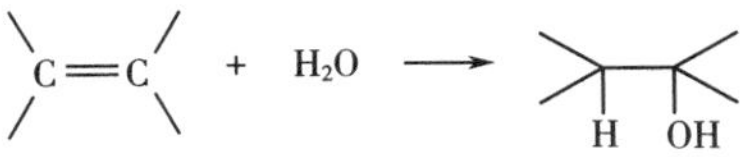

$$>C=C< + H_2O \longrightarrow -\overset{|}{\underset{H}{C}}-\overset{|}{\underset{OH}{C}}-$$

图7-21 烯烃与水加成制醇

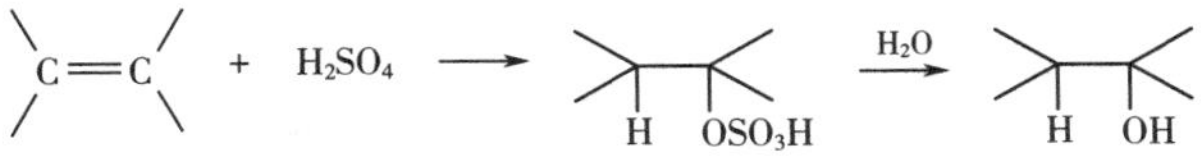

$$>C=C< + H_2SO_4 \longrightarrow -\underset{H}{C}-\underset{OSO_3H}{C}- \xrightarrow{H_2O} -\underset{H}{C}-\underset{OH}{C}-$$

图7-22 烯烃与水加成制醇（酸催化）

由于用硫酸作催化剂，对设备的腐蚀性较强，故目前采用磷酸硅藻土为催化剂，在设备上衬铜就可解决腐蚀问题。烯烃与水的加成一般按照马尔科夫尼科夫（Markovnikov）法则进行，即水分子中的氢加在含氢原子较多的碳原子上，而羟基则加在含氢原子较少的碳原子上。因此，除乙烯可以生成伯醇之外，所有其他的烯烃与水加成后都生成仲醇或叔醇（图 7-23）。

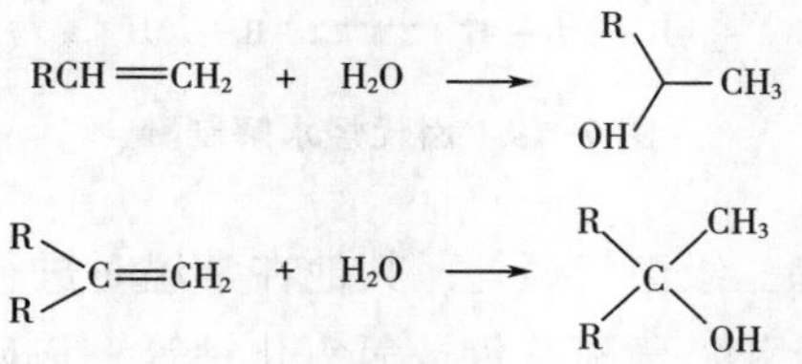

$$RCH{=}CH_2 + H_2O \longrightarrow R{-}CH(OH){-}CH_3$$

$$R_2C{=}CH_2 + H_2O \longrightarrow R_2C(OH){-}CH_3$$

图 7-23　烯烃与水的加成 Markovnikov 法则

因此在合成香料工业中，常常可以利用烯烃与水的加成反应从原来的伯醇转化为仲醇（图 7-24）。

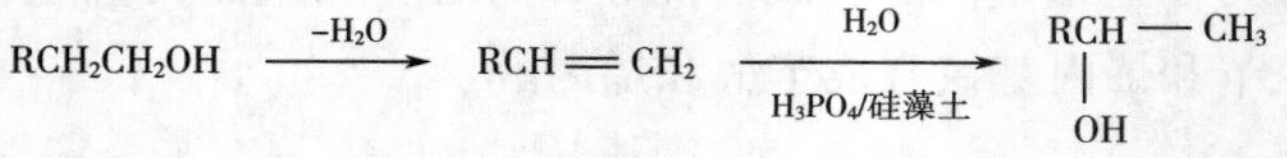

$$RCH_2CH_2OH \xrightarrow{-H_2O} RCH{=}CH_2 \xrightarrow[H_3PO_4/\text{硅藻土}]{H_2O} RCH(OH){-}CH_3$$

图 7-24　伯醇转化为仲醇

上述的反应在合成香料中被应用于烯制备松油醇，香茅醛制备羟基香茅醛（图 7-25）。

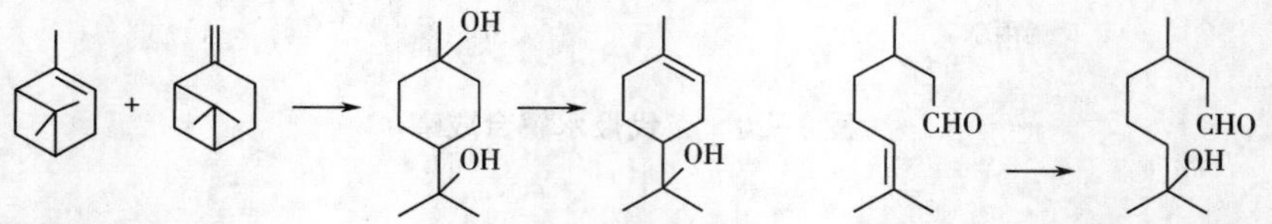

α-蒎烯 + β-蒎烯 → 萜二烯（OH，OH） → α-松油醇（OH）

香茅醛（CHO） → 羟基香茅醛（CHO，OH）

图 7-25　松油醇、羟基香茅醛的制备

2. 烯烃的羟汞化-脱汞反应

烯烃用乙酸汞处理发生羟汞化反应，生成的汞化物用硼氢化钠还原生成醇（图 7-26）。整个过程烯烃的加成反应是按照 Markovnikov 法则加水生成醇的。生成的醇为仲醇。

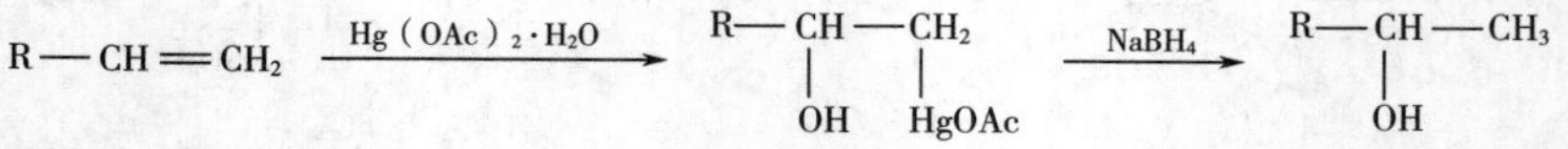

$$R{-}CH{=}CH_2 \xrightarrow{Hg(OAc)_2\cdot H_2O} R{-}CH(OH){-}CH_2(HgOAc) \xrightarrow{NaBH_4} R{-}CH(OH){-}CH_3$$

图 7-26　烯烃的羟汞化-脱汞反应

3. 烯烃的硼氢化-氧化反应

烯烃的氢化-氧化反应是烯烃首先和硼烷反应，再经碱性过氧化氢氧化而生成醇（图 7-27）。整个过程烯烃是按照反 Markovnikov 法则加水生成醇的，立体化学上为顺式加成，且无重排产物生成。用该法生成的醇是伯醇。

$$3R—CH{=}CH_2 \xrightarrow{(BH_3)_2} (R—CH_2CH_2)_3B \longrightarrow R—CH_2CH_2OH + H_3BO_3$$

图 7-27 烯烃的硼氢化-氧化反应

4. 烯烃的羰基化反应

是工业上利用烯烃与一氧化碳、氢气合成醇的方法。烯烃与一氧化碳、氢气在羰基钴的催化下，发生氢甲酰化反应，生成比原来烯烃多 1 个碳原子的醛。由于一氧化碳可以加在双键的任意一个碳上，所以由此得到 2 个异构化的产物，进一步还原反应则生成 2 个醇（图 7-28）。

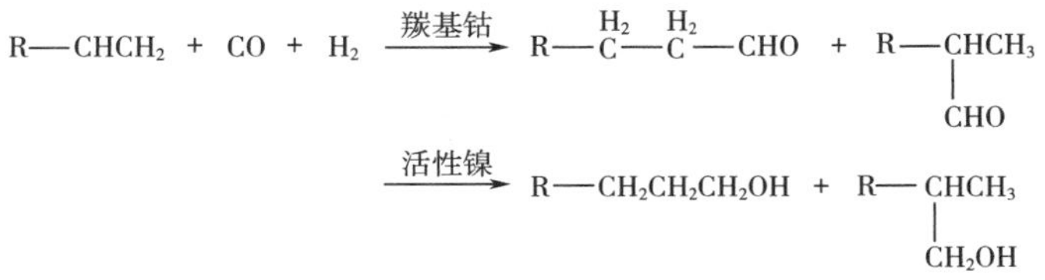

$$R—CHCH_2 + CO + H_2 \xrightarrow{\text{羰基钴}} R—\overset{H_2}{C}—\overset{H_2}{C}—CHO + R—\underset{\displaystyle CHO}{CH}CH_3$$

$$\xrightarrow{\text{活性镍}} R—CH_2CH_2CH_2OH + R—\underset{\displaystyle CH_2OH}{CH}CH_3$$

图 7-28 烯烃的羰基化反应

5. 烯烃与甲醛的缩合反应

烯烃与甲醛在甲酸或乙酸存在下进行缩合反应［即普林斯（Prins）反应］，可以制得醇类化合物（图 7-29）。在合成香料工业中利用 Prins 反应，可以制取各种有价值的醇类香料。

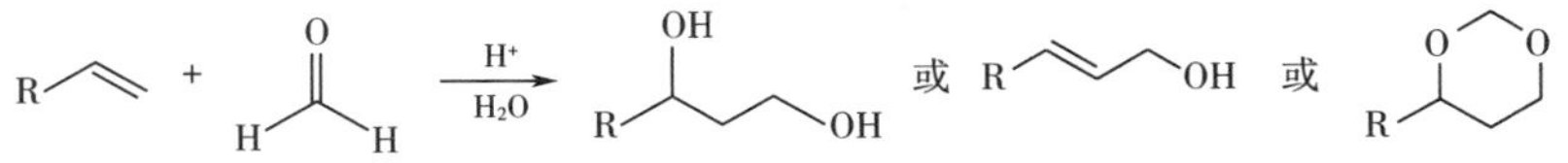

$$R—CH{=}CH_2 + HCHO \xrightarrow[H_2O]{H^+} R—CH(OH)—CH_2—CH_2OH \text{ 或 } R—CH{=}CH—CH_2OH \text{ 或 } \text{4-R-1,3-二噁烷}$$

图 7-29 烯烃与甲醛的缩合反应

利用松节油中单离出来的 β-蒎烯，在氯化锌等路易斯（Lewis）酸催化剂存在下与甲醛缩合可以制得诺卜醇（图 7-30），虽然诺卜醇本身没有特殊的香气，但它的乙酯却有新鲜的松木香气。

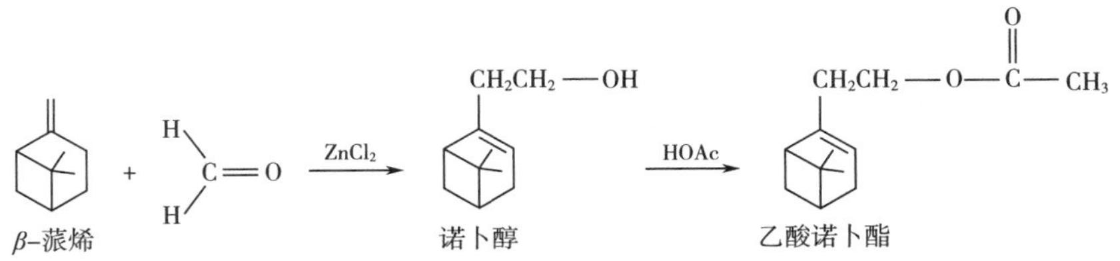

$$\beta\text{-蒎烯} + H_2C{=}O \xrightarrow{ZnCl_2} \text{诺卜醇}(—CH_2CH_2—OH) \xrightarrow{HOAc} \text{乙酸诺卜酯}(—CH_2CH_2—O—\overset{O}{\overset{\|}{C}}—CH_3)$$

图 7-30 β-蒎烯与甲醛的缩合反应

6. 烯烃的氧化反应

（1）烯烃的顺式羟基化　烯烃用碱性高锰酸钾氧化，经过环状中间体，水解生成顺式二元醇（图 7-31）。

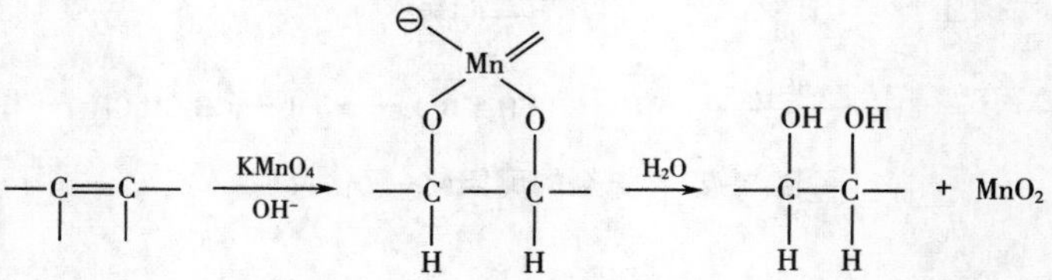

$$\text{—C=C—} \xrightarrow[\text{OH}^-]{\text{KMnO}_4} \text{(环状锰酸酯中间体)} \xrightarrow{H_2O} \text{—CH(OH)—CH(OH)—} + MnO_2$$

图 7-31　烯烃的顺式羟基化

（2）烯烃的反式羟基化　烯烃用过氧酸氧化，首先进行顺式加成形成环氧化物，然后反式开环生成反式二醇（图 7-32），常用的过氧酸有过氧苯甲酸、间氯过氧苯甲酸、过氧甲酸、过氧乙酸、过氧三氟乙酸等。

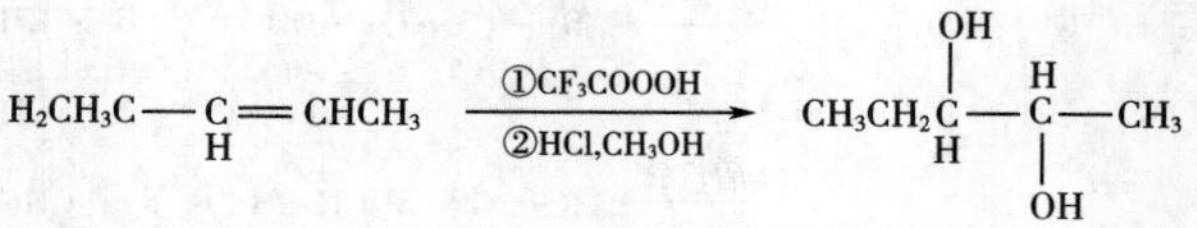

$$H_2CH_3C-CH=CHCH_3 \xrightarrow[\text{②}HCl,CH_3OH]{\text{①}CF_3COOOH} CH_3CH_2CH(OH)-CH(OH)-CH_3$$

图 7-32　烯烃的反式羟基化

（3）烯烃的臭氧化　烯烃用臭氧氧化，首先形成臭氧化中间体，然后通过还原反应而生成醇，常用的还原剂有氢化铝锂、硼氢化钠等（图 7-33）。

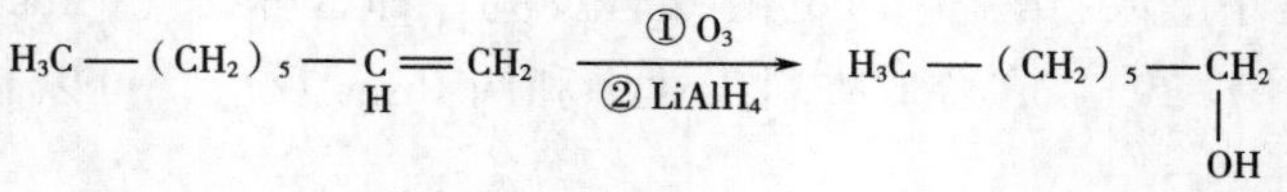

$$H_3C-(CH_2)_5-CH=CH_2 \xrightarrow[\text{②}LiAlH_4]{\text{①}O_3} H_3C-(CH_2)_5-CH_2OH$$

图 7-33　烯烃的臭氧化

（三）由醛、酮、羧酸及羧酸酯制备醇

1. 醛、酮、羧酸及羧酸酯的还原

含有羰基（>C=O）的化合物，如醛、酮、羧酸、酯可以被还原成醇：

（1）醛还原成伯醇（图 7-34）　例如：

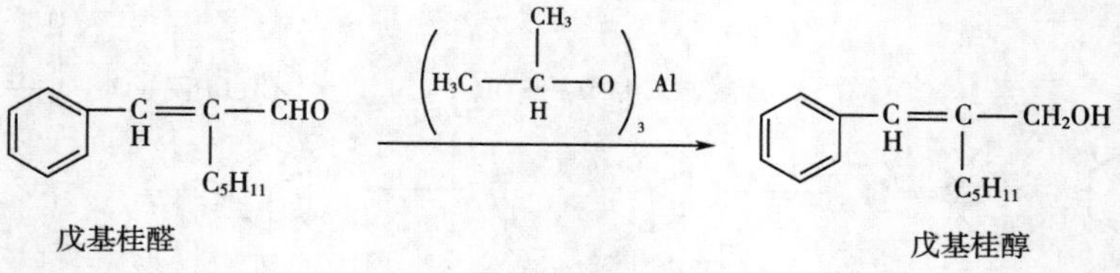

$$C_6H_5-CH=C(C_5H_{11})-CHO \xrightarrow{(H_3C-CH(CH_3)-O)_3Al} C_6H_5-CH=C(C_5H_{11})-CH_2OH$$

戊基桂醛　　　　戊基桂醇

图 7-34　醛还原制伯醇

（2）酮还原成仲醇（图 7-35） 例如：

樟脑（莰醇） 钠+无水乙醇 → 龙脑（2-莰醇）

图 7-35 樟脑的还原反应

（3）羧酸还原成伯醇（图 7-36） 例如：

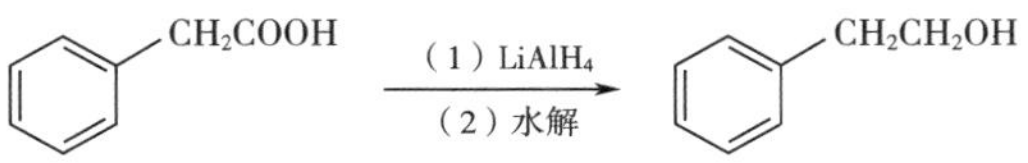

$C_6H_5CH_2COOH$ （1）$LiAlH_4$ （2）水解 → $C_6H_5CH_2CH_2OH$

图 7-36 苯乙酸的还原反应

（4）酯还原成醇（图 7-37） 例如：

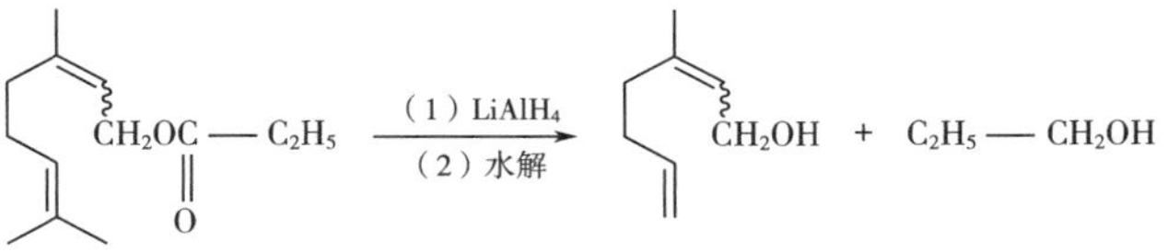

$CH_2OC(=O)—C_2H_5$ （1）$LiAlH_4$ （2）水解 → CH_2OH + $C_2H_5—CH_2OH$

图 7-37 酯还原为醇

2. 醛、酮、羧酸及羧酸酯与金属有机化合物反应

金属有机化合物（如格氏试剂 RMgX、烷基锂等）与醛、酮、羧酸、羧酸酯、环氧化物等反应，经过水解可以制得各种醇类，尤其对需要增加碳链的醇类香料更为重要。

在合成香料工业中，原醇类香料如二甲基苄基原醇、二甲基苯基原醇、甲基苯乙基原醇、丙基苯基原醇、甲基乙基苯基原醇、二甲基苯乙基原醇等都是通过 Grignard 反应制得的。

（1）RMgX 与醛或酮反应（图 7-38） 例如：

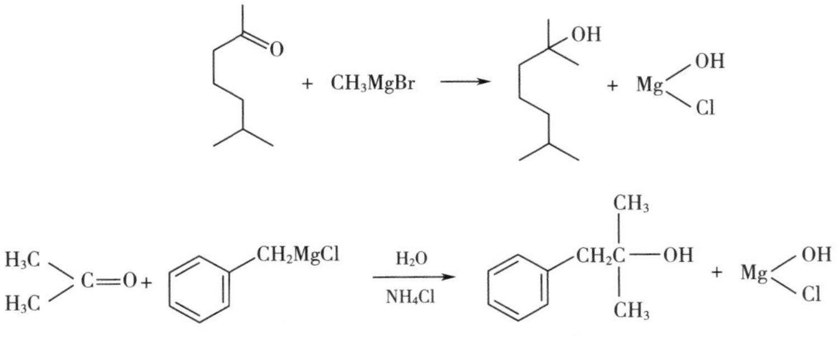

$+ CH_3MgBr \longrightarrow$ （OH） $+ Mg(OH)Cl$

$(H_3C)_2C=O + C_6H_5CH_2MgCl$ $\xrightarrow[NH_4Cl]{H_2O}$ $C_6H_5CH_2C(CH_3)_2—OH + Mg(OH)Cl$

图 7-38 酮与格氏试剂的反应

（2）RMgX 与羧酸、羧酸酯反应（图 7-39） 例如：

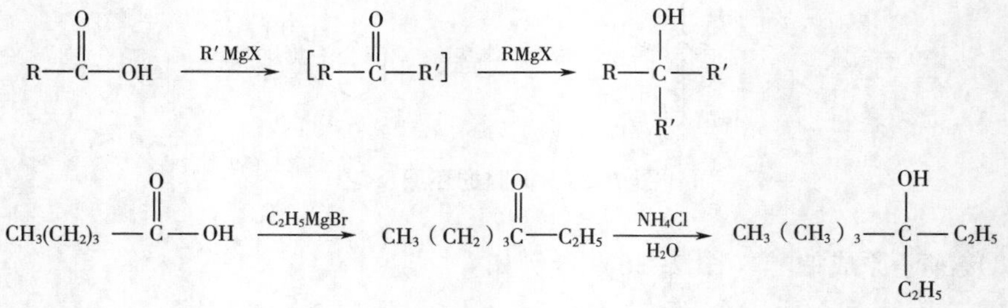

$$R-\overset{\overset{O}{\|}}{C}-OH \xrightarrow{R'MgX} \left[R-\overset{\overset{O}{\|}}{C}-R'\right] \xrightarrow{RMgX} R-\underset{\underset{R'}{|}}{\overset{\overset{OH}{|}}{C}}-R'$$

$$CH_3(CH_2)_3-\overset{\overset{O}{\|}}{C}-OH \xrightarrow{C_2H_5MgBr} CH_3(CH_2)_3\overset{\overset{O}{\|}}{C}-C_2H_5 \xrightarrow[H_2O]{NH_4Cl} CH_3(CH_3)_3-\underset{\underset{C_2H_5}{|}}{\overset{\overset{OH}{|}}{C}}-C_2H_5$$

图 7-39 羧酸、羧酸酯与格氏试剂的反应

此反应若要用于制备酮时，则格氏试剂的量要控制，否则格氏试剂过量时则有叔醇生成。

（3）RMgX 与环氧化合物反应（图 7-40） 例如：

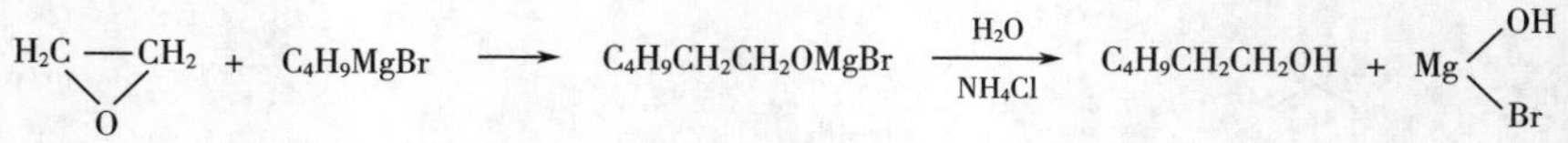

$$\underset{O}{H_2C-CH_2} + C_4H_9MgBr \longrightarrow C_4H_9CH_2CH_2OMgBr \xrightarrow[NH_4Cl]{H_2O} C_4H_9CH_2CH_2OH + Mg\begin{matrix}OH\\Br\end{matrix}$$

图 7-40 环氧乙烷与格氏试剂的反应

从上述的反应情况可以看出，当格氏试剂与醛反应时得到仲醇，与酮、羧酸及羧酸酯等反应时可得到叔醇，仅与甲醛或环氧化合物反应才得到伯醇。并且上述的反应中所生成的醇的碳原子均比原先的羰基化合物的碳原子数有所增加。

（四）芳烃与环氧乙烷反应制备醇

在无水氯化铝或氯化锡催化下，芳烃与环氧乙烷发生 Friedet-Crafts 反应，生成芳基取代的乙醇（图 7-41）。这是合成苯乙醇的方法之一。

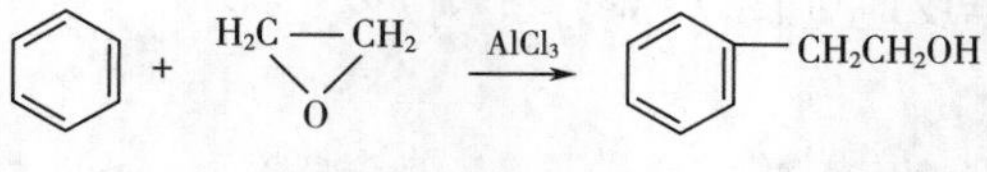

$$C_6H_6 + \underset{O}{H_2C-CH_2} \xrightarrow{AlCl_3} C_6H_5CH_2CH_2OH$$

图 7-41 芳烃与环氧乙烷反应制备醇

四、醇类香料的生产实例

（一）叶醇

叶醇的合成路线和工艺方法很多，主要介绍以下 3 种。

（1）以乙炔为原料制备叶醇 以乙炔为原料，在-45℃时将乙炔气通到卤化亚铜与乙基卤化镁格氏试剂的混合物中，丁炔生成丁炔格氏试剂，再与环氧乙烷反应生成 3-己炔-1-醇，最后在林德拉（Lindlar）催化剂催化下氢化还原生成叶醇，总回收率为 57%（图 7-42）。

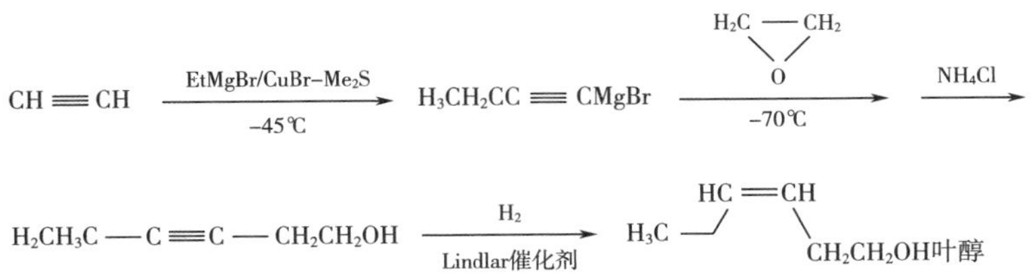

$$CH\equiv CH \xrightarrow[-45℃]{EtMgBr/CuBr-Me_2S} H_3CH_2CC\equiv CMgBr \xrightarrow[-70℃]{H_2C-CH_2 \text{(环氧乙烷)}} \xrightarrow{NH_4Cl}$$

$$H_2CH_3C-C\equiv C-CH_2CH_2OH \xrightarrow[\text{Lindlar催化剂}]{H_2} H_3C-HC=CH-CH_2CH_2OH \text{叶醇}$$

图 7-42 乙炔为原料制备叶醇

（2）在氨基钠和液氨存在下，以丁炔和环氧乙烷为原料制备（图 7-43）。

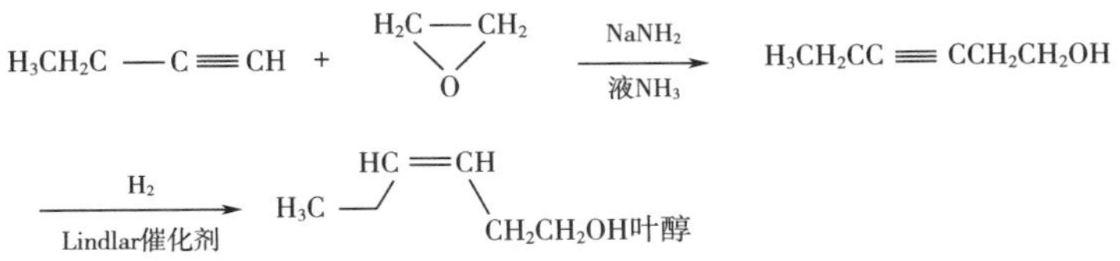

$$H_3CH_2C-C\equiv CH + H_2C-CH_2 \text{(环氧乙烷)} \xrightarrow[\text{液}NH_3]{NaNH_2} H_3CH_2CC\equiv CCH_2CH_2OH$$

$$\xrightarrow[\text{Lindlar催化剂}]{H_2} H_3C-HC=CH-CH_2CH_2OH \text{叶醇}$$

图 7-43 丁炔和环氧乙烷为原料制备叶醇

（3）以乙烯基乙炔为原料，先钠代，后与环氧乙烷反应，得到 3-炔-5-烯-1-己醇，然后选择性加氢得到叶醇（图 7-44）。

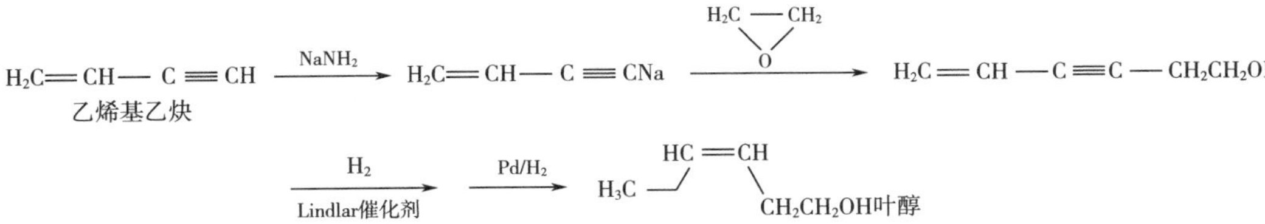

$$H_2C=CH-C\equiv CH \text{(乙烯基乙炔)} \xrightarrow{NaNH_2} H_2C=CH-C\equiv CNa \xrightarrow{H_2C-CH_2 \text{(环氧乙烷)}} H_2C=CH-C\equiv C-CH_2CH_2OH$$

$$\xrightarrow[\text{Lindlar催化剂}]{H_2} \xrightarrow{Pd/H_2} H_3C-HC=CH-CH_2CH_2OH \text{叶醇}$$

图 7-44 乙烯基乙炔为原料制备叶醇

（二）薰衣草醇

薰衣草醇具有类似薰衣草香和花香香气，带有青草气息、略辛香香韵。其乙酸酯的香气像乙酸芳樟酯但更为细腻。存在于薰衣草油和杂薰衣草油等精油中，是薰衣草油的主要香成分之一，由于薰衣草醇在精油中的含量极少，单离不容易，经济上不合算，故常用化学合成法制备。制备薰衣草醇的方法很多，简单介绍 5 种。

（1）以二甲基丙酮为原料制备　二甲基丙酮与乙烯氯化镁反应，再经过科普（Cope）重排和烯丙基重排制得薰衣草醇（图 7-45）。

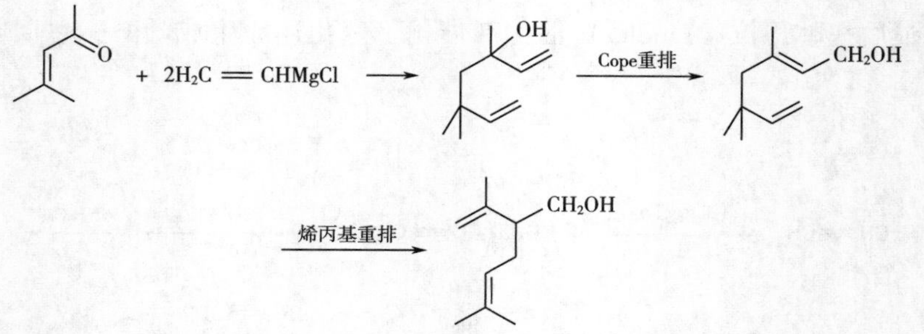

$+ 2H_2C=CHMgCl$ → OH → Cope重排 → CH_2OH

烯丙基重排 → CH_2OH

图 7-45 以二甲基丙酮为原料制备薰衣草醇

（2）以2,6-二甲基-2,5-庚二烯为原料制备 以2,6-二甲基-2,5-庚二烯和多聚甲醛为原料，通过 Prins 反应制备薰衣草醇（图 7-46）。

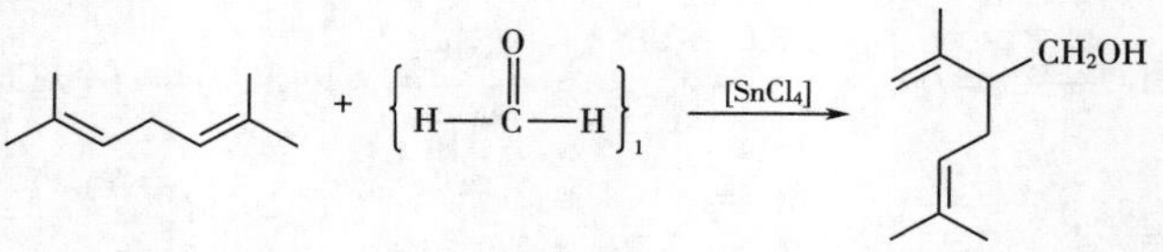

$+ \{H—C(=O)—H\}_1$ $\xrightarrow{[SnCl_4]}$ CH_2OH

图 7-46 以 2,6-二甲基-2,5-庚二烯为原料制备薰衣草醇

（3）以异戊二烯和异戊烯氯为原料制备 异戊二烯与异戊烯氯，通过 Grignard 反应生成薰衣草基氯化镁，再水解制得薰衣草醇（图 7-47）。

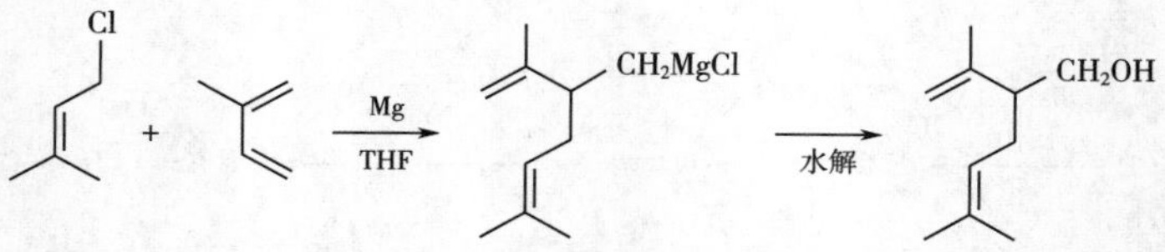

Cl + $\xrightarrow[THF]{Mg}$ CH_2MgCl $\xrightarrow{水解}$ CH_2OH

图 7-47 以异戊二烯和异戊烯氯为原料制备薰衣草醇

（4）以二甲基丙烯醛和甲基丁烯醇为原料制备 二甲基丙烯醛和甲基丁烯醇反应，生成薰衣草醛，再经还原反应制得薰衣草醇（图 7-48）。

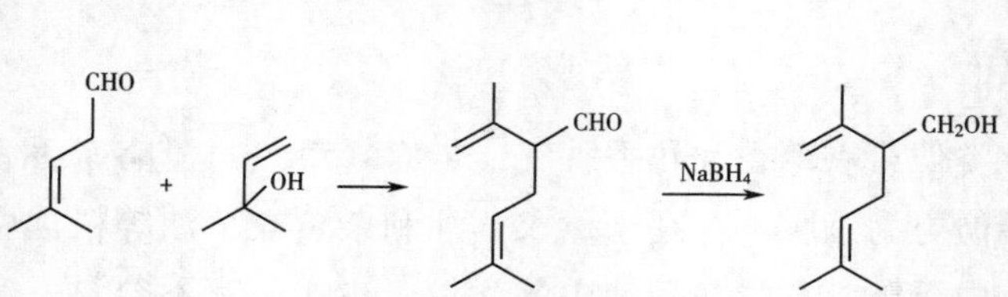

CHO + OH → CHO $\xrightarrow{NaBH_4}$ CH_2OH

图 7-48 以二甲基丙烯醛和甲基丁烯醇为原料制备薰衣草醇

（5）以异戊酰氯和甲基丁烯醇为原料制备 异戊酰氯和甲基丁烯醇反应，通过重排反应生成薰衣草酸再经还原反应制得薰衣草醇（图 7-49）。

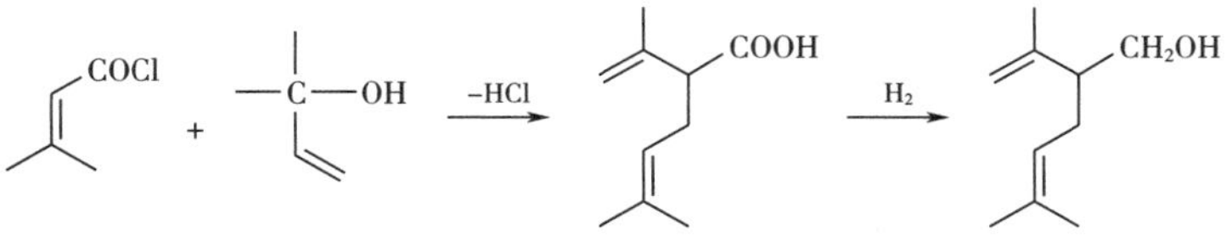

COCl + —C—OH —(−HCl)→ COOH —(H_2)→ CH_2OH

图 7-49 以异戊酰氯和甲基丁烯醇为原料制备薰衣草醇

（三）大茴香醇生产

大茴香醇香料生产可以茴香醚为原料经氯甲基化与水解反应制备，也可以通过还原大茴香醛来制备，目前用后者来制备大茴香醇占多数。

（1）以茴香醚为原料制备大茴香醇（图 7-50）

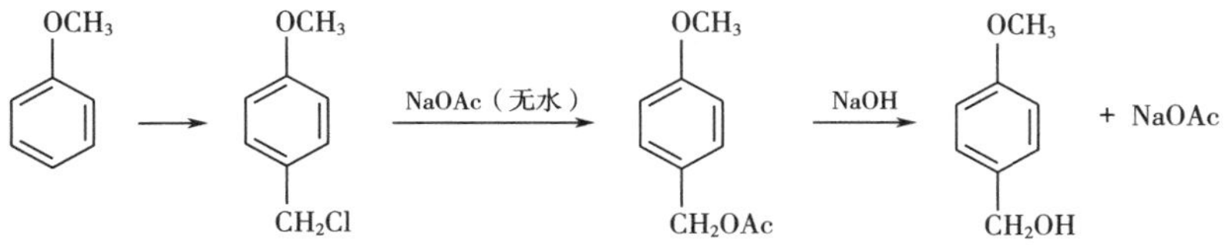

OCH_3 → OCH_3 / CH_2Cl —NaOAc（无水）→ OCH_3 / CH_2OAc —NaOH→ OCH_3 / CH_2OH + NaOAc

图 7-50 以茴香醚为原料制备大茴香醇

采用此方法的合成路线，还有副产物产生，即氯甲基化反应除了在甲氧基的对位产物外，尚有邻位产物的异构体生成（图 7-51）。

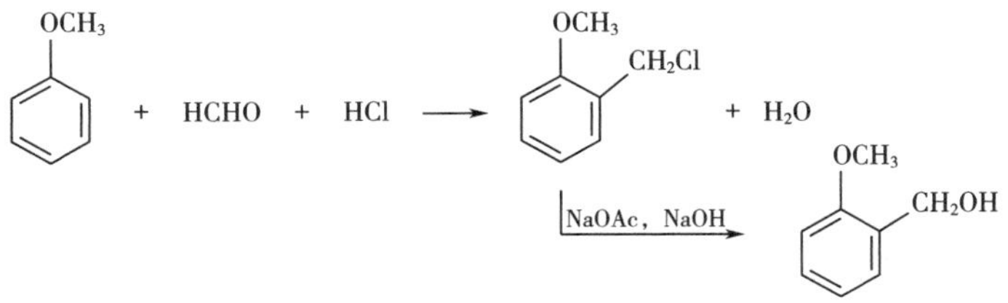

OCH_3 + HCHO + HCl → OCH_3 / CH_2Cl + H_2O

—NaOAc，NaOH→ OCH_3 / CH_2OH

图 7-51 以茴香醚为原料制备大茴香醇的副反应

（2）以大茴香醛为原料制备大茴香醇　制备方法包括催化加氢、硼氢化钾还原法和交叉歧化反应法（图 7-52，康尼查罗反应法）。茴香醛生产茴香醇工艺流程见图 7-53。

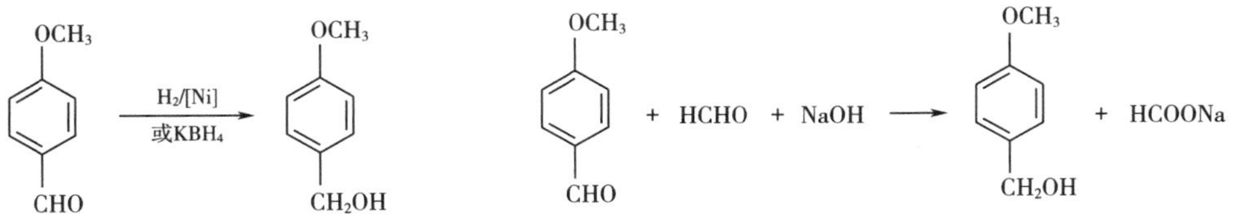

OCH_3 / CHO —H_2/[Ni] 或KBH_4→ OCH_3 / CH_2OH

OCH_3 / CHO + HCHO + NaOH → OCH_3 / CH_2OH + HCOONa

图 7-52 康尼查罗反应法制备大茴香醇

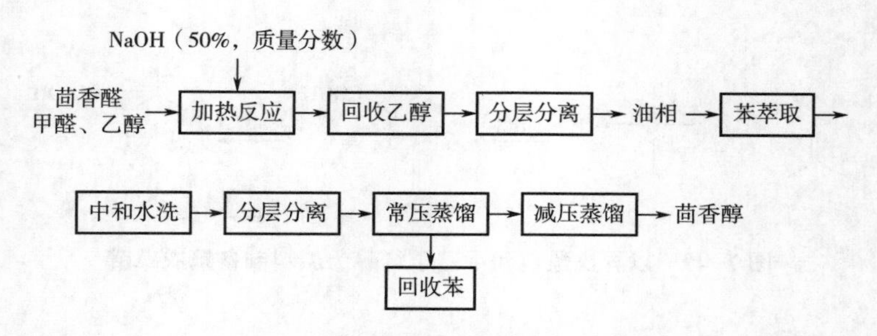

图 7-53 茴香醛生产茴香醇工艺流程

（四）β-苯乙醇生产

苯乙醇有较多的制备方法，如工业上曾用卤代苯通过格氏反应与环氧乙烷制备苯乙醇，也曾用苯与环氧乙烷在三氯化铝催化下制备而得。目前采用较多的是以苯乙烯为原料经卤醇化、环化与催化氢化反应得到β-苯乙醇。

（1）以苯乙烯为原料合成苯乙醇（图 7-54）

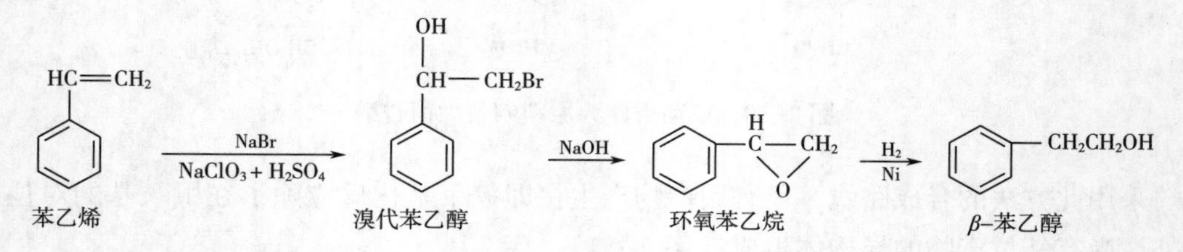

图 7-54 苯乙烯为原料制备苯乙醇

①将苯乙烯和水加到耐酸的搪瓷反应锅里，搅拌并加热，同时滴加氯酸钠、溴化钠和硫酸溶液，滴加完毕后，继续回流反应。定时测定油层的相对密度以决定反应的终点；

②将溴代苯乙醇用稀烧碱液进行皂化，皂化完毕后静置分层，水洗至中性，得到粗环氧苯乙烷，经减压蒸馏得到较纯的环氧苯乙烷；

③在低压下进行氢化，直到氢气压不再下降，说明加氢已经完成。过滤、中和、水洗得粗品，经真空分馏得纯品。

苯乙烯法生产苯乙醇的工艺流程见图 7-55。

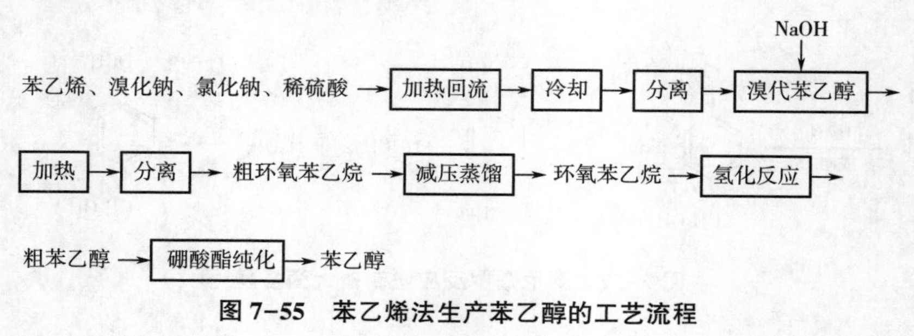

图 7-55 苯乙烯法生产苯乙醇的工艺流程

（2）以苯和环氧乙烷为原料制取β-苯乙醇　在工业上更简单的苯乙醇合成法是以三氯化铝为催化剂，将苯和环氧乙烷反应（图7-56）。若在反应中能将反应中生成的氯化氢除去，则能使苯乙醇的得率提高。

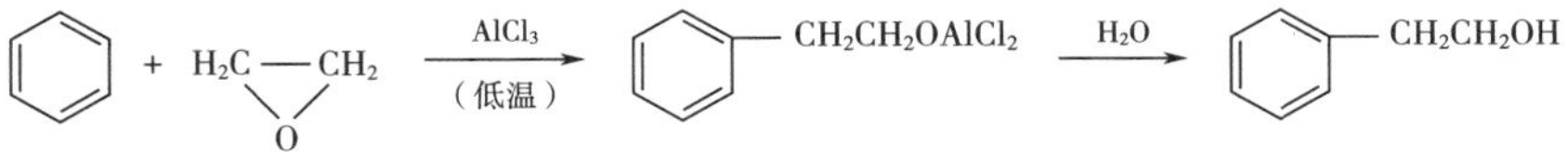

$$C_6H_6 + H_2C\overset{O}{—}CH_2 \xrightarrow[\text{（低温）}]{AlCl_3} C_6H_5CH_2CH_2OAlCl_2 \xrightarrow{H_2O} C_6H_5CH_2CH_2OH$$

副产物有二苯乙烷（$C_6H_5CH_2CH_2C_6H_5$）

图7-56　苯和环氧乙烷为原料制备苯乙醇

在备有冷却夹层的反应器中加入苯和氯化铝，然后将该混合物冷却到6℃，在稍加压力（40kPa）的情况下压入氮气，并且开动鼓风机，将在循环气中生成的氯化氢先用水洗，随后用碱洗而除去。在搅拌下通入环氧乙烷，同时通过冷却将温度保持在0~5℃。当已经加入规定的环氧乙烷后，再搅拌1h使反应进行完毕。将釜内物在搅拌下压入装有水的尖底槽。分出苯层，加热使苯蒸出，它可以用于下一批的配料中。对蒸出苯后的残液进行减压蒸馏，苯乙醇于2~2.67kPa时于110~120℃蒸出（图7-57）。

对于高纯度的产品则需要用化学法精制。将苯乙醇与硼酸作用生成高沸点的三硼酸酯，在0.3kPa下蒸出非醇杂质，剩下的三硼酸酯用水分解，经分离、干燥、减压蒸馏，得到苯乙醇精制品。

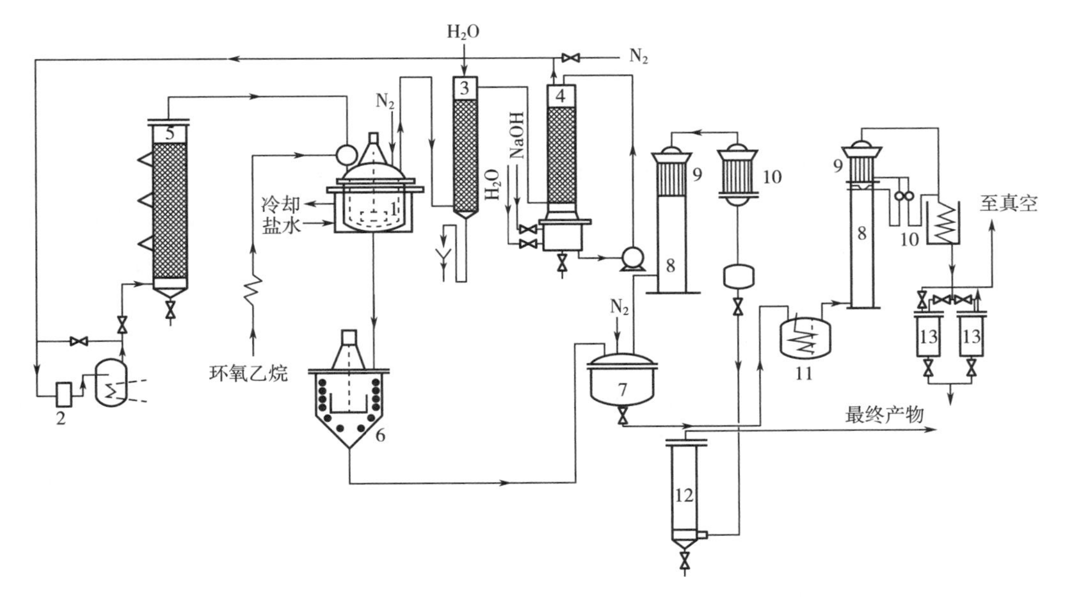

1—反应器；2—鼓风机；3—水洗塔；4—NaOH洗涤塔；5—装NaOH的干燥塔；6—尖底槽；7—驱苯槽；8—蒸馏塔；9—分凝器；10—冷却器；11—蒸馏釜；12—干燥塔；13—接收器。

图7-57　环氧乙烷法生产苯乙醇工艺示意流程

第二节 酚类香料

在自然界中存在许多酚类香料，如丁香酚、香芹酚、麝香草酚、香荆芥酚等。酚类香料大都具有辛香、木香及药草香等香气，并具有一定的消毒杀菌的作用。如丁香酚和异丁香酚具有丁香香气，在调香上普遍使用。麝香草酚和香荆芥酚带有草药香且具有较好的消炎杀菌功效，广泛用于牙膏等口腔清洁剂、爽身粉的加香。愈创木酚带有烟熏香气及药香，可作为食用和烟用香料。有些酚还是合成其他香料的重要原料，如苯酚是合成香豆素的起始原料，愈创木酚是合成香兰素的中间体。

一、酚类香料概述

酚类可看成是芳环上的氢原子被羟基取代后得到的化合物，与醇类化合物不同的是，酚上的羟基是直接和芳环相连的，通常表示为 Ar—OH，一般根据芳环上酚羟基的数目可以分成一元酚、二元酚及多元酚；按芳环数目的不同也可以分为苯酚系列和萘酚系列等（图 7-58）。

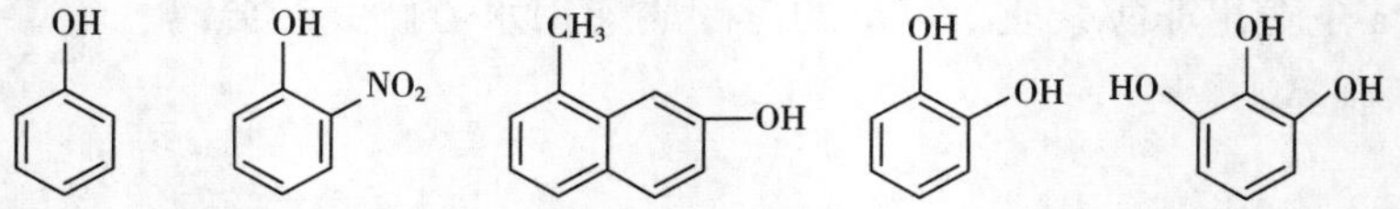

苯酚　邻硝基苯酚　8-甲基-2-萘酚　邻苯二酚　1,2,3-苯三酚

图 7-58　酚的分类

除少数烷基酚是液体外，大多数酚都是固体。由于酚羟基能形成分子间氢键，因此酚的沸点都很高。酚能溶于乙醚、乙醇等有机溶剂，由于与水也能形成分子间氢键，所以在水中也有极少量的溶解，例如苯酚在冷水中的溶解度为 6. 7g（100g H_2O），而与热水（超过临界溶解湿度，66~85℃）可互溶，在醇和醚中易溶。纯的酚一般都是无色的晶体，久置在空气或光照下，会部分氧化而略带红色或褐色。

在酚类分子中，同时含有羟基和芳环，因此酚类化合物既具有羟基的特性，也具有芳环的一些性质。同时，羟基是和芳环直接相连的，由于存在 π 大共轭体系，因此酚羟基的性质与醇羟基有显著的不同。同样地，由于芳环受到酚羟基的活化，比相应的芳烃更容易发生亲电取代反应。

（一）酚羟基上的反应

1. 酚的酸性

大多数酚的 pK_a 值为 10 左右，酸性比一般的醇（$pK_a=16$）和水（$pK_a=15.7$）要强 10 倍，因此大多数酚能与氢氧化钠成盐而醇却不能成盐；酚的酸性比碳酸（$pK_a=7$）

弱，因此在酚钠盐的水溶液中通入 CO_2 则可以得到酚（图 7-59）。酚类化合物的这一特性，使得它们在分离提纯上有重要的应用。例如苯酚：

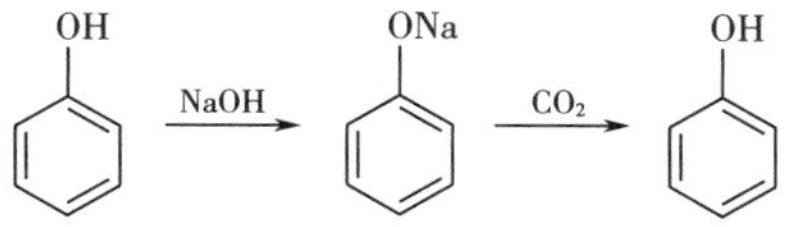

$$C_6H_5OH \xrightarrow{NaOH} C_6H_5ONa \xrightarrow{CO_2} C_6H_5OH$$

图 7-59 酚的酸性反应

利用这一特性可以把苯酚从煤焦油中分离出来。工业上从含酚精油中提取酚类香料也利用上述反应。用氢氧化钠溶液处理精油中的酚，可以形成酚盐溶于水中，然后将水层与精油层分开，钠盐水溶液用酸进行酸化，不溶于水的酚类即游离出来。

2. 酚与三氯化铁的显色反应

大多数酚类都可以与三氯化铁发生颜色反应，呈现红、蓝、紫等不同的颜色，常可利用这个反应来鉴别酚类（图 7-60）。例如，苯酚和三氯化铁反应呈现蓝紫色，邻苯二酚则呈现深绿色，1,2,3-苯三酚呈现红棕色等。凡是具有烯醇式结构的化合物，都可以与三氯化铁发生反应生成带颜色的络合离子，因此可以用这种方法作为酚或其他烯醇化合物的定性鉴定。

$$6C_6H_5OH+FeCl_3 \longrightarrow H_3[Fe(OC_6H_5)_6]+3HCl$$

图 7-60 酚与三氯化铁的显色反应

3. 成醚与成酯反应

酚和醇相似，都可以发生醚化反应，但是由于酚氧键比较稳定，酚之间相互脱水比较困难，一般利用酚钠盐与卤代烷烃或硫酸酯等烷基化试剂反应得到酚醚（图 7-61）。

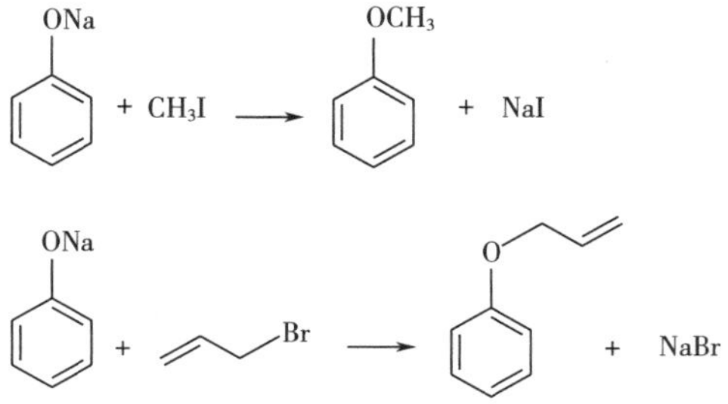

$$C_6H_5ONa + CH_3I \longrightarrow C_6H_5OCH_3 + NaI$$

$$C_6H_5ONa + CH_2{=}CHCH_2Br \longrightarrow C_6H_5OCH_2CH{=}CH_2 + NaBr$$

图 7-61 成醚与成酯的反应

4. 氧化反应

酚类化合物比醇类化合物更容易被氧化。不仅氧化试剂能对其进行氧化，一般的空气也能对酚进行氧化，生成带色的醌类化合物，这是酚类化合物久置在空气中颜色容易变红或变深的原因（图 7-62）。例如，苯酚久置在空气中，就会部分氧化成红色的苯醌。

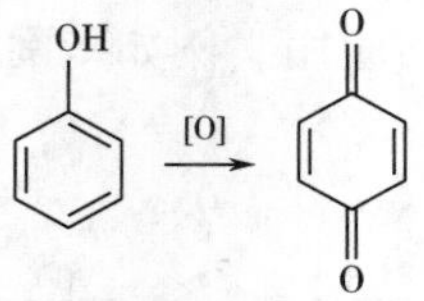

图 7-62 酚类化合物的氧化反应

酚类化合物的这种反应为自氧化反应，在食品等许多工业上利用这一性质，将酚类化合物当作抗氧剂。

（二）芳环上的反应

酚羟基与苯环的共轭作用，使得羟基邻、对位的电子云密度增大，所以酚羟基的邻对位亲核能力很强，容易在芳环上发生亲电取代反应。而酚盐负离子的邻对位电子云密度更大，亲核能力更强，即使弱的亲电试剂也能与它发生亲电取代反应。

1. 取代反应

（1）卤代反应　将溴水加到苯酚水溶液中，会立即产生三溴苯酚沉淀。这个反应极为灵敏，可以用于苯酚的定性和定量测定。其他凡是酚羟基的邻、对位上有氢的酚类化合物，加入溴水后，均可产生沉淀（图 7-63）。因此该反应常用于酚类化合物的鉴定。

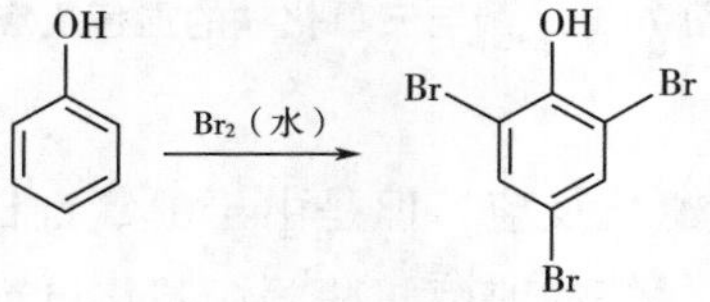

图 7-63 芳环上的取代反应

（2）硝化反应和亚硝化反应　由于酚羟基对苯环的活化作用，在室温下用稀硝酸即可使苯酚硝化，生成邻硝基苯酚和对硝基苯酚的混合物（图 7-64）。

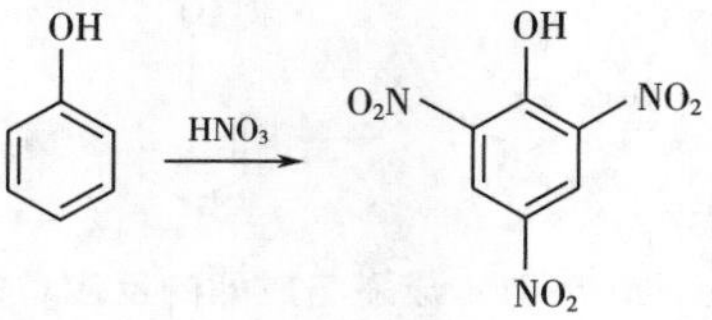

图 7-64 芳环上的硝化反应

苯酚若用较浓的硝酸硝化，可得到 2,4-二硝基苯酚，但产率很低。实际上苯酚的制备方法多采用 2,4-二硝基氯苯水解制得。苯酚若用浓硝酸直接硝化，可得到 2,4,6-三硝基苯酚，但因反应条件强烈，大部分苯酚在未被硝化之前已经被硝酸氧化。目前工业上常采用4-羟基苯-1,3-二磺酸为原料，经硝化反应而制备2,4,6-三硝基苯酚（图7-65）。

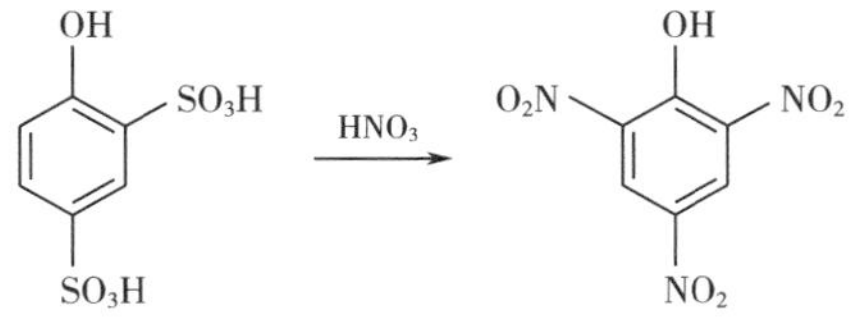

图7-65 工业中芳环上的硝化反应

苯酚也可以在酸性溶液中与亚硝酸作用，发生亚硝基化反应，生成对亚硝基苯酚及少量的邻亚硝基苯酚（图7-66）。

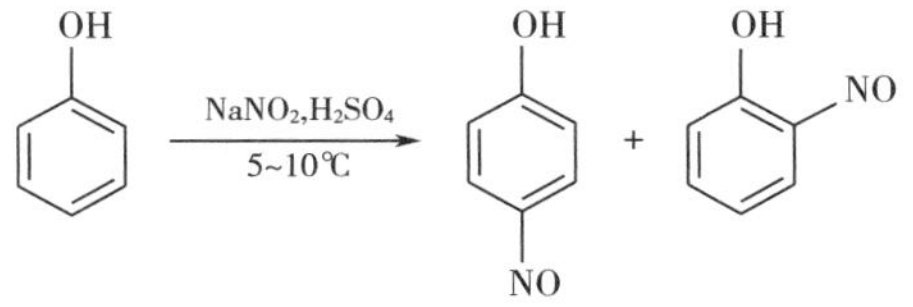

图7-66 苯酚的硝基化反应

（3）磺化反应 酚类化合物的磺化反应比较容易进行，在浓硫酸的作用下就可以在芳环上引入磺酰基。通常情况下，在低温下（15～25℃）进行磺化反应时，主要得到邻羟基苯磺酸。在高温下（80～100℃）进行时，则主要得到对羟基苯磺酸。上述两种产品进一步磺化，都得到4-羟基苯-1,3-二磺酸（图7-67）。磺化反应是可逆反应，在稀硫酸溶液中回流即可除去磺酸基。

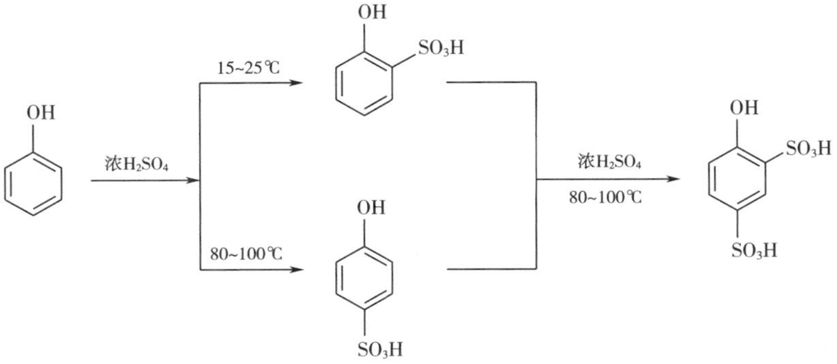

图7-67 酚类化合物的磺化反应

（4）傅-克（Friedel-Crafts）烷基化和酰基化反应 酚类化合物由于受到酚羟基的影响，芳环比一般的芳香烃活泼，很容易与卤代烷、烯烃或醇发生（Friedel-Crafts）烷基化反应，而且一般不用三氯化铝作催化剂，通常用的催化剂有 H_3PO_4、H_2SO_4、HF、酸性离子交换树脂等（图 7-68）。

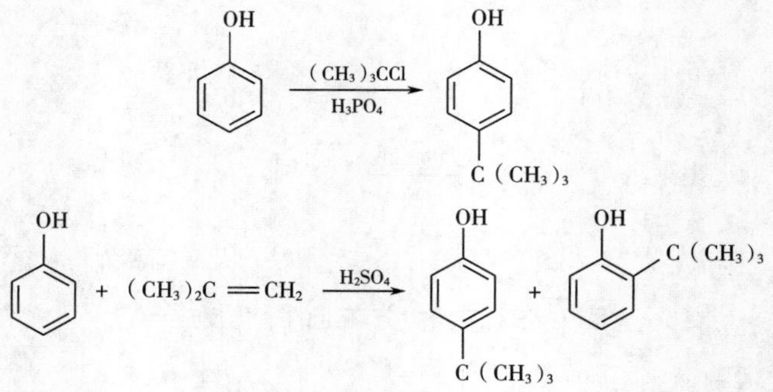

图 7-68 Friedel-Crafts 烷基化反应

酚的酰基化反应（图 7-69）也比较容易进行。

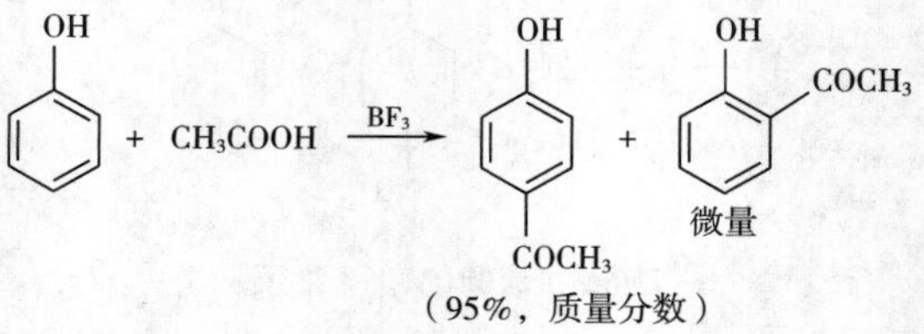

图 7-69 酚的酰基化反应

2. 加成反应

苯酚催化加氢可得到环己醇（图 7-70）。

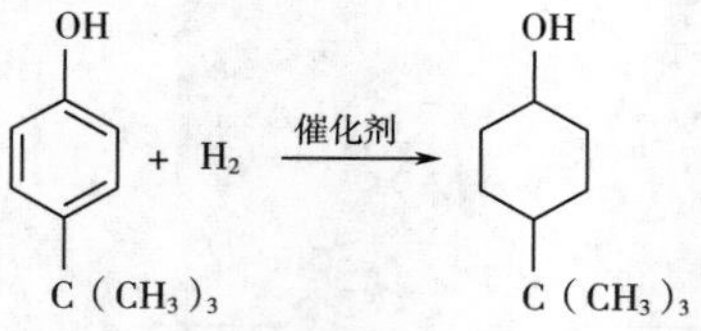

图 7-70 酚的加成反应

3. 重排反应

苯基烯丙基醚类化合物在高温下能发生克莱森（Claisen）重排反应，重排后，一般烯丙基的γ-碳和芳环连接，引入的位置通常在邻位（图 7-71），如果邻位被占用，则会重排到对位（图 7-72）。

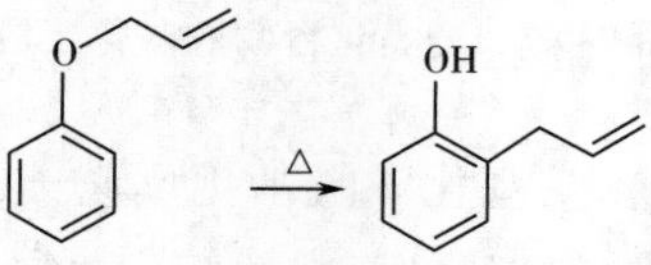

图 7-71 重排反应

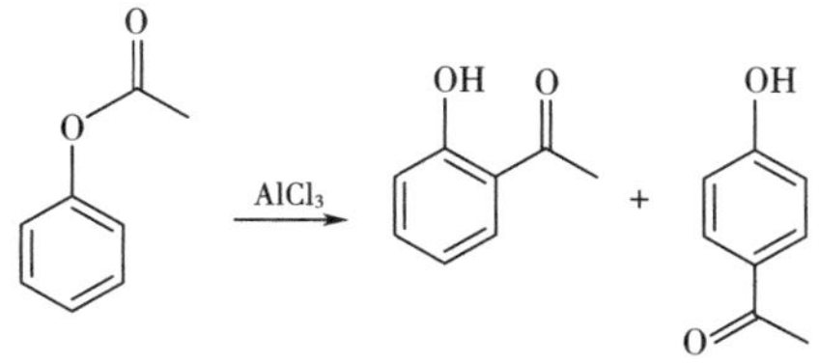

AlCl₃

图 7-72 Claisen 重排反应

酚酯在三氯化铝等路易斯酸的催化下，酰基可能会重排到对位或邻位，该反应对合成酚酮类化合物非常有效。

4. 莱默尔-蒂曼（Reimer-Tiemann）反应

该反应是酚和氯仿在碱溶液中加热反应，通常在酚羟基的邻位和对位引入甲醛基，是酚类化合物的一个经典反应（图 7-73）。工业上生产水杨醛就是利用该反应。

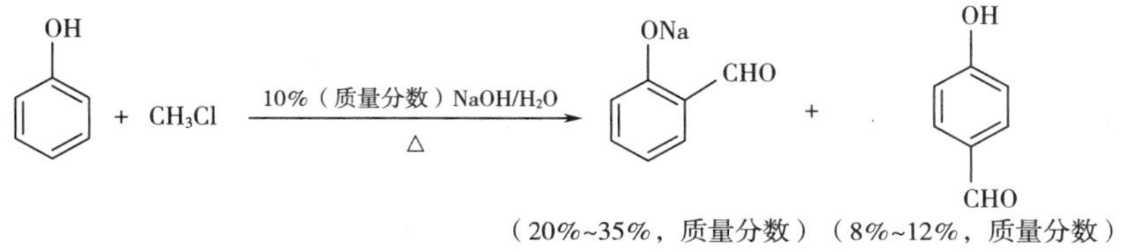

OH + CH_3Cl —10%（质量分数）NaOH/H_2O, △→ ONa, CHO + OH, CHO

（20%~35%，质量分数）（8%~12%，质量分数）

图 7-73 Reimer-Tiemann 反应

常用的碱溶液是氢氧化钠、碳酸钾、碳酸钠水溶液，产物一般以邻位为主。不能在水中起反应的化合物可在吡啶中进行，此时只得邻位产物。

二、酚类香料

（一）愈创木酚

结构式见图 7-74。

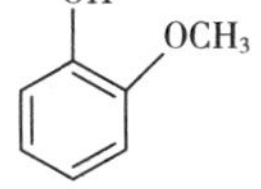

OH, OCH_3

图 7-74 愈创木酚结构式

愈创木酚又称邻甲氧基苯酚、邻羟基苯甲醚、1-羟基-2-甲氧基苯。无色或淡黄色晶体，或淡黄色油状液体，具有特有的尖刺的木香和药香香气，带酚样的特殊气息。微溶于水，溶于碱溶液、乙醇等大多数有机溶剂中。熔点 31 ~ 32℃，沸点 204 ~ 206℃、53 ~ 55℃/533.3 Pa，相对密度（d_4^{20}）1.1395，折射率（n_D^{35}）1.5341。在空气中易变色，宜密闭储存于阴凉处。天然存在于木馏油、海狸香油、芸香油、芹菜籽油、烟叶油和橙叶蒸馏液中。主要用于香草、烟草、菜肴、烟熏、熏猪肉、咖啡、威士忌等食用香精中，也用作合成香兰素、檀香 803 等香料。

（二）丁香酚

结构式见图 7-75。

丁香酚又称 1-羟基-2-甲氧基-4-烯丙基苯、丁子香酚。无色至淡黄色液体，具有强烈的丁香和辛香香气。几乎不溶于水，溶于乙醇等有机溶剂。沸点 253℃、110/700Pa，相对密度（d_4^{20}）1.066，折射率（n_D^{20}）1.5410。暴露于空气中颜色逐渐加深，宜密闭储存于阴凉处。丁香酚是多种天然精油的成分，尤其以丁香油（质量分数为 80%左右）、月桂叶油（质量分数为 80%左右）、丁香罗勒油（质量分数为 60%左右）含量最多，在紫罗兰油、樟脑油、金合欢油、依兰油中均有存在。也经常应用于薄荷、坚果、调味品、辛香型、烟熏、肉味等食品香精及烟草香精中。此外，丁香酚还是合成香兰素的重要原料。

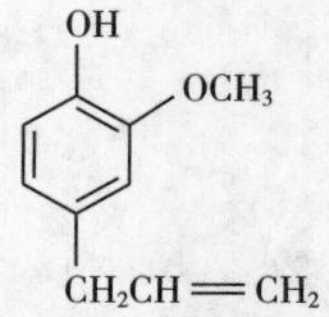

OH
OCH_3
$CH_2CH=CH_2$

图 7-75 丁香酚结构式

（三）异丁香酚

结构式见图 7-76。

异丁香酚又称 1-羟基-2-甲氧基-4-丙烯基苯。异丁香酚具有顺式和反式两种异构体，商品的异丁香酚为二者的混合物。呈黄色黏稠液体，具有丁香、辛香香气。不溶于水，溶于碱的水溶液、乙醚、乙醇等大多数有机溶剂中。其中反式异构体为固体，熔点 33~34℃，沸点 140~142℃/1.6kPa、118℃/670Pa；顺式异构体为液体，沸点 115~116℃/670Pa。商品的异丁香酚，反式体与顺式体的比例大约为 85∶15，凝固点 12℃，相对密度（d_{25}^{25}）1.082~1.086，折射率（n_D^{20}）1.5731~1.5785。在空气中颜色会逐渐加深，不宜用于白色加香产品中，宜密闭储存于阴凉。存在于丁香油、依兰油、晚香玉油、长寿花油、水仙油、卡南加油、香石竹油、肉豆蔻油、白菖油等精油中。异丁香酚香气比丁香酚柔和、淡雅，可用于香石竹、素心兰、依兰、水仙、紫丁香、玫瑰、白兰等日用香精中，也用于丁香、桃子、坚果、香蕉、草莓、樱桃、调味品、覆盆子、熏肉等食用香精中。

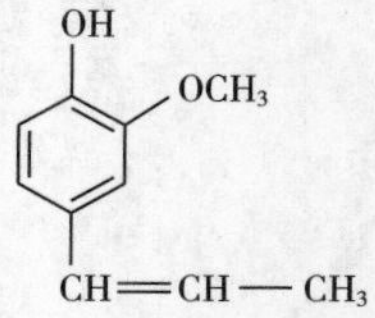

OH
OCH_3
$CH=CH-CH_3$

图 7-76 异丁香酚结构式

（四）麝香草酚

结构式见图 7-77。

麝香草酚又称 1-甲基-3-羟基-4-异丙基苯、百里香酚。白色晶体，具有百里香油似的辛香和草香香气，略带樟脑气息。微溶于水，能溶于乙醚、乙醇等大多数有机溶剂中。熔点 48~51℃，沸点 233~234℃，相对密度（d_{15}^{15}）0.972~0.979，折射率（n_D^{20}）1.5233。存在于百里香油（质量分数 30%~75%）、香旱芹油、丁香罗勒油、麝香

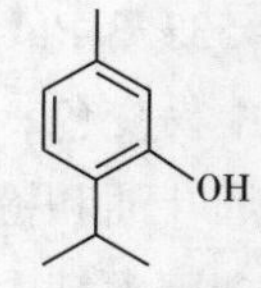

OH

图 7-77 麝香草酚结构式

草油中。麝香草酚具有强的消炎杀菌功能，无毒性，广泛用于医药上。可用于牙膏、爽身粉、漱口水、化妆品等日用香精中，能与柑橘、薄荷、辛香、草香等食用香精协调。另外麝香草酚还被大量用于合成薄荷脑。

三、酚类香料的制备方法

酚类化合物在自然界中广泛存在，早期的大多数酚都是从自然界直接提取的，随着用量的增多和化学工业的发展，现在很多酚类化合物都是合成的。由于很难直接将羟基引到苯环上，多数的酚的合成都是通过官能团的转化得到的。

（一）芳香磺酸盐碱熔法

将磺酸盐和氢氧化钠熔融后得到酚钠盐，再用酸酸化即可得到酚（图 7-78）。这是一个亲核取代反应，并需要在高温和强碱性条件下进行，很多的官能团很难适应，因此该反应的应用范围较窄。苯酚和萘酚可以用此法合成。

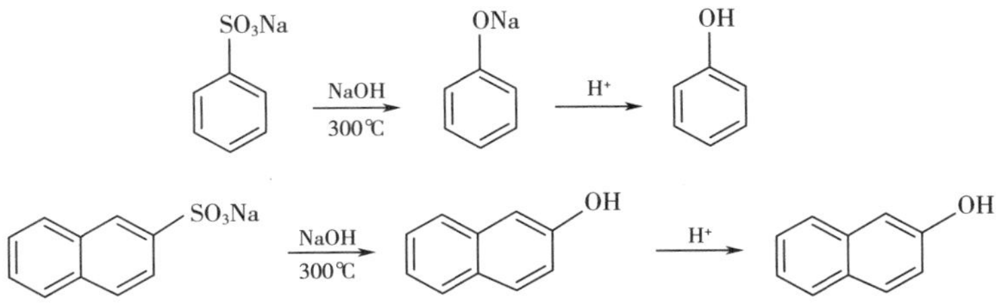

图 7-78 苯酚和萘酚的合成

（二）芳香卤代烃的水解

在高温、高压和催化剂存在的条件下，芳香卤代烃可以在碱性条件下水解（图 7-79）。例如，氯苯在高温、高压和铜催化下可生产苯酚。

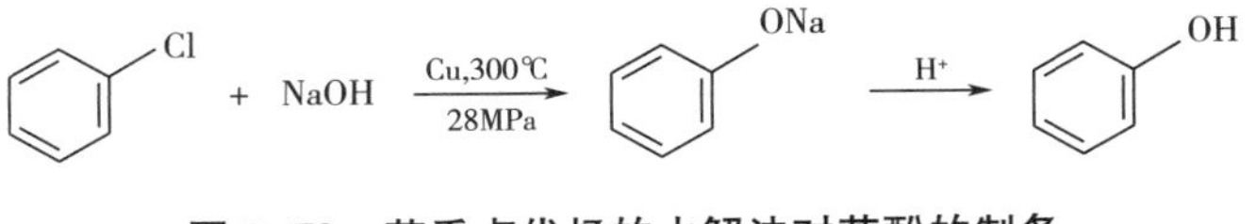

图 7-79 芳香卤代烃的水解法对苯酚的制备

（三）异丙苯法

将异丙基芳烃通过催化氧化得到过氧化物，后者在酸性条件下重排成酚和丙酮（图 7-80）。利用该法得到酚的产率较高，且能得到另一个有价值的工业原料丙酮，因此，在工业上该法应用得较多。

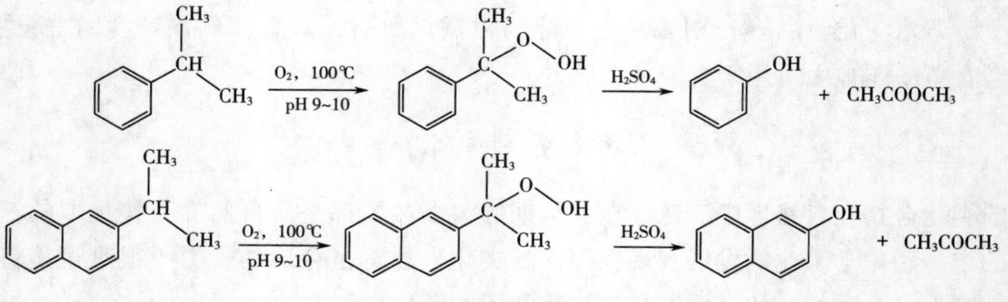

图 7-80 异丙苯法制备苯酚和萘酚

（四）重氮盐水解法

将生成的重氮盐立即置于冰水中进行水解，便可以生成酚。为了防止生成的酚与尚未反应完的重氮离子偶联，也可以将重氮盐慢慢地加入大量沸腾的稀硫酸中进行水解（图 7-81）。

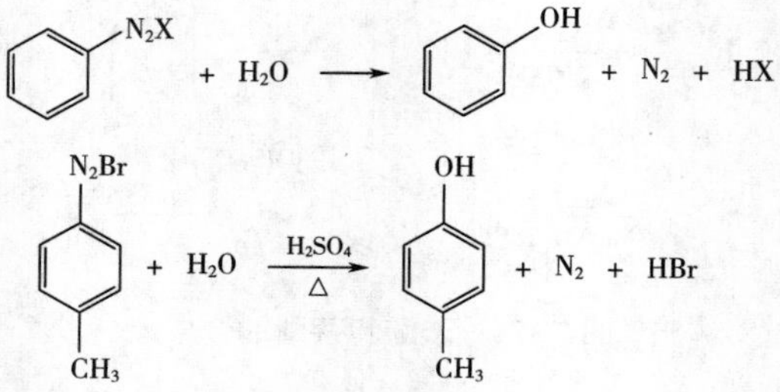

图 7-81 重氮盐水解法制备酚

（五）芳香铊化物的置换水解法

苯烃与三氟乙酸铊反应生成三氟乙酸芳基铊，然后与四乙酸铅反应生成三氟乙酸芳酯，最后经水解和酸化后可以生成酚（图 7-82）。

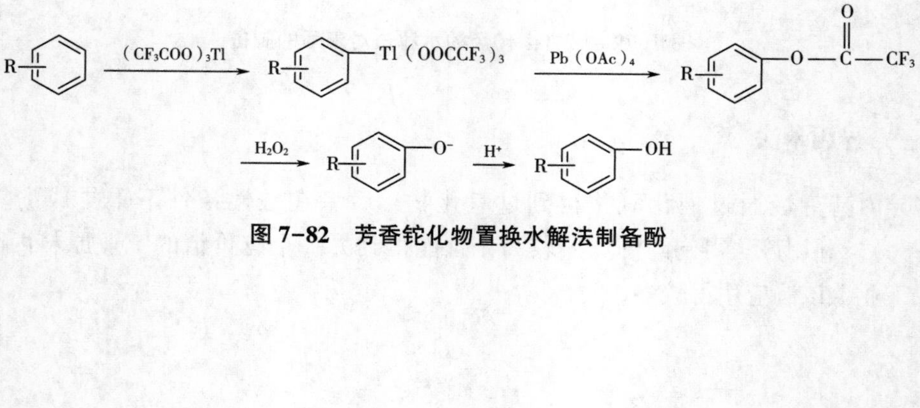

图 7-82 芳香铊化物置换水解法制备酚

（六）格氏试剂-硼酸酯法

由卤代苯直接水解制备酚比较困难，但若把它先制成格氏试剂，再进行相应的反应，即可比较容易地得到酚。反应一般是在低温条件下进行的，首先将卤代苯制成格氏试剂，再与硼酸三甲酯反应，生成芳基硼酸二甲酯，酯经水解，得到芳基硼酸，然后在乙酸溶液中用过氧化氢（质量分数为15%）氧化，最后水解即可生成酚（图7-83）。

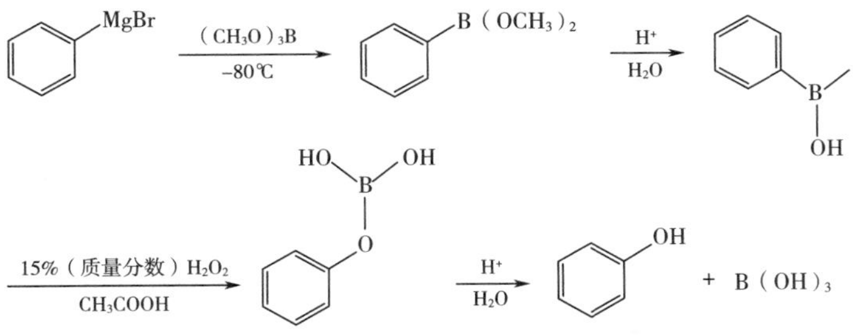

MgBr —— $(CH_3O)_3B$ / −80℃ → $B(OCH_3)_2$ —— H^+ / H_2O → B(OH)(OH)

—— 15%（质量分数）H_2O_2 / CH_3COOH → O—B(HO)(OH) —— H^+ / H_2O → OH + $B(OH)_3$

图7-83 格氏试剂-硼酸酯法制备酚

四、酚类香料生产实例

（一）愈创木酚

（1）由木馏油进行真空分馏制得。

（2）以邻氨基苯甲醚为原料，经重氮化、水解而制得（图7-84）。第一步是重氮化反应：将邻氨基苯甲醚溶于稀硫酸中，在冷却条件下滴加亚硝酸钠溶液，进行重氮化反应，直至达到终点。第二步是水解反应：将硫酸铜溶于水中，加热、搅拌下滴加上述重氮液进行水解反应，水与愈创木酚在水解同时蒸出，至油水分离器中。第三步是分离精制：从油水分离器中分离出粗愈创木酚，进行真空分馏，得到纯愈创木酚。含酚水用苯进行萃取回收愈创木酚，再经真空分馏得到纯品。

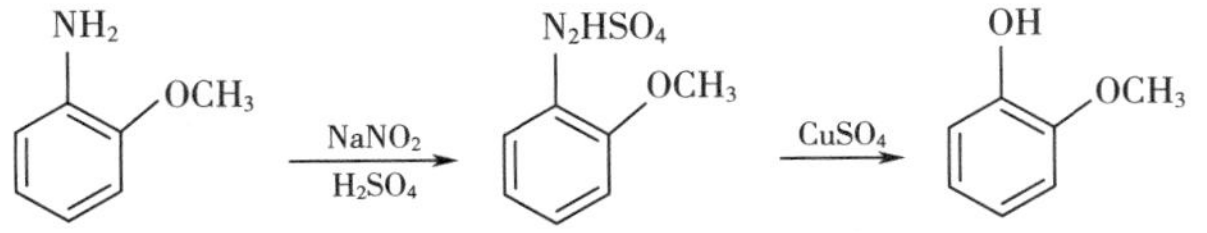

NH_2, OCH_3 —— $NaNO_2$ / H_2SO_4 → N_2HSO_4, OCH_3 —— $CuSO_4$ → OH, OCH_3

图7-84 邻氨基苯甲醚为原料制备愈创木酚

（3）邻苯二酚为原料，与一卤代甲烷或甲醇或硫酸二甲酯反应制得（图7-85）。

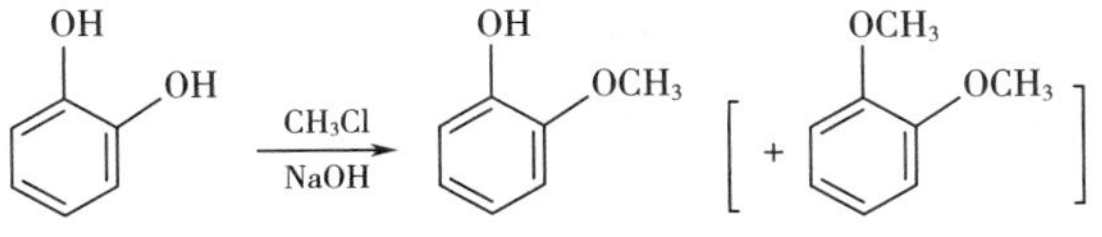

OH, OH —— CH_3Cl / NaOH → OH, OCH_3 [+ OCH_3, OCH_3]

图7-85 邻苯二酚为原料制备愈创木酚

（二）丁香酚

（1）采用丁香油或丁香罗勒油为原料通过碱和酸处理单离得到　第一步是钠盐的生成和分离（图7-86）：先将氢氧化钠溶液加入被分离的精油中，加热搅拌后，使形成丁香酚钠盐，将浮于液面的油层用溶剂萃取或用直接蒸汽蒸馏。馏出液通过油水分离器分去上层轻油，直至馏出液的上面无油滴为止。停止蒸馏，得到丁香酚钠盐水溶液。第二步是酸化和洗涤：在搅拌下将50%（质量分数）的硫酸逐渐加入上述已经冷却的丁香酚钠盐水溶液中，进行酸化，液温控制在50℃以下，直至呈酸性。静置分层，用水洗涤油层数次至中性。第三步是真空蒸馏：将洗涤后的丁香酚在真空下进行蒸馏，分去杂质后得到丁香酚。如果得到的丁香酚的香气和颜色未达要求，可再真空蒸馏一次。

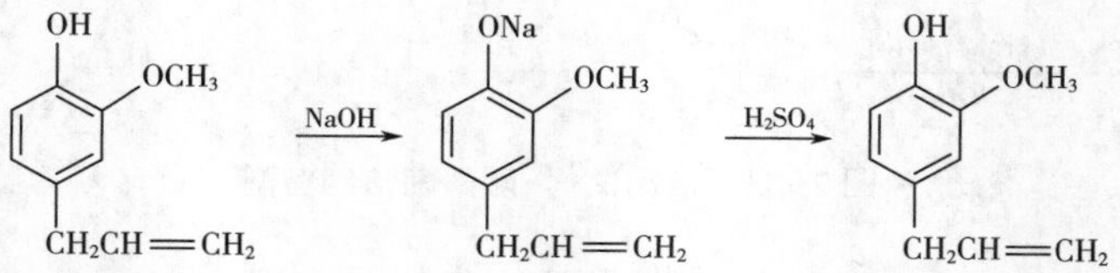

图7-86　丁香油或丁香罗勒油为原料单离得到制备丁香酚

（2）合成法制备丁香酚　采用愈创木酚为原料，用烯丙基氯或烯丙醇等直接将愈创木酚丙基化制得（图7-87）。生成的产物三个同分异构体的沸点十分接近，造成分离和提纯较为困难，并影响产品质量，有待进一步改进和完善。

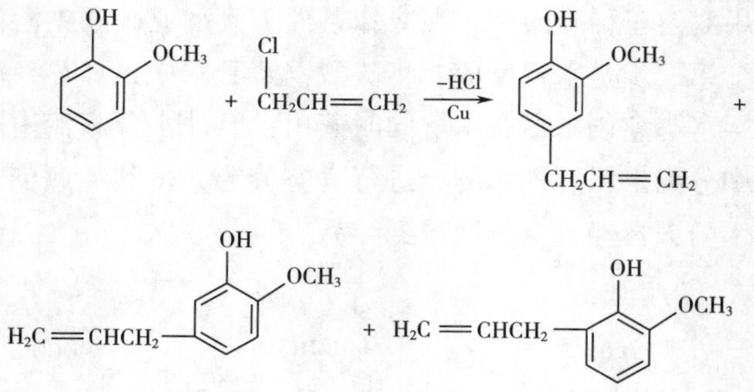

图7-87　合成法制备丁香酚

（三）异丁香酚

（1）以丁香酚为原料制得（图7-88）　第一步是异构化：将丁香酚在搅拌下加入已经配好的氢氧化钾溶液中，并在搅拌下加热至185~190℃进行异构化反应。反应完毕后，将反应物慢慢加入水中，在搅拌下加入溶剂（苯或甲苯），将未反应的杂质除去并分离出异丁香酚钾盐的水溶液。第二步是酸化与洗涤：在搅拌下逐渐加入适量的30%

(质量分数) 的硫酸至上述异丁香酚钾盐的水溶液中进行酸化，并用溶剂进行萃取，静置分层后，用水洗涤萃取物数次，分出水层的萃取物，经回收后得到粗品异丁香酚、第三步是真空分馏，将粗品异丁香酚在真空下进行分馏得到纯品异丁香酚。异丁香酚的生产工艺见图 7-89。

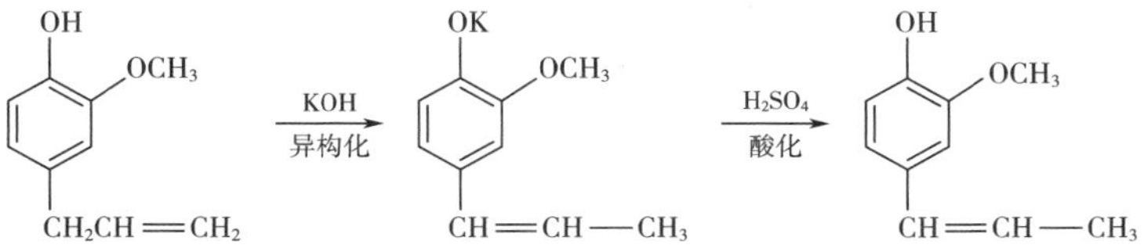

丁香酚（4-$CH_2CH{=}CH_2$-2-OCH_3-苯酚）$\xrightarrow[\text{异构化}]{KOH}$ 异丁香酚钾（4-$CH{=}CH{-}CH_3$-2-OCH_3-苯酚钾，OK）$\xrightarrow[\text{酸化}]{H_2SO_4}$ 异丁香酚（4-$CH{=}CH{-}CH_3$-2-OCH_3-苯酚）

图 7-88 丁香酚为原料制备异丁香酚

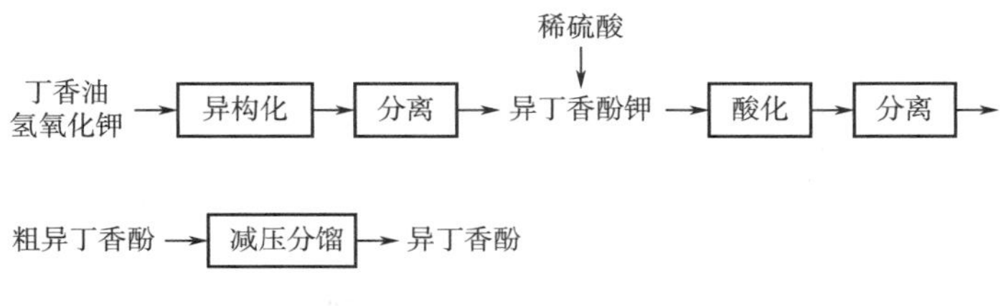

图 7-89 异丁香酚的生产工艺

(2) 以愈创木酚为原料，首先与丙酸反应生成愈创木酚丙酸酯，再经重排异构成愈创木酚苯丙酮，然后再经氢化和脱水反应制得异丁香酚 (图 7-90)。

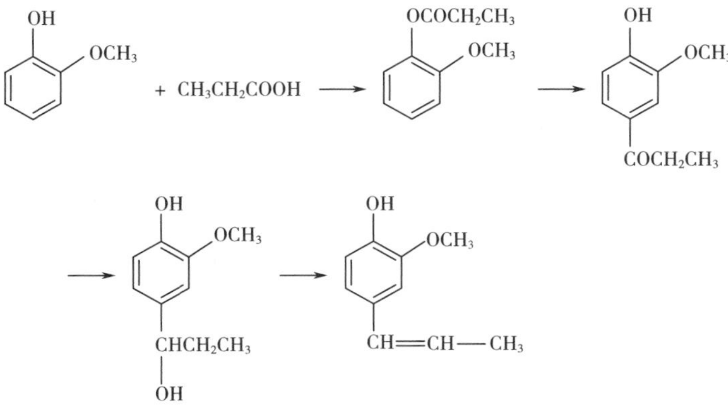

愈创木酚（OH，OCH_3）+ CH_3CH_2COOH → 愈创木酚丙酸酯（$OCOCH_2CH_3$，OCH_3）→ 4-$COCH_2CH_3$（OH，OCH_3）→ 4-$CH(OH)CH_2CH_3$（OH，OCH_3）→ 4-$CH{=}CH{-}CH_3$（OH，OCH_3）

图 7-90 愈创木酚与丙酸为原料制备异丁香酚

(3) 以愈创木酚为原料，与丙醛在酸性条件下缩合，然后将缩合产物在碱性条件下进行分解，便得到异丁香酚，副产物愈创木酚经分离回收后可重复使用 (图 7-91)。

(四) 麝香草酚

麝香草酚的制备与生产工艺主要有 3 种方法。

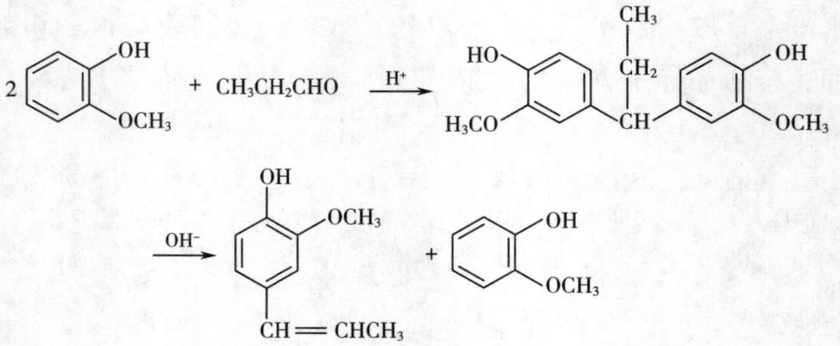

图 7-91 愈创木酚与丙醛为原料制备异丁香酚

（1）从天然百里香精油中单离得到（图 7-92）。

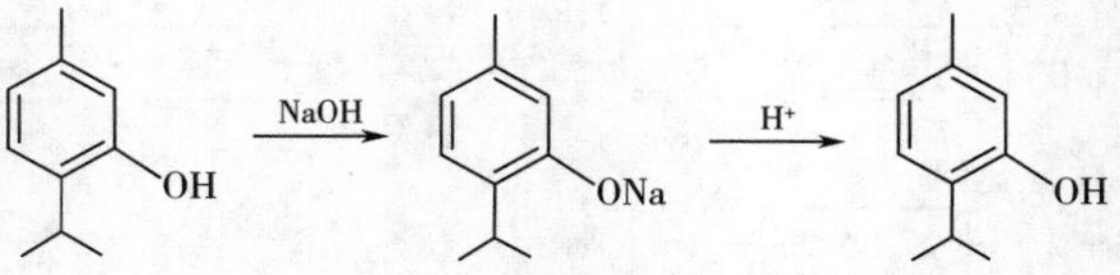

图 7-92 麝香草酚的单离制备方法

（2）用合成薄荷醇为原料经催化脱氢制得（图 7-93）。

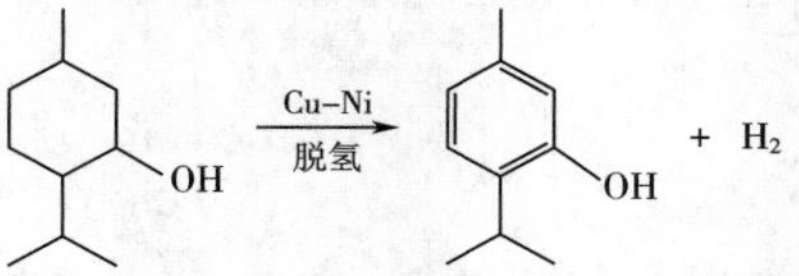

图 7-93 麝香草酚的脱氢制备方法

①脱氢反应：将薄荷醇加热成蒸气进入脱氢反应器，通过催化剂（将碳酸铜、碳酸镍及硅藻土混合物放入脱氢器，在通入氢气条件下逐渐加热，使还原得到 Cu-Ni 催化剂）进行脱氢反应生成粗麝香草酚流出；

②精制：将上述粗麝香草酚冷冻结晶后进行分离，得到粗麝香草酚结晶，母液分馏回收粗酚；

③将麝香草酚粗结晶加热熔化，加入乙醇，在搅拌下逐渐冷却，形成麝香草酚晶体，离心分离即可得到纯品。

（3）以间甲酚和丙烯为原料，在催化剂作用下制得（图 7-94、图 7-95）。

（4）麝香草酚的生产工艺流程

①环化反应：在 400L 干燥的环化锅内加入香茅醛 270kg、硅胶 27kg（硅胶第一次投料后，可以连续使用 60~70 批次，直至失去催化作用），关闭进料阀门，开启搅拌及夹套气加热，当锅内温度达 120~140℃（在透气口处有少量气液混合物蒸出），说明环化

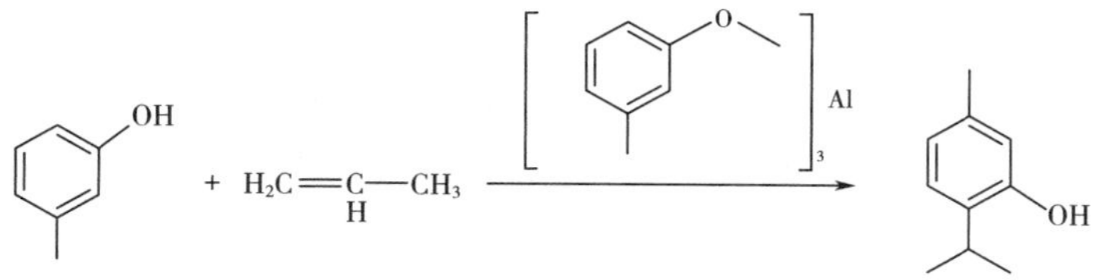

图 7-94 间甲酚与丙烯催化制麝香草酚

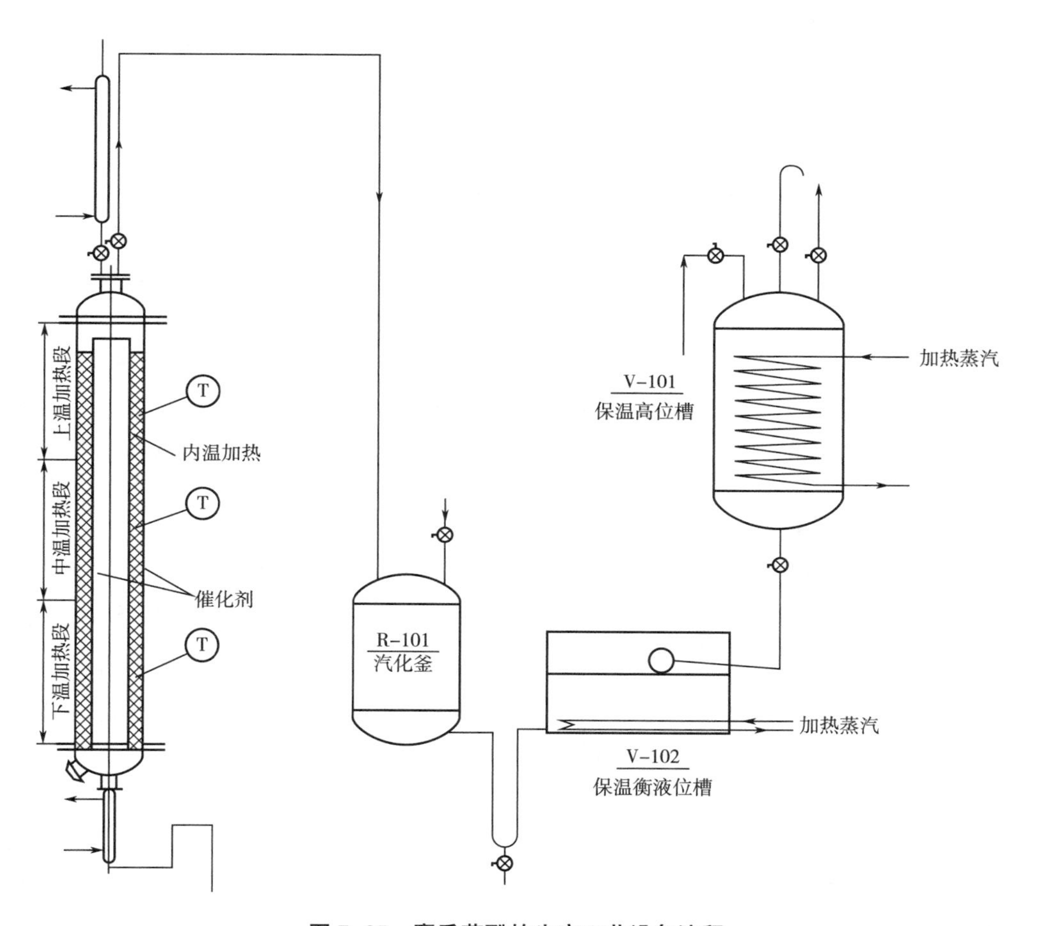

图 7-95 麝香草酚的生产工艺设备流程

反应已经逐渐开始，停止加热并放掉夹套蒸汽，内温将继续升高（放热反应），此时应密切注意反应情况，同冷却（或加热）方法控制反应速度，一般 20min 左右，使锅内温度稳步上升到 160℃且透气口处没有大量气液混合物冲出为宜。这时温度还将继续升高（若无冲出现象可不必冷却），直至内温达到 180℃左右。

反应时间从 160℃开始算起，在不低于 160℃的条件下反应 3h。3h 后，开夹套冷却水，使锅内温度冷却至 40℃以下，关冷却水停止搅拌。静置 30min。将上层粗异胡薄荷醇从虹吸出料管中放入过滤桶内，滤去少量杂质和硅胶，存放在贮槽中待分馏。硅胶沉淀在环化锅内，下一批继续使用（若因失去催化作用不再使用，可同物料一起在搅拌情况下从锅底放出）。

粗异胡薄荷醇在2.5m塔高的分馏锅内，在塔顶真空余压1.33kPa下收集塔顶80~85℃馏分，可得含量>95%（质量分数）精异胡薄荷醇，得量为分馏投料量的92%（质量分数）左右。

②氢化反应：在200L氢化釜内加入精异胡薄荷醇160kg、活性镍1.5~2kg，进氢量达计算量后，再维持1.5h为氢化终点，这时精异胡薄荷醇含量<1%（质量分数）。吸氢完毕，将锅内温度冷却至小于35℃，利用压力釜内残余压力0.5MPa将物料压出，澄清过滤，即得氢化薄荷醇。得量不小于投料量的99%。氢化薄荷醇在2~2.5m塔高的分馏锅内，在塔顶真空余压2kPa下收集温96~106℃馏分，可得合成薄荷醇。

合成薄荷醇在高效分馏塔内经精密分馏，分出萜类及异胡薄荷醇为头子，再分得新薄荷醇（新脑）。新异薄荷醇（新异脑）为前段，而中段为含量>99%（质量分数）的薄荷醇（合成薄荷脑）。中段成品有双凝固点，无旋光，有很好的凉味。这是作为天然薄荷脑的替代品。因此新脑、新异脑、异脑是生产合成薄荷脑时的副产物，这些副产物不但凉味不足，而且气息也不太好，但是这些副产物却是生产麝香草酚的原料。

③脱氢催化剂的制作：将16kg碳酸铜、21kg碳酸镍、1.5kg轻质氧化镁、4.9 kg无水碳酸钾、3.4 kg硅藻土和66kg蒸馏水混合均匀后，放置过夜，再烘干至其能在挤条机中挤压成条状，置于清洁的搪瓷盘内，烘干。断成1 cm左右长度的条状物，贮于密封容器内备用。粉状物可留至下次挤条时再成型使用。

④脱氢工艺过程：在进料前先将汽化锅加热至180~190℃，待催化剂活化后，当脱氢反应管上中下内温都降至250℃时，开启高位槽至衡液位槽及衡液位槽通气至汽化锅的阀门，关闭进氢阀门，进行脱氢反应，约0.5h后，反应管的出口就有粗酚流出，起始含酚在85%（质量分数）左右，流量一般保持在3~4kg/h，流量大小是通过控制汽化锅的温度来达到的（汽化锅是经高位槽和衡液位槽连续加热流过来的新异脑。新异脑和异脑液体，在汽化锅内再加热成为蒸汽）。在连续反应中催化剂的活性会退减，含酚量会降低，因此在反应时每隔4h测含量一次，如含酚量降低，可将各段温度同时提高2~4℃来提高反应中粗酚的含量。如反应温度已升高至310~320℃，而含酚量低于70%（质量分数），则停止反应，将催化剂复活（再生）后再反应。

⑤结晶精制：从脱氢管道出来的粗麝香草酚，在5~10℃进行本体结晶，经离心分离后再加晶体质量4%~7%的95%的乙醇进行重结晶（乙醇用量视室温而定。室温>25℃用4%，室温<8℃用7%，室温8~25℃时用5%~6%），即可得熔点大于49℃的成品。

第三节 醚类香料

醚是水分子中的两个氢原子均被烃基取代的化合物，或者是醇分子中羟基上的氢原子被烃基取代的化合物。醚类香料约占香料总数的5%（质量分数），性质比较稳定，不会使加香产品变色，而且香气柔和、愉快。这些特性使得它们在香精中有着广泛的应用，尤其是在化妆品、皂用、洗涤剂等香精中。其中，二苯醚、茴香醚、香叶基乙基醚、松油基甲基醚、甲基柏木醚、丁香酚甲醚、环氧罗勒烯、玫瑰醚、降龙涎香醚等均是常用的香料化合物。

一、醚类香料概述

用一个烷基取代醇类化合物中的羟基或两个烷基取代水中的氢后得到的化合物一般统称为醚，其分子结构式如图7-96所示。

当上述化合物结构中的两个基团R、R′相同时，称为简单醚或对称醚。若两个基团R、R′不相同时，称为混合醚或不对称醚。而由氧和碳原子共同组成的环状结构的醚称为环醚。

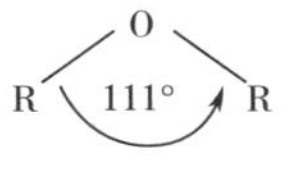

$$R-O-R \quad (\angle ROR = 111^\circ)$$

图7-96 醚分子结构式

根据醚类化合物的结构特点，一般可以分为两大类：直链醚、环状醚。其中环状醚又包括环氧化合物和冠醚等。醚类化合物中，人们最熟悉的直链醚为乙醚，常用于麻醉剂。环状醚最常用的为环氧乙烷，广泛地应用于化工、医药行业中。

与醇或酚不同，醚是一类相当不活泼的化合物（环状醚除外）。醚键对于碱、氧化剂和还原剂都非常稳定。醚在常温下和金属钠不起反应，可以用金属钠来干燥。由于醚键的存在，它又可以发生一些特有的反应。

1. 醚的氧化

大多醚类化合物如果常与空气接触或经常光照，会产生不易挥发的过氧化合物，其氧化的机制大致如图7-97所示。

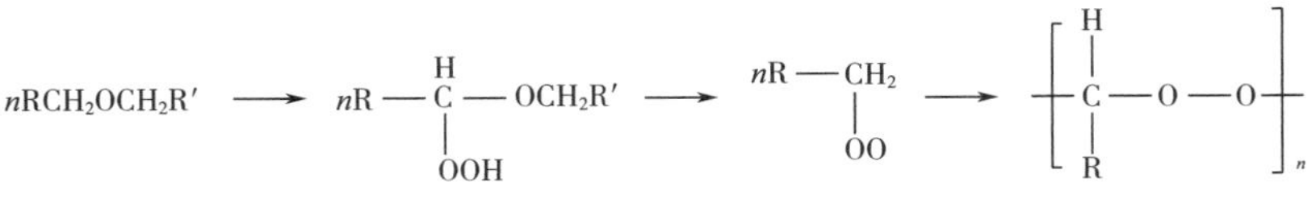

$$n\mathrm{RCH_2OCH_2R'} \longrightarrow n\mathrm{R-\underset{\underset{\displaystyle OOH}{|}}{\overset{\overset{\displaystyle H}{|}}{C}}-OCH_2R'} \longrightarrow n\mathrm{R-\underset{\underset{\displaystyle OO}{|}}{CH_2}} \longrightarrow \left[\mathrm{-\underset{\underset{\displaystyle R}{|}}{\overset{\overset{\displaystyle H}{|}}{C}}-O-O-}\right]_n$$

图7-97 醚的氧化反应

由于这些过氧化物是一种爆炸性极强的高聚物，当醚类溶剂中含过氧化物的浓度到达一定的极限时，就会发生强烈的爆炸，因此在处理存放时间较长的醚类溶剂时（如乙醚和四氢呋喃等），必须检测溶剂中的过氧化物的含量，通常加入等体积2%（质量分数）碘化钾乙酸溶液，被氧化后会游离出碘，使淀粉溶液变蓝色。一般可以加入微量的对苯二酚或新配制的硫酸亚铁溶液或其他氧化剂以阻止过氧化物的生成。由于醚的过氧化物不易挥发，受热极易爆炸，故通常在蒸馏醚时不应蒸干以免发生爆炸事故。

2. 成盐反应

从醚类化合物的结构中可以发现，氧原子具有很强的电负性，并且有孤对电子，因此醚类化合物有很强的给电子性，是一种路易斯碱，可以与受电子性的路易斯酸络合或直接和无机酸成盐（图 7-98）。

$$R—O—R + H_2SO_4 \longrightarrow R_2—\overset{+}{O}H + HSO_4^-$$

$$R—O—R + HCl \longrightarrow R_2—\overset{+}{O}H + Cl^-$$

$$R—O—R + BF_3 \longrightarrow R_2—\overset{+}{O}H—BF_3$$

图 7-98 醚类化合物的成盐反应

醚生成的盐只能在低温下存在于浓酸中，用水小心稀释可分离出原来的醚，因此可用以分离醚与卤代烃或烷烃等混合物。

3. 醚键的断裂

盐的生成使醚的碳氧键易于断裂，如醚类化合物对氢碘酸和氢溴酸不稳定，会发生碳氧键的断裂。生成的醇继续与氢碘酸作用生成碘代烷（图 7-99）。该反应的大致历程是：醚与氢碘酸先形成盐，然后根据烷基的性质不同而发生 S_N2 或 S_N1 反应，通常情况下一级或二级烷基发生 S_N2 反应，而三级烷基发生 S_N1 反应。二芳醚由于碳氧键牢固，难以断裂。脂肪芳香醚则生成酚与卤代烷。醚与氢溴酸的反应历程和与氢碘酸反应基本一致。

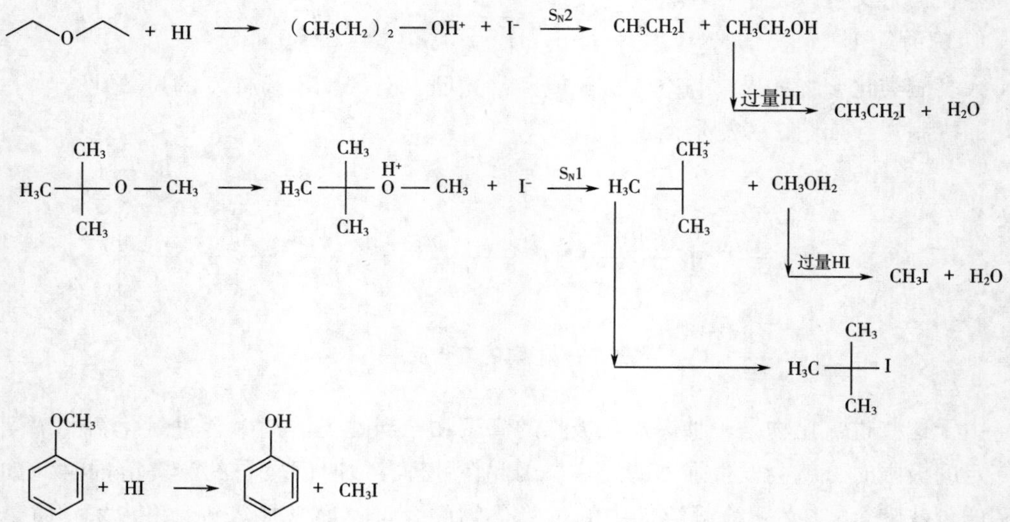

$$CH_3CH_2OCH_2CH_3 + HI \longrightarrow (CH_3CH_2)_2—OH^+ + I^- \xrightarrow{S_N2} CH_3CH_2I + CH_3CH_2OH$$

$$CH_3CH_2OH \xrightarrow{过量HI} CH_3CH_2I + H_2O$$

$$(CH_3)_3C—O—CH_3 \longrightarrow (CH_3)_3C—\overset{H^+}{O}—CH_3 + I^- \xrightarrow{S_N1} (CH_3)_2\overset{+}{C}CH_3 + CH_3OH_2$$

$$CH_3OH_2 \xrightarrow{过量HI} CH_3I + H_2O$$

$$(CH_3)_2\overset{+}{C}CH_3 \longrightarrow (CH_3)_3C—I$$

$$C_6H_5OCH_3 + HI \longrightarrow C_6H_5OH + CH_3I$$

图 7-99 醚键的断裂

对于混合醚，碳氧键的断裂顺序一般为：三级烷基>二级烷基>一级烷基>芳基。从上述的顺序中发现，芳基上的碳氧键是最难断裂的，这是由于芳醚中氧上的孤对电子和苯环形成一个大的共轭体系，从而强化了碳氧键。据此原理，蔡瑟尔（Zeisel S.）等发现可以定量测定许多天然有机化合物中甲氧基的含量，通常的做法是，将待测定的有机物和过量的氢碘酸共同加热，把生成的碘甲烷蒸到含有硝酸银的乙醇溶液中，就产生碘化银沉淀，计算沉淀的量就能推算出原来有机物中甲氧基的含量（图 7-100）。

$$R(OCH_3)_x + xHI \xrightarrow{\triangle} R(OH)_x + xCH_3I \xrightarrow{AgNO_3} xAgI\downarrow$$

图 7-100 甲氧基含量的测定反应

4. 环氧开环反应

一般的醚类化合物在碱性和中性条件下是比较稳定的，常常可以用来作为溶剂。但是环氧化合物的性质非常活泼，极易发生开环反应。从环氧化合物的结构中可以发现，由氧和两个碳原子构成的三元环中，三个原子之间的轨道不能正面充分重叠，而是以弯曲键相互连接，导致环的张力很大而容易开环。例如，环氧乙烷不仅可以在酸性条件下反应，还可以和各种碱以及许多亲核试剂发生开环反应，从而合成多种有机物（图 7-101）。

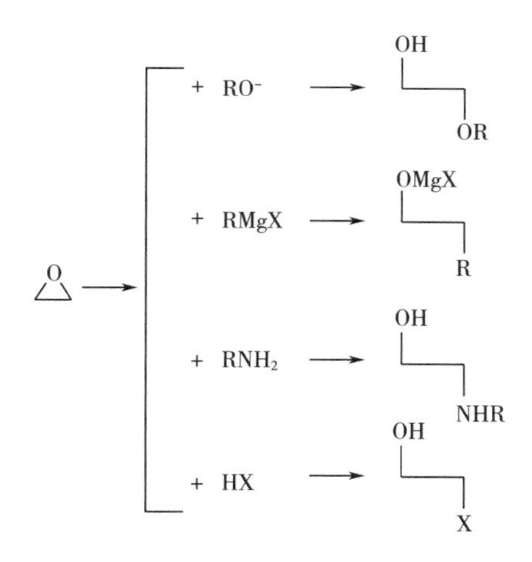

图 7-101 环氧乙烷开环反应

因此，环氧化合物在工业上是一类非常有用的原料。例如，环氧乙烷的开环反应就是工业上一种生产苯乙醇的工艺路线（图 7-102）。

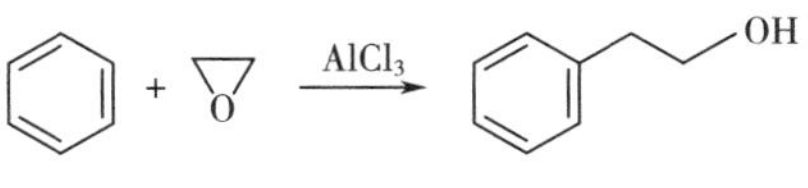

$$\xrightarrow{AlCl_3}$$

图 7-102 环氧开环反应生产苯乙醇

二、醚类香料

（一）直链烷烃醚类香料

1. 香叶基乙基醚

结构式见图 7-103。

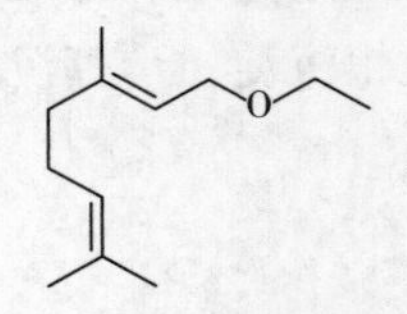

图 7-103 香叶基乙基醚结构式

香叶基乙基醚为无色液体，具有玫瑰花香和香叶香气，并带有水果香韵。几乎不溶于水，溶于乙醇等有机溶剂。沸点 115～116℃/2. 5kPa，相对密度（d_4^{20}）0. 829～0. 837，折射率（n_D^{20}）1. 4530～1. 4580。香叶基乙基醚有反式和顺式两种异构体，反式体即为香叶基乙基醚，顺式体则为橙花基乙基醚。香叶基乙基醚主要用于日化香精中。

2. 香茅基乙基醚

结构式见图 7-104。

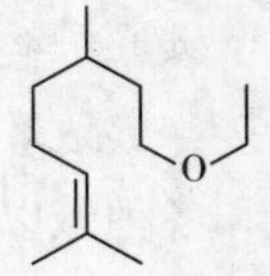

图 7-104 香茅基乙基醚结构式

香茅基乙基醚为无色液体，具有清新的花香香气，并带有玫瑰、柑橘、青香香韵。几乎不溶于水，溶于乙醚等有机溶剂。相对密度（d_4^{20}）0. 809～0. 820，折射率（n_D^{20}）1. 4351～1. 4453。香茅基乙基醚可用于日化香精中。

（二）芳香烃醚类香料

1. 茴香醚

结构式见图 7-105。

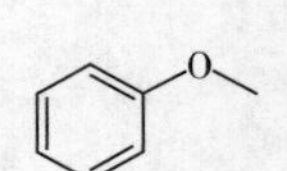

图 7-105 茴香醚结构式

茴香醚又称苯甲醚、大茴香醚。无色液体，具有甜的茴香香气。不溶于水，溶于乙醚、乙醇等有机溶剂。熔点 37～38℃，沸点 154～155℃，相对密度（d_{20}^{20}）0. 998～1. 001，折射率（n_D^{20}）1. 5160～1. 5180。微量存在于龙蒿油中。茴香醚主要用于香皂、洗涤剂等日化香精中。也可用于香草、茴香、菜根汽水等食用香精中。

2. 茴香脑

结构式见图 7-106。

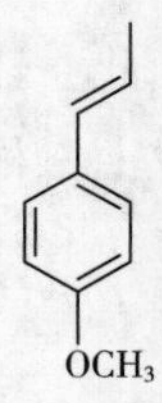

图 7-106 茴香脑结构式

茴香脑又称大茴香脑、丙烯基茴香醚。反式茴香脑为白色结晶固体，顺式茴香脑为无色液体，具有独特的甜润的茴香和辛香香气。不溶于水，溶于乙醇、乙醚、氯仿等有机溶剂。反式茴香脑，熔点 21～23℃，沸点 235～237℃、81～81. 5℃/300Pa，相对密度（d_4^{25}）0. 983～0. 987，折射率（n_D^{25}）1. 5580～1. 5612，闪点 92℃。顺式茴香脑，凝固点-22. 5℃，沸点 79～79. 5℃/300Pa。存在于茴香油（质量分数为 80%左右）、小茴香油（质量分数为 65%左右）、八角茴香油、玉兰叶油、罗勒油、胡椒叶油等精油中，其中反式体占大多数。反式茴香脑少量用于配制皂类、洗涤剂、牙膏、口腔清洁剂等香精中，同时是一种重要的食用香精，可用于茴香、小茴香、樱桃、薄荷等食用香精中。

（三）环醚类香料

1. 橙花醚

结构式见图 7-107。

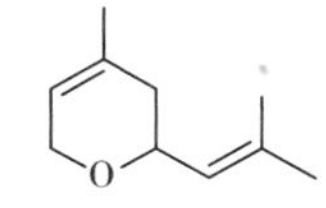

图 7-107 橙花醚结构式

橙花醚又称 4-甲基-2-（2-甲基-1-丙烯基）-3,6-2H-吡喃。无色至淡黄色液体，具有强烈的橙花香气和香叶型的青香香气，稀释后有玫瑰和香叶香韵。不溶于水，溶于乙醚等有机溶剂。沸点 68～72℃/0.9kPa，相对密度（d_{20}^{20}）0.902～0.908，折射率（n_D^{20}）1.4732～1.4741。通常橙花醚有 *S* 构型和 *R* 构型两种手性异构体，且这两种异构体香气有一定的差别。*S* 构型的异构体有强烈的橙花香气和香叶型香气，而 *R* 构型的异构体有较细腻、单纯的花香型香气。存在于玫瑰油、香叶油、圆柚汁、白葡萄酒、香橙皮油中。橙花醚用于制备玫瑰型和香叶型香水香精、化妆品香精。可用于调配药草、蔬菜（如黄瓜）、热带水果、茶叶等食用香精。

2. 玫瑰醚

结构式见图 7-108。

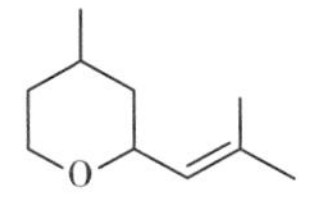

图 7-108 玫瑰醚结构式

玫瑰醚又称氧化玫瑰、2-（2-甲基-1-丙烯基）-4-甲基四氢吡喃。无色至淡黄色液体，具有透发性清新、清甜的花香香气，稀释后有玫瑰和新鲜的香叶香韵。几乎不溶于水，溶于乙醇等有机溶剂。沸点 182℃，相对密度（d_{20}^{20}）0.869～0.878，折射率（n_D^{20}）1.4328～1.4570，闪点 66℃。通常玫瑰醚为混合物，既有顺反异构体，又有左旋和右旋异构体。顺反两种异构体香气有一定的差别，顺式体香气较细腻而偏甜，反式体则偏青香香气。其左旋体香气较甜润，并具强烈青香，右旋体则略带辛香香气。合成产品一般是两种异构体的混合物。存在于保加利亚玫瑰油和留尼汪香叶油中。玫瑰醚为一种名贵的香料，是玫瑰、香叶型香皂、化妆品香精主香剂，广泛应用于调配玫瑰型、香叶型香水香精与化妆品香精，使用于高级香水和高档化妆品的加香。可用于玫瑰、香叶、欧芹、圆叶当归、药草等食用香精中。

三、醚类香料的制备方法

（一）威廉姆森合成法

该反应是用醇钠和卤代烷在无水条件下，醇钠取代卤代烷中卤素原子而生成醚的亲核取代反应。在该反应中，卤代烷烃可以用磺酸酯和硫酸酯代替。利用该反应既可以制得对称醚，也可以制得不对称醚，反应的通式如图 7-109 所示。

上述反应是一个 S_N2 反应，通常情况下，在选用反应试剂时都利用空间位阻相对较

RONa + R′X ⟶ ROR′ + NaX

图 7-109 威廉姆森合成法制醚

大的醇钠和空间位阻相对较小的卤代烷烃进行反应，这样才能尽可能多地得到醚。反之，如果选用多取代的卤代烃进行反应，就容易发生 E2 消去反应而得到烯烃。因此，在选择该方法合成醚类化合物时，最好能选用一级卤代烷烃。例如，合成乙基香茅基醚时，选用氯乙烷（图 7-110）。

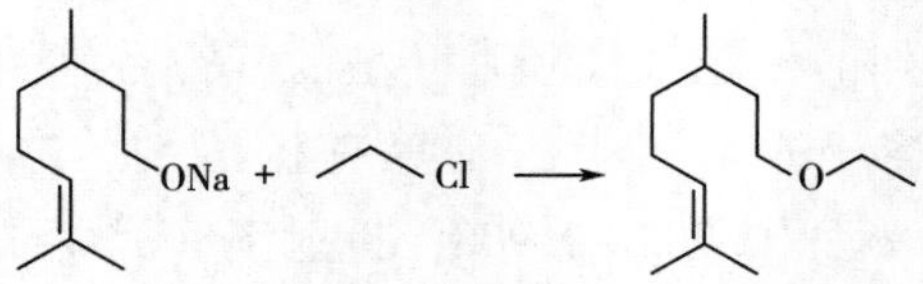

ONa + Cl ⟶ O

图 7-110 威廉姆森合成法制备乙基香茅基醚

另外，在利用该方法合成芳香醚时，必须选用卤代烷烃和酚钠盐进行反应，而不能选用卤代芳香烃和醇钠进行反应。如乙基苯基醚的合成（图 7-111）。

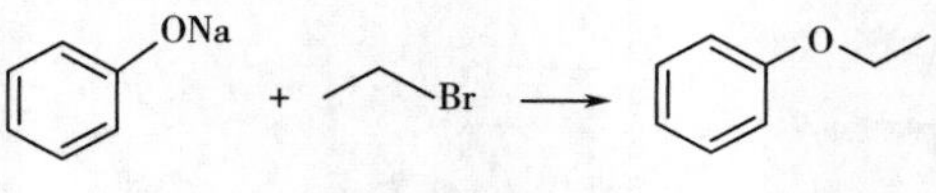

ONa + Br ⟶ O

图 7-111 乙基苯基醚的合成

在该方法中，可以用硫酸酯代替卤代烷烃进行反应，如甲基柏木醚的合成（图 7-112）。

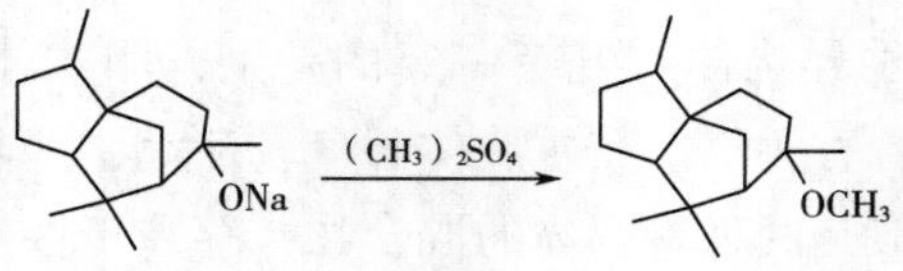

ONa —$(CH_3)_2SO_4$→ OCH_3

图 7-112 甲基柏木醚的合成

环氧化合物也可以利用威廉姆森合成法来制备，即在一个分子内相邻的两个碳原子上存在卤素原子和烷氧负离子，且这两个基团在空间位置上处于反式，即可发生 S_N2 反应而得到环氧化合物。如环氧环己烷的制备（图 7-113）。

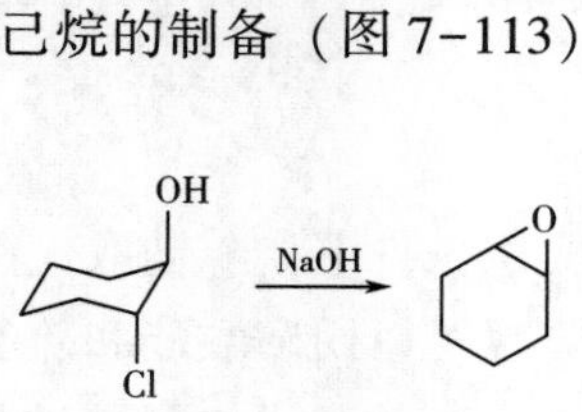

OH Cl —NaOH→ O

图 7-113 环氧环己烷的制备

冠醚也可以通过威廉姆森合成法来制备，如18-冠-6的制备（图7-114）。

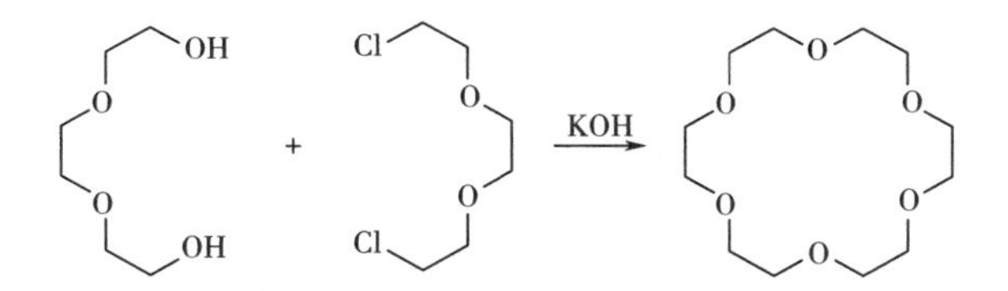

图7-114 威廉姆森合成法制备18-冠-6

（二）利用醇分子间脱水来制备醚

在酸的催化作用下，醇分子间脱水可以得到醚，这是制备对称醚的主要方法，其反应的通式如图7-115所示。

$$2ROH \longrightarrow ROR + H_2O$$

图7-115 醇分子间脱水制备醚

参与催化作用的酸可以是硫酸、磷酸等无机酸，也可以是对甲苯磺酸等有机酸，还可以是三氯化铝、三氟化硼等路易斯酸。例如，工业上制备乙醚就是用三氯化铝作为催化剂在300℃下乙醇脱水而得到（图7-116）。

$$2CH_3CH_2OH \xrightarrow[300℃]{AlCl_3} CH_3CH_2OCH_2CH_3$$

图7-116 工业制备乙醚

通常情况下，一级醇的分子间脱水是按照S_N2反应机制来进行的。首先，一分子醇的羟基在酸的作用下质子化成盐后，再与另一分子的醇接着反应形成二烷基鎓盐，最后再失去质子得到醚。反应的大致历程如图7-117所示。

$$RCH_2OH \underset{}{\overset{H^+}{\rightleftharpoons}} RCH_2\overset{+}{O}H_2 \underset{-H_2O}{\overset{RCH_2OH}{\rightleftharpoons}} (RCH_2)_2\overset{+}{O}H \overset{-H^+}{\rightleftharpoons} (RCH_2)_2O$$

图7-117 一级醇的分子间脱水

二级醇的分子间脱水反应机制和一级醇不同，二级醇的分子间脱水是按照S_N1反应机制来进行的。首先，一分子醇的羟基在酸的作用下质子化成盐后直接失水，形成相对稳定的碳正离子，然后再与一分子的醇迅速结合成盐，最后失去质子得到醚，大致的反应历程如图7-118所示。

上述的反应历程中，中间产物碳正离子也可能会发生E1消去反应而产生烯烃，因此二级醇在发生分子间的脱水时常常会伴随着烯烃的产生。

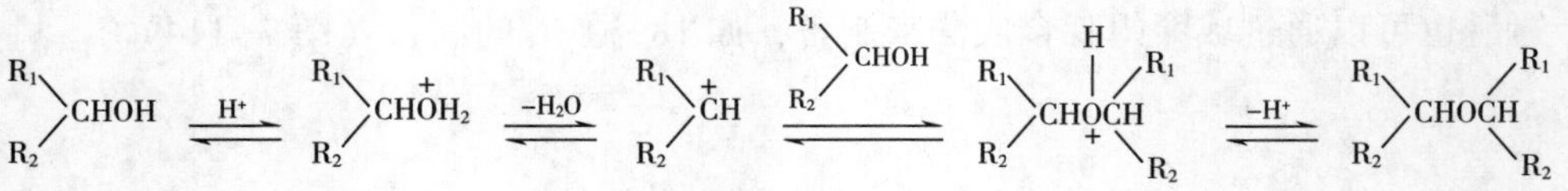

$$\underset{R_2}{\overset{R_1}{>}}CHOH \underset{}{\overset{H^+}{\rightleftharpoons}} \underset{R_2}{\overset{R_1}{>}}CH\overset{+}{O}H_2 \underset{}{\overset{-H_2O}{\rightleftharpoons}} \underset{R_2}{\overset{R_1}{>}}\overset{+}{C}H \xrightleftharpoons{R_1R_2CHOH} R_1R_2CH\overset{+}{O}(H)CHR_1R_2 \underset{}{\overset{-H^+}{\rightleftharpoons}} R_1R_2CHOCHR_1R_2$$

图 7-118　二级醇的分子间脱水

三级醇的分子间脱水很难发生，这是由于中间产生的碳正离子大部分都发生消去反应而产生烯烃。两种不同的一级醇、不同的二级醇或一级醇与二级醇的混合物在酸作用下，生成的是醚的混合物。三级醇可以和一级醇发生分子间脱水而产生混合醚，例如，叔丁基甲基醚的制备可以通过叔丁醇和甲醇之间的脱水而产生（图 7-119）。

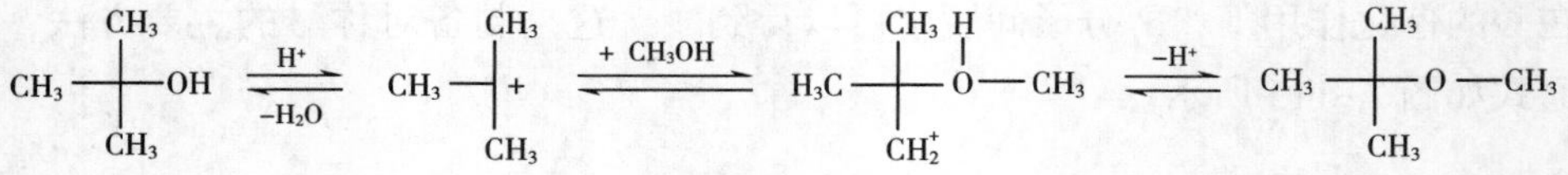

$$(CH_3)_3C-OH \underset{-H_2O}{\overset{H^+}{\rightleftharpoons}} (CH_3)_3C^+ \overset{+CH_3OH}{\rightleftharpoons} H_3C-C(CH_3)(CH_2^+)-O(H)-CH_3 \overset{-H^+}{\rightleftharpoons} (CH_3)_3C-O-CH_3$$

图 7-119　叔丁基甲基醚的制备

（三）烯烃的烷氧汞化（脱汞法）

烯烃的烷氧汞化反应相当于醇和烯烃的加成反应制备醚。在汞盐（三氟乙酸汞）的催化作用下，醇和烯烃发生加成反应得到有机汞盐中间体，该加成反应遵循马氏加成规则，汞盐再还原脱汞得到醚。用这种方法制备醚类化合物时，不会得到消除反应的产物，有时比威廉姆森合成法更加实用。反应的通式如图 7-120 所示。

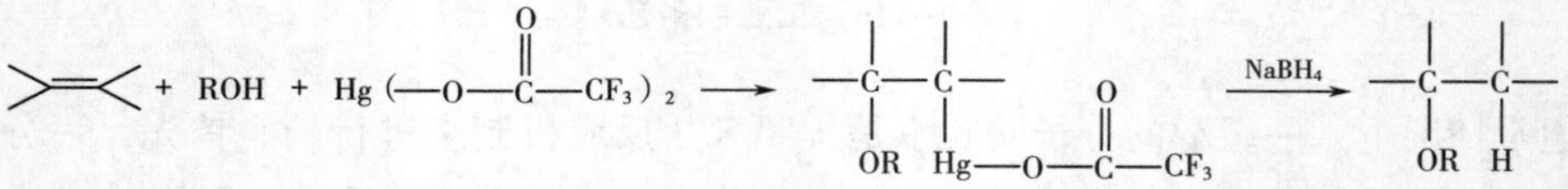

$$>C=C< + ROH + Hg(-O-\overset{O}{\overset{\|}{C}}-CF_3)_2 \longrightarrow -\underset{OR}{\underset{|}{C}}-\underset{Hg-O-\overset{O}{\overset{\|}{C}}-CF_3}{\underset{|}{C}}- \xrightarrow{NaBH_4} -\underset{OR}{\underset{|}{C}}-\underset{H}{\underset{|}{C}}-$$

图 7-120　烯烃的烷氧汞化反应制备醚

（四）乙烯基烷基醚类化合物的合成

乙烯基烷基醚类化合物由于结构比较特殊，通常情况下不存在乙烯醇这种化合物，难以用醇分子间脱水法和威廉姆森合成法来制备，因为乙烯基卤代物很难与醇钠发生亲核加成反应，所以这种醚类的制备必须通过特殊的合成方法。一般情况下，这一类化合物多采用炔烃和醇在一定的压力和温度下发生亲核加成反应而得到。反应的通式如图 7-121 所示。

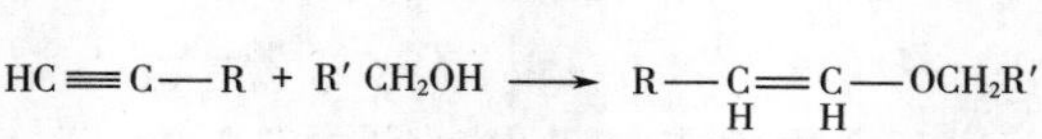

$$HC\equiv C-R + R'CH_2OH \longrightarrow R-\underset{H}{C}=\underset{H}{C}-OCH_2R'$$

图 7-121　乙烯基烷基醚类化合物的合成

例如，甲基乙烯基醚的合成就是采用乙炔和甲醇进行反应而得到的（图 7-122）。

$$HC\equiv CH + CH_3OH \xrightarrow[160\sim165℃,\ 2\sim2.5MPa]{KOH} CH_2=CH-OCH_3$$

图 7-122 甲基乙烯基醚的合成

（五）环氧化合物的制备

环氧化合物的制备可以利用威廉姆森合成法得到，但常用的合成方法是烯烃在过氧化物的作用下，直接过氧化就可以得到环氧化合物。通常用到的过氧化试剂有双氧水、过氧乙酸、过氧间氯苯甲酸等。如环氧石竹烯的合成（图 7-123）。

CH_3COOOH

图 7-123 环氧石竹烯的合成

（六）利用相转移催化剂制取醚类香料

相转移催化剂在合成中具有重要的作用，醇或酸的 O—烃基化，用相转移催化反应可获得较高回收率的醚（图 7-124）。它比通常的必须使用醇钠的 Williamson 醚合成反应更为方便，在氢氧化钠存在下即可反应。

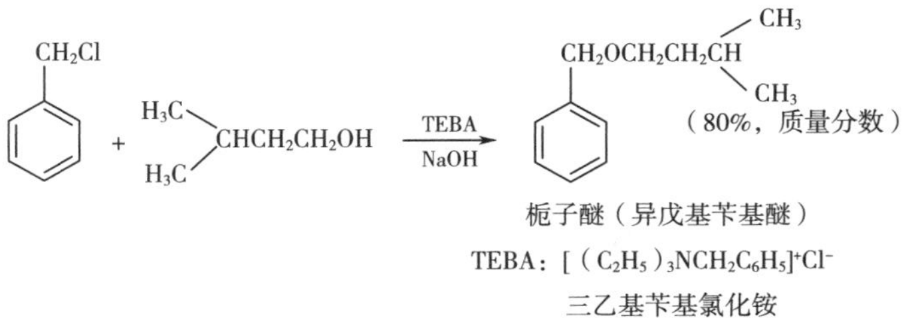

$$C_6H_5CH_2Cl + (H_3C)_2CHCH_2CH_2OH \xrightarrow[NaOH]{TEBA} C_6H_5CH_2OCH_2CH_2CH(CH_3)_2$$

（80%，质量分数）

栀子醚（异戊基苄基醚）

TEBA：$[(C_2H_5)_3NCH_2C_6H_5]^+Cl^-$

三乙基苄基氯化铵

图 7-124 利用相转移催化剂制取醚类香料

四、醚类香料生产实例

（一）二苯醚生产实例

1. 由氯苯和苯酚钾或钠盐在铜盐催化下偶联制得

反应式见图 7-125。

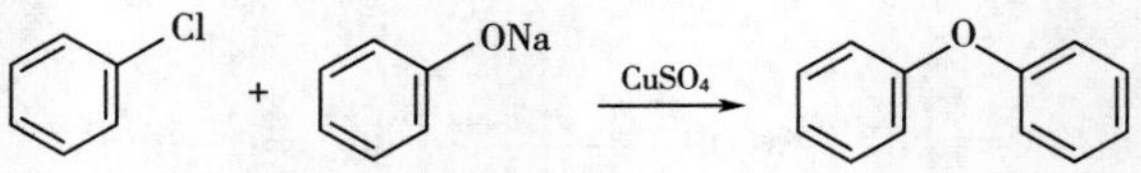

Cl + ONa $\xrightarrow{CuSO_4}$ O

图 7-125 二苯醚的制备（一）

2. 由苯酚脱水反应制得

反应式见图 7-126。

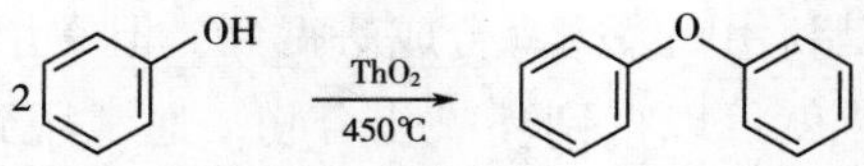

2 OH $\xrightarrow[450℃]{ThO_2}$ O

图 7-126 二苯醚的制备（二）

3. 工艺流程

工艺流程见图 7-127。

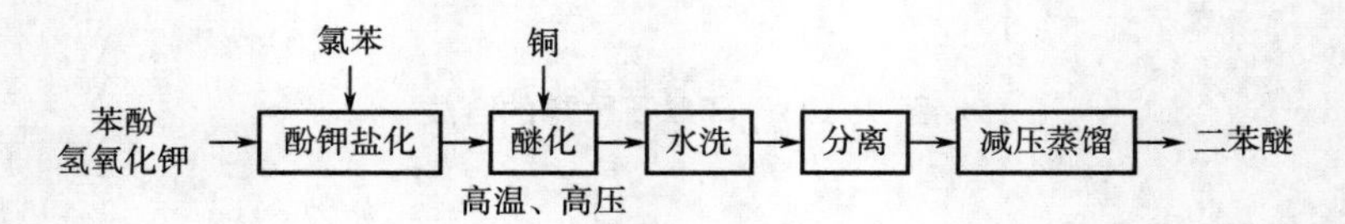

图 7-127 二苯醚生产的工艺流程

（二）苯甲醚生产实例

1. 由苯酚和硫酸二甲酯经甲基化反应而制得

反应式见图 7-128。

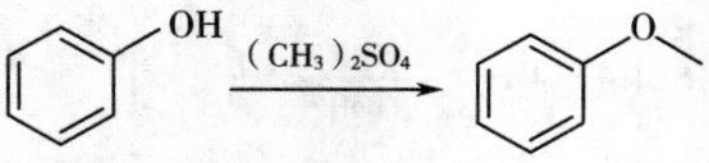

OH $\xrightarrow{(CH_3)_2SO_4}$ O

图 7-128 苯甲醚的制备

2. 工艺流程

工艺流程见图 7-129。

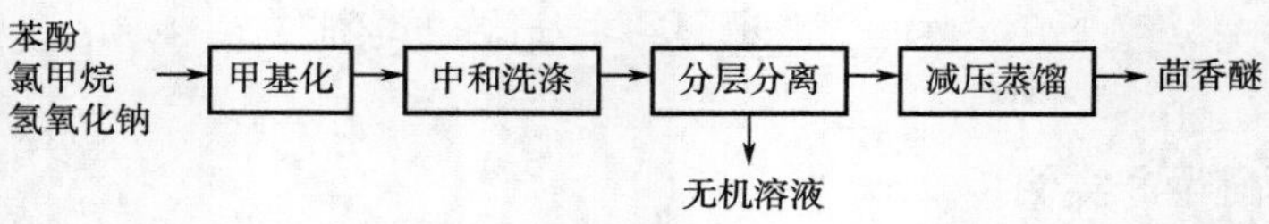

苯酚
氯甲烷
氢氧化钠 → 甲基化 → 中和洗涤 → 分层分离 → 减压蒸馏 → 茴香醚

无机溶液

图 7-129 苯甲醚生产的工艺流程

苯甲醚的工业生产主要以硫酸二甲酯和苯酚钠为原料，在搅拌釜中通过多步反应获得。该过程生产效率低、原料单耗高，同时存在硫酸二甲酯泄漏的安全隐患。王凯等用微分散混合器和含有微小填料的静态混合器组合而成的微反应装置，以苯酚、氢氧化钠和硫酸二甲酯为反应原料，实施苯酚钠的形成和苯酚甲基化反应的耦合，实现反应过程的连续化和过程强化（图 7-130）。

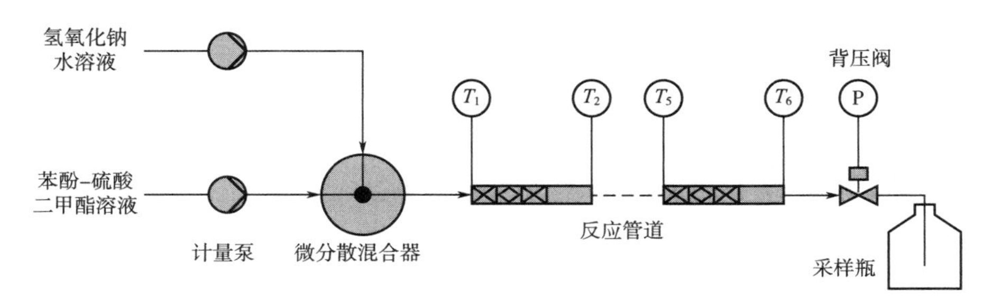

图 7-130　一步法连续合成苯甲醚

在反应管道上距离微分散混合器 0.5m 处开始，每隔 1m 设置 1 个管壁测温点，分别标记为 T_1~ T_6，记录不同反应停留时间的温度变化。反应管道出口设置背压阀，调节压力为 0.6MPa，以防止反应过程中产生的甲醇在较高温度下汽化造成物料停留时间波动。

具体流程为：①将苯酚溶解于硫酸二甲酯配制成连续相混合溶液，苯酚质量分数为 38.3%~42.7%，对应的苯酚与硫酸二甲酯的摩尔比为（1∶1）~（1∶2）；②配制质量分数为 20%~40%的氢氧化钠溶液；③通过平流泵将反应物料按照一定的流量送入微反应系统，在微分散混合器内，氢氧化钠溶液经微筛孔在错流剪切作用下破碎成微小液滴，分散于苯酚硫酸二甲酯混合溶液中，形成反应混合物，通过相间传质发生反应；④通过装有淬灭剂的接收瓶在背压阀出口收集产物溶液，用于取样分析。在反应器内苯酚与氢氧化钠作用生成苯酚钠，后者与硫酸二甲酯反应得到目标产物苯甲醚，该过程同时伴有硫酸二甲酯在碱性环境下的水解副反应。

（三）β-萘甲（乙）醚香料生产实例

萘甲醚结构式见图 7-131。

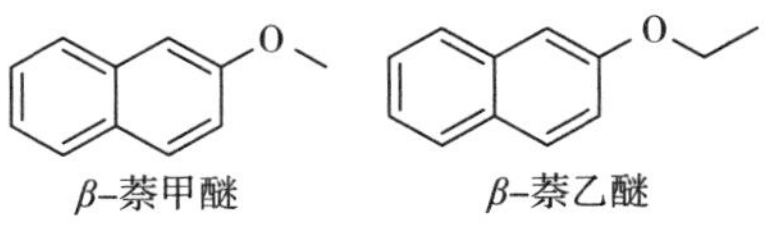

β-萘甲醚　　β-萘乙醚

图 7-131　萘甲醚结构式

1. 反应式

(1) 主反应（图 7-132）

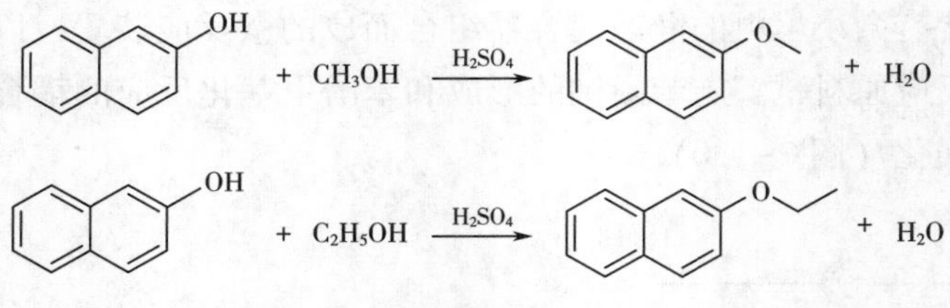

$$\beta\text{-萘酚} + CH_3OH \xrightarrow{H_2SO_4} \text{萘甲醚} + H_2O$$

$$\beta\text{-萘酚} + C_2H_5OH \xrightarrow{H_2SO_4} \text{萘乙醚} + H_2O$$

图 7-132 萘甲醚反应式（主反应）

(2) 副反应（图 7-133）

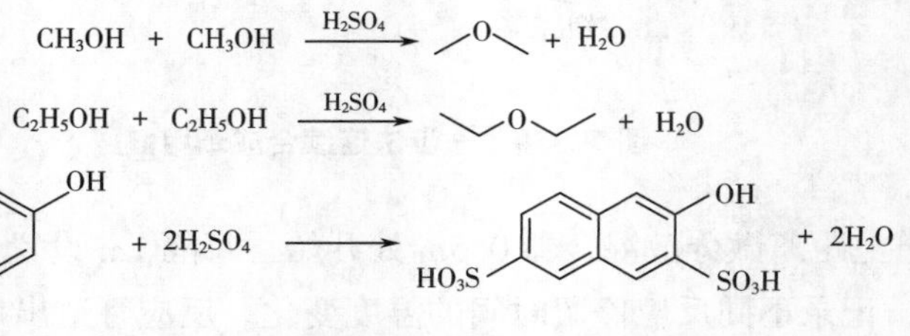

$$CH_3OH + CH_3OH \xrightarrow{H_2SO_4} CH_3OCH_3 + H_2O$$

$$C_2H_5OH + C_2H_5OH \xrightarrow{H_2SO_4} C_2H_5OC_2H_5 + H_2O$$

$$\beta\text{-萘酚} + 2H_2SO_4 \longrightarrow \text{(OH, } SO_3H\text{, } HO_3S\text{ 取代萘)} + 2H_2O$$

图 7-133 萘甲醚反应式（副反应）

(3) β-萘酚回收（图 7-134）

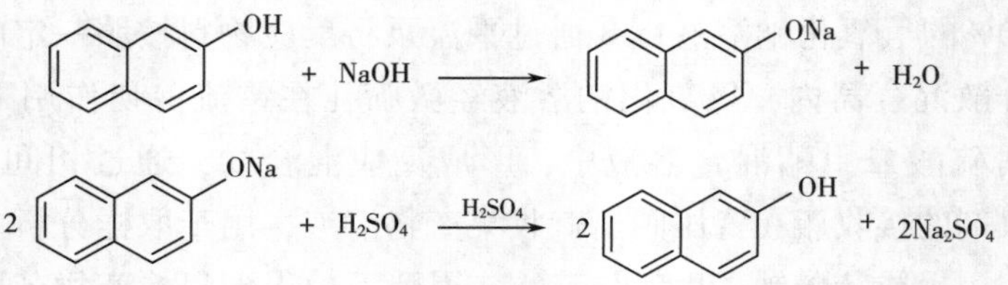

$$\beta\text{-萘酚(OH)} + NaOH \longrightarrow \beta\text{-萘酚钠(ONa)} + H_2O$$

$$2\ \beta\text{-萘酚钠(ONa)} + H_2SO_4 \xrightarrow{H_2SO_4} 2\ \beta\text{-萘酚(OH)} + 2Na_2SO_4$$

图 7-134 β-萘酚回收

2. 工艺过程

(1) 醚化反应　在直径 2m、高 3m 的回流塔（可作回流及回收溶剂用）耐酸搪瓷醚化锅内加入甲（乙）醇（300±1）kg、乙萘酚（300±1）kg 后，密闭加料口，开搅拌，在管道畅通的情况下缓慢加入硫酸，控制在 30～40min 内均匀加入完毕；然后加热至反应物保持适度流，控制内温在 80～85℃正常回流 7h。回流结束，开回收阀，关回流阀，回收溶剂，当溶到回收达 100kg 时，锅内加水 150kg 后继续回收溶剂，至回收液略有白色结晶出现为止，总回收时间为 6～7h。回收结束，停止加热，关搅拌，静置 30min。放出下层酸水，除留出部分酸水作回收乙萘酚用外，其余放入废酸池集中处理。

回收甲醇累积一定数量后集中处理。回收的甲（乙）醇达到含量标准的均可作醚化反应原料使用。

(2) 碱洗　碱洗共 3 次。在碱洗锅内加入液碱（80±3）kg、水（80±3）kg，再加入醚化反应物（3555±5）kg，搅拌加热至内温达 80~90℃。注意：加热前碱洗锅必须开透气阀门，继续搅拌 1h，静置 1h，放出下层碱水。

在第 1 次碱洗后，放出的碱水中，加入醚化反应结束时回收的酸液，静置后放出的下层酸水，中和至 pH=1，即可回收析出 β-萘酚。干燥处理后可作醚化反应投料用。

在碱洗锅中再加入液碱 80kg 和水 80kg，同上再操作两次。将第 2 次碱洗放出的碱水舍弃（放入废水池中），第 3 次碱洗放出的碱水作下一料的第 1 次碱用。

3 次碱洗后的粗 β-萘甲（乙）醚，处理后可投入下道蒸馏工序。

（3）蒸馏　300L 铁制蒸馏锅，0.5m 高空塔，24kV · A 电加热。

把已用加热法熔融的 150~200kg β-萘甲（乙）醚加入蒸馏锅内，以后每蒸出约 100kg 成品，再补加相当蒸出量的粗 β-萘甲（乙）醚，保持蒸馏锅内液面维持蒸馏锅容量 2/3 处，如此连续蒸馏直至一料蒸完（约 20h），若遇色泽较深时需放出脚料。

加料后，继续减压保持真空度 3330Pa 以下，逐渐加热至外油温达 210~220℃，内温达 170~175℃。

β-萘甲醚沸点：274℃ /0.1MPa，145~148℃ /2.1kPa；

β-萘乙醚沸点：282℃ /0.1MPa，132℃ /0.7kPa。

（4）结晶　在搅拌结晶锅内加入乙醇（210±3）kg，并预热至 55~60℃，同时加入已预热至 75~80℃、呈液态的 β-萘甲醚 [β-萘乙醚预热至 40~45℃，（210±3）kg] 投料后使内温在 70~75℃（β-萘乙醚使内温在 40~45℃），开始搅拌，于室温自然冷却搅拌 6h 后再开冷却水搅拌 0.5h，使内温达室温。结晶过程中若锅壁粘有结晶，要经常铲清，操作中应注意安全。

结晶结束，用离心机分离出结晶，干燥和过筛后即为成品。

重点与难点

（1）醇、酚、醚类香料的理化性质；

（2）醇、酚、醚类香料的制备方法；

（3）如何实现醇、酚、醚类香料的工业化生产。

思考题

1. 常见的醇类香料有哪些？
2. 醇类香料制备工艺有什么特点？
3. 酚类香料制备应注意哪些事项？
4. 醚类化合物的制备有哪些方法？

第八章

醛、酮类香料制备工艺

课程思政点

【本章简介】

本章主要介绍了醛、酮、缩羰基类香料的概念、结构特点及分类方法；醛、酮、缩羰基类香料的种类、性质、香味特征及制备方法；代表性醛、酮、缩羰基类香料化合物的制备工艺及工艺流程。

第一节　醛类香料及其制备方法

一、醛类香料概述

醛类分子的结构特点是含有醛基（$-\overset{O}{\overset{\|}{C}}-H$）（甲醛除外），是羰基（—CO—）和一个氢原子连接而成的基团。其碳原子为 sp^2 杂化状态，平面中心通过一个双键连接氧原子，另外一个单键连接氢原子。醛分子的通式为 R—CHO，其中 R—可以不是烃基，但是与—CHO 中的碳原子直接相连的 R—中的原子不能是氧原子。

按照烃基结构的不同，醛可分为脂肪醛、脂环醛、芳香醛和萜烯醛。按照官能团的不同，醛可以分为一元醛、二元醛及多元醛。按照分子中烃基饱和程度，醛还可以分为饱和醛和不饱和醛。如图 8-1 所示。

醛的沸点比相应的烷烃和醚都高。但醛基的氧能与水分子形成氢键，故低级醛都溶于水，随着相对分子质量的增加，在水中的溶解度减小。

醛、酮的性质主要决定于羰基。羰基是极性不饱和基团，可以发生加成、氧化、还

CH₃CH₂CHO
丙醛
（一元饱和脂肪醛）
CH₃CH ═ CH—CHO
2-丁烯醛
（一元不饱和脂肪醛）
OHCCH₂CHO
丙二醛
（二元饱和脂肪醛）
CHO
环己基甲醛
（脂环族醛）
CHO
苯甲醛
（芳香族醛）
O
柠檬醛
（不饱和脂肪族醛）

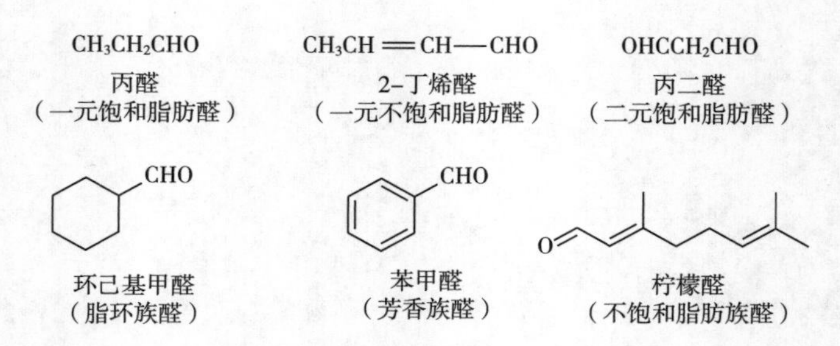

图 8-1　醛类香料结构式

原、缩合等反应。

1. 亲核加成反应

当羰基进行加成反应时，带部分正电荷的羰基碳原子最容易受到亲核试剂的进攻，然后使试剂带正电荷部分加到羰基氧原子上。亲核试剂的种类很多，它们通常是含碳、氮、硫、氧的一些试剂。其加成反应如图 8-2 所示。

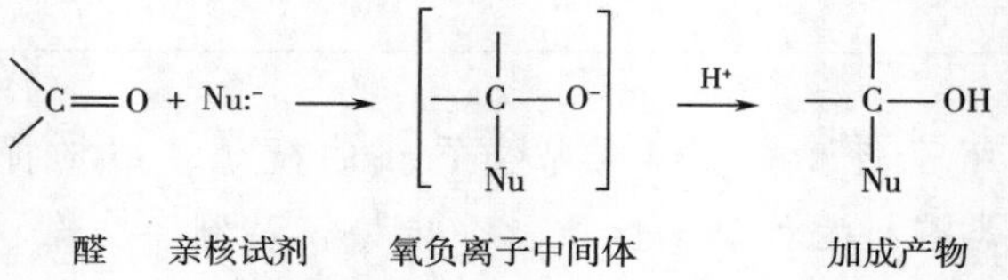

C═O + Nu:⁻
C—O⁻
Nu
H⁺
C—OH
Nu
醛
亲核试剂
氧负离子中间体
加成产物

图 8-2　羰基的亲核加成反应

（1）与氢氰酸的加成反应　醛类化合物能与氢氰酸发生加成生成 α-羟基腈，α-羟基腈在酸性条件下可与水作用，通过水解得到 α-羟基酸（图 8-3）。

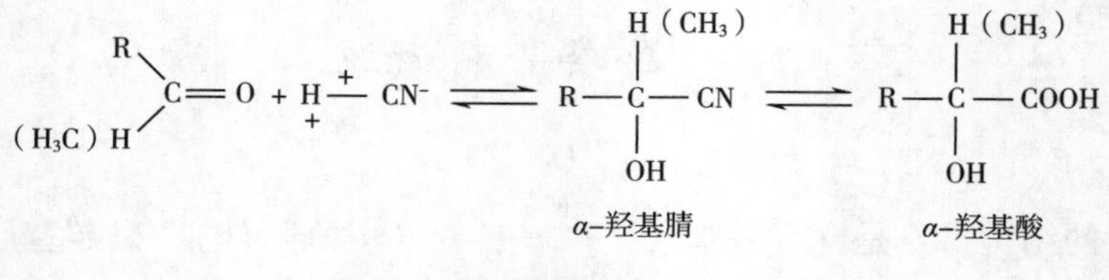

R
C═O + H—CN⁻
（H₃C）H
H（CH₃）
R—C—CN
OH
H（CH₃）
R—C—COOH
OH
α-羟基腈
α-羟基酸

图 8-3　羰基与氢氰酸的加成

反应时，如果有碱的催化，反应速度增大，且产率增加。如果反应体系中加入酸，则反应速率减小，加入大量的酸，放置很长时间也不起反应。这是由于碱可以增加氰根离子的浓度，酸则会抑制。

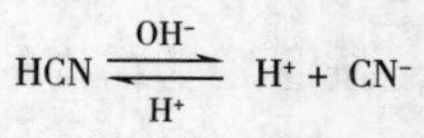

HCN
OH⁻
H⁺
H⁺ + CN⁻

图 8-4　氢氰酸的可逆反应

羰基与氢氰酸的加成反应在有机合成上很有用，是增长碳链的方法之一。虽然可以直接用氢氰酸作反应试剂，但是它极易挥发，且毒性很大，所以操作要特别小心，需要在通风橱内进行。为了避免直接使用氢氰酸，常将醛与氰化钾或氰化钠的水溶液混合，然后缓缓加入硫酸来制备氰醇，这样可以一边产生 HCN，一边进行反应。也可以先将醛、酮与亚硫酸氢钠反应，再与氰化钠反应制备氰醇。

（2）与醇的加成反应　常温下，在无水氯化氢的催化作用下，羰基可与羟基发生可逆反应，生成半缩醛（图 8-5）。

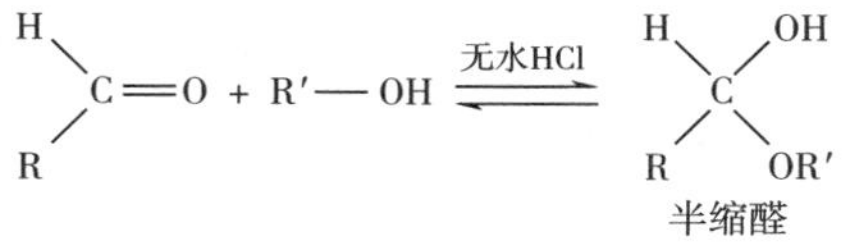

$$\mathrm{R(H)C{=}O} + \mathrm{R'{-}OH} \xrightleftharpoons{\text{无水HCl}} \underset{\text{半缩醛}}{\mathrm{R(H)C(OH)(OR')}}$$

图 8-5　羰基与醇的加成

并且，在有酸存在时，反应可进一步发生，生成缩醛，可用于羰基的保护（图 8-6）。

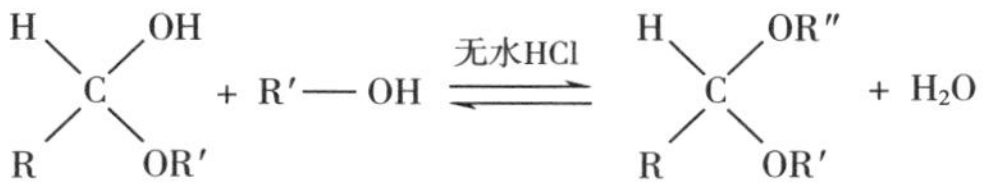

$$\mathrm{R(H)C(OH)(OR')} + \mathrm{R'{-}OH} \xrightleftharpoons{\text{无水HCl}} \mathrm{R(H)C(OR'')(OR')} + H_2O$$

图 8-6　羰基的保护

（3）与格林试剂的加成反应　格氏试剂是含碳的亲核试剂，格氏试剂中的 C—Mg 键是高度极化的，Mg 带部分正电荷，与 Mg 相连的碳质原子带有部分负电荷，因此，醛、酮可与格林试剂发生亲核加成反应，其加成产物在酸性条件下水解生成醇（图 8-7）。此外，由于格林试剂是活性很大的试剂，所以反应的第一步，即格林试剂与羰基加成这一步，必须在绝对无水的条件下进行反应。一般用经过干燥处理的乙醚作溶剂，极其微量的水存在都会导致反应的失败。

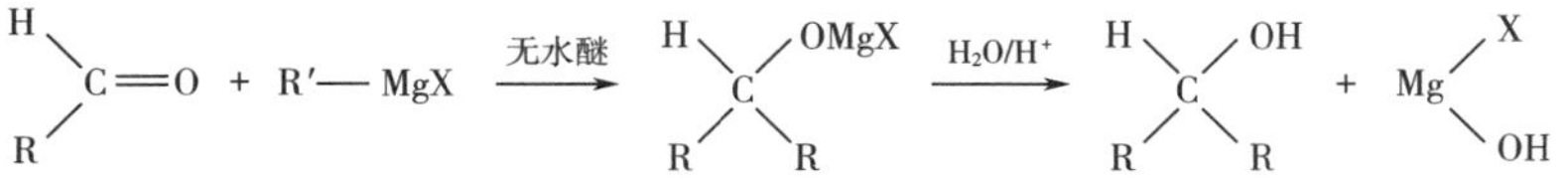

$$\mathrm{R(H)C{=}O} + \mathrm{R'{-}MgX} \xrightarrow{\text{无水醚}} \mathrm{R(H)C(OMgX)R} \xrightarrow{H_2O/H^+} \mathrm{R(H)C(OH)R} + \mathrm{Mg(X)(OH)}$$

图 8-7　羰基与格林试剂的加成

从以上反应式可以看出，甲醛与格林试剂加成后再水解生成的醇为伯醇，其他醛与格林试剂加成后再水解得到的为仲醇，酮与格林试剂加成后再水解得到的为叔醇。在有机合成上，常选用不同的醛、酮与格林试剂加成再水解来合成所需要的伯、仲、叔醇。

（4）与亚硫酸钠的加成反应　醛和亚硫酸氢钠的加成反应（图 8-8）是在醛所发生的一系列加成反应中最重要和最典型的反应之一。

此反应形成白色沉淀为亚硫酸氢钠加成物 α-羟基磺酸钠，可以很好的从反应体系中分离出来。此反应为可逆反应，如果在加成产物的水溶液中加入酸或碱，使反应体系中

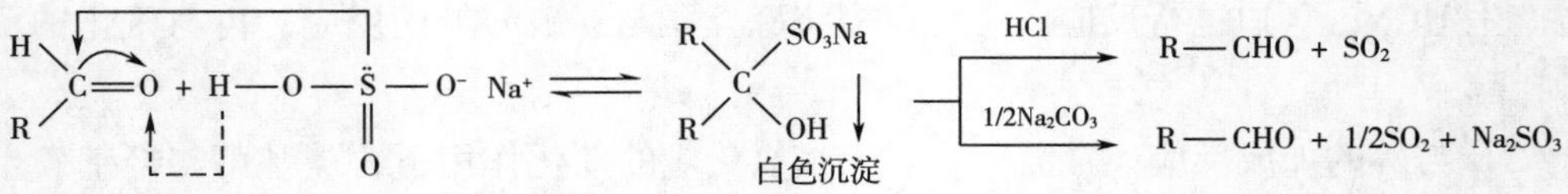

$$\mathrm{RHC{=}O + H{-}O{-}\overset{..}{S}(=O){-}O^- \ Na^+ \rightleftharpoons R(H)C(SO_3Na)(OH)}\downarrow$$

白色沉淀

$$\mathrm{R(H)C(SO_3Na)(OH) \xrightarrow{HCl} R{-}CHO + SO_2}$$

$$\mathrm{R(H)C(SO_3Na)(OH) \xrightarrow{1/2Na_2CO_3} R{-}CHO + 1/2SO_2 + Na_2SO_3}$$

图 8-8　羰基与亚硫酸钠的加成

的亚硫酸氢钠不断分解而除去，则加成产物也不断分解而再变成醛。因此亚硫酸氢钠加成产物的生成和分解，常被利用来鉴定、分离和提纯醛。

（5）与氨的衍生物的加成反应　醛类化合物都可与氨的衍生物（NH_2—Y）发生亲核加成反应生成醇胺（图 8-9），醇胺不稳定，迅速脱水而进一步生成含碳氮双键的缩合产物。

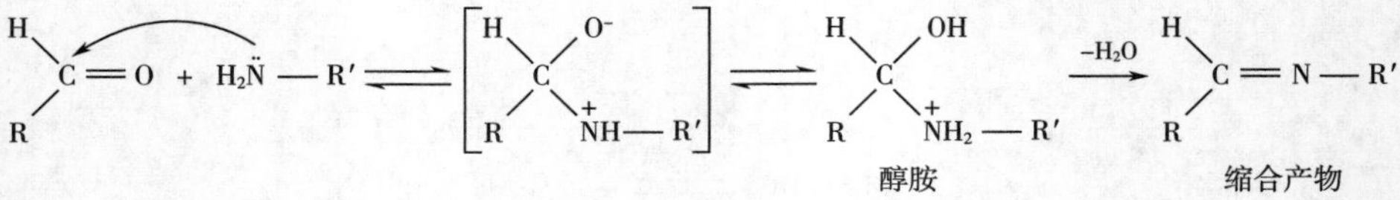

$$\mathrm{RHC{=}O + H_2\ddot{N}{-}R' \rightleftharpoons \left[R(H)C(O^-)(\overset{+}{N}H{-}R')\right] \rightleftharpoons R(H)C(OH)(\overset{+}{N}H_2{-}R') \xrightarrow{-H_2O} R(H)C{=}N{-}R'}$$

醇胺　　缩合产物

图 8-9　羰基与氨的衍生物的加成

醛与氨的衍生物的加成缩合产物大多数都是结晶的，具有一定的熔点，常用于鉴别醛。生成的缩合产物在酸性水溶液中加热，水解生成原来的醛，因此常用来分离提纯醛。氨的衍生物常用于检验分子中是否有羰基存在，因此又称羰基试剂。

2. *α*-氢的反应

在醛分子中，与羰基直接相连的碳原子上的氢原子称为 *α*-氢原子。由于羰基的强吸电子作用而使得 *α*-H 具有变为质子的趋势而显得活泼。此外，在碱的催化下，碳负离子很不稳定，它被亲电试剂卤素进攻时，引起 *α*-卤代反应。它作为亲核试剂向另一分子醛、酮的羰基碳原子进攻时，则引起羟醛缩合反应。

（1）*α*-卤代反应　醛的 *α*-氢原子易被卤素取代，生成 *α*-卤代醛。在碱性溶液中，反应进行得更顺利。常用的试剂是次卤酸钠或卤素的碱溶液。当一个卤素原子引入 *α*-碳原子上后，*α*-碳原子上的其余氢原子就更容易被卤素所取代。例如，乙醛在水溶液中就可被氯取代，生成卤代乙醛的混合物（图 8-10）。

$$\mathrm{CH_3CHO \xrightarrow[OH^-]{Cl_2} CH_2ClCHO \xrightarrow[OH^-]{Cl_2} CHCl_2CHO \xrightarrow[OH^-]{Cl_2} CCl_3CHO}$$

一氯乙醛　　二氯乙醛　　三氯乙醛

图 8-10　羰基的 *α*-卤代反应

（2）羟醛缩合反应　在稀碱作用下，含有 *α*-氢的醛可发生分子间的加成作用，即一分子醛中的 *α*-氢加到另一分子醛的羰基氧原子上，*α*-碳与羰基碳相连生成 *β*-羟基醛，这个碳链增长的反应称作羟醛缩合反应（图 8-11）。

$$CH_3-\overset{\overset{O}{\|}}{C}-H + H-H_2C-\overset{\overset{O}{\|}}{C}-H \xrightleftharpoons{\text{稀NaOH}} H_3C-\overset{\overset{OH}{|}}{CH}-CH_2-\overset{\overset{O}{\|}}{C}-H$$

图 8-11 羰基的羟醛缩合反应

不含有 α-氢的醛，如 HCHO、Ar-CHO 等之间不能发生羟醛缩合反应。但一个不含 α-氢的醛和另一个含有 α-氢的醛作用，则反应可以发生，称为交叉羟醛缩合反应。两种都含有 α-氢的不同的醛，在稀碱作用下，除了同一种醛分子间发生羟醛缩合外。不同的醛相互之间也能发生缩合，可以产生 4 种不同的缩合产物，但实际操作中难以分离，并且产率低，没有实用价值。

另外，芳香醛与含有 α-氢原子的醛、酮在碱催化下所发生的羟醛缩合反应，脱水得到产率很高的 α，β-不饱和醛与酮，这一类型的反应，称作克莱森-斯密特（Claisen-Schmidt）缩合反应。在碱催化下，苯甲醛也可以和含有 α-氢原子的脂肪酮或芳香酮发生缩合。另外，还有些含活泼亚甲基的化合物，例如，丙二酸、丙二酸二甲酯、α-硝基乙酸乙酯等，都能与醛、酮发生类似于羟醛缩合的反应。

3. 氧化反应

醛的羰基碳上至少连有一个氢原子，因此非常容易被氧化。除了强氧化剂以外，一些较弱的氧化剂如托伦斯试剂（Tollens）、斐林试剂（Fehling）、本尼地试剂（Benedict）等也可将醛氧化成羧酸。

（1）与托伦斯试剂反应 托伦斯试剂（硝酸银的氨水溶液）中含有银离子，醛与无色的托伦斯试剂作用时被氧化，银离子还原成银单质，会以黑色沉淀析出，或者附着在试管壁上形成银镜。因此，此反应又称作银镜反应（图 8-12）。

$$R-CHO + 2[Ag(NH_3)_2]OH \xrightarrow{\triangle} R-COONH_3 + 3NH_3\uparrow + H_2O + 2Ag\downarrow$$

图 8-12 羰基与托伦斯试剂反应

（2）与斐林试剂反应 斐林试剂中起氧化作用的是 Cu^{2+}（以络离子形式存在）。蓝绿色的斐林溶液与醛作用时，醛被氧化，Cu^{2+} 则被还原成红色的氧化亚铜沉淀（图 8-13）。

$$R-CHO + 2Cu(OH)_2 \xrightarrow[\triangle]{} R-COOH + Cu_2O + 2H_2O$$

图 8-13 羰基与斐林试剂反应

斐林试剂甲和斐林试剂乙可强烈产生 $Cu(OH)_2$，$Cu(OH)_2$ 很容易沉淀析出，因此，斐林试剂一般为现用现配。

（3）与本尼地试剂反应　本尼地试剂是由硫酸铜、柠檬酸钠和无水碳酸钠配置成的蓝色溶液。与斐林试剂的作用基本相似，亦会产生砖红色沉淀物。

本尼地试剂中的柠檬酸钠、碳酸钠为一对缓冲物质，产生的 OH^- 数量有限，与 $CuSO_4$ 溶液混合后产生的浓度相对较低，不易析出，因此该试剂可长期保存，避免斐林溶液必须现配现用的缺点。

托伦试剂能氧化脂肪醛和芳香醛，斐林试剂可氧化脂肪醛但不氧化芳香醛，本尼地试剂只氧化除甲醛以外的脂肪醛。这 3 种弱氧化剂都不氧化碳碳双键、碳碳三键、羟基和酮（α-羟基酮例外），具有氧化选择性。

4. 聚合反应

聚合反应是醛类化合物的最大特征之一，如甲醛、乙醛和其他一些醛类，在有微量的酸存在时，就很容易发生聚合，所以醛类产品不宜带酸性保存。

二、醛类香料的特点和分类

醛类香料占香料化合物总数的 10%左右，是日化香精原料家族中的重要一支。如柠檬醛和香茅醛等广泛地用于调配食用、皂用、香水用香精中。且 C6～C12 饱和脂肪族醛在稀释条件下具有令人愉快的香气，在香精配方中往往起头香剂的作用。最早用于日化调香的醛类有辛醛、壬醛和癸醛，比如用于著名的香奈儿 5 号香水（CHANEL No. 5）的配方中。近代调香比较流行的花-醛香型、花-醛-青香型等脂肪醛类香料就是采用强烈的醛香调香手法来突出香韵的。

1. 脂肪醛香料

在自然界存在最多的脂肪醛是辛醛（图 8-14）、壬醛（图 8-14）和癸醛。它们普遍存在于许多柑橘油类中，是脂肪醛族中的代表性香原料。

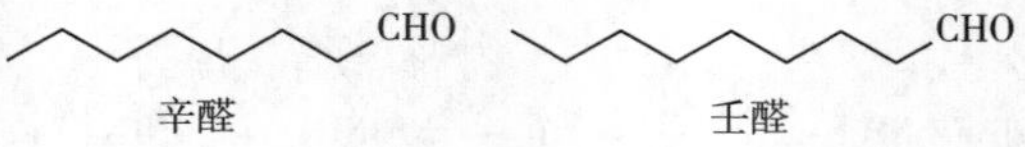

CHO　CHO

辛醛　壬醛

图 8-14　直链醛

除此之外，还有一些诸如甲基辛乙醛和甲基壬乙醛等支链醛类（图 8-15）。甲基辛乙醛是否在自然界中存在尚未被报道，它具有清新的醛香、脂肪香，稀释后更有药草-薰香的气息。甲基壬乙醛存在于柑橘和金橘中，具有脂蜡、金属及脂肪香气，并伴有柑橘的韵调。

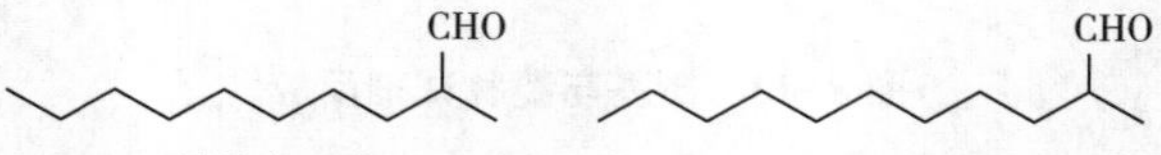

CHO　CHO

甲基辛乙醛　甲基壬乙醛

图 8-15　支链醛类

不饱和醛族中有数个原料可以用于日化和食品香精。如 7-羟基-3,7-二甲基-辛醛（图 8-16）是一个具有二官能团，羟基醛的结构使它拥有了平滑的花香香气，较为透发的香气使它有别于羟基香草醛。该原料常用于需要铃兰和百花效果的配方中。

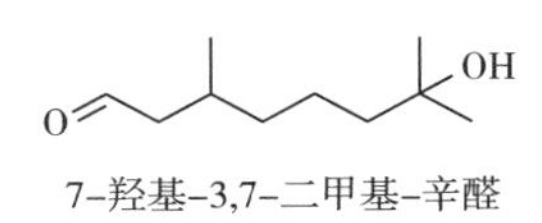

图 8-16　不饱和醛

此外，值得一提的是双官能醛 3-甲基硫丙醛（图 8-17），天然存在于蔬菜、面包、乳类、肉类、烘烤类、番茄、切达干酪，威士忌和马铃薯片等产品中。它具有硫样的青香和辛醛香，以及马铃薯、番茄和蔬菜样的香气和口感。

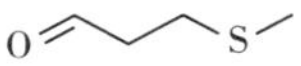

O　S

3-甲基硫丙醛

图 8-17　双官能醛

2. 一元不饱和醛香料

反-2-己烯醛（图 8-18）存在于柑橘精油以及苹果、香蕉、草莓、番茄和黄瓜等果品蔬菜中，具有强烈的叶青香，轻微的辛香，苦杏仁样的香气和口味。反-2-十二烯醛（图 8-18）天然存在于干酪、熟鸡肉、芫荽籽油和烤花生中，它具有强烈的脂肪样香气和口味，而在稀释后会有一种近似柑橘的香味。

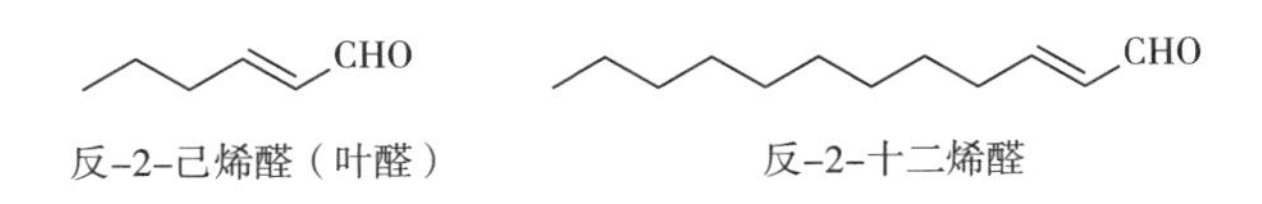

图 8-18　一元不饱和醛

反-2-癸烯醛（图 8-19）经稀释后伴有轻微脂肪样的柑橘类香气，具有甜橙样的香气和口味。反-4-癸烯醛（图 8-19）则伴有醛香、甜橙、青香、花香样的香气与口味。在一元不饱和醛的精油产品中，常常两个异构体均有存在。

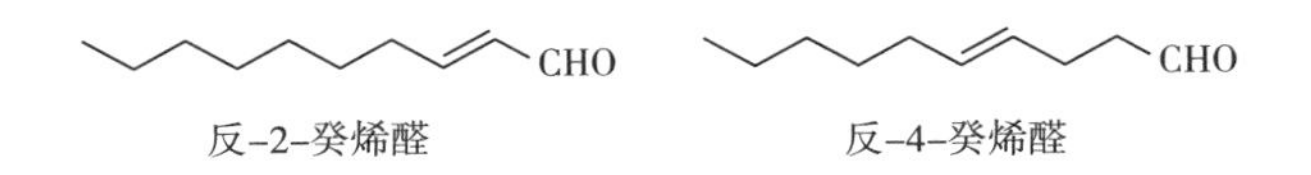

图 8-19　癸烯醛

2,6-二甲基-5-庚烯醛（甜瓜醛）（图 8-20）存在于柠檬皮、白柠檬皮和生姜中，具有强烈的青香、水果香、甜瓜和黄瓜样的香气和口味。由于它拥有的强力而独特的香气，常常适用于各种类型的日化香精配方中，特别是配制具有天然感的海洋和甜瓜香型香精。

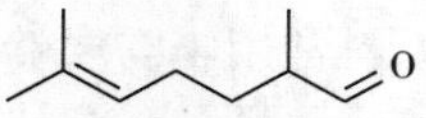

2,6-二甲基-5-庚烯醛

图 8-20　2,6-二甲基-5-庚烯醛（甜瓜醛）

2,6,10-三甲基-9-十-烯醛（阿道克醛）（图 8-21）具有清新的醛香以及强烈的花香香气。与花香类香原料配合具有很好的配伍性，与果香、木香香原料一起使用效果也俱佳。它还拥有独特的清新的菩提样香气，特别适用于洗衣粉香精。另外，它还富有天然口感的海洋气息。

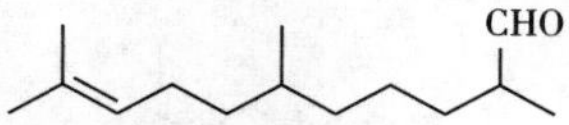

CHO

2,6,10-三甲基-9-十一烯醛

图 8-21　2,6,10-三甲基-9-十-烯醛（阿道克醛）

2-甲基-4-［2,6,6-三甲基-2（1）-环己烯-1-基］-丁醛（紫罗兰醛）（图 8-22），是另外一个不饱和脂肪醛香料。它具有强烈的鸢尾、木香香气，香气幽雅，特别适用于木香、鸢尾香配方中，同时也适用于皮革、烟草、动物香型的配方中，是一种极好的调和剂。

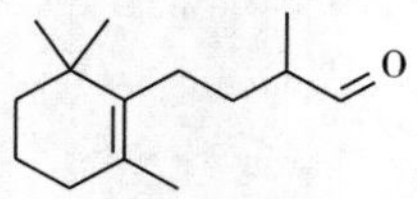

紫罗兰醛

图 8-22　2-甲基-4-［2,6,6-三甲基-2（1）-环己烯-1-基］-丁醛（紫罗兰醛）

3,7-二甲基-6-辛烯氧基乙醛（香草基氧杂乙醛）（图 8-23）是一个不饱和醚醛化合物，具有清新的花香、醛香香气，并伴有清新的玫瑰、臭氧样的香气，微量使用可为配方带来令人愉悦的头香。

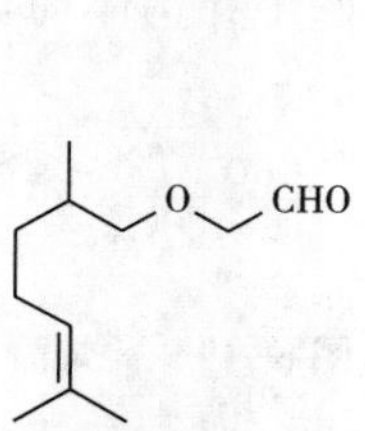

O　CHO

香草氧基乙醛

图 8-23　3,7-二甲基-6-辛烯氧基乙醛（香草基氧杂乙醛）

3. 具有二个双键的不饱和醛类香料

除了萜的醛类以外，还有五个非常重要的碳原子数为 9~12 的线性双烯醛类。其中壬二烯醛有三个异构体，即反-2-反-6-壬二烯醛、顺-2-反-6-壬二烯醛、反-2-顺-6-壬二烯醛（图 8-24）。

反-2-反-6-壬二烯醛存在于浆果、黄瓜、留兰香、啤酒、芒果、金枪鱼、熟虾中，具有非常强烈的青香与蔬菜样香气，能使人联想起伴有轻微脂肪气的黄瓜、甜瓜香气。顺-2-反-6-壬二烯醛常存在于热带水果之中，具有清新的青香、脂肪-果香、西瓜和黄瓜样香气。而反-2-顺-6-壬二烯醛存在于青菜、面包、肉类、啤酒、茶和芒果中，拥有强烈的青黄瓜、甜瓜、紫罗兰叶、醛香，并伴有非常清新的蔬菜样香气。反-2-反-4-癸二烯醛是一个十碳原子的直链二烯醛，它存在于柑橘果实、肉类和乳制品等很多食用香精中，具有一种脂肪油和鸡肉样的香气和口味。5,9-二甲基-4,8-癸二烯醛目前还未见到在自然界存在的报道。它具有一种像似鸡油的柔和的油样气息以及轻微的脂肪气，稀释后则具有柑橘样香气。此外，这个香料还有强烈的醛样香气，伴有花香、柑橘样香韵，且香气透发性非常好。

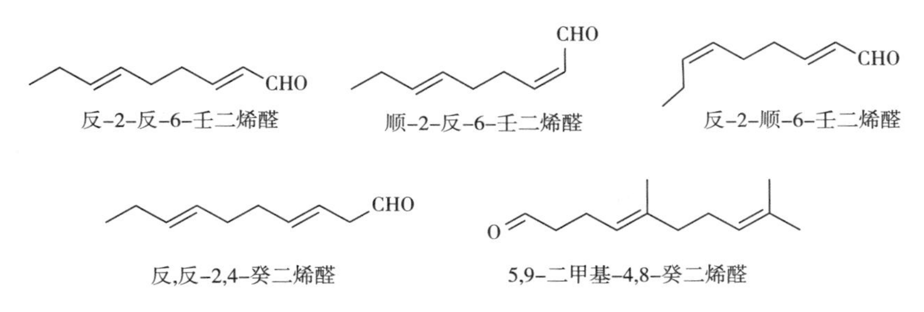

图 8-24 不同的二烯醛

4. 环醛类香料

环醛类化合物中包括许多已被工业化的合成香料产品，如 2,4-二甲基-3-环己-1-烯羰醛（女贞醛）（图 8-25），具有强烈的青香、叶香、花香气，是许多现代配方的主要组成成分。它的特征青香气特别具有天然感，与果香、柑橘、花香原料配合效果完美，并能为配方带来活力感受。常被用来增强和丰富经典的青香韵调。

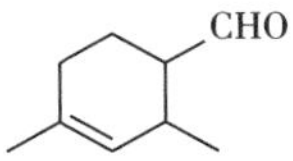

CHO

2,4-二甲基-3-环己-1-烯羰醛

图 8-25 2,4-二甲基-3-环己-1-烯羰醛（女贞醛）

2,4,6-三甲基-3-环己烯-1-羰醛（异环柠檬醛）（图 8-26）主要由二个异构体组成，它具有青香、醛香、药草香气，还有伴有尖刺的叶样气息，常用于日化产品中。

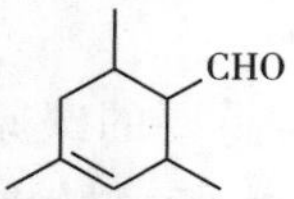

2,4,6–三甲基–3–环己基–1–羰醛

图 8–26 2,4,6–三甲基–3–环己烯–1–羰醛（异环柠檬醛）

著名的日化香原料新铃兰醛，它是 3-（4-羟基-4-甲基戊基）-3-环己烯-1-羰醛和 4-（4-羟基-4-甲基戊基）-3-环己烯-1-羰醛两个异构体的混合物（图 8-27）。这个极为重要的原料具有花香、百合、铃兰、兔耳草、紫丁、醛样香气，柔软而细致，类似于羟基香草醛的香气。

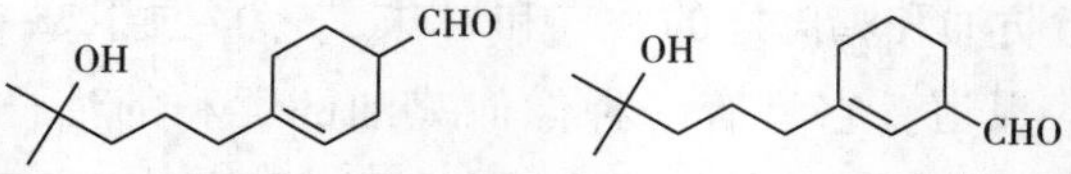

3和4–（4–羟基–4–甲基戊基）–3–环己烯–1–羰醛

图 8–27 3 和 4–（4–羟基–4–甲基戊基）–3–环己烯–1–羰醛两个异构体的混合物

5. 苯系醛类香料

这是香料香精工业中使用最为广泛的，而且最为重要的一族原料，包括大茴香醛、枯茗醛、洋茉莉醛等。然而，如果不提及香兰素（4-羟基-3-甲氧基苯甲醛）（图 8-28），那具有苯甲醛结构的香料系就不能称其为完整。

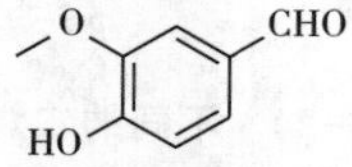

香兰素

图 8–28 香兰素

大茴香醛与丙醛缩合，紧接着进行选择性加氢，最终得到的产物为康馨醛（图 8-29）。康馨醛具有柔和的果香、花香、甜香、茴香、小茴香样的香气，同时还具有甘草、罗勒样香气，并伴有轻微的果香、水样的韵调。枯茗醛经过同样的化学反应后，得到的产物是兔耳草醛（图 8-29），它具有清新而强烈的青香、水汪汪的花香和兔耳草醛样的香气，适用于多种花香、青香、清新海洋类型的配方中。它的稳定性和留香持久效果，使它特别适用于功能性香精配方。

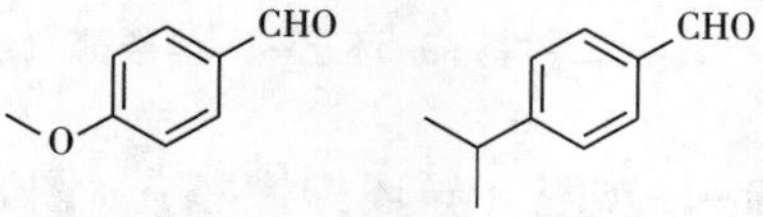

康馨醛　　兔耳草醛

图 8–29 康馨醛与兔耳草醛

三、醛类香料的制备方法

醛类化合物的合成方法很多，如与烃二卤代物水解，卤代烃分子中的二个卤素被二个羟基所取代，自动脱水成醛。苯甲醛就可以用此法从二氯甲基苯制得（图 8-30）。

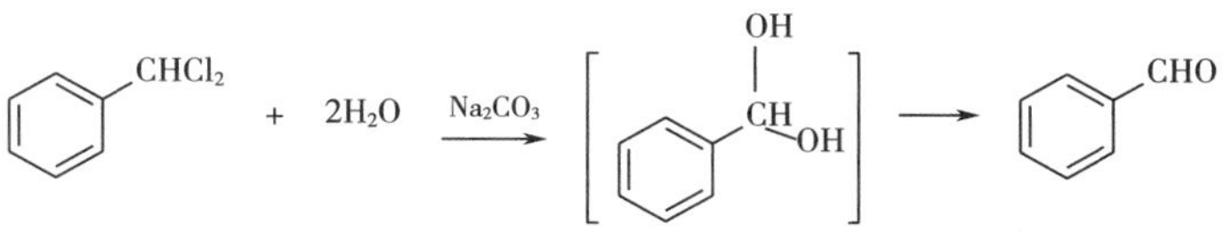

$$C_6H_5CHCl_2 + 2H_2O \xrightarrow{Na_2CO_3} [C_6H_5CH(OH)_2] \longrightarrow C_6H_5CHO$$

图 8-30　二氯甲基苯制备苯甲醛

醛类香料还可用相应的烃类或醇类化合物制取，如采用活性 MnO_2 作氧化剂，可以从苯乙醇或甲苯制得苯甲醛（图 8-31）。

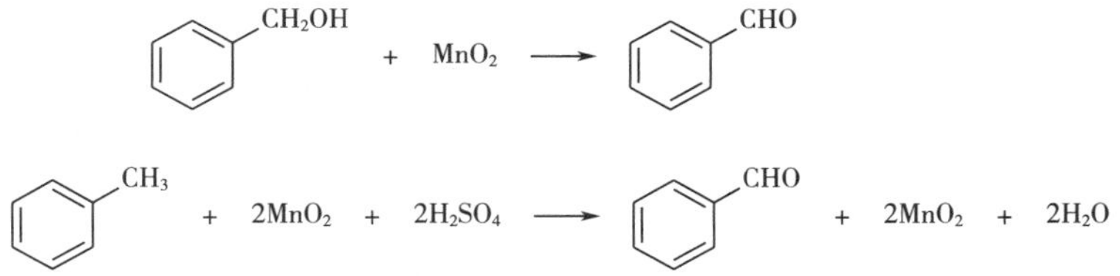

$$C_6H_5CH_2OH + MnO_2 \longrightarrow C_6H_5CHO$$

$$C_6H_5CH_3 + 2MnO_2 + 2H_2SO_4 \longrightarrow C_6H_5CHO + 2MnO_2 + 2H_2O$$

图 8-31　苯乙醇和甲苯制备苯甲醛

Jones 试剂可将烯烃、醇类氧化成醛，但产率很低，其原因在于生成的醛容易被进一步氧化成相应的酸或酯，反应的选择性很差，但在相转移催化剂存在下，对某些醇类的氧化制醛（如氧化正辛醇制备正辛醛），却能得到较高的产率。

醛类的制取也可用臭氧氧化双键成臭氧化物，然后水解成醛，此法在香料工业中经常用于 n-壬醛、洋茉莉醛等香料的制备。另外，有机过氧酸类或双氧水-甲酸甲酯也是制取醛类香料的良好氧化剂。当有机过氧酸氧化烯烃时，首先生成环氧化物，然后在酸催化下异构形成醛。在香料制造业中，也使用 Oppenauer 氧化反应制备醛类，即采用异丙醇铝或叔丁醇铝为还原剂，将醇类还原成醛化合物。由于这一方法生产成本较高，所以推广的难度较大，但在实验室或某些名贵香料如二氢大马酮的合成（图 8-32）中还是有所使用的。

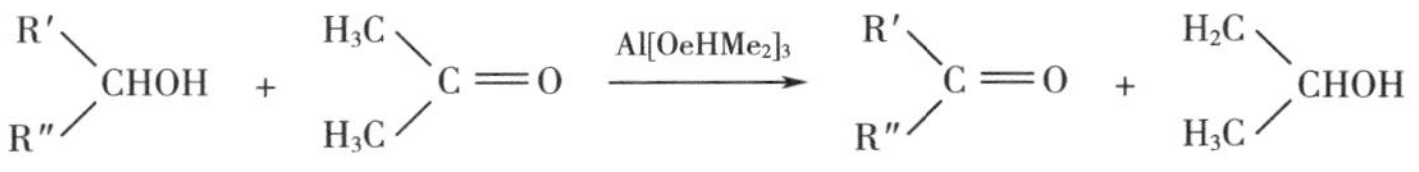

$$R'R''CHOH + (H_3C)_2C{=}O \xrightarrow{Al[OeHMe_2]_3} R'R''C{=}O + (H_3C)_2CHOH$$

图 8-32　二氢大马酮的合成

水杨醛和香草醛的制备常常采用莱默尔-蒂曼（Reimer-Tiemann）醛合成法，该方法是把具有苯酚结构的物质，回流于氯仿溶液中，在酚羟基的邻位或对位引入一个醛基而获得。

1. 饱和脂肪醛类香料的合成

（1）醇类物质脱氢制备法　这种方法是利用相应的醇类脱氢制备辛醛、癸醛、十二醛等香料，成本低，价格便宜。

（2）萨巴蒂埃-美核（Sabatier-Mailhe）反应制醛法　这一反应是制取醛类，尤其是脂肪族醛类如壬醛、十一醛及十一烯醛的方法之一。它是利用相应的羧酸与甲酸在二氧化锰或浮石催化剂的作用下，在310~330℃进行气相反应而制得（图8-33）。

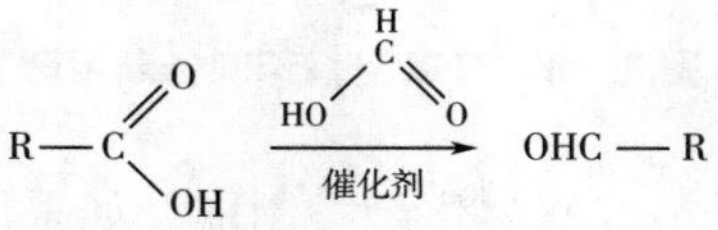

$$R-C(=O)OH \xrightarrow[\text{催化剂}]{HC(=O)OH} OHC-R$$

图8-33　Sabatier-Mailhe反应制醛法

（3）达参（Darzens）反应制醛法　利用这种方法可以制得支链醛类。即酮在醇钠或钠铵存在下，并在苯等惰性试剂中，与氯乙酸乙酯于5℃以下环境中缩合。待缩合反应完毕后，用水稀释，所得到的缩水甘油酯用无水硫酸钠干燥。之后用氢氧化钾醇溶液水解，再用盐酸酸化，得到的酸在减压下加热脱羧制得相应的醛类化合物，其回收率可达50%左右。这种方法在香料工业中经常用来制取龙葵醛、对甲基苯乙醛和甲基壬乙醛等（图8-34）。

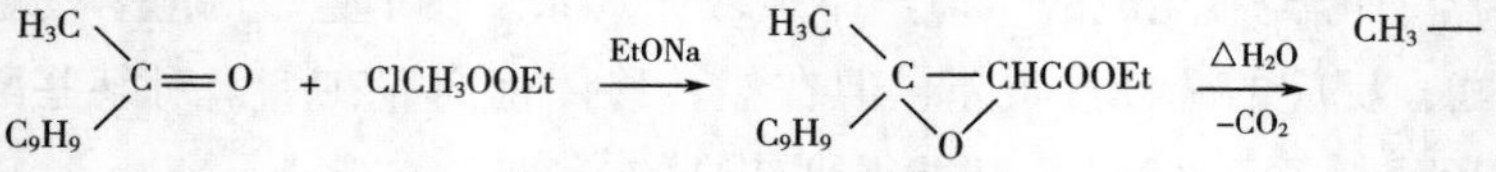

$$(H_3C)(C_9H_9)C=O + ClCH_3OOEt \xrightarrow{EtONa} (H_3C)(C_9H_9)\overset{O}{C-CHCOOEt} \xrightarrow[-CO_2]{\triangle H_2O} CH_3-(CH)_8CH_3(CH_3)-CHO$$

图8-34　Darzens反应合成醛类

2. α,β-不饱和醛类香料的合成

（1）羟（醇）醛（aldol）缩合反应和克莱森-施密特（Claisen-Schmidt）反应　Aldol缩合是两个不同的羰基化合物在稀碱条件下进行缩合得到羟基醛，在低真空时脱水即生成α,β-不饱和醛类。Claisen-Schmidt反应则是一种芳香醛与脂肪醛（酮）在碱性条件下缩合得到α,β-和醛（酮），如香料中的月桂醛、茉莉醛和α-己基肉桂醛均是采用这一反应制得（图8-35）。

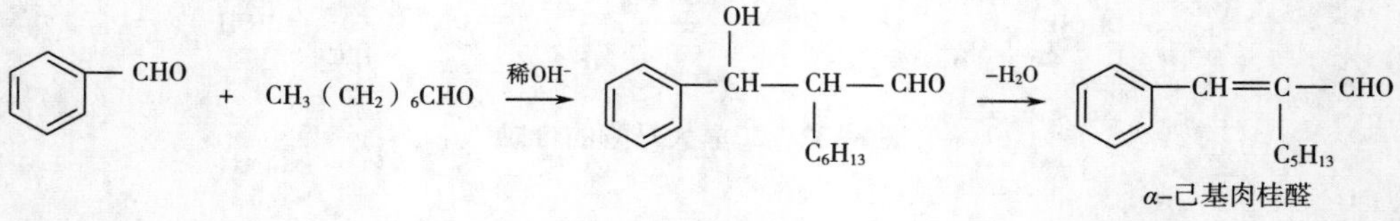

$$C_6H_5CHO + CH_3(CH_2)_6CHO \xrightarrow{\text{稀}OH^-} C_6H_5-CH(OH)-CH(C_6H_{13})-CHO \xrightarrow{-H_2O} C_6H_5-CH=C(C_5H_{13})-CHO$$

α-己基肉桂醛

图8-35　Aldol缩合反应和Claisen-Schmidt反应

（2）乙烯基甲（乙）醚反应 这种方法合成脂肪族类 α,β-不饱和醛的回收率不高，但用于合成芳香族 α,β-不饱和醛，回收率达80%多以上（图8-36）。

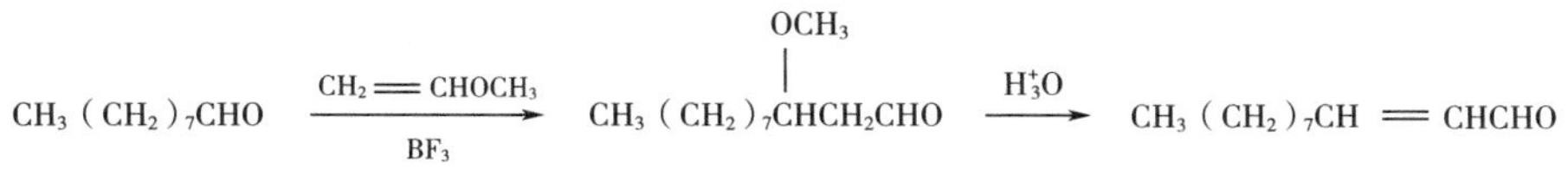

$$CH_3(CH_2)_7CHO \xrightarrow[BF_3]{CH_2=CHOCH_3} CH_3(CH_2)_7CH(OCH_3)CH_2CHO \xrightarrow{H_3^+O} CH_3(CH_2)_7CH=CHCHO$$

图8-36 乙烯基甲（乙）醚反应

（3）烯醇硅醚与醛（酮）的缩合反应 烯醇硅醚和醛（酮）在Lewis酸催化下，缩合得 β-羟基醛，然后在酸性条件下脱水可制得（图8-37）。此法的优点在于反应是完全区域选择性或化学选择性的，且产物可以人为地使之停留在 β-羟基醛上。

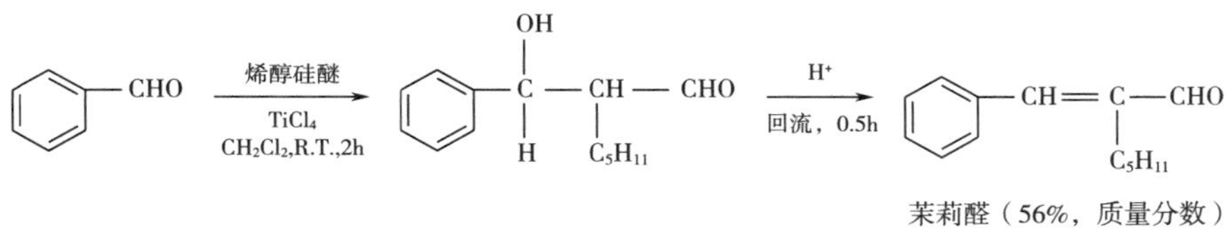

$$C_6H_5CHO \xrightarrow[TiCl_4,\ CH_2Cl_2,R.T.,2h]{烯醇硅醚} C_6H_5CH(OH)-CH(C_5H_{11})-CHO \xrightarrow[回流，0.5h]{H^+} C_6H_5CH=C(C_5H_{11})-CHO$$

茉莉醛（56%，质量分数）

图8-37 烯醇硅醚与醛（酮）的缩合反应

（4）维蒂希（Wittig）反应 利用三苯基膦烯醛先在碱性条件下极化，再与醛反应，水解得到醛，如顺-2-庚烯醛的合成就是利用此方法（图8-38），回收率60%以上。

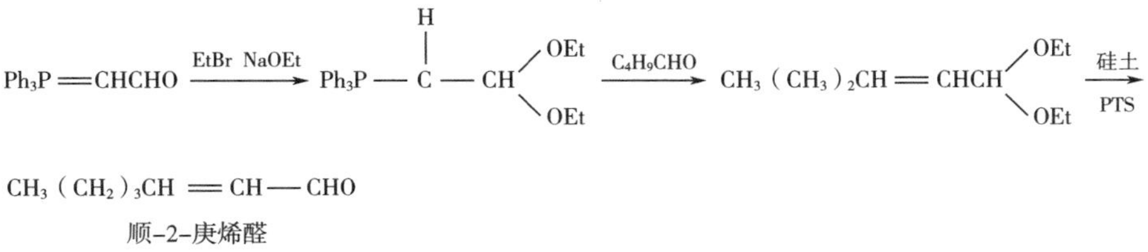

$$Ph_3P=CHCHO \xrightarrow{EtBr\ NaOEt} Ph_3P-CH-CH(OEt)_2 \xrightarrow{C_4H_9CHO} CH_3(CH_3)_2CH=CHCH(OEt)_2 \xrightarrow[PTS]{硅土}$$

$$CH_3(CH_2)_3CH=CH-CHO$$

顺-2-庚烯醛

图8-38 Wittig反应

3. 芳香族醛类香料的合成

（1）Reimer-Tiemann反应制取芳香族醛类 酚类在氢氧化钠或氢氧化钾溶液存在下与氯仿一起反应，先使氯仿成为卡宾，然后在羟基的邻、对位加成，生成氯化苄，再水解成醛。

（2）加特曼-科赫（Gattermann-Koch）反应制取芳香族醛类 此反应是采用一氧化碳干燥氯化氢和相应的芳香族化合物，以无水三氯化铝和氯化亚铜为催化剂，在高压下进行合成。

（3）加特曼（Gattermann）反应合成芳香族醛类 此法主要是用酚或芳香醚与干燥氰化氢及饱和氯化氢乙醚溶液在无水氯化锌（或氯化铝）存在下生成醛类。例如，大茴香醛（Ⅱ）即是以苯甲醚（Ⅰ）为原料，采用此法制得（图 8-39）。

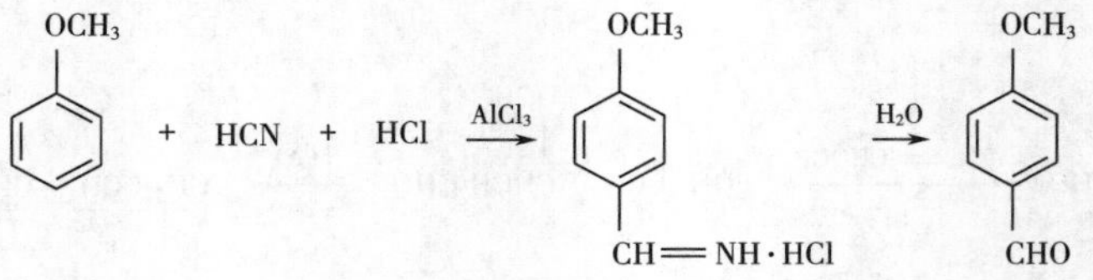

$$C_6H_5OCH_3 + HCN + HCl \xrightarrow{AlCl_3} p\text{-}CH_3OC_6H_4CH{=}NH\cdot HCl \xrightarrow{H_2O} p\text{-}CH_3OC_6H_4CHO$$

图 8-39 Gattermann 反应

四、醛类香料的生产实例

（一）大茴香醛的生产工艺

大茴香醛化学名称为对甲氧基苯甲醛，是一种重要的香料，在日化、食品工业中占有十分重要的地位。大茴香醛具有山楂花香气，香气芬芳持久，广泛用于许多日化香精、食用香精的配方中。此外，还在电镀工业中用作镀锌的光亮剂，医药工业中用于合成抗组胺药物的中间体。大茴香醛合成法的氧化主要是氧化双键，根据氧化工艺主要可分为 3 类。

1. 传统氧化法

传统的氧化剂主要有高锰酸钾、重铬酸钾、红矾钠和二氧化锰等。此工艺中如果控制不佳，醛基很容易被氧化成羧基（图 8-40）。

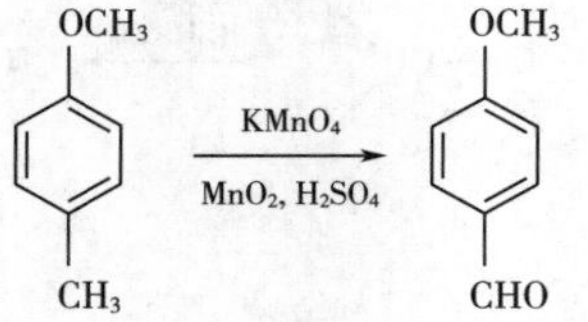

$$p\text{-}CH_3OC_6H_4CH_3 \xrightarrow[MnO_2,\ H_2SO_4]{KMnO_4} p\text{-}CH_3OC_6H_4CHO$$

图 8-40 传统氧化剂氧化醛基

2. 维尔斯迈尔-哈克（Vilsmeier-Haack）反应合成法

用 *N*-甲基-*N*-甲酰苯胺和三氯氧磷与苯甲醚反应来制备。该方法合成对甲氧基苯甲醛（图 8-41），是实验室和工业上常用的方法，但反应需回流较长的时间。

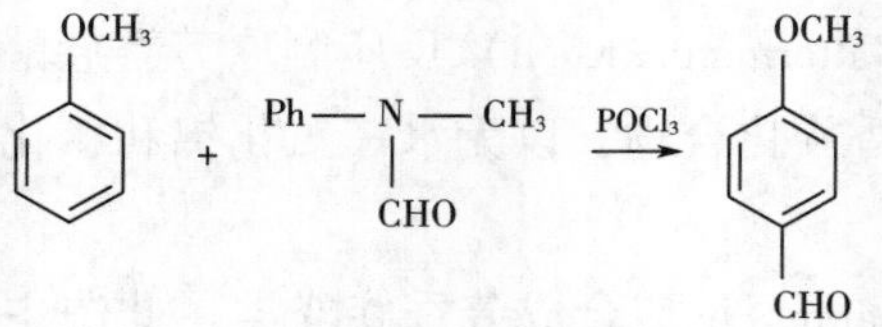

$$C_6H_5OCH_3 + Ph{-}N(CHO){-}CH_3 \xrightarrow{POCl_3} p\text{-}CH_3OC_6H_4CHO$$

图 8-41 Vilsmeier-Haack 反应合成法合成对甲氧基苯甲醛

（二）龙脑烯醛的生产工艺

龙脑烯醛（$C_{10}H_{16}O$），别名为2-（2,3,3-三甲基-3-环戊烯-1-基）乙醛。其外观为淡黄色或无色的透明液体，具有清凉、青香与松木樟凉气息。不溶于水，溶于油脂，是合成檀香系列香料的中间体，它能与醛、酮、格林试剂等反应，产物进一步还原、氧化得到一系列可用作香料的龙脑烯醛衍生物。香料工业上应用的龙脑烯醛可由价廉易得的 α-蒎烯合成制得。

由于龙脑烯醛在合成香料中具有特殊的重要性，因此制造龙脑烯醛的技术近年也有了很大的发展。国内外比较成熟的路线是选用较高浓度的过氧乙酸（>40%，质量分数）进行 α-蒎烯环氧化，然后经催化异构制得龙脑烯醛。催化剂通常为卤化锌，但也可用天然或合成沸石、处理过的氧化铝等作催化剂。

在低温下（20~30℃）对 α-蒎烯进行环氧化反应。过氧乙酸在硫酸催化下，加入过量的碳酸钠中和硫酸，为环氧化反应提供一个微碱性条件。α-蒎烯（纯度95%）与无水碳酸钠（酸受体）以1：0.5（摩尔比）的比例投入容器后，于室温下边搅拌边滴加高浓度过氧乙酸溶液（蒎烯与过氧乙酸投料比为1mol：0.8mol），控制反应温度20~30℃。过氧乙酸加完后，维持上述温度搅拌至反应结束。之后，先用1%碳酸钠溶液洗涤两次，再用水洗至中性，分出油层。无色透明油状液体为 α-蒎烯环氧化物与未反应的蒎烯等的混合物，该混合物经减压蒸馏得无色透明的 α-环氧蒎烷（图8-42）。

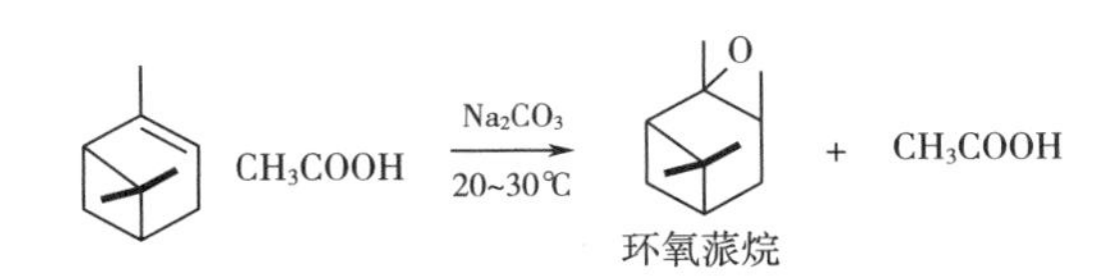

图8-42 低温下（20~30℃）对 α-蒎烯进行环氧化反应

α-环氧蒎烷在催化剂作用下回流同分异构成龙脑烯醛（图8-43），溶剂可以用苯或氯仿，因氯仿价格较高，工业上多采用廉价的苯较为适宜。催化剂氯化锌用量为环氧蒎烷的2%~3%（质量分数），催化剂过少，反应速率太慢。加料方式以滴加 α-环氧蒎烷为佳，以防止异构化过程中所发生的聚合反应。在搅拌及回流条件下慢慢滴加 α-环氧蒎烷，滴加完毕后继续回流反应1.5h，反应结束后，冷却至室温，过滤除去氯化锌，用稀盐水洗涤两次，回收溶剂，减压蒸馏，收集相应馏分，即为龙脑烯醛产品，其含量可达85%（质量分数）。

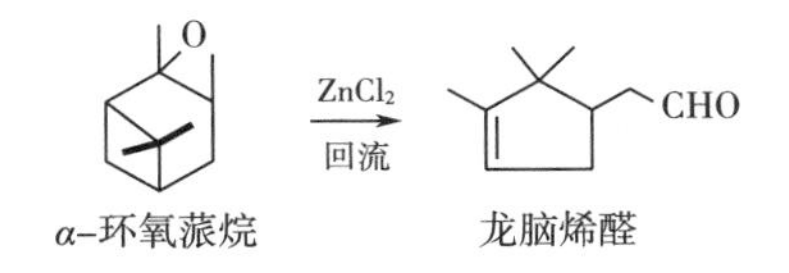

图8-43 α-环氧蒎烷制备龙脑烯醛

第二节 酮类香料及其制备方法

一、酮类香料概述

具有 $\begin{matrix} R' \\ \diagdown \\ C{=}O \\ \diagup \\ R \end{matrix}$ 分子结构的化合物称为酮。根据酮分子中羟基的类别，可分为脂肪族酮和芳香酮；根据分子中羰基数目的不同，可分为一元酮、二元酮等；根据分子内是否含有不饱和键，又可分为饱和酮、不饱和酮。

由于酮分子中含有碳氧不饱和羰基，会发生加成、卤化、缩合、氧化、还原等反应。酮和醛化学性质有所差异，因为二者在结构上有所不同，进而影响醛和酮的氧化、还原、加成等反应。

1. 氧化反应

醛的羰基碳上连有一个氢原子，酮则没有，因此醛比酮更易被氧化。可用银镜或铜镜反应来实现醛、酮鉴别。在托伦斯（Tollens）氧化剂或斐林（Fehling）氧化剂作用下，醛易被氧化成酸进而生成银镜或红色氧化亚酮沉淀，而酮不能。但在强氧化剂的存在下，酮可以被氧化。例如，在重铬酸钾和浓硫酸存在时，环己酮可以氧化为己二酸(图 8-44)。

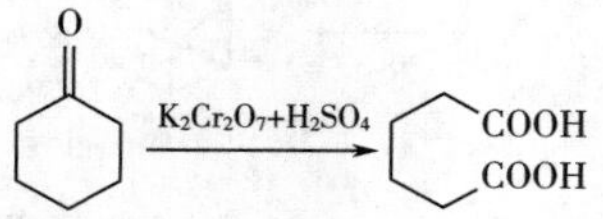

$$\xrightarrow{K_2Cr_2O_7+H_2SO_4} \quad COOH \quad COOH$$

图 8-44 酮的氧化反应

但酮氧化经常伴随有碳链的断裂，产物复杂，并不完全具有合成意义。除此之外，酮在过氧化酸存在时，被氧化生成酯且不影响碳链，所以具有合成价值。该反应也被称为拜耳-维利格（Bayer-Villiger）反应（图 8-45）。

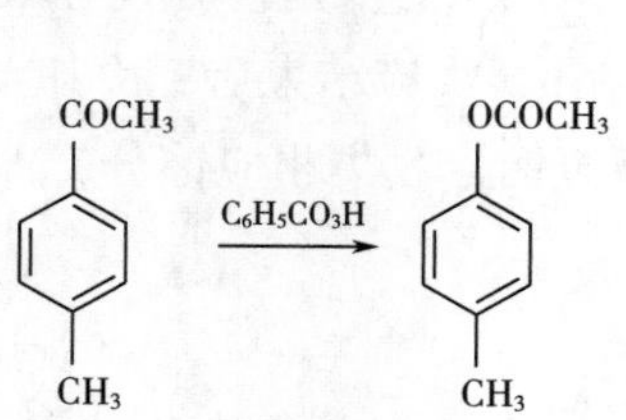

$$COCH_3,\ CH_3 \xrightarrow{C_6H_5CO_3H} OCOCH_3,\ CH_3$$

图 8-45 Bayer-Villiger 反应

2. 还原反应

醛类化合物还原后得到伯醇，而酮类化合物还原后得到仲醇。

3. 加成反应

（1）与亚硫酸钠的加成　甲基酮和环酮（七碳原子以下）与亚硫酸氢钠饱和溶液反应生成 α-羟基磺酸钠，但不是所有酮都可以反应，猜测可能是由于空间位阻的影响。

（2）与醇的加成　酮在过量醇中可形成缩酮，但有部分酮（醛）难以直接生成缩醛（酮），可用原甲酸乙酯反应生成（图 8-46）。

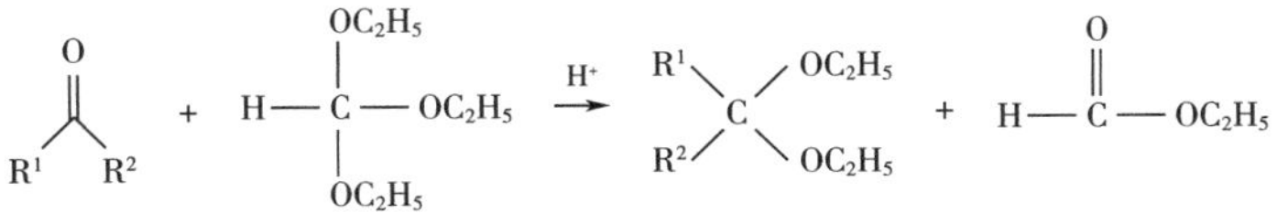

$$R^1COR^2 + HC(OC_2H_5)_3 \xrightarrow{H^+} R^1R^2C(OC_2H_5)_2 + HCOOC_2H_5$$

图 8-46　酮与原甲酸乙酯的加成

4. 缩合反应

酮可以发生类似的羟酮缩合，但比较困难。正因为酮自身缩合较慢，可利用“交错”缩合合成。如图 8-47 所示。

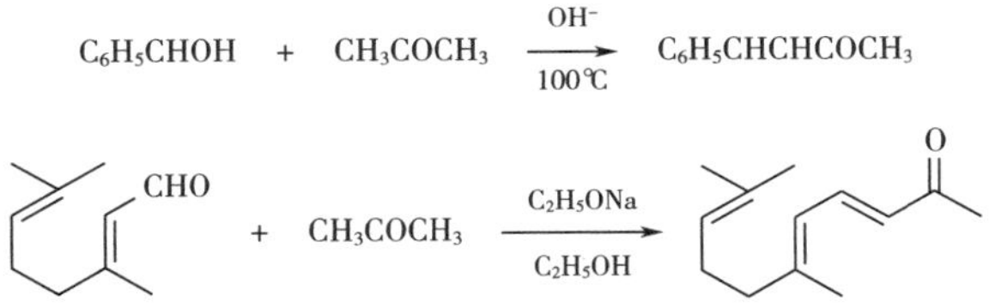

$$C_6H_5CHOH + CH_3COCH_3 \xrightarrow[100℃]{OH^-} C_6H_5CHCHCOCH_3$$

$$\text{(citral) CHO} + CH_3COCH_3 \xrightarrow[C_2H_5OH]{C_2H_5ONa} \text{(pseudoionone)}$$

图 8-47　酮的缩合反应

二、酮类香料的特点和分类

酮类化合物在香料工业中占有重要地位，约占香料总数的 15%。其中，低级脂肪族酮类（C3～C6）香气较弱，几乎不作为香料直接使用，但可作为合成香料的原料。C7～C12 的不对称脂肪族酮类，具有比较强烈的令人愉快的香气，可直接作为香料使用，例如甲基庚烯酮。在芳香族酮类中，苯乙酮、对甲基苯乙酮都是常用的香料。萜类酮和脂环酮同样在香料工业中有着重要地位，其中，樟脑、紫罗兰酮、香芹酮、薄荷酮、大马酮等大多数化合物都是天然香料的主要成分，尽管它们在自然界中的含量较低，但对香气的贡献较大。此外，环十五酮、麝香酮、灵猫酮等大环酮类化合物均是动物性天然香料的主香成分，在配制高级香水与化妆品香精中发挥定香作用。

1. 香芹酮

结构式见图 8-48。

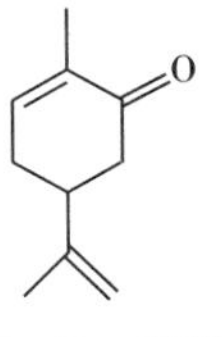

图 8-48　香芹酮结构式

香芹酮是一种单萜烯，属于萜类化合物，是一个从 C5 异戊二烯单元衍生的结构多样的天然产物大家族，典型结构包含碳骨架（C5）$_n$。萜类化合物分为半萜（C5）、单萜（C10）、倍半萜（C15）、二萜

（C20）、倍半萜（C25）、三萜（C30）和四萜（C40）等。无色至淡黄色液体。沸点230℃，104℃（1.46kPa），相对密度0.9608（20/4℃），折射率1.4988。不溶于水，溶于乙醇、乙醚、氯仿。

香芹酮是从香菜、莳萝和留兰香种子中提取和纯化的精油，并通过化学和生物技术合成而成。D-香芹酮存在于莳萝油与香菜籽油（含量为50%~60%，质量分数）中，L-香芹酮存在于留兰香油（含量为70%，质量分数）中，DL-香芹酮存在于姜草油中。香芹酮可用作香料、马铃薯发芽抑制剂、抗菌剂和生化环境指示剂等多种用途，被广泛应用于日化产品和食品加香。由于天然香芹酮精油价格较高和来源不稳定，因此需通过合成来满足市场要求。

2. 对甲氧基苯乙酮

结构式见图8-49。

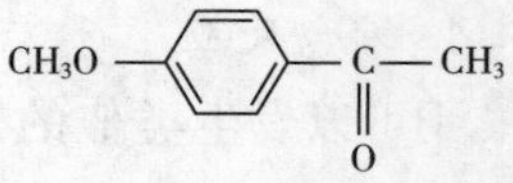

对甲氧基苯乙酮（$C_9H_{10}O_2$）又称山楂花酮。其天然存在于海狸香和茴香籽中，为无色或浅黄色晶体，凝固点>36℃，闪点>93.5℃，溶于5体积50%乙醇及油质香料，不溶于水和甘油，具有强烈且持久的干草香气，近似香豆素的香韵，伴随有茴香、果香、山楂花香味。主要用于山楂花、金合欢、含羞草、丁香、素心兰、香薇等日用香精中，且由于在碱性介质中较稳定的性质，肥皂、洗涤剂等清洁剂中也有使用。除此之外，巧克力、奶油、烟草等食用香精中也有加入，最终加香的建议用量为1~840μg/g。

CH_3O—⟨苯环⟩—C(=O)—CH_3

图8-49 对甲氧基苯乙酮结构式

3. 紫罗兰酮

紫罗兰酮（$C_{13}H_{20}O$），相对分子质量192.29，以三种异构体形式存在：α-紫罗兰酮、β-紫罗兰酮、γ-紫罗兰酮（图8-50），它们有一个双键的位置不同。

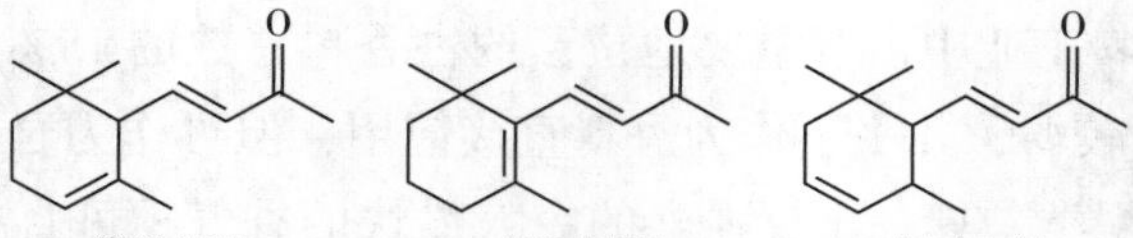

α-紫罗兰酮　β-紫罗兰酮　γ-紫罗兰酮

图8-50 紫罗兰酮结构式

紫罗兰酮是紫罗兰香精的主体香料，也是配制金合欢、桂花、兰花等香型香精不可缺少的原料。广泛应用于化妆品和皂用香精中，也少量应用配制杨梅、桑葚果酱等食品香精。β-紫罗兰酮是合成维生素A的中间体。

（1）α-紫罗兰酮　分子式$C_{13}H_{20}O$，别名4-（2,6,6-三甲基-2-环己烯-1）-3-丁烯-2-酮。无色至浅黄色液体，具有甜的、紫罗兰、木香、果香香气以及木香、水果、覆盆子味道。沸点237℃，闪点117℃，相对密度0.931，折射率（n_D^{20}）1.4980，比旋光度［α］23D+347°，闪点104℃，微溶于水，溶于乙醇、苯、氯仿、乙醚等有机溶剂。天然存在于芹菜叶、胡萝卜、葡萄、覆盆子、绿茶、金合欢油、当归油、桂花浸膏中。

紫罗兰酮是最常用的合成香料之一，在多种香型香精中起到修饰、和合、圆熟、增甜和增花香作用，是配置紫罗兰、金合欢、晚香玉、玫瑰、素心兰、桂花、铃兰等各种化妆品、香水、香皂香精的佳品。还可用于调配浆果、柑橘、茶、覆盆子、黑莓等食用香精中。在食品加香中建议用量为2.5~50μg/g。

（2）β-紫罗兰酮　分子式 $C_{13}H_{20}O$，别名4-（2,6,6-三甲基-1-环己烯-1）-3-丁烯-2-酮。无色至浅黄色液体，具有甜的、木香、果香、芳香香气以及木香、青香、水果、浆果、覆盆子味道。折射率（n_D^{20}）1.52（lit.），微溶于水，溶于乙醇等有机溶剂。天然存在于覆盆子、番茄、玫瑰花、大柱波罗尼花、琴叶岩薄荷中。β-紫罗兰酮在日用香精中应用与α-紫罗兰酮类似，是配制紫罗兰、玫瑰、金合欢、铃兰等香精的主香成分，还可用于调配樱桃、菠萝、草莓、覆盆子等食用香精中，工艺流程同α-紫罗兰酮。在食品加香中建议用量为1.6~89μg/g。

（3）γ-紫罗兰酮　分子式 $C_{13}H_{20}O$，别名4-（2,2-二甲基-6-亚甲基环己基）-3-丁烯-2-酮，几乎是无色液体，具有木香、芳香香气以及水果、覆盆子味道。在紫罗兰酮3个同分异构体中，γ-紫罗兰酮香气最优美，不溶于水，溶于乙醇等有机溶剂，沸点80℃，相对密度0.9426，折射率1.5140。α-体和β-体在自然界中均存在，但未见γ-紫罗兰酮存在于自然界中，二氢-γ-紫罗兰酮在龙涎香中有极微量存在，主要用于覆盆子、黑莓等食用香精中，在食品加香中的建议用量为10μg/g。

（4）α-甲基紫罗兰酮　分子式 $C_{14}H_{22}O$，又称α-环柠檬烯丁酮、甲基-α-紫罗兰酮、5-（2,6,6-三甲基-2-环己烯-1）-4-戊烯-3-酮。相对分子质量为206.33，无色至淡黄色油状液体，香气较甜，具有木香和紫罗兰花似的香气，伴有似紫罗兰酮香气以及鸢尾酮和金合欢醇的气息。α-甲基紫罗兰酮不溶于水，溶于乙醇等有机溶剂，沸点125~126℃/1.1kPa、97℃/0.35kPa，相对密度0.942，折射率1.4962，闪点>100℃。主要用于紫罗兰金合欢、素心兰、东方型香型等日用香精中。

（5）α-异甲基紫罗兰酮　分子式 $C_{14}H_{22}O$，呈无色至淡黄色油状液体，不溶于水，溶于乙醇等有机溶剂，是异构体的混合物，沸点93℃/0.41KPa，相对密度0.935，折射率1.5019，闪点>100℃。具有强烈、优雅的紫罗兰和鸢尾香气，并有木香香韵。是紫罗兰酮系列产品中香气最佳，最受调香师欢迎的名贵香料，广泛用于香水香精、化妆品香精和皂用香精中，是紫罗兰、金合欢、素心兰、馥奇等很多香型香精中不可或缺的重要原料，也可用于覆盆子，草莓，黑莓，口香糖等食用香精中。

（6）β-甲基紫罗兰酮　分子式 $C_{14}H_{22}O$，呈无色至淡黄色油状液体，不溶于水，溶于乙醇等有机溶剂。沸点242℃/0.35kPa，相对密度0.939，折射率1.5153。具有很甜的木香和花香香气，有似鸢尾酮和金合欢醇的气息。主要用于紫罗兰、金合欢、兰心、素心兰等日用香精，也可用于调配覆盆子、草莓、黑莓、口香糖等食用香精中。

（7）β-异甲基紫罗兰酮　分子式 $C_{14}H_{22}O$，呈无色至淡黄色油状液体，为异构体的混合物。不溶于水，溶于乙醇等有机溶剂。具有紫罗兰花香气，并伴有鸢尾和木香香韵。可用于日化香精配方中。

三、酮类香料的制备方法

酮类化合物的合成方法很多，如仲醇的氧化、脱氢、炔烃的水合、Friedel-Crafts 酰基化、羧酸催化还原——萨巴蒂埃（Sabatier）反应、弗莱斯（Fries）重排、孔达科夫（Kondakoff）反应、Claisen-Schmidt 反应和缩合反应等。

1. 仲醇氧化反应

在重铬酸钾和硫酸氧化剂的存在下，仲醇发生氧化反应生成酮（图 8-51），产率可以达到 90%以上，且酮不容易氧化，所以不需要立即分离。

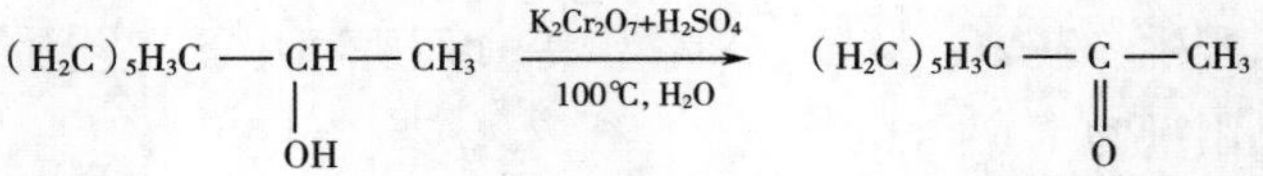

$$(H_2C)_5H_3C-\underset{\displaystyle OH}{\underset{|}{CH}}-CH_3 \xrightarrow[100℃,\ H_2O]{K_2Cr_2O_7+H_2SO_4} (H_2C)_5H_3C-\underset{\displaystyle O}{\underset{\|}{C}}-CH_3$$

图 8-51 仲醇氧化反应

2. 仲醇脱氢反应

以铜或银为催化剂，仲醇脱氢可得到纯度很高的酮（图 8-52），此方法为工业上生产酮的主要方法之一。

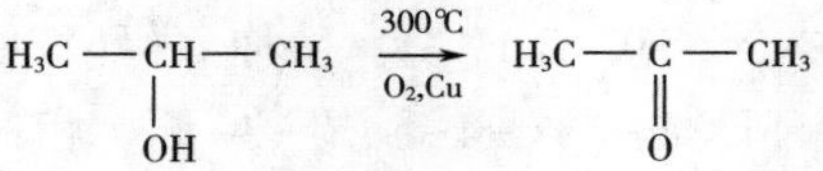

$$H_3C-\underset{\displaystyle OH}{\underset{|}{CH}}-CH_3 \xrightarrow[O_2,Cu]{300℃} H_3C-\underset{\displaystyle O}{\underset{\|}{C}}-CH_3$$

图 8-52 仲醇脱氢反应

3. 炔烃的水合反应

炔烃和水在汞盐和硫酸的存在下，可以反应生成不稳定的烯醇中间体，继而重排得到相应的酮（图 8-53）。然而，乙炔是个特例，乙炔和水反应生成乙醛，产率可达到 80%以上。

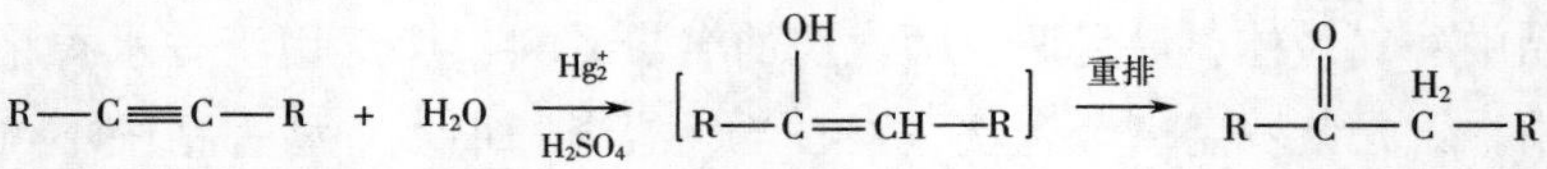

$$R-C\equiv C-R + H_2O \xrightarrow[H_2SO_4]{Hg_2^+} \left[R-\overset{\displaystyle OH}{\overset{|}{C}}=CH-R\right] \xrightarrow{重排} R-\overset{\displaystyle O}{\overset{\|}{C}}-\overset{H_2}{C}-R$$

图 8-53 炔烃的水合反应

4. Friedel-Crafts 酰基化反应

该反应（图 8-54）为制备芳香酮的重要方法之一，反应所得产物芳香酮不再继续酰基化，所以可得到高产率一元酮。

5. 羧酸催化还原——Sabatier 反应

将一种或两种不同的酸，通过附有氧化锰或氧化钍的热管道，酸可分解为酮，此法常用于工业生产（图 8-55）。

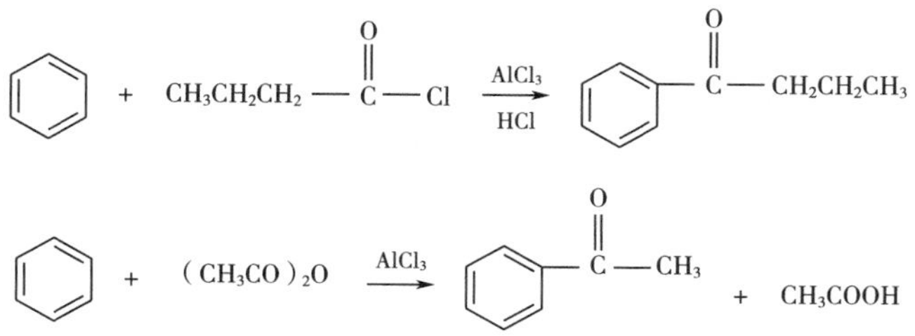

$$C_6H_6 + CH_3CH_2CH_2-\overset{\overset{O}{\|}}{C}-Cl \xrightarrow[HCl]{AlCl_3} C_6H_5-\overset{\overset{O}{\|}}{C}-CH_2CH_2CH_3$$

$$C_6H_6 + (CH_3CO)_2O \xrightarrow{AlCl_3} C_6H_5-\overset{\overset{O}{\|}}{C}-CH_3 + CH_3COOH$$

图 8-54 Friedel-Crafts 酰基化反应

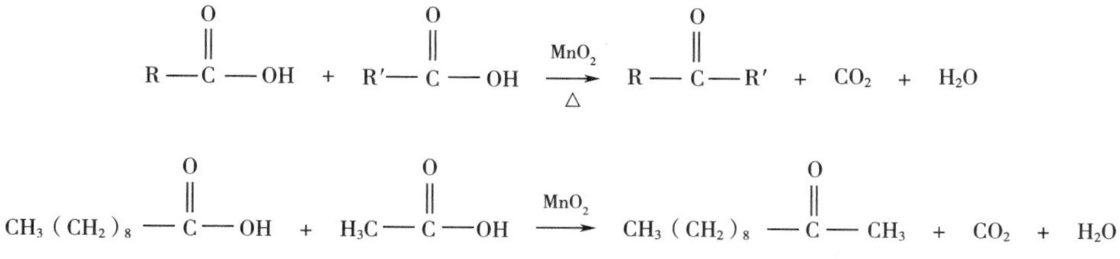

$$R-\overset{\overset{O}{\|}}{C}-OH + R'-\overset{\overset{O}{\|}}{C}-OH \xrightarrow[\triangle]{MnO_2} R-\overset{\overset{O}{\|}}{C}-R' + CO_2 + H_2O$$

$$CH_3(CH_2)_8-\overset{\overset{O}{\|}}{C}-OH + H_3C-\overset{\overset{O}{\|}}{C}-OH \xrightarrow{MnO_2} CH_3(CH_2)_8-\overset{\overset{O}{\|}}{C}-CH_3 + CO_2 + H_2O$$

图 8-55 Sabatier 反应

6. Fries 重排

在无水三氯化铝存在下，酚酯类的酰基发生重排，生成邻位或对位的酚酮类化合物。当使用硝基苯或二硫化碳为溶剂时，较低温度即可发生重排反应。一般在低温下反应时主要得到对位异构体，而高温下反应时主要得到邻位产物（图 8-56）。

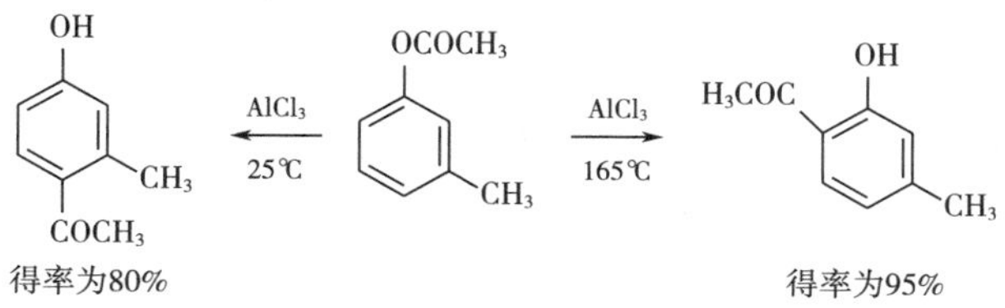

OH, CH_3, $COCH_3$ ← $AlCl_3$, 25℃ — $OCOCH_3$, CH_3 — $AlCl_3$, 165℃ → H_3COC, OH, CH_3

得率为80%　　得率为95%

图 8-56 Fries 重排

7. Kondakoff 反应

Kondakoff 反应为不饱和烃类化合物和酸酐（酰氯）在氯化锌催化下生成β，γ-不饱和酮的反应（图 8-57）。Kondakoff 反应在合成香料方面，尤其是合成萜类香料中得到应用非常广泛。

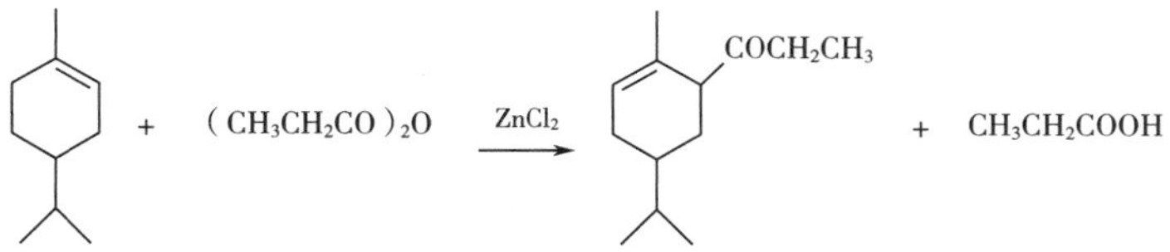

$$+ (CH_3CH_2CO)_2O \xrightarrow{ZnCl_2} (COCH_2CH_3) + CH_3CH_2COOH$$

图 8-57 Kondakoff 反应

8. Claisen-Schmidt 反应

芳香醛与脂肪醛或酮在碱性溶液中反应生成一种 α，β-不饱和醛或酮的反应，称 Claisen-Schmidt 反应（图 8-58）。

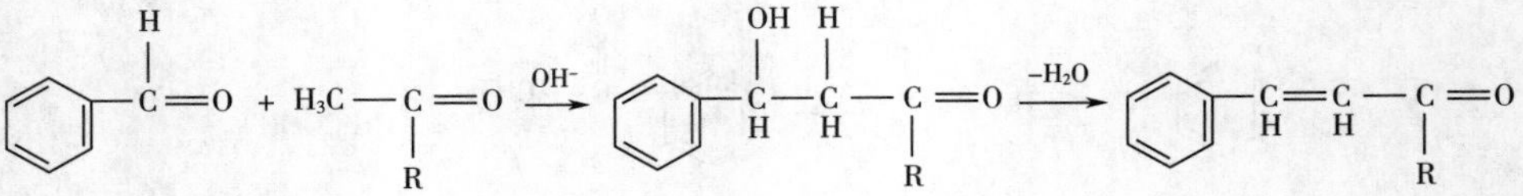

$$C_6H_5CHO + H_3C-CO-R \xrightarrow{OH^-} C_6H_5-CH(OH)-CH_2-CO-R \xrightarrow{-H_2O} C_6H_5-CH=CH-CO-R$$

图 8-58 Claisen-Schmidt 反应

9. 缩合反应

（1）克莱森（Claisen）缩合反应 酯类化合物与羰基化合物在 Na、$NaNH_2$、$NaOC_2H_5$ 等催化剂作用下，经缩合反应可以合成酮（图 8-59）。

$$CH_3COOC_2H_5 + CH_3COCH_3 \xrightarrow{碱} CH_3COCH_2COCH_3 + C_2H_5OH$$

图 8-59 Claisen 缩合反应

（2）酸酯缩合 金属钠存在时，在苯、醚等介质中，脂肪酸酯类化合物经缩合反应合成酮，主要用于大环酮类化合物的合成（图 8-60）。

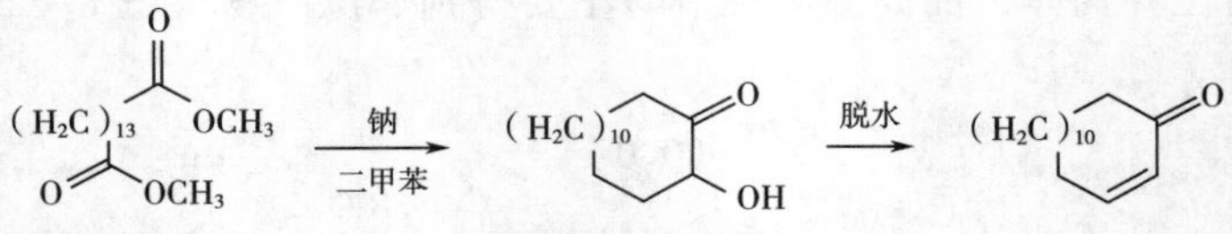

$$(H_2C)_{13}(COOCH_3)_2 \xrightarrow[二甲苯]{钠} (H_2C)_{10}\text{环}(C{=}O)CH(OH) \xrightarrow{脱水} (H_2C)_{10}\text{环}(C{=}O)CH{=}CH$$

十五碳二酸甲酯　　α-羟基环十五酮

图 8-60 酸酯缩合反应

四、酮类香料的生产工艺

以部分酮类香料为例，重点介绍它们的生产工艺。

1. 甲基异丁基甲酮的生产工艺

丙酮在氢氧化钙或氢氧化钡催化剂作用下加压缩合，生成二丙酮醇（图 8-61）。

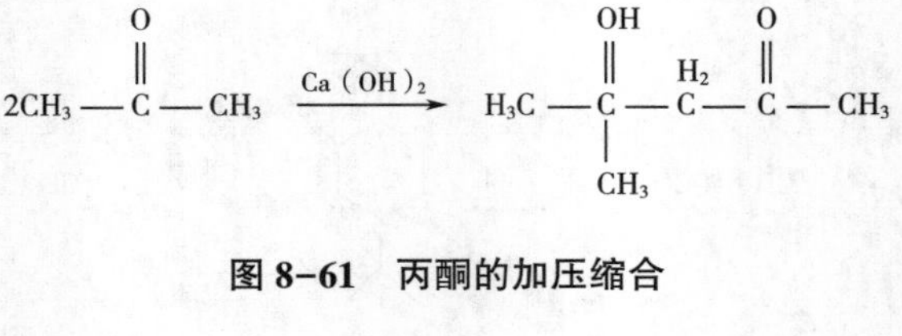

$$2CH_3-CO-CH_3 \xrightarrow{Ca(OH)_2} H_3C-C(OH)(CH_3)-CH_2-CO-CH_3$$

图 8-61 丙酮的加压缩合

二丙酮醇脱水生成亚异丙基丙酮如图 8-62 所示。

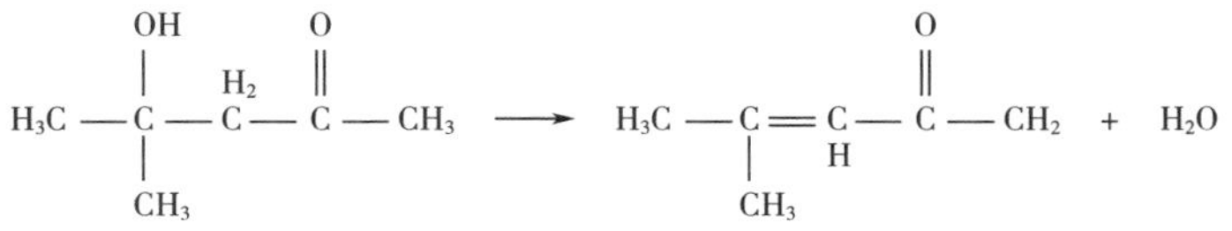

$$H_3C-\underset{CH_3}{\overset{OH}{C}}-\overset{H_2}{C}-\overset{O}{\overset{\|}{C}}-CH_3 \longrightarrow H_3C-\underset{CH_3}{C}=\underset{H}{C}-\overset{O}{\overset{\|}{C}}-CH_2 + H_2O$$

图 8-62 二丙酮醇的脱水

亚异丙基丙酮加氢生成甲基异丁基甲酮如图 8-63 所示。

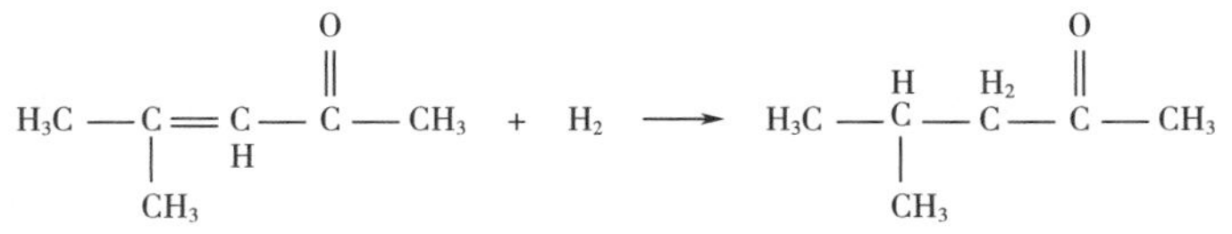

$$H_3C-\underset{CH_3}{C}=\underset{H}{C}-\overset{O}{\overset{\|}{C}}-CH_3 + H_2 \longrightarrow H_3C-\underset{CH_3}{\overset{H}{C}}-\overset{H_2}{C}-\overset{O}{\overset{\|}{C}}-CH_3$$

图 8-63 亚异丙基丙酮加氢

甲基异丁基甲酮具体生产工艺流程如 8-64 所示。

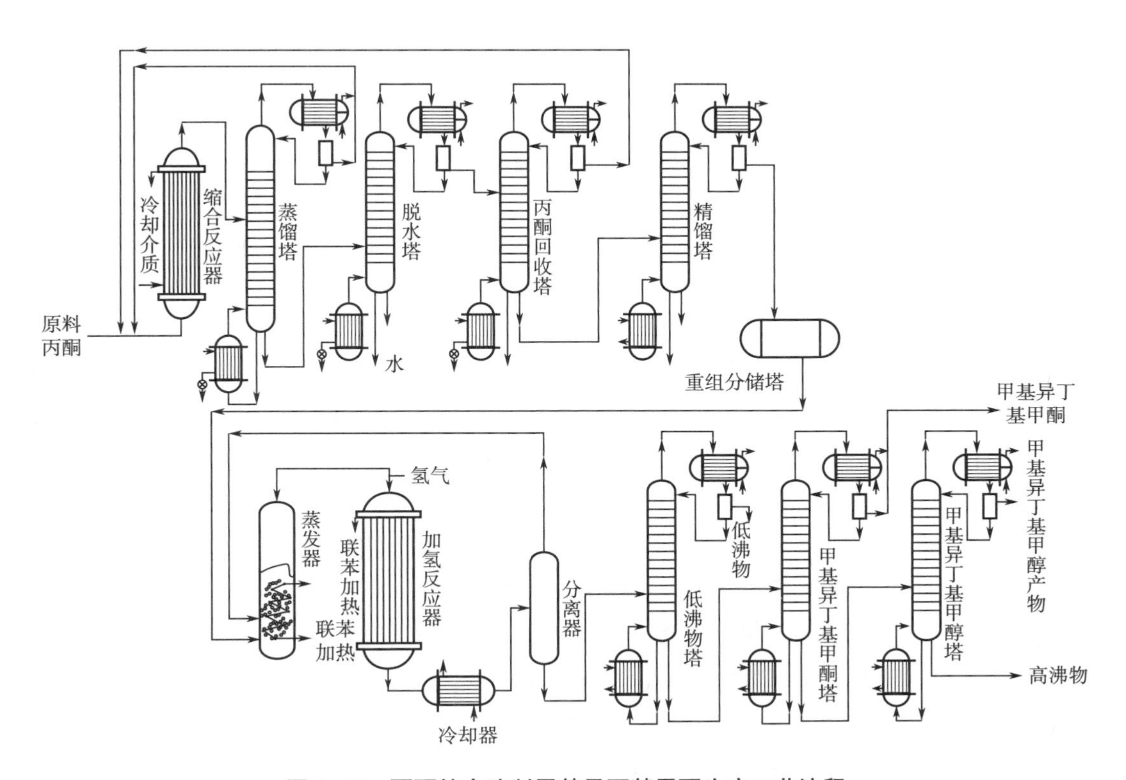

图 8-64 丙酮缩合法制甲基异丁基甲酮生产工艺流程

丙酮在氢氧化钙或氢氧化钡催化剂作用下，在 0~10℃ 环境中缩合生成二丙酮醇。液相中的固体催化剂颗粒很小，因反应是放热反应，因此缩合反应器必须附加冷却手段。反应液二丙酮醇浓度为10%~15%（体积分数），采用常压蒸馏法，将反应液浓缩至80%（体积分数），未转化的丙酮被蒸出并循环使用。

二丙酮醇在酸性催化剂（硝酸、硼酸，苯磺酸）作用下，100~120℃温度下，于脱水塔中脱水生成亚异丙基丙酮。由于二丙酮醇在加热时部分分解为丙酮，因此需要把反应物送入蒸馏塔以分离和回收丙酮。

亚异丙基丙酮经蒸发后进入加氢反应塔中，在镍或铜催化剂作用下，常压气相加氢，生成甲基异丁基甲酮。当 H_2 浓度大，反应温度大于170℃时，有甲基异丁基醇生成。反应物经初馏后进低沸物塔，得到所需产品甲基异丁基甲酮，塔底物料送入甲基异丁基甲醇塔，回收甲基异丁基甲醇。

2. DL-香芹酮的生产工艺

香芹酮的主要合成路线为：用D-苧烯，L-苧烯或DL-苧烯即双戊烯为原料，经过亚硝基氯化反应，脱氯化氢反应，水解反应物的旋光方向，得到相应的L-香芹酮、D-香芹酮和DL-香芹酮（图8-65）。

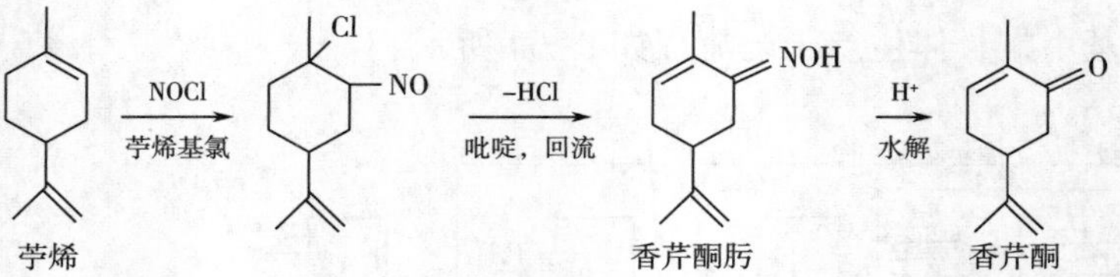

图8-65 香芹酮的合成路线

（1）原料的精制 工业双戊烯（合成樟脑生产副产物）经真空精馏，收集128~129℃/20kPa馏分，经气相色谱分析DL-苧烯含量为95%，可作为合成DL-香芹酮的原料。

（2）DL-苧烯亚硝基氯化物的制备（亚硝酸钠-盐酸法） 将95%（质量分数）的DL-苧烯与一定量的异丙醇混合加入有搅拌器的反应器中进行搅拌，冷却至-5℃（冰盐水），滴加盐酸-异丙醇溶液（120mL浓盐酸和80mL异丙醇混合液）和亚硝酸钠溶液（20.7g亚硝酸钠溶于30mL水中），滴加过程中温度控制在-5℃以下，滴加完毕后继续搅拌15min，滤去反应液，滤后用异丙醇、水依次洗涤，烘干得到白色固体产物，用乙醚重结晶得到的白色固体粉末为DL-苧烯亚硝基氯化物。

（3）DL-香芹酮肟的制备（丙酮吡啶法） 上述所得粗制DL-苧烯亚硝基氯化物加入一定量无水丙酮中，之后再加入一定量无水吡啶回流45min；冷却后倒入过量冰水中，澄清，抽滤，滤瓶用水洗涤几次。烘干得到浅黄色固体产物，用异丙醇-水重结晶得白色粉末即为粗制DL-香芹酮肟。

（4）DL-香芹酮的制备（草酸法） 将粗制DL-香芹酮肟放入一定量5%（体积分数）草酸溶液中，回流2h，用水蒸气蒸馏，馏出液用乙醚萃取，萃取液用无水硫酸钠干燥，蒸去乙醚，减压收集79~81℃/266.6Pa馏分，得到无色透明液体，有浓厚的留兰香香味，即为 DL-香芹酮产品，其中香芹酮含量可达 97%（质量分数）。

3. 异长叶烷酮的生产工艺

异长叶烷酮是一个倍半萜酮 $C_{15}H_{24}O$，具有持久的琥珀香，木香，可在多种日用香精中使用。通过还原和酯化，还可以将异长叶酮制成其他异长叶烯的衍生物，它们都是具有良好使用价值的香料品种。

马尾松重质松节油中富含长叶烯，经两次真空精密分馏后得到长叶烯含量为 80%（质量分数）以上的长叶烯馏分，可作为制备异长叶烷酮的原料。长叶烯经催化异构可得异长叶烯，一般使用的催化剂有浓硫酸、三氟化硼乙醚、对甲苯磺酸等。异长叶烯经催化氧化得到异长叶烷酮，制备方法有过苯甲酸法、过氧乙酸法、过氧化氢法和重铬酸盐法，反应如图 8-66 所示。

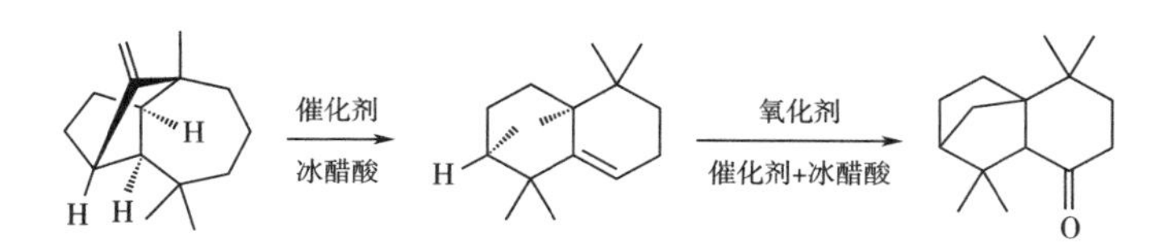

图 8-66 异长叶烷酮的制备

目前，我国已有重铬酸盐与过氧化氢法制备异长叶酮的报道，以过氧化氢法合成异长叶酮为例，该法的特点是同分异构反应和氧化反应使用同样的溶剂和催化剂，不需要将异长叶烯从异构化混合物中分离出来，可直接氧化。与重铬酸盐法比较，氧化反应中无须使用大量的浓硫酸，三废少，更适合于工业化生产（图 8-67）。

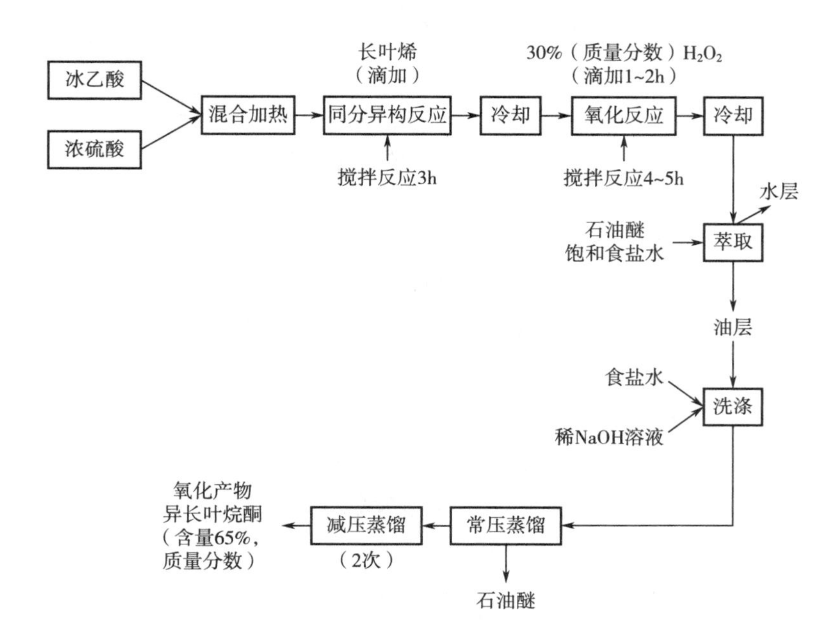

图 8-67 异长叶烷酮的工业合成路线

过氧化氢法合成异长叶烷酮常采用浓硫酸作为催化剂，在冰乙酸溶液中，室温下将长叶烯同分异构成异长叶烯，接着在同一介质中加入30%（质量分数）的 H_2O_2 溶液，将异长叶烯氧化成异长叶酮。若使异长叶烯充分氧化，过氧化氢应适当过量，但不可太过量，生成的异长叶烷酮会进一步被过氧化氢氧化（Bayer-Villiger 反应）生成内酯，过氧化氢与投入原料的摩尔比 1.1~1.4 为好。

异构反应与氧化反应都是采用硫酸作催化剂，由于异构反应混合物直接参加氧化反应，所以反应时加入的浓硫酸仍然对氧化反应有催化作用，且催化效果良好，不需另外添加催化剂。

氧化反应温度宜控制在30~50℃，氧化温度超过50℃，导致高沸点产物增多，如低于30℃，相同条件下，异长叶烯氧化不完全，氧化时间约需6~8h。

4. 对甲氧基苯乙酮的生产工艺

工业上通常以三氯化铝作为催化剂，茴香醚与乙酐反应制取对甲氧基苯乙酮。其反应式如图8-68所示。

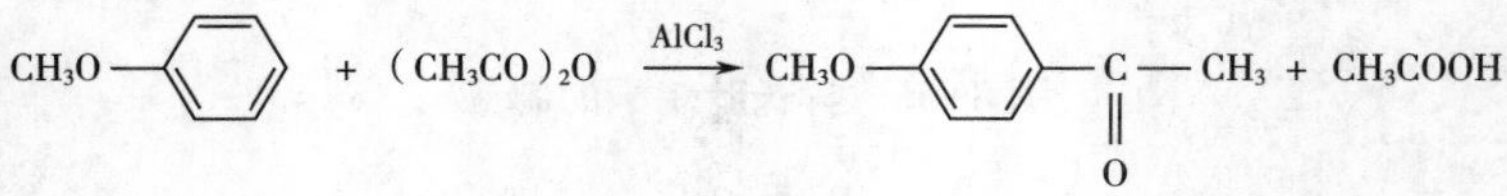

CH3O
+ (CH3CO)2O
AlCl3
CH3O
C
CH3 + CH3COOH
O

图 8-68　工业制对甲氧基苯乙酮反应式

对甲氧基苯乙酮制备工艺流程见图8-69。

茴香醚、乙酐、
三氧化铝
乙酰化
分层分离
中和水洗
分层分离
减压蒸馏
对甲氧基
苯乙酮

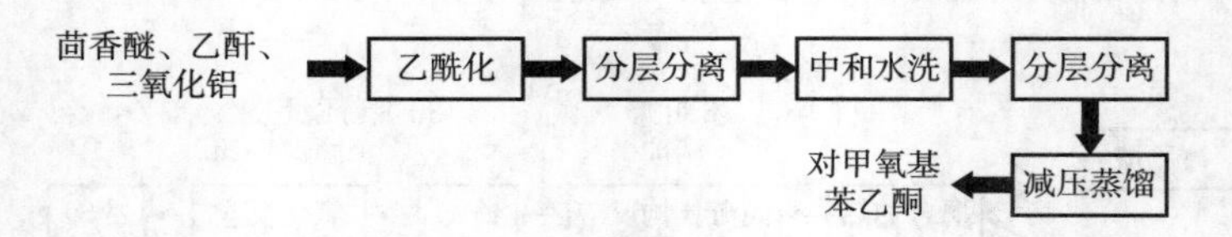

图 8-69　对甲氧基苯乙酮制备工艺

5. 紫罗兰酮的生产工艺

（1）α-紫罗兰酮的生产工艺　紫罗兰酮的制备方法有两种。

①以乙炔和丙酮为基本原料，经一系列反应生成脱氢芳樟醇，接着与乙酰乙酸乙酯生成乙酰乙酸脱氢芳樟酯，经脱羧和分子重排后得到假性紫罗兰酮，最后经环化反应制得以 α-紫罗兰酮为主的产品（图8-70）。

②以柠檬醛和丙酮为原料合成 α-紫罗兰酮。山苍子油中含有质量分数为70%~80%柠檬醛，用真空分馏将其分馏出来。柠檬醛和丙酮在氢氧化钠存在下缩合，生成假性紫罗兰酮，然后用65%（质量分数）的硫酸进行环化反应，则生成 α-紫罗兰酮为主、β-紫罗兰酮为辅的混合物。因为它们香气相似，不用分离即可用于调香。制备工艺流程如图8-71。

（2）β-紫罗兰酮的生产工艺　其制备方法主要有两种。

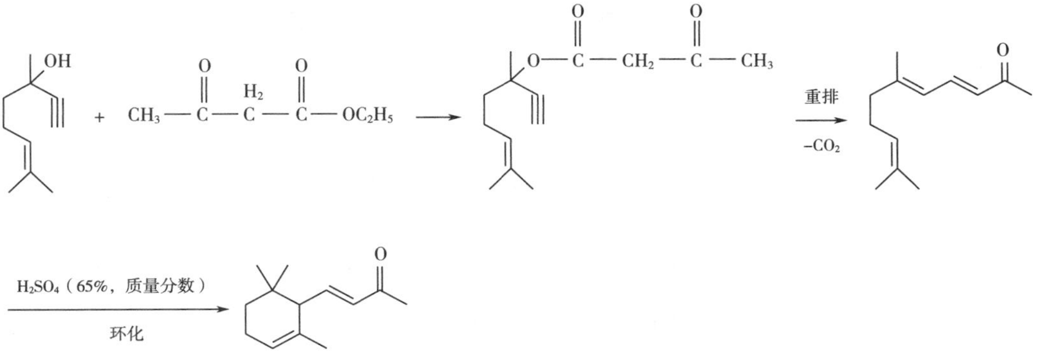

图 8-70 α-紫罗兰酮的制备

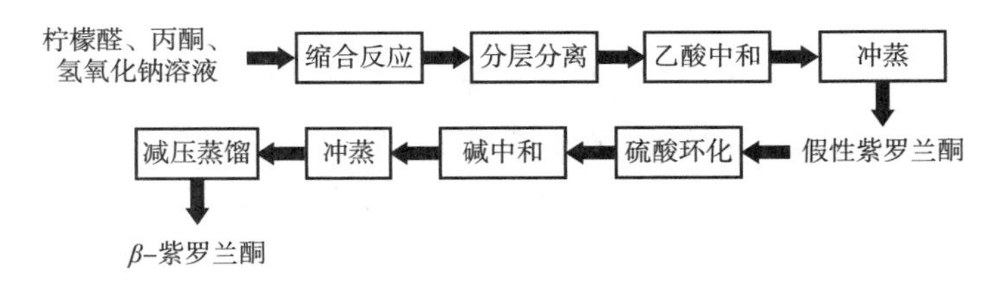

图 8-71 α-紫罗兰酮的制备工艺流程

①以柠檬醛和丙酮为原料，与α-紫罗兰酮制备方法基本相同，不同之处在于生成假性紫罗兰酮以后，用98%（质量分数）浓硫酸环化，则可生成以β-紫罗兰酮为主的产品（图 8-72）。

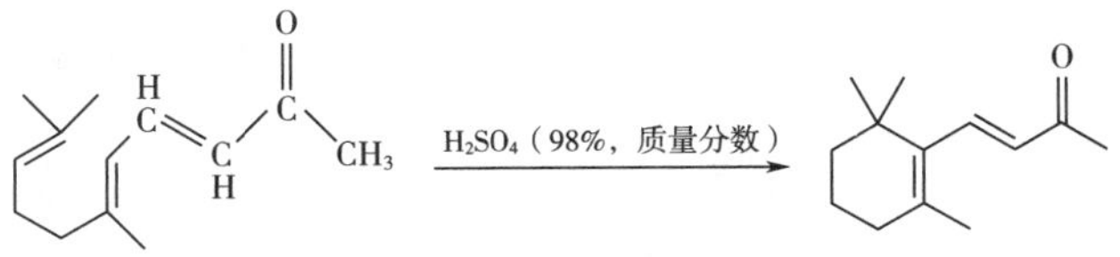

图 8-72 柠檬醛和丙酮制备β-紫罗兰酮

②经过β-紫罗兰醇氧化反应制备β-紫罗兰醇（图 8-73）。

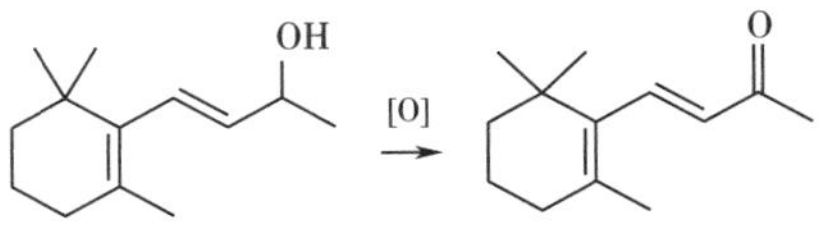

图 8-73 β-紫罗兰醇氧化反应

（3）γ-紫罗兰酮的生产工艺　γ-紫罗兰酮制备是以环香叶醇和丙酮为基本原料，经缩合反应生成β-紫罗兰酮和γ-紫罗兰酮的混合物，其混合物可以直接用于调香，也可以用精密分馏方法分离出较纯的 γ-紫罗兰酮。或者由柠檬醛与丙酮以氢氧化钾为缩合剂缩合后用稀硫酸环化成 α-和 β-紫罗兰酮混合物，再经分馏而制得。

（4）α-甲基紫罗兰酮的生产工艺　其制备方法如图 8-74 所示。

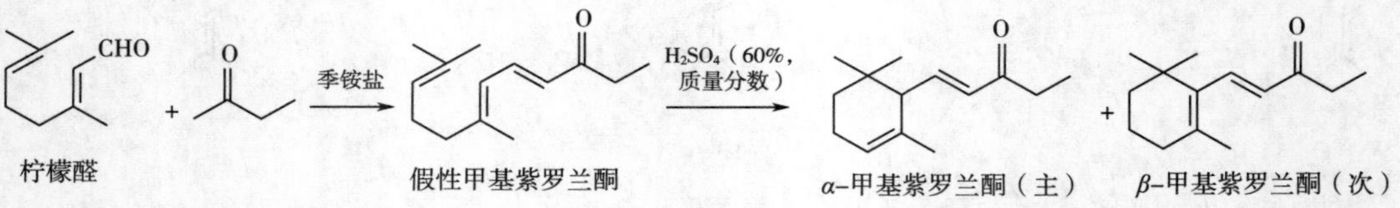

柠檬醛 + 甲基乙基酮 —季铵盐→ 假性甲基紫罗兰酮 —H_2SO_4（60%，质量分数）→ α-甲基紫罗兰酮（主）+ β-甲基紫罗兰酮（次）

图 8-74　α-甲基紫罗兰酮的制备

以柠檬醛和甲基乙基酮为原料，在季铵盐等碱性催化剂作用下，通过缩合反应首先生成假性甲基紫罗兰酮，之后经过环化反应和重排反应，得到 α-甲基紫罗兰酮和 β-甲基紫罗兰酮的混合物。

（5）α-异甲基紫罗兰酮的生产工艺　α-异甲基紫罗兰酮在制备时，柠檬醛和甲基乙基酮常在醇钠（甲醇钠或乙醇钠）碱性催化剂作用下发生缩合反应，生成假性异甲基紫罗兰酮，之后使用硫酸或者磷酸进行环化反应，得到 α-异甲基紫罗兰酮和 β-异甲基紫罗兰酮的混合物。

其制备方法如图 8-75 所示：

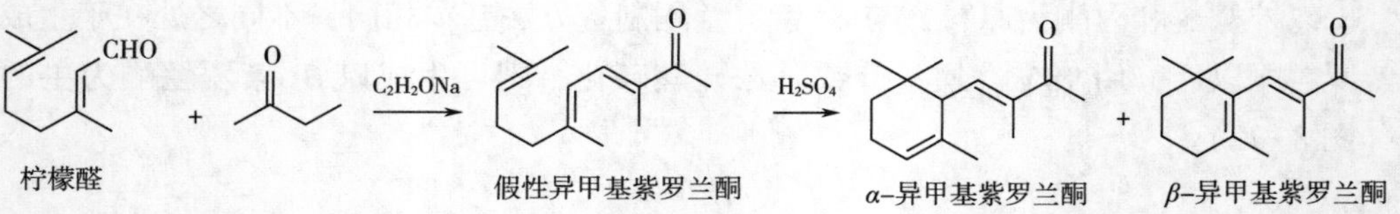

柠檬醛 + 甲基乙基酮 —C_2H_2ONa→ 假性异甲基紫罗兰酮 —H_2SO_4→ α-异甲基紫罗兰酮 + β-异甲基紫罗兰酮

图 8-75　制备 α-异甲基紫罗兰酮和 β-异甲基紫罗兰酮的混合物

（6）β-甲基紫罗兰酮的生产工艺　β-甲基紫罗兰酮制备时，在氢氧化钠碱性催化下，柠檬醛和甲基乙基酮发生缩合反应生成假性异甲基紫罗兰酮，之后使用浓硫酸，使其环化得到 β-甲基紫罗兰酮和 α-甲基紫罗兰酮的混合物。

其制备方法如图 8-76 所示：

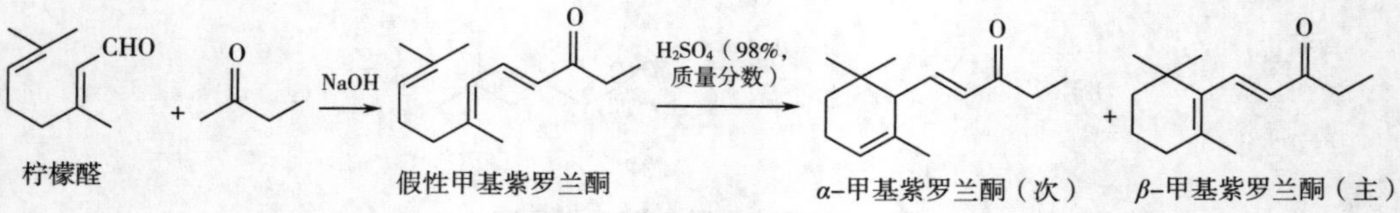

柠檬醛 + 甲基乙基酮 —NaOH→ 假性甲基紫罗兰酮 —H_2SO_4（98%，质量分数）→ α-甲基紫罗兰酮（次）+ β-甲基紫罗兰酮（主）

图 8-76　β-甲基紫罗兰酮的制备

（7）β-异甲基紫罗兰酮的生产工艺　制备时，柠檬醇和甲基乙基酮常在醇钠（甲醇钠或乙醇钠）碱性催化剂作用下发生缩合反应，生成假性异甲基紫罗兰酮，之后使用98%（质量分数）浓硫酸或磷酸进行环化反应，可以得到α-异甲基紫罗兰酮和β-异甲基紫罗兰酮的混合物。

其制备方法如图 8-77 所示：

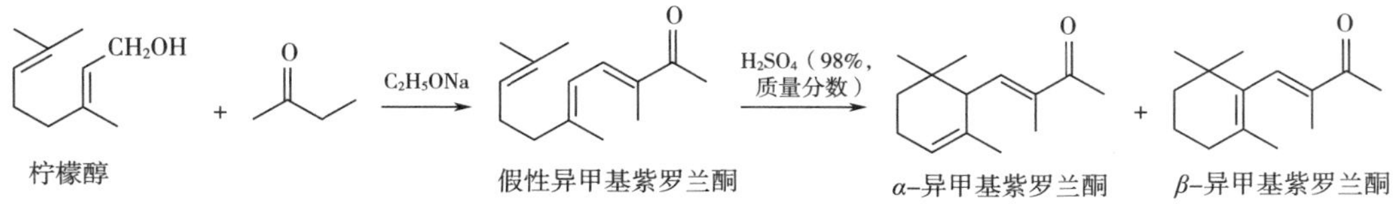

柠檬醇 + 丁酮 $\xrightarrow{C_2H_5ONa}$ 假性异甲基紫罗兰酮 $\xrightarrow{H_2SO_4（98\%，质量分数）}$ α-异甲基紫罗兰酮 + β-异甲基紫罗兰酮

图 8-77 α-异甲基紫罗兰酮和β-异甲基紫罗兰酮的混合物的制备

第三节 缩羰基类香料

一、缩羰基类香料概述

醛类和酮类香料在日化和食品香精中起着极其重要的作用，但大多数的醛和酮在化学性质上比较活泼，尤其是醛类化合物含有活泼的氢和双键，在空气、光、热等影响下极易被氧化，色泽变深，在碱性介质中容易变质，产生一些缩合、加成等反应，所以在加香产品中不够稳定。同时羰基化合物的α-碳原子的氢较活泼，在碱性介质中，也极易发生羟醛缩合反应。与羰基化合物相比，缩羰基化合物在化学性质上比较稳定，在空气和碱性介质中稳定而不变色，同时缩羰基类香料保持和改善了原来的醛类和酮类香料所具有的香气，因此缩羰基化合物在香料工业中起着较大的作用。

缩羰基类香料是近 30 年来发展较快的新型香料化合物，香气温和圆润，大多数具有花香、木香、薄荷香、杏仁香，可以增加香精的天然感，深受调香师们的欢迎。大多数缩醛类化合物要比他们原来的醛类化合物的香气圆润，如带有尖刺气息的香茅醛不受调香师的喜爱，而将其制成二甲缩香茅醛时就会变得柔和，可在配制玫瑰型香精时使用。而某些缩羰基化合物的香气与原有羰基类原料的香气不同，如正戊醛具有不受人们欢迎的气息，难以在香精中调配使用，但是与 2-甲基 2,4-戊二醇作用生成 2-丁基-4,4,6-三甲基-1,3 二氧噁烷，其香气具有薰衣草、薄荷、月桂样的气息，大幅提高了其在调香中的使用价值。

在自然界中，缩醛基类化合物存在于多种水果的挥发性香味物中，尤其是各种乙缩羰基类化合物占有相当大的比例。因而使得某些合成的缩羰基化合物可以作为“天然等同香料”而被允许使用在食品添加剂中。

二、缩羰基香料的特点和分类

缩醛类香料化合物一般分为3类：单一醇缩醛，混合醇缩醛和多元醇环缩醛。缩醛类化合物化学性质稳定，原料来源丰富，生产工艺简单，在香精中添加少量即可增加香精的天然感，在花香型、果香型、青香型香精中起协调作用。

1. 单一醇缩醛

醛和一元醇经缩合反应生成的缩醛成为单一醇缩醛。例如：乙醛二甲缩醛，学名为1,1-二甲氧基乙烷。其缩醛反应如图8-78所示：

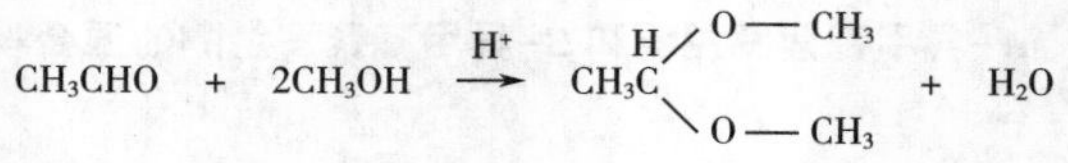

$$CH_3CHO + 2CH_3OH \xrightarrow{H^+} CH_3C(H)(O-CH_3)(O-CH_3) + H_2O$$

图8-78 单一醇缩醛反应

2. 混合缩醛

醛和2种不同的一元醇，经缩合反应生成的缩醛成为混合缩醛，例如，乙醛甲醇苯乙醇缩醛，学名为1-甲氧基-1-苯乙氧基乙烷。其缩醛反应如图8-79所示。

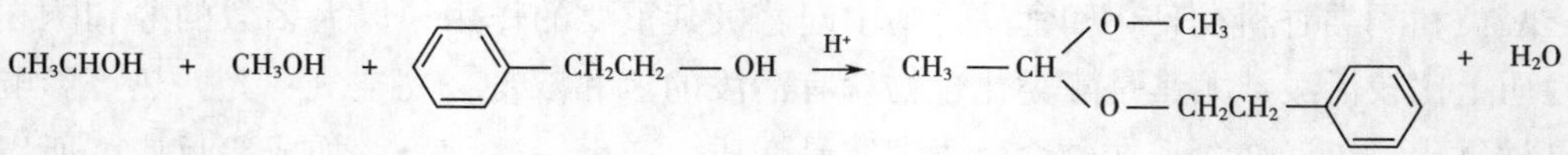

$$CH_3CHOH + CH_3OH + C_6H_5-CH_2CH_2-OH \xrightarrow{H^+} CH_3-CH(O-CH_3)(O-CH_2CH_2-C_6H_5) + H_2O$$

图8-79 醛和不同的一元醇缩合

3. 环缩醛

醛与二元醇，经缩合反应生成的缩醛成为环缩醛，例如，苯甲醛乙二醇缩醛，学名为2-苯基-1,3-二氧杂环戊烷，其缩醛反应如图8-80所示；苯甲醛-1,3-丙二醇醛，学名为2-苄基-1,3-二氧杂环已烷，其缩醛反应如图8-81所示；

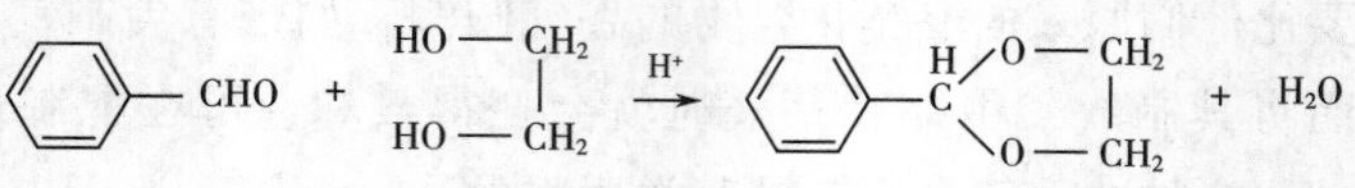

$$C_6H_5-CHO + HO-CH_2-CH_2-OH \xrightarrow{H^+} C_6H_5-CH\langle(O-CH_2-CH_2-O)\rangle + H_2O$$

图8-80 苯甲醛与1,2-乙二醇的缩合

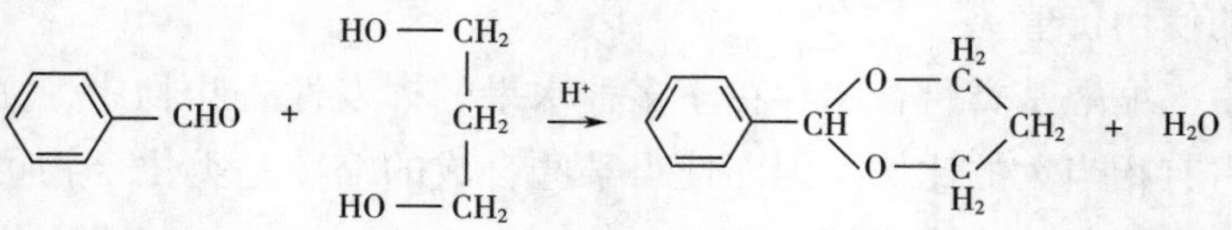

$$C_6H_5-CHO + HO-CH_2-CH_2-CH_2-OH \xrightarrow{H^+} C_6H_5-CH\langle(O-CH_2-CH_2-CH_2-O)\rangle + H_2O$$

图8-81 苯甲醛与1,3丙二醇的缩合

4. 柠檬醛二乙缩醛

柠檬醛二乙缩醛（图 8-82）又称 1，1-二乙氧基-3,7-二甲基-2,6-辛二烯、3，7-二甲基-2,6-辛二烯醛二乙醇缩醛。无色液体，具有青香、柑橘、柠檬、蜡香香气和味道，几乎不溶于水，溶于乙醇等有机溶剂。沸点 230℃，相对密度 0.874~0.879，折射率 1.452~1.455。其在碱性介质中较稳定，可作为花香型皂用、洗涤剂香精的头香剂和修饰剂，常用于配制花香型、果香型、青香型等日化香精，也可用于柠檬、白柠檬、柑橘、混合水果等食用香精中。在食品加香中建议浓度为 0.03~110μg/g。

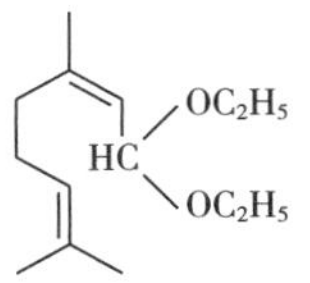

图 8-82 柠檬醛二乙缩醛

5. 苯乙酮环乙二缩酮

分子式为 $C_{10}H_{12}O_2$，别名为甲基苯基-1,3-二氧杂环戊烷（图 8-83）。相对分子质量 164.22，无色液体，具有强烈的豆香、杏仁香气。不溶于水，溶于乙醇等有机溶剂。沸点 73~75℃/66.6kPa，折射率 1.4885，可以作为果香型、木香型日用香精的定香剂，在花香型香精中可以起到协调剂的作用。

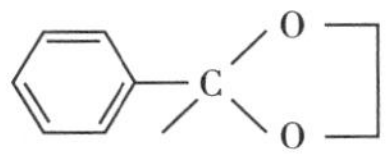

图 8-83 苯乙酮环乙二缩酮

三、缩羰基香料的制备方法

缩羰基类化合物的制备方法比较简单，一般是通过缩羰基化反应来制备。缩羰基化反应是典型的可逆反应，即在质子酸催化下，羰基化合物与一元醇或多元醇进行缩合反应，得到缩醛和缩酮。合成此类化合物的关键是尽量降低反应体系中水的浓度，使该反应向着生成缩羰基化合物的方向移动。除此之外，可采用将醇大幅过量而不除去水的直接缩合法，但在工业生产中，多数采用形成共沸物连续脱水（脱去水分或用干燥剂脱水）或用原酸酯或亚硫酸二烷基酯与羰基化合物反应，其中原甲酸酯法被认为是制缩酮的标准方法。缩合反应通式如图 8-84 所示。

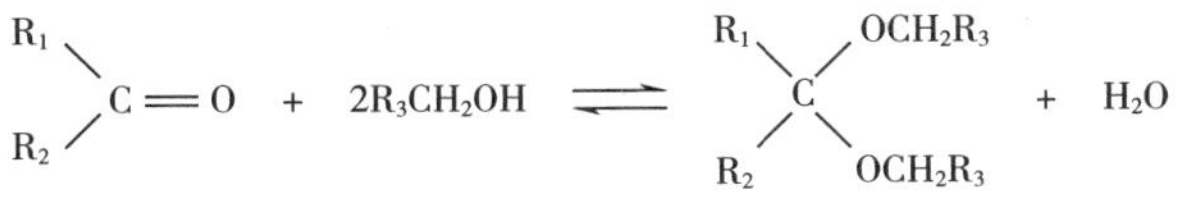

$$R_1R_2C{=}O + 2R_3CH_2OH \rightleftharpoons R_1R_2C(OCH_2R_3)_2 + H_2O$$

图 8-84 缩羰基类化合物的制备方法

缩羰基类化合物的制备方法可分为如下几种。

1. 直接缩合法

此法为制备缩醛和缩酮的常用方法。即在质子酸催化剂作用下，由醛或酮与醇直接反应来制取缩醛或缩酮（图 8-85）。共沸物连续脱水法所用的非均相共沸剂可用环己烷、苯、二甲苯、甲苯、1,2-二氯乙烷等溶剂，这些溶剂可以带走反应中生成的水，直到分水器内不再有更多的水分分出，表示反应已完成。

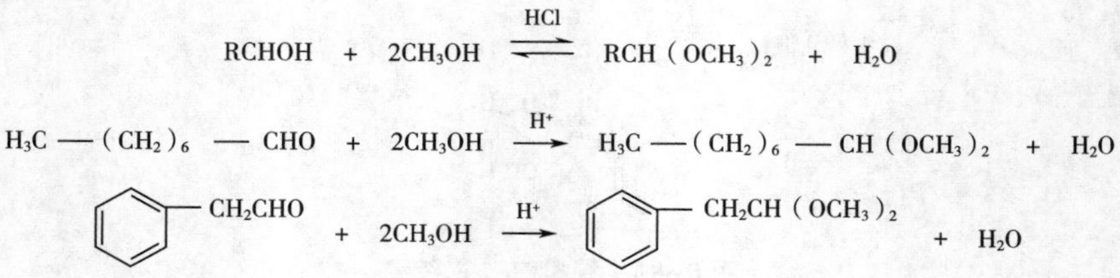

$$RCHOH + 2CH_3OH \xrightleftharpoons{HCl} RCH(OCH_3)_2 + H_2O$$

$$H_3C—(CH_2)_6—CHO + 2CH_3OH \xrightarrow{H^+} H_3C—(CH_2)_6—CH(OCH_3)_2 + H_2O$$

$$C_6H_5CH_2CHO + 2CH_3OH \xrightarrow{H^+} C_6H_5CH_2CH(OCH_3)_2 + H_2O$$

图 8-85 直接缩合法制备缩醛和缩酮

Lewis 酸可用作制备缩醛类化合物的催化剂，如氯化锌、氯化铵、氯化铁、硝酸铵等。对于缩酮类化合物一般需要用较强的酸，如盐酸、硫酸、磷酸、对-甲氧基苯磺酸。工业化生产时，对一般低碳醇类化合物与醛缩合时，常用于干燥氯化氢气体时作为催化剂。

除使用干燥氯化氢气体作为催化剂外，还可选用草酸、柠檬酸、反-丁烯二酸、阳离子交换树脂或阳离子交换膜等作为催化剂。如果合成的缩羰基化合物用作食用香精使用时，则应选用柠檬酸为催化剂为宜。而脱水剂可采用无水硫酸铜、氧化铝、分子筛等物质。

2. 原甲酸酯缩合法

在无机酸或对甲基苯磺酸催化下，醛或酮与原甲酸三酯反应，在加热回流下得到缩醛或缩酮类化合物（图 8-86）。

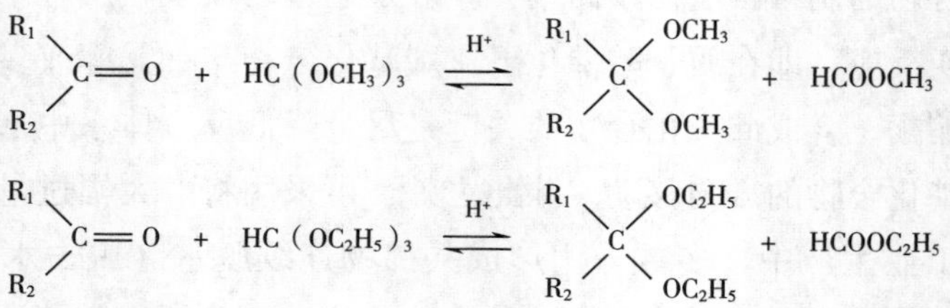

$$(R_1)(R_2)C=O + HC(OCH_3)_3 \xrightleftharpoons{H^+} (R_1)(R_2)C(OCH_3)_2 + HCOOCH_3$$

$$(R_1)(R_2)C=O + HC(OC_2H_5)_3 \xrightleftharpoons{H^+} (R_1)(R_2)C(OC_2H_5)_2 + HCOOC_2H_5$$

图 8-86 原甲酸酯缩合法

当直接用缩合法制备缩羰基类化合物得率较低时，或不能用醇直接与醛、酮缩合时，均可采用原甲酸酯缩合法。该法优点为催化剂（采用对-甲基苯磺酸时）用量少，反应条件较温和。

在原甲酸酯缩合法中，加入醇可以加快反应的速度。缩合反应中生成的水直接和反应混合物中的原甲酸酯反应生成醇和甲酸酯，平衡反应朝着生成产物的方向移动。常用的原酸酯主要有原甲酸三酯、原甲酸三甲酯、原乙酸三乙酯，它们是根据沸点和反应温度来选择的，但硫酸会使原甲酸酯分解，所以常用对-甲基苯磺酸作为质子酸催化剂。

催化剂的加入方式对缩羰基类化合物的得率影响很大。将醛或酮与催化剂对-甲基苯磺酸一起加到原甲酸酯中反应时，得率最高。如柠檬醛二乙缩醛的制备（图 8-87）。

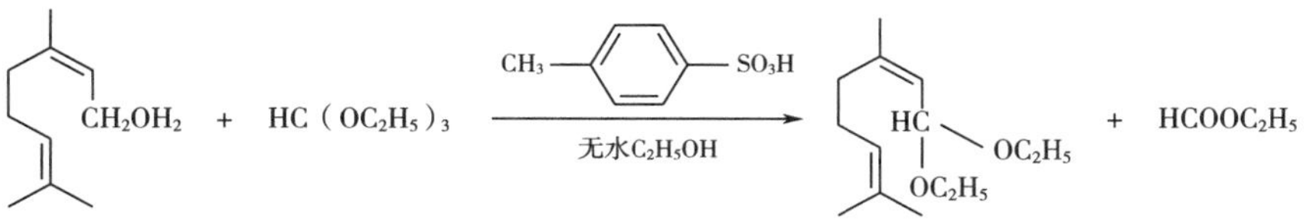

$$CH_2OH_2 + HC(OC_2H_5)_3 \xrightarrow[\text{无水}C_2H_5OH]{CH_3-C_6H_4-SO_3H} HC(OC_2H_5)(OC_2H_5) + HCOOC_2H_5$$

图 8-87 柠檬醛二乙缩醛的制备

3. 原硅酸酯缩合法

在少量无机酸催化下，醛与酮与原硅酸四酯反应，在加热回流下得到缩醛或缩酮化合物（图 8-88）。

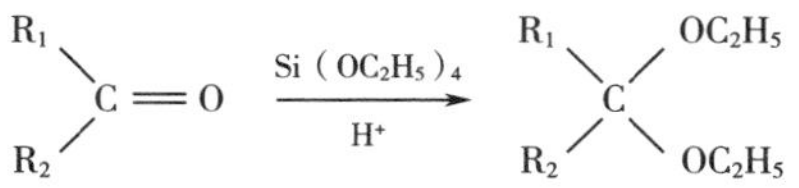

$$R_1R_2C=O \xrightarrow[H^+]{Si(OC_2H_5)_4} R_1R_2C(OC_2H_5)_2$$

图 8-88 原硅酸酯缩合法

4. 交换法

与酯的合成相似，合成缩羰基化合物时，尤其是制取缩酮时，经常使用交换法，往往可以得到高产率的缩酮（图 8-89）。

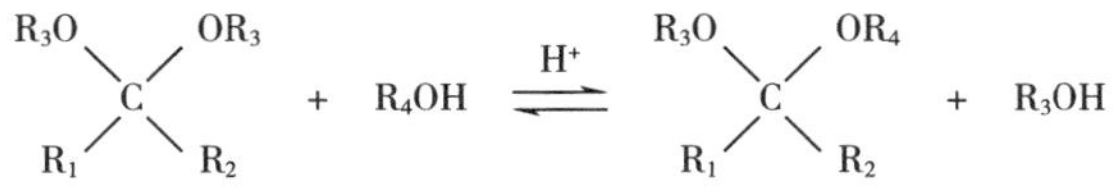

$$R_1R_2C(OR_3)_2 + R_4OH \underset{}{\overset{H^+}{\rightleftharpoons}} R_1R_2C(OR_3)(OR_4) + R_3OH$$

图 8-89 交换法制备缩酮

5. 环缩羰基类化合物制备

环缩羰基类化合物多数是用羰基化合物与多元醇（主要是二元醇）直接缩合制得。所用的催化剂有柠檬酸，草酸等，也可用活性炭负载金属钯、铂、铑、铱等作为催化剂。将羰基化合物与二元醇一起共热，同时蒸出反应过程中生成的水，即可得到环缩羰基化合物（图 8-90）。

6. 混缩羰基类化合物的制备

羰基化合物与两种不同的一元醇在酸性催化剂作用下通过缩合反应可以制得混合缩羰基化合物（图 8-91）。

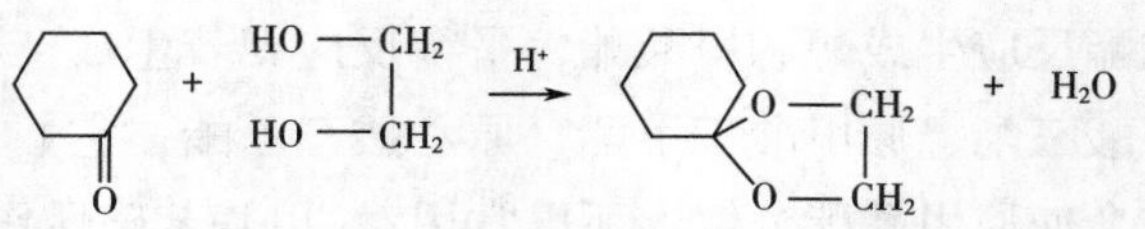

$$\text{环己酮} + \begin{matrix} HO-CH_2 \\ HO-CH_2 \end{matrix} \xrightarrow{H^+} \text{环己酮乙二醇缩酮} + H_2O$$

环己酮乙二醇缩酮

图 8-90 环缩羰基类化合物制备

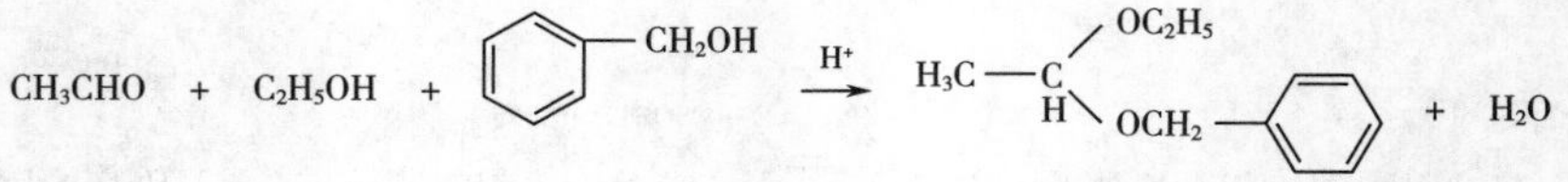

$$CH_3CHO + C_2H_5OH + C_6H_5CH_2OH \xrightarrow{H^+} H_3C-CH(OC_2H_5)(OCH_2C_6H_5) + H_2O$$

乙醛乙醇苯甲醇缩醛

（叶青素，1-乙氧基-1-本甲氧基乙烷）

图 8-91 混缩羰基类化合物的制备

四、缩羰基类香料的生产工艺

1. 柠檬醛二乙缩醛的生产工艺

柠檬醛二乙缩醛制备方法见图 8-92：

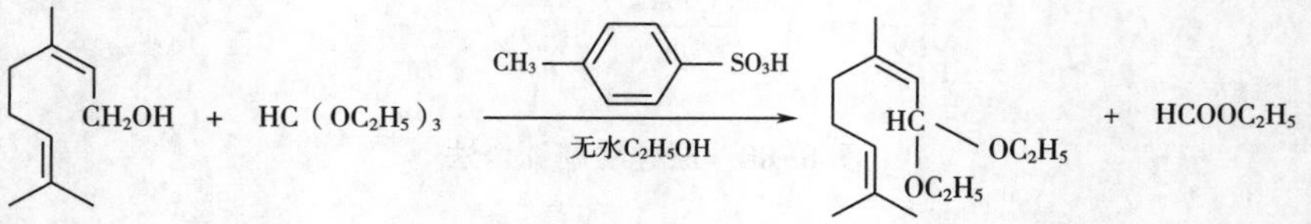

$$\text{—}CH_2OH + HC(OC_2H_5)_3 \xrightarrow[\text{无水}C_2H_5OH]{CH_3-C_6H_4-SO_3H} \text{—}HC(OC_2H_5)(OC_2H_5) + HCOOC_2H_5$$

图 8-92 柠檬醛二乙缩醛制备方法

以柠檬醛和原甲酸三乙酯为原料，在乙醇溶剂中，以对甲基苯磺酸为催化剂制取。其工艺流程如图 8-93 所示。

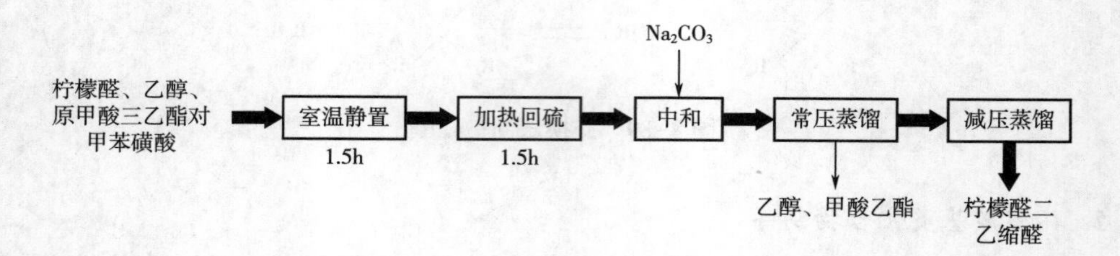

图 8-93 柠檬醛二乙缩醛制备工艺流程

2. 风信子素的生产工艺

风信子素又称乙醛乙醇苯乙醇缩醛、1-乙氧基-1-苯乙氧基乙烷，属于缩羰基化合物中的一种。它是无色液体，几乎不溶于水，溶于乙醇等有机溶剂。具有强烈清新的青叶香气，类似风信子的香韵和玫瑰的香调。沸点 110℃/670Pa，相对密度 0. 954~0. 962，折射率 1. 4780~1. 4830，闪点>100℃。因此，可用于肥皂、洗涤剂、香水和化妆品等日化香精配方中，也可少量地应用于风信子和紫丁香等花香香精中，一般作为头香剂使用。

制备方法主要有 4 种。

方法一：在酸性介质中，乙醛、乙醇和苯乙醇通过缩合反应制得（图 8–94）。

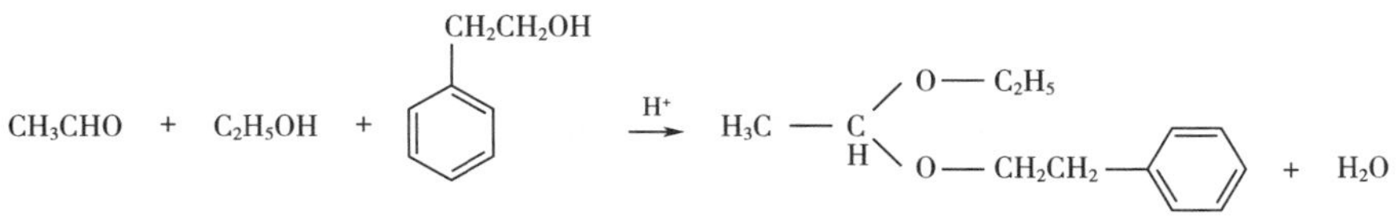

$$CH_3CHO + C_2H_5OH + C_6H_5CH_2CH_2OH \xrightarrow{H^+} H_3C-CH(O-C_2H_5)(O-CH_2CH_2-C_6H_5) + H_2O$$

图 8–94 乙醛、乙醇和苯乙醇通过缩合反应制备风信子素

方法二：以 α–氯代二乙醚和苯乙醇钠为原料制得（图 8–95）。

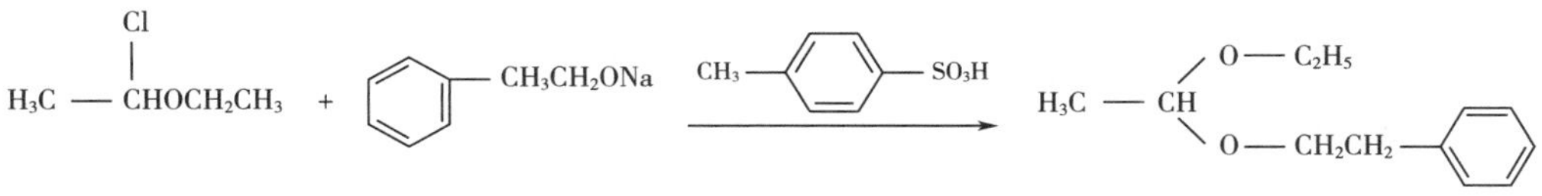

$$H_3C-CH(Cl)OCH_2CH_3 + C_6H_5-CH_3CH_2ONa \xrightarrow{CH_3-C_6H_4-SO_3H} H_3C-CH(O-C_2H_5)(O-CH_2CH_2-C_6H_5)$$

图 8–95 α–氯代二乙醚和苯乙醇钠为原料制备风信子素

方法三：由苯乙醇和乙醛二乙缩醛在酸性催化剂作用下，通过缩交换反应制得（图 8–96）。

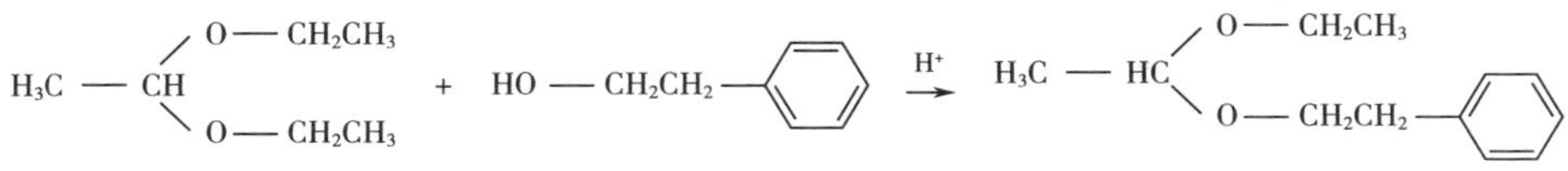

$$H_3C-CH(O-CH_2CH_3)_2 + HO-CH_2CH_2-C_6H_5 \xrightarrow{H^+} H_3C-HC(O-CH_2CH_3)(O-CH_2CH_2-C_6H_5)$$

图 8–96 苯乙醇和乙醛二乙缩醛在酸性条件下制备风信子素

方法四：由苯乙醇和乙烯基乙基醚在酸性条件下相互作用制得（图 8–97）。

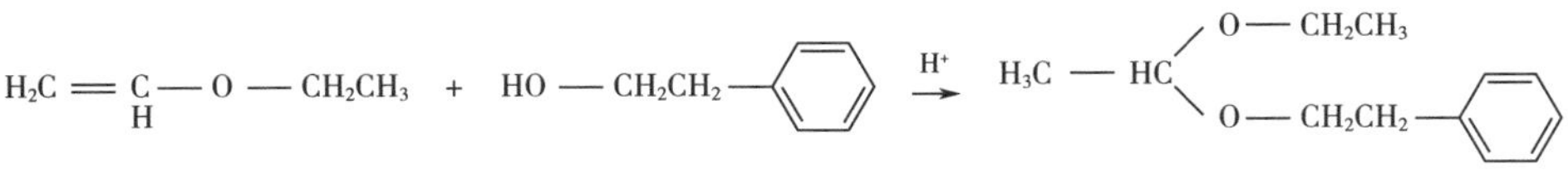

$$H_2C{=}CH-O-CH_2CH_3 + HO-CH_2CH_2-C_6H_5 \xrightarrow{H^+} H_3C-HC(O-CH_2CH_3)(O-CH_2CH_2-C_6H_5)$$

图 8–97 苯乙醇和乙烯基乙基醚在酸性条件下相互作用制备风信子素

3. 苯乙酮环乙二缩酮的生产工艺

制备方法为：以苯乙酮和乙二醇为原料，草酸为催化剂，在苯溶剂中经缩合反应制得（图 8–98），其工艺流程如图 8–99 所示。

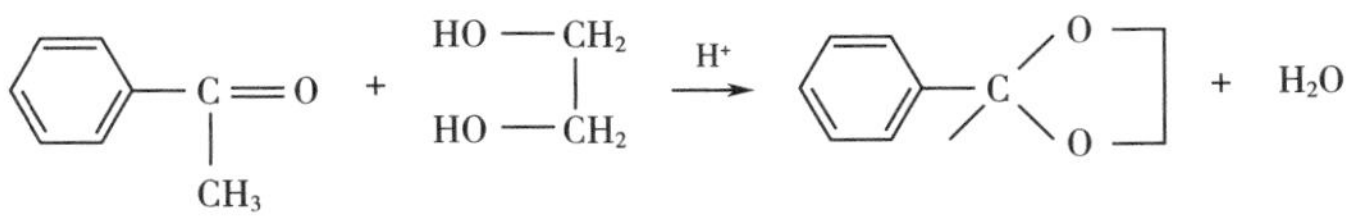

$$C_6H_5-C(=O)-CH_3 + HO-CH_2-CH_2-OH \xrightarrow{H^+} C_6H_5-C(CH_3)(OCH_2CH_2O) + H_2O$$

图 8–98 苯乙酮环乙二缩酮的制备

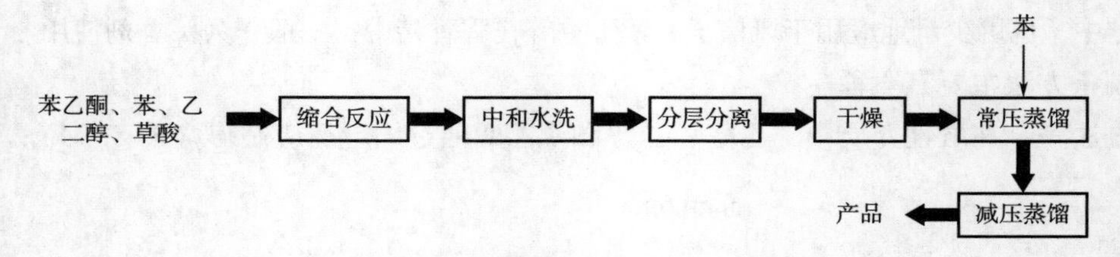

图 8-99 苯乙酮环乙二缩酮制备工艺流程

重点与难点

（1）醛、酮、缩羰基类香料分子的基本结构和分类方法；
（2）醛、酮、缩羰基类香料分子种类和理化性质；
（3）醛、酮、缩羰基类香料的制备方法和反应机制；
（4）代表性醛、酮、缩羰基类香料的生产工艺。

思考题

1. 醛类香料的常见制备方法有哪些？
2. 简述大茴香醛和龙脑烯醛的生产工艺。
3. 简述酮类香料在香料工业中的应用。
4. 酮类香料的主要制备方法？请结合实际生产举例说明。
5. 简述紫罗兰酮的分类、香味特征及其应用。
6. 简述什么是缩羰基类香料？请举例说明缩羰基类香料的制备方法。
7. 简述风信子素的香味特征、制备方法及其应用。

第九章
羧酸、酯类香料制备工艺

课程思政点

【本章简介】

本章主要介绍了羧酸、酯类香料的概念、结构特点及分类方法；羧酸、酯类香料的种类、性质、香味特征及制备方法；代表性羧酸、酯类香料化合物的制备工艺及工艺流程。

第一节　羧酸香料及其制备方法

一、羧酸香料概述

羧酸是分子中含有羧基（$-\overset{\overset{O}{\|}}{C}-OH$ 或简写为—COOH）的含氧有机化合物。除甲酸外，其余的羧酸皆可看作是烃分子中的氢被羧基取代而成的化合物，它的通式为RCOOH（脂肪酸）或ArCOOH（芳香酸）。羧酸的官能团是羧基。羧酸羧基中的羟基被某些原子或基团取代的产物称作羧酸衍生物。例如，羧基中的羟基被卤素、酰氧基、烃氧基、氨基等取代，则分别生成酰卤、酸酐、酯和酰胺等化合物。羧酸按照分子中烃基结构的不同，可分为脂肪酸、芳香酸和脂环酸以及饱和酸和不饱和酸；按照分子中羧基数目的不同又可分为一元酸、二元酸和多元酸等（图9-1）。

羧酸及其衍生物广泛存在于自然界，它们与人类生活、工农业生产关系密切。羧酸常以盐或酯的形式存在于中草药和动植物体内，特别是开链的高级羧酸常以甘油酯的形

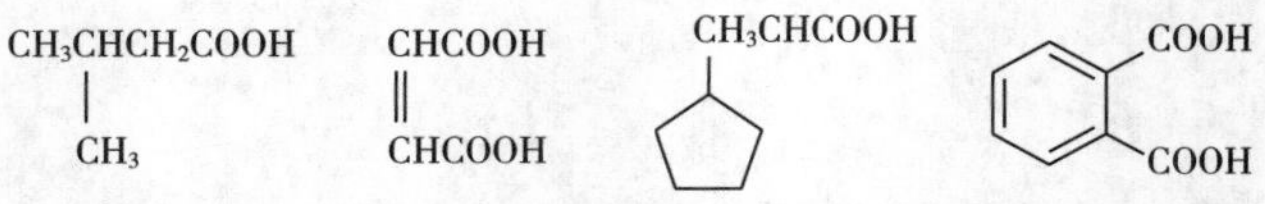

CH_3CHCH_2COOH（3 位连 CH_3）　　$HOOC-CH=CH-COOH$　　$CH_3CHCOOH$（连环戊基）　　邻位 COOH/COOH 苯环

3-甲基丁酸（一元酸）　丁二烯酸（二元酸）　2-环戊基丙酸（脂环酸）　临苯二甲酸（芳香酸）

图 9-1　羧酸

式聚集在果实、油料作物种子和动物脂肪中，因此开链的一元羧酸又称脂肪酸。许多羧酸是动植物代谢过程中的重要物质，有些羧酸及其衍生物还是有机合成中极为重要的原料。羧酸烃基中的氢原子被其他原子或基团取代的产物称作取代酸。它们广泛存在于自然界，是生物体的重要代谢产物。

在室温下，10 个碳原子以下的饱和一元羧酸是液体，其中甲酸至丙酸是具有刺激性的无色液体，丁酸至壬酸是具有腐臭气味的油状液体，癸酸以上是无气味的蜡状固体，二元羧酸和芳香酸均为结晶固体。羧基是亲水基，可与水形成氢键。低级脂肪酸与水混溶；从戊酸开始，随着碳链增长，水溶性迅速降低，高级脂肪酸通常不溶于水，而易溶于乙醇、乙醚等有机溶剂。直链饱和一元脂肪酸的沸点随相对分子质量的增加而升高。由于羧酸分子间能形成一对氢键，其键能比相应醇分子间的氢键键能大，一些低级脂肪酸即使在气态时还可以双分子缔合体的形式存在。

根据羧基以及受羧基影响的 α-氢，羧酸可以发生如图 9-2 所示反应。

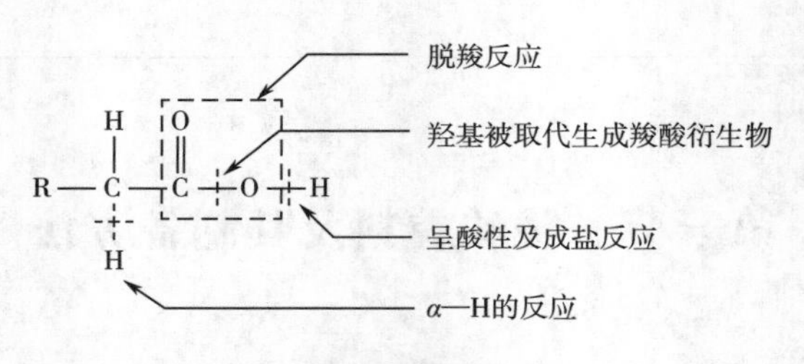

图 9-2　羧酸反应图

1. 弱酸性

羧酸的酸性如图 9-3 所示。

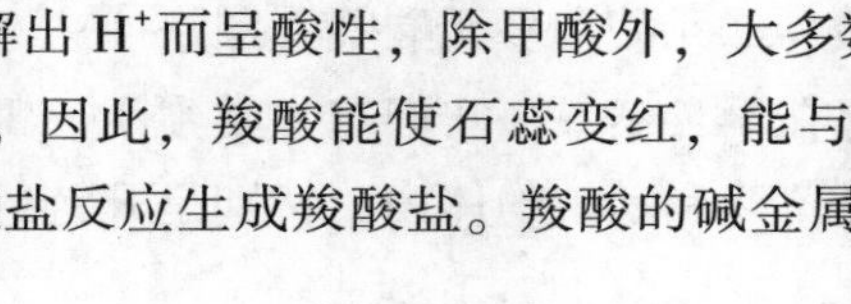

$$R-C(=O)-O-H \rightleftharpoons RHC(\overset{\cdots}{-}OH)_2^{-} + H^+$$

图 9-3　羧酸的酸性

羧酸在水溶液中可离解出 H^+而呈酸性，除甲酸外，大多数饱和一元羧酸都是弱酸，比碳酸和苯酚的酸性要强。因此，羧酸能使石蕊变红，能与强碱作用，还能与碳酸盐（或碳酸氢盐）等强碱弱酸盐反应生成羧酸盐。羧酸的碱金属盐和铵盐都可溶于水，它们遇强酸又析出原来的羧酸。利用这一性质可分离、提纯羧酸，把不溶于水的羧酸转变成可溶性的盐，直接配成溶液使用。

2. 脱羧反应

在通常情况下，羧酸中的羧基比较稳定，但在特殊条件下羧酸可失去羧基放出 CO_2，这一反应称为脱羧反应。一元饱和脂肪酸的钠盐、钙盐等与强碱作用发生脱羧反应。如乙酸钠与碱石灰共熔，脱羧得甲烷（图 9-4）。

$$CH_3COONa \xrightarrow[\triangle]{NaOH,CaO} CH_4 + CO_2$$

图 9-4 羧酸的脱羧反应

芳香酸脱羧比脂肪酸容易脱羧，通常加热到熔点以上便可脱羧，如果有碱参与则更容易脱羧（图 9-5）。

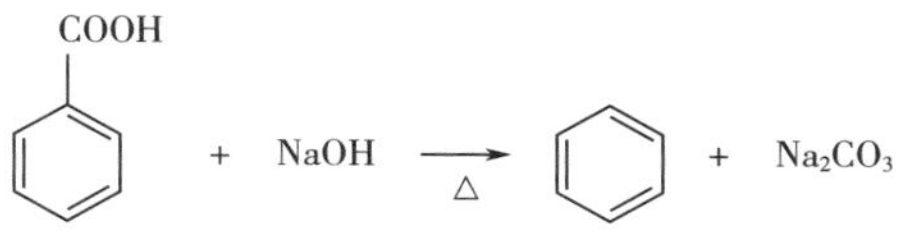

$$C_6H_5COOH + NaOH \xrightarrow{\triangle} C_6H_6 + Na_2CO_3$$

图 9-5 芳香酸的脱羧反应

此外，脱羧反应在动植物体内普遍存在，它们在酶的作用下进行。如乙酸脱羧生成甲烷（图 9-6）。

$$CH_3COOH \xrightarrow{脱羧酶} CH_4\uparrow + CO_2\uparrow$$

图 9-6 乙酸脱羧反应

3. α-氢的卤代反应

羧基是吸电子基团，在饱和脂肪酸中烃基的 α-氢原子比较活泼，可被卤素取代生成 α-卤代酸。这一反应与醛、酮的卤代相似，但羧基的吸电子能力比羰基小，因此羧酸的 α-氢的卤代比醛、酮的 α-氢卤代困难。因此，α-氢卤代反应必须在碘、硫或红磷等催化剂作用下进行，生成一卤代酸。卤代反应可连续进行，直到全部 α-氢都被卤代（图 9-7）。

$$\underset{}{CH_3COOH} \xrightarrow[P]{Cl_2} \underset{一氯乙酸}{CH_2ClCOOH} \xrightarrow[P]{Cl_2} \underset{二氯乙酸}{CHCl_2COOH} \xrightarrow[P]{Cl_2} \underset{三氯乙酸}{CCl_3COOH}$$

图 9-7 α-氢的卤代反应

4. 还原反应

羧酸很难用催化氢化法直接加氢还原，但用强还原剂如氢化铝锂（LiAlH）能顺利地将羧酸直接还原成伯醇。脂肪族酸类在铜铬催化剂和高温高压下会发生还原反应生成醇类，或直接用强还原剂如氢化铝锂也可生成醇类（图 9-8）。这是制备伯醇的方法之一。

$$R—COOH \xrightarrow{LiAlH_4} R—CH_2OH$$

$$CH_2=\underset{H}{C}—\overset{H_2}{C}—COOH \xrightarrow{LiAlH_4} H_2C=CH—CH_2—CH_2OH$$

图 9-8　羧酸的还原反应

除此之外，在高温、高压下，用铜、锌、铬酸镍等作催化剂，通过加氢也可以将羧酸还原成醇。这是工业上生产醇的方法之一。

5. 裂解反应

饱和或不饱和脂肪酸裂解成为碳氢化合物、烯炔和环状化合物的混合物。例如，十一烯酸就是由蓖麻酸裂解而得（图 9-9）。

$$CH_3(CH_2)_5CHOHCH_2CH=CH(CH_2)_7COONa \longrightarrow CH_3(CH_2)_5CH_2OH + H_2C=CH(CH_2)_8COONa$$

图 9-9　蓖麻酸的裂解反应

二、羧酸类香料的特点和分类

羧酸尤其是脂肪族羧酸，广泛分布于天然产物中，它们是植物的花、叶和果实中的酯类和脂肪的组成成分。苯甲酸、水杨酸、没食子酸和桂酸等少数的芳香族羧酸，是以游离和结合的形式存在于天然的植物中。但如今工业上使用的这些羧酸大部分是合成的。

羧酸类香料化合物除在发酵和加热的食品挥发性成分中含量较高外，一般以酯的形式广泛存在于天然食品和加工食品中。大多数羧酸一般没有愉快的香气，但少数几种羧酸在日化香精和食品香精中却是不可缺少的，如乙酸、丁酸、异戊酸、十四酸、草莓酸、桂酸、苯乙酸、山梨酸等都是调香中重要的香味成分，有些甚至可以直接应用于食品行业中作为调味剂使用。食用羧酸类香料有的具有典型的香气特征，如 2-甲基-2-戊烯酸具有草莓的特征香气，5（或 6）-癸烯酸具有牛乳的特征香气，4-乙基辛酸具有羊膻气息。另外羧酸是酯类的母体，香料中所用的各种酯类，大部分是从羧酸酯化而得，羧酸的酯类化合物大都具有愉快、甜美的果香、酒香、花香，在调香配方中占有很大的比例。此外，羧酸也广泛用作基本原料，是合成酯类香料的重要中间体。

美国食品香料与萃取物制造者协会（FEMA）不定期公布的安全（GRAS）食品香料名单中羧酸类香料有 128 种。我国的《食品安全国家标准　食品添加剂使用标准》（GB 2760—2014）中规定的允许使用的羧酸类香料共有 78 种（其中 6 种没有 FEMA 号）。从食用香料的结构来看，可分为饱和脂肪酸类、不饱和脂肪酸类、芳香酸类、多元酸类、氧代酸类、氨基酸类、其他类等羧酸类香料。

1. 饱和脂肪酸类

按照结构不同，饱和脂肪酸可分为直链脂肪酸和支链脂肪酸。一般具有酸香、果香香气，用于调配水果香精和酒用香精。饱和高级脂肪酸香气较弱，一般具有微弱的蜡脂香和乳香，可用于调配乳味香精；饱和支链脂肪酸与同碳的直链脂肪酸相比，香气阈值低，相同浓度下香气强度大，如戊酸的香气阈值为0.94~3mg/L，而2-甲基丁酸的香气阈值为10~60μg/L。

2. 不饱和脂肪酸类

不饱和脂肪酸主要包括一烯酸和二烯酸。一般具有甜香、果香、青香、酸香香气，是调配水果香精的重要原料。不饱和高级脂肪酸同饱和高级脂肪酸相似，香气较弱，具有微弱的蜡脂香和乳香，可用于调配乳味香精和肉味香精。

3. 芳香酸类

芳香酸是指分子结构中含有苯环的羧酸，具有微弱的香脂气息。羟基苯甲酸具有酚酸气息，苯氧乙酸具有微弱的玫瑰香气，它们微量用于调配食用香精，主要用于合成相应的酯类香料化合物。苯乙酸、3-苯基丙酸和肉桂酸都具有甜香，用于调配具有甜韵的果香型和花香型食用香精。

4. 多元酸类

多元酸是指分子结构中含有至少两个羧基的羧酸。多为固体，有独特的酸味，可作为酸度调节剂（如柠檬酸、苹果酸、酒石酸）微量用于调配水果香精中；甘草酸钾和甘草酸铵可作为甜味剂用于食品中。

5. 氧代酸类

氧代类化合物分子结构中除含有羧基外，还含有酮羰基。一般具有酸香、甜香、乳香和微弱的烤香，可用于调配乳香型、焦糖香型食用香精，也可微量用于肉香型的食用香精中。

6. 氨基酸类

氨基酸是指分子结构中含有氨基的羧酸。除个别氨基酸如L-谷氨酸和DL-异亮氨酸具有一定的烤香和焦糖香香气外，一般氨基酸基本上没有什么香气。作为香料，氨基酸主要用于与还原糖进行美拉德反应，生产反应型香精，如肉味香精、乳味香精、咖啡香精等。氨基酸及其盐具有不同的味道，有的作为增味剂用于食品中（如L-丙氨酸、谷氨酸钠），有的氨基酸盐作为营养性添加剂用于加工食品中（如L-赖氨酸-L-天门冬氨酸盐、L-赖氨酸盐酸盐等）。

7. 其他类

除以上介绍的羧酸外，目前分子结构中含有脂环状结构的羧酸，如顺和反-2-戊基环丙烷羧酸、4-（2,2,3-三甲基环戊基）-丁酸、环己烷基甲酸、环己烷基乙酸、白脱酸、4-（2,2,3-三甲基环戊基）-丁酸、环己烷基甲酸、环己烷基乙酸等具有酸香和微弱的甜香和果香，可用于调配水果和乳味香精。（3-甲氧基4-羟基）苯基羟基乙酸、

2-羟基丙酸（称为乳酸）属于羟基酸，具有酸香、乳香和脂香，可用于调配乳味香精。硫代乙酸、2-巯基丙酸（称为硫代乳酸）、3-巯基丙酸属于含硫的羧酸，具有酸香和肉香，可用于调配肉味香精，增加香精的透发性和肉感。白脱酸为从黄油中得到的混合羧酸，具有乳香和脂香，可用于调配牛乳、黄油等乳味香精。

羧酸化合物本身不仅可以用来调配食用香精，还可大量用于合成酯类食用香料，使得食用香料的品种日益增多。近年来科研工作者对美拉德反应研究逐步深入，氨基酸被用于生产反应型食用香精，使得香精的品种得到丰富，质量得到提高。

三、羧酸类香料的制备方法

羧酸类香料的制备有许多方法，下面介绍几种常用的方法。

1. 氧化反应制备羧酸类香料

醇和醛均可直接氧化生成羧酸类香料，这是制备羧酸类香料的主要方法之一。伯醇氧化时，首先生成醛，醛再进一步氧化成羧酸。醛的氧化最常用的氧化剂是高锰酸钾的酸性或碱性水溶液。用悬浮在碱液中的氧化银作氧化剂可使反应极温和且选择性地进行。氧化反应制备羧酸类香料如图 9-10 所示。

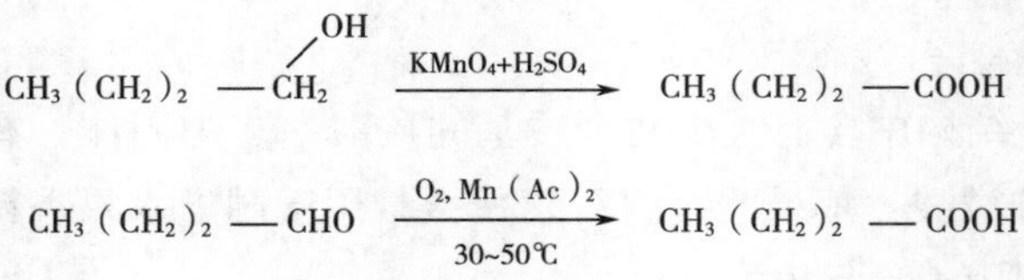

$$CH_3(CH_2)_2—CH_2OH \xrightarrow{KMnO_4+H_2SO_4} CH_3(CH_2)_2—COOH$$

$$CH_3(CH_2)_2—CHO \xrightarrow[30\sim50℃]{O_2,\ Mn(Ac)_2} CH_3(CH_2)_2—COOH$$

图 9-10　氧化反应制备羧酸类香料

此外，也可采用催化氧化脱氢法由醛制备羧酸。催化氧化脱氢法是利用氧气或空气中的氧气为氧化剂将醛类氧化成相应的羧酸，因氧气的来源十分丰富且价廉，同时很少有三废污染，故在工业上被广泛采用。操作条件一般是在较高温度和催化剂（铜盐、钴盐、锰盐、钒盐等）作用下，于常压或加压状态下进行连续气相反应。如由丁醛制备丁酸、由异戊醛制备异戊酸、由 2-甲基戊烯-2-醛制备 2-甲基戊烯-2-酸均可采用此工艺。

2. 水解反应制备羧酸类香料

（1）酯的水解　羧酸酯在酸性或碱性介质中进行水解反应，生成相应的羧酸（图 9-11）。

$$RCOOR' + H_2O \xrightarrow{H^+或OH^-} RCOOH + R'OH$$

图 9-11　酯的水解反应制备羧酸类香料

酯的水解常在碱性 KOH、NaOH、Ba（OH）$_2$ 或 Ca（OH）$_2$ 水溶液进行，称为皂化反应。这一反应能够使酯的水解更完全，并且能与不皂化物分离。羧酸盐溶于水，而不皂化物却不溶于水，因而成为两相，通过分层达到纯化的目的。如用油脂（脂肪酸甘油酯）制备脂肪酸时一般采用皂化工艺。

（2）腈的水解 腈在酸或碱催化下可水解生成相对应的羧酸，实际是腈基先水解成酰胺，酰胺再水解成相应的酸。在大多数情况下，是将腈直接水解生成羧酸，而不分离出酰胺。但当处理很难水解的腈时，分离酰胺则是必要的。腈的水解是制备脂肪酸、芳香酸和杂环酸的最重要方法之一，其制备方法如图 9-12 所示。

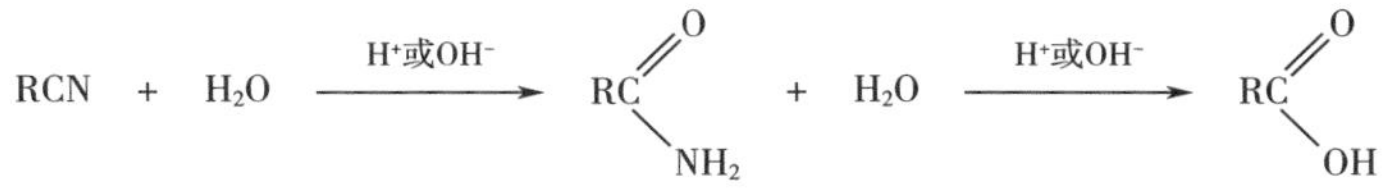

$$RCN + H_2O \xrightarrow{H^+或OH^-} RC(=O)NH_2 + H_2O \xrightarrow{H^+或OH^-} RC(=O)OH$$

图 9-12 腈的水解反应制备羧酸

3. 酰化反应制备羧酸类香料

芳烃和二元酸酐发生酰基化反应，是合成芳酮酸的主要方法（图 9-13）。

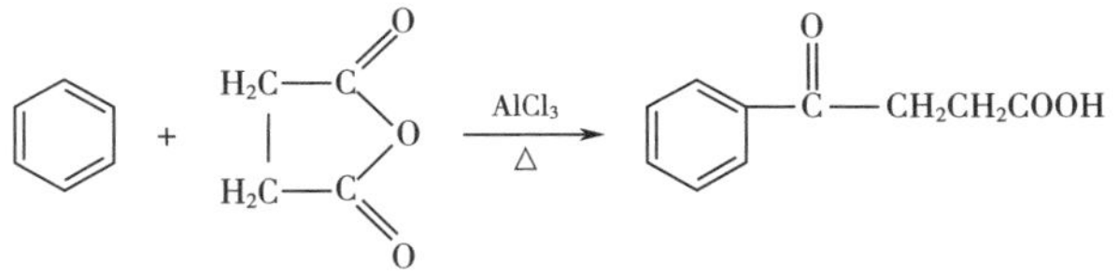

$$C_6H_6 + (H_2C-CO)_2O \xrightarrow[\Delta]{AlCl_3} C_6H_5-C(=O)-CH_2CH_2COOH$$

图 9-13 酰化反应合成芳酮酸

4. 热解法制备羧酸类香料

热解法只适用于某些特殊的例子。例如从蓖麻油或蓖麻酸甲酯热解，可以得到庚醛和十一烯酸。但实际上最好不要直接将蓖麻油热解，通常是将蓖麻油制成蓖麻酸甲酯或乙酯后处理。具体操作是，将过量的甲醇或乙醇与蓖麻油在硫酸存在下加热回流，可发生酯交换反应使甘油酯转化为甲酯或乙酯。

蓖麻酸甲酯热解的产物主要是庚醛和十一烯酸。混合物中的庚醛可以采用水蒸气重蒸分离，然后再减压分馏将庚醛提纯或加入亚硫酸氢钠溶液至裂解油中，使 $NaHSO_3$ 与庚醛形成溶于水的加成物再与十一烯酸甲酯分离。残留液中含有十一烯酸甲酯，经皂化反应后得到十一烯酸，然后再用减压分馏加以精制。十一烯酸本身不适宜用作香料，但以它为原料可以合成很多种香料，如十一烯醛、壬醇、壬醛、环十五内酯等。

四、羧酸香料的生产实例

1. 苯甲酸的生产工艺

以甲苯液相空气氧化生产苯甲酸的工艺过程如图 9-14 所示。液相空气氧化以乙酸钴为催化剂，其用量为 100～150μg/g。反应温度为 150～170℃，压力为 1MPa。甲苯、乙酸钴（2%水溶液）和空气连续地从氧化塔的底部进入，反应物的混合除了依靠空气的鼓泡外，还借助氧化塔中下部反应液的外循环。

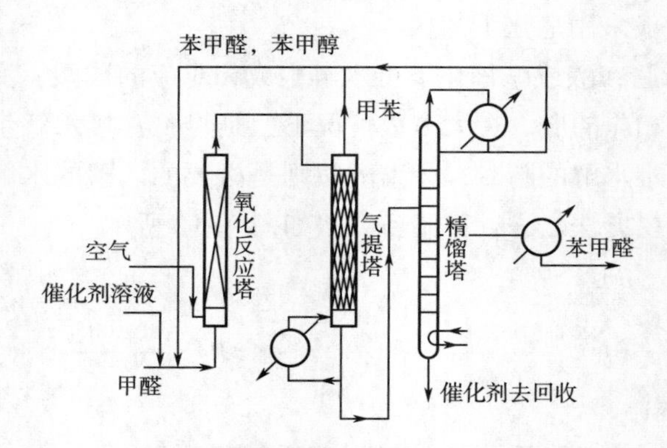

图 9-14　苯甲酸的工业生产工艺流程

2. 柠檬酸的生产工艺

柠檬酸（$C_6H_8O_7$）又称 3-羟基-3-羧基-1，5-戊二酸，是无色结晶，具有令人愉快的酸味。目前我国生产柠檬酸制备方法主要以白薯为原料，经发酵和 2 个阶段的提取进行制备。

（1）薯干粉深层发酵工艺　我国采用的薯干粉发酵工艺流程如图 9-15、图 9-16 所示。白薯干经粉碎、搅拌、灭菌处理后制成液化醪后，开始进入发酵阶段。发酵温度为 35℃左右，发酵时间为 4d。当酸度不再上升，残糖降到 2g/L 以下时，立即用泵将发酵液送到储罐中进行柠檬酸提取。

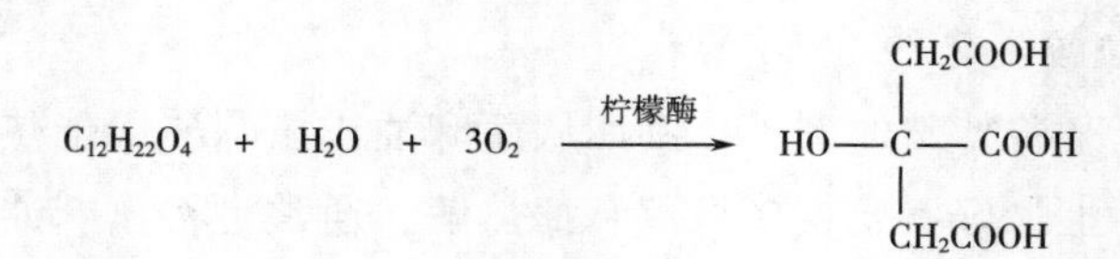

图 9-15　薯干粉的深层发酵

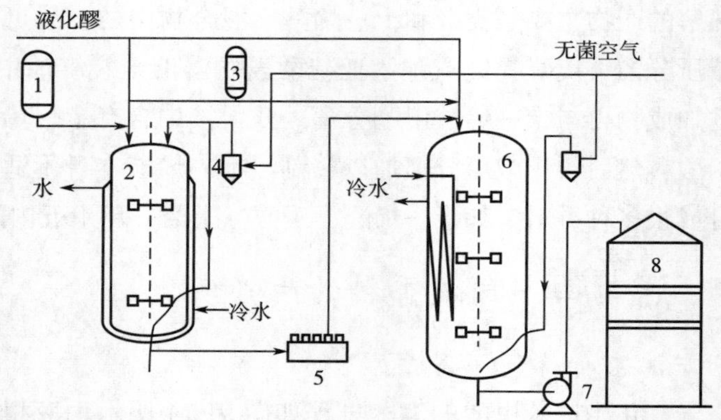

1—硫酸铵罐；2—种子罐；3—消泡剂罐；4—分过滤器；5—接种站；6—发酵罐；7—泵；8—发酵醪罐。

图 9-16　我国薯干粉发酵工艺流程

（2）柠檬酸的提取制备　在发酵液中，除含有主要产品柠檬酸之外，尚含有残糖、菌体、蛋白质、色素、无机盐、有机盐等各种杂质，必须经过提取工艺处理后才能得到符合质量要求的柠檬酸，其工艺流程如图 9-17 所示。

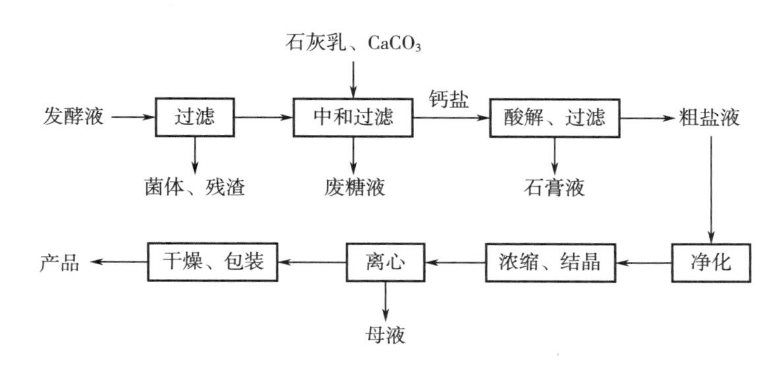

图 9-17　柠檬酸提取工艺流程

第二节　酯类香料及其制备方法

一、酯类香料概述

据报道，酯类化合物可分为 15 大类共计约 300 余种。根据酸的种类，酯可分为无机酸酯和有机酸酯，前者如硫酸氢甲酯 CH_3OSO_3H，后者如乙酸乙酯 $CH_3COOCH_2CH_3$；根据烃基的种类，酯可分为脂肪酯、芳香酯及环酯，如乙酸乙酯为脂肪酯，乙酸苯酯为芳香酯，糠酸甲酯则为环酯。

无机酸酯由无机酸与醇作用而成，常见化合物有硫酸二甲酯、磷酸三甲苯酯、亚磷酸三苯酯、硼酸三甲酯等；有机酸酯由有机酸与醇作用而成，有脂肪酸酯类、芳香酸酯类等。醇或酚与酰卤或酸酐、醇与烯酮类、游离酸与脂肪族重氮衍生物反应也可生成酯。酯的名称是根据相应的羧酸和醇或酚的名称而来，如“某酸某酯”，环状的酯称为内酯（Lactone）。酯类化合物的化学性质主要表现在以下几个方面。

1. 酯的水解、醇解、氨解反应

酯类化合物的水解、醇解、氨解反应都属于加成-消除反应，可用图 9-18 所示通式表达。

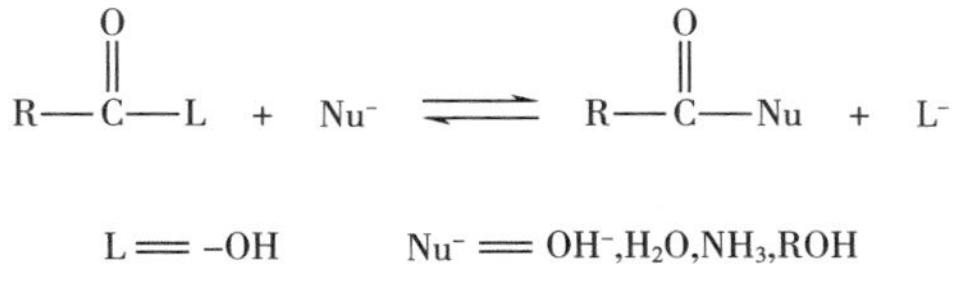

$$R-\overset{\overset{\displaystyle O}{\|}}{C}-L + Nu^- \rightleftharpoons R-\overset{\overset{\displaystyle O}{\|}}{C}-Nu + L^-$$

$$L = -OH \qquad Nu^- = OH^-, H_2O, NH_3, ROH$$

图 9-18　酯的加成-消除反应历程通式

（1）酯的水解反应

①碱性水解（皂化反应）：酯在碱性溶液中水解生成羧酸盐和醇即皂化反应（图9-19），是不可逆反应，这是肥皂工业的基本反应。

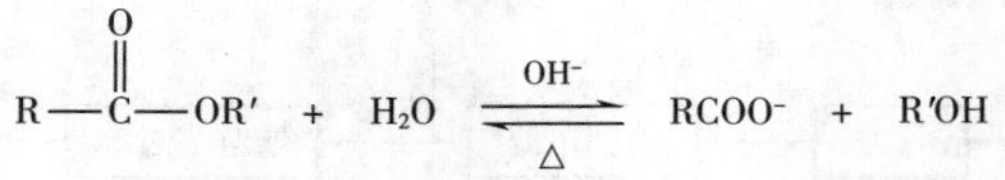

$$R-\overset{O}{\overset{\|}{C}}-OR' + H_2O \xrightleftharpoons[\triangle]{OH^-} RCOO^- + R'OH$$

图 9-19 酯的碱性水解反应

②酸性水解：酯在稀酸中水解生成酸和醇（图9-20），反应较缓慢，是可逆反应。

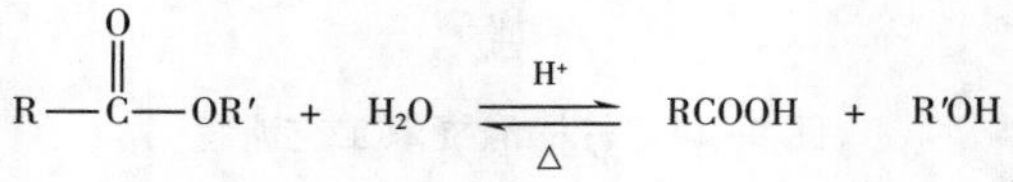

$$R-\overset{O}{\overset{\|}{C}}-OR' + H_2O \xrightleftharpoons[\triangle]{H^+} RCOOH + R'OH$$

图 9-20 酯的酸性水解反应

③蒸汽水解：高压水蒸气和185~300℃高压水在镁、锌或钙氧化物催化剂作用下，可以直接将油脂水解生成高质量的脂肪酸，如化妆品工业用的硬脂酸即用此法生产。

④酶水解：蓖麻籽经磨碎、甩滤和发酵而得到的酶对于羧酸酯的水解非常有效，虽反应缓慢，但能在常温（约35℃）和常压下进行反应。

（2）酯的醇解反应　酯的醇解反应又称酯交换反应，即醇分子中的烷氧基取代了酯中的烷氧基。酯交换反应不但需要酸催化，而且反应是可逆的。较高级醇一般很难与羧酸直接酯化，往往是先制得较低级醇的酯，再利用酯交换反应，即可得到所需要的酯（图9-21）。

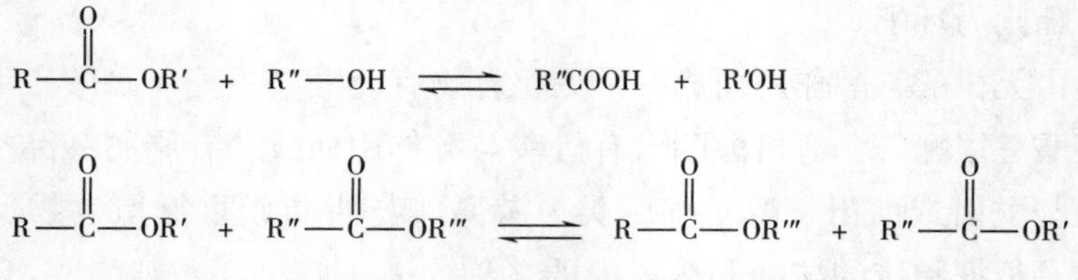

$$R-\overset{O}{\overset{\|}{C}}-OR' + R''-OH \rightleftharpoons R''COOH + R'OH$$

$$R-\overset{O}{\overset{\|}{C}}-OR' + R''-\overset{O}{\overset{\|}{C}}-OR''' \rightleftharpoons R-\overset{O}{\overset{\|}{C}}-OR''' + R''-\overset{O}{\overset{\|}{C}}-OR'$$

图 9-21 酯的醇解反应

（3）酯的氨解反应　酯与氨或胺反应生成酰胺或取代酰胺。在反应过程中氨或胺作为亲核试剂首先发生亲核反应，然后经消除后完成亲核取代反应。氨解不需要加入酸碱等催化剂，因氨或胺本身就是碱，这是与水解、醇解、酸解的不同之处。

2. 酯的缩合反应

酯的缩合反应是指含有α-活泼氢的酯类在醇钠、三苯甲基钠等碱性试剂的作用下，发生缩合形成β-酮酸酯类化合物的反应，又称为克莱森（酯）缩合反应。如乙酸乙酯在乙醇钠作用下缩合得到乙酰乙酸乙酯。若反应在不同的酯之间进行，则被称为交叉酯缩合（图9-22）。

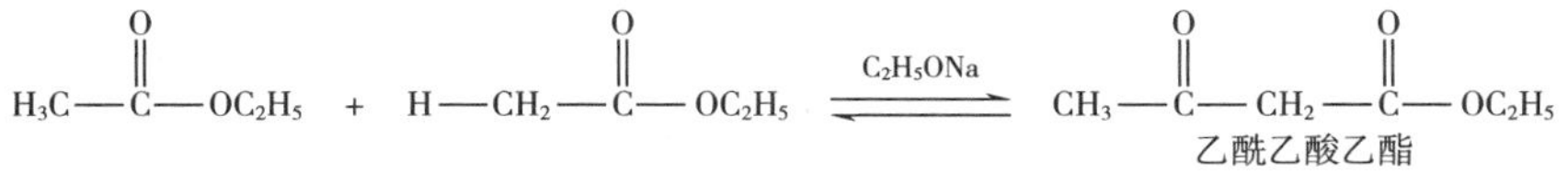

$$H_3C-\overset{\overset{O}{\|}}{C}-OC_2H_5 + H-CH_2-\overset{\overset{O}{\|}}{C}-OC_2H_5 \xrightleftharpoons{C_2H_5ONa} CH_3-\overset{\overset{O}{\|}}{C}-CH_2-\overset{\overset{O}{\|}}{C}-OC_2H_5$$

乙酰乙酸乙酯

图 9-22 酯的缩合反应

3. 酯的还原反应

由于酯分子中含有羰基，因此可以被还原。工业中常使用催化加氢法，然而近年来常使用更高效的还原剂氢化铝锂对酯进行还原（图 9-23）。

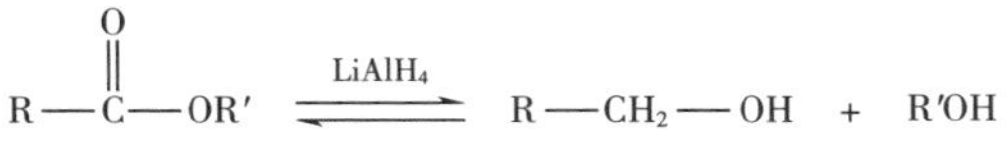

$$R-\overset{\overset{O}{\|}}{C}-OR' \xrightleftharpoons{LiAlH_4} R-CH_2-OH + R'OH$$

图 9-23 酯的还原反应

二、酯类香料的特点和分类

酯类香料是指由羧酸和醇类合成的酯类化合物，是香料中很重要的一类，约占香料品种总数的 20%。此外，它们在自然界分布很广，在植物的根、茎、叶、果实、种子、树皮、花等部位或某些动物分泌物中存在。

根据合成所用的原料不同，大体可分为脂肪族羧酸酯、芳香族羧酸酯、含烯炔不饱和键的羧酸酯等。酯类香气的类型、强度和特性与它们的结构有关。酯类化合物无论是高级或低级脂肪酸所生成的酯都是有气息的，高级脂肪酸酯的气息为油脂气，而其他酯类化合物也都具有一定的香气，其香气与它的分子结构有一定的关系。

（一）由脂肪族羧酸和脂肪族醇所生成的酯

这类酯一般都具有果香香气。例如甲酸异戊酯具有苹果、草莓、梅子的香气；乙酸异戊酯具有生梨的香气；己酸烯丙酯又称凤梨酯，具有菠萝的香气。

1. 甲酸异戊酯

结构式见图 9-24。

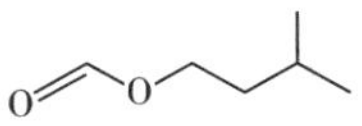

图 9-24 甲酸异戊脂结构式

甲酸异戊酯是无色油状液体，微溶于水，溶于乙醇、乙醚等有机溶剂，几乎不溶于甘油，沸点 124℃，闪点 53℃。具有特有的浓甜的水果香气，似黑醋栗、李子、梅子样的香味，有易扩散的酒香和苹果头香以及甜的味道。天然存在于朗姆酒、新鲜苹果、菠萝蜜、草莓、醋中。主要用于调配樱桃、杏子、香蕉、杏仁、坚果、菠萝、草莓、苹果、菠萝蜜、桃子以及朗姆酒等食用香精，在食品加香中的建议用量为 2～28μg/g，在口香糖中的用量可达到 250μg/g。

2. 乙酸异戊酯

结构式见图 9-25。

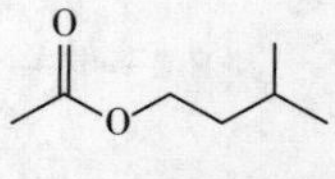

乙酸异戊酯为无色液体，几乎不溶于水、丙二醇、甘油，溶于乙醇等有机溶剂，折射率 n_{20}/D 1.4（lit.）。存在于天然香料、可可豆中，具有愉快的香蕉香味，可用于素心兰、桂花、风信子等重花香型和重的东方型等香精中，可赋予新鲜花果头香和提调香气的效果。乙酸异戊酯是我国规定允许使用的食用香料，可用于配制雪梨、苹果、香蕉、菠萝、杨梅等香型，起主香剂的作用，因此广泛用作各种食用果味香精。此外，在烟用香精中使用，能与烟香协调，可减少卷烟中的土腥气，但微有辣喉的感觉。

图 9-25 乙酸异戊脂结构式

（二）由脂肪族（或芳香族）羧酸和芳香族（或脂肪族）醇所生成的酯

这类酯一般具有花香和果香香气，如甲酸苄酯具有似杏子、菠萝甜味；甲酸苯乙酯具有兰花、菊花香气；乙酸苄酯具有茉莉花香气。

1. 甲酸苄酯

结构式见图 9-26。

甲酸苄酯是无色液体，冷却时会固化，微溶于水，溶于乙醇等有机溶剂。熔点 3.6℃，沸点 203℃，相对密度 1.081，折射率 1.511~1.513。具有水果、樱桃、杏仁香气以及甜的、樱桃、草莓、果香味道，天然存在于酸果蔓的果实以及玫瑰净油中，主要用于调配樱桃、苹果、坚果、杏仁、覆盆子、草莓、生梨、坚果、香蕉、蜜香、桃子、菠萝、巧克力等食用香精和酒用香精。在食品加香中的建议用量为 2.4~12μg/g。

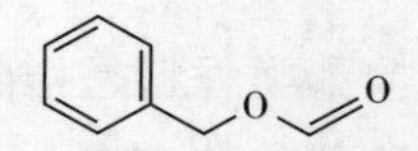
图 9-26 甲酸苄酯结构式

2. 甲酸苯乙酯

结构式见图 9-27。

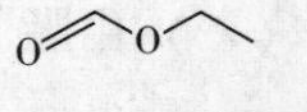

甲酸苯乙酯是无色至微黄色液体，相对密度 1.060~1.066，折射率 1.5060~1.5100，闪点 93℃以上，溶于 4 体积乙醇中，酸值<1.0。具有青香、玫瑰、近似风信子及菊花的香气，并带有水果、未成熟梅子的甜味。天然存在于水果及花香中，主要用于铃兰、兰花、丁香、玫瑰、水仙、风信子等日用香精中，与苯乙醇同用可为苯乙醇提升香气。少量用于苹果、杏、香蕉、樱桃、桃子、生梨、梅子等食用香精中，在食品加香中的建议用量为 1~15μg/g。

图 9-27 甲酸苯乙酯结构式

3. 乙酸苄酯

结构式见图 9-28。

乙酸苄酯别名为乙酸苯甲酯，无色液体，不溶于水和甘油，微溶于丙二醇，溶于乙醇，折射率 n_{20}/D 1.502（lit.）。乙酸苄酯具有茉莉、铃兰花香、粉香及水果香气，稀释到 40μg/g 具有甜的水果味道，天然存在于依兰、苦橙花油、茉莉、风信子、晚香玉、橙花、草果、覆盆子、红茶、红酒、丁香、威士忌、樱桃中。

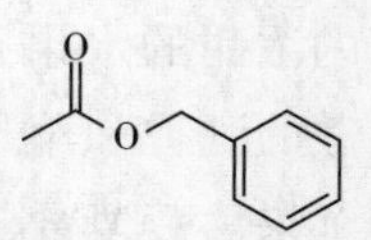
图 9-28 乙酸苄酯结构式

（三）由芳香族羧酸和芳香族醇所生成的酯

这类酯一般香气较弱，多为膏香香气。如桂酸苄酯具有甜琥珀样膏香；水杨酸苄酯具有苏合膏香和秘鲁膏香。由于这些酯类香料沸点较高，黏度较大，故有很好的定香作用，能够增强香精的稳定性。

1. 桂酸苄酯

结构式见图 9-29。

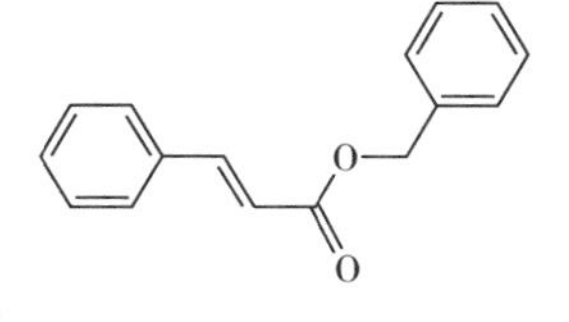

图 9-29 桂酸苄酯结构式

桂酸苄酯是一种白色至微黄色粒状或粉状结晶，凝固点 33~34.5℃，沸点 335~340℃，闪点 100℃以上，酸值<1.0，溶于 5 倍体积为 95%乙醇及油质香料中，具有甜淡膏香和暖感，既有近似苏合香气息，又有花香气息，香气沉重而持久。常作为定香剂用于古龙、薰衣草、新刈草、葵花，特别是花香型、重型东方香型和幻想型香精中。也常用于凤梨、蜜香、浆果、李子、杏子、樱桃、悬钩子、巧克力、朗姆酒类等食用香精中。

2. 水杨酸苄酯

结构式见图 9-30。

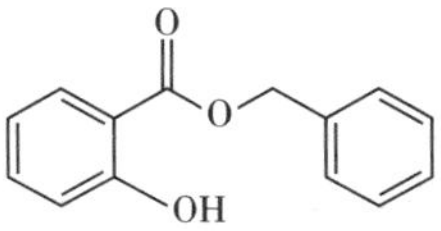

图 9-30 水杨酸苄酯结构式

水杨酸苄酯别名为邻羟基苯甲酸苄酯、柳酸苄酯。无色油状液体，几乎不溶于水，溶于乙醇等有机溶剂，沸点 300℃，熔点 24~26℃，折射率（n_D^{20}）1.581（lit.）。具有微弱的琥珀香、果香、花香香气以及红醋栗的甜味，天然存在于报春花油、依兰油、香石竹油中。主要用作定香剂，应用于茉莉、栀子、依兰、铃兰、金合欢、香罗兰、素心、香石竹、紫丁香、晚香玉等日用香精中，极微量用于杏子、桃子、草莓、香蕉、生梨、覆盆子等食用香精中，在食品加香中的建议用量为 0.01~5μg/g。

（四）低级脂肪族羧酸与萜烯醇所生成的酯

一般均具有花香和木香特征，如甲酸香叶酯具有甜香、玫瑰、橙花香气；乙酸香茅酯具有香柠檬、玫瑰香气；乙酸柏木酯具有柏木、岩兰草香气。

1. 甲酸香叶酯

结构式见图 9-31。

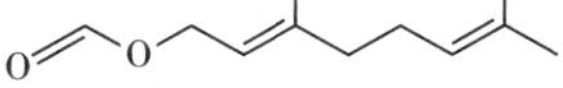

图 9-31 甲酸香叶酯结构式

甲酸香叶酯别名为反-3,7-二甲基-2.6-辛二烯-1-醇甲酸酯，无色液体，不溶于水，溶于乙醇等有机溶剂，沸点 216℃，闪点 95℃，折射率（n_D^{20}）1.46（lit.），具有花香、青香、木香、水果、叶子香气以及柑橘、苹果、杏子的味道。天然存在于香叶油、喇叭茶油、橙油、柠檬油、啤酒花油、白葡萄酒、红茶中。少量用于玫瑰、桂花、铃兰、香薇、薰衣草香精中，有提调香气的作用，也可微量用于调配杏子、苹果、草莓、桃子、黑加仑、圆醋栗、热带水果以及柑橘等果香型的食用香精中。在食品加香中的建议用量为0.8~7.5μg/g。

2. 乙酸香茅酯

结构式见图9-32。

乙酸香茅酯别名为乙酸-3,7-二甲基-6-辛烯醇酯。无色液体，几乎不溶于水，溶于乙醇等有机溶剂，沸点229℃，旋光度［α］D-1°15′~+2°18′。具有果香、花香、青香香气以及柑橘味道，天然存在于圆柚、柠檬、甜橙、肉豆蔻、香茅油、香叶油、花柏油中。主要用于调制桂花、玫瑰、栀子、香石竹、紫丁香、薰衣草、铃兰等日用香精，微量用于苹果、杏子、香蕉、柚子、柠檬、生梨、黄瓜、葡萄等食用香精中，在食品加香中的建议用量为0.5~10μg/g，在口香糖中的用量可达600μg/g。

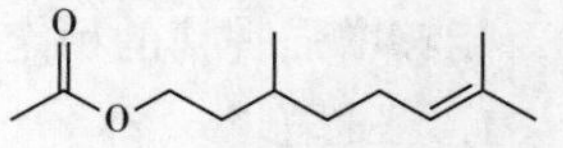

图9-32 乙酸香茅酯结构式

3. 乙酸柏木酯

结构式见图9-33。

乙酸柏木酯为白色结晶或无色黏稠液体，不溶于水，溶于乙醇等有机溶剂，相对密度0.966~1.012，折射率1.495~1.5060，闪点100℃以上，酸值<3.0，具有类似柏木、香根草香气。作为定香剂主要用于木香、檀香、玫瑰、素心兰等日用香精中，在皂用香精中用量可以高达20%左右。

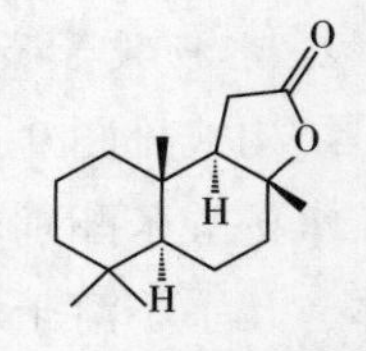

图9-33 乙酸柏木酯结构式

（五）某些炔族羧酸酯

即α，β-不饱和三键羧酸酯类化合物具有强烈的青鲜香气。如2-庚炔羧酸甲酯、2-辛炔羧酸甲酯具有优美的紫罗兰叶香气，常用于各种香精的调配。

1. 2-庚炔羧酸甲酯

结构式见图9-34。

2-庚炔羧酸甲酯为无色至浅黄色液体，具有青香、蔬菜、脂肪、黄瓜、叶子香气和味道，且有强烈的茶叶青香。几乎不溶于水，溶于乙醇等有机溶剂，沸点217~220℃，闪点89℃，折射率（n_D^{20}）1.446。作为清香型香料，主要用在紫罗兰、素心兰、金合欢、薰衣草、玫瑰、桂花、栀子、铃兰、鸢尾等日用香精中。极微量用于黄瓜、桃子、香蕉、草莓、生梨、甜瓜、浆果等食用香精中。

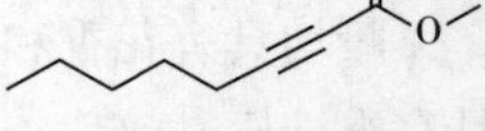

图9-34 2-庚炔羧酸甲酯结构式

2. 辛炔羧酸甲酯

结构式见图9-35。

辛炔羧酸甲酯别名为2-辛炔羧酸甲酯，为无色至浅黄色油状液体，几乎不溶于水，溶于乙醇等有机溶剂，沸点220℃，相对密度0.913~0.924，折射率1.448~1.458，闪

图9-35 辛炔羧酸甲酯结构式

点99℃，具有令人愉快的青香、叶子香气以及蔬菜的味道。作为头香剂，具有提调香气的功效，主要用于栀子、沉香、玫瑰、桂花、紫罗兰、晚香玉等日用香精中，微量用于香蕉、黄瓜、甜瓜、荔枝、桃子等食用香精中。

三、酯类香料的制备方法

酯类香料的制法有许多方法，下面介绍几种常用的方法。

1. 酸与醇、酚的酯化反应

醇和酸在少量酸性催化剂作用下加热回流发生酯化反应，其原料来源丰富，生产工艺较为简单。因此，酯化反应是制备酯类香料最主要的方法。常用的催化剂有硫酸、盐酸或磺酸。

酯化反应是可逆反应，欲使反应有利于酯的形成，可采取过量的醇或酸，也可以利用共沸蒸馏或借助干燥剂及时除去生成的水（图9-36）。

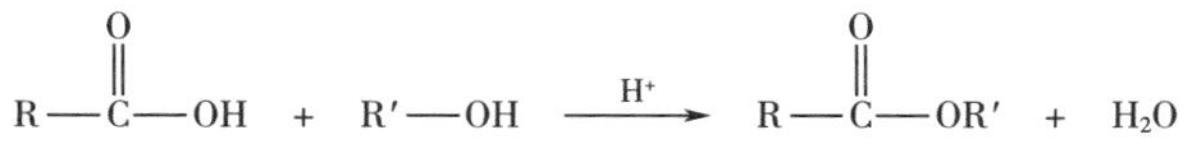

$$R-\overset{O}{\overset{\|}{C}}-OH + R'-OH \xrightarrow{H^+} R-\overset{O}{\overset{\|}{C}}-OR' + H_2O$$

图9-36 酸与醇、酚的酯化反应

羧酸与酚直接酯化相对来讲比较困难，但在三氯氧磷、五氧化二磷等缩合剂的作用下，酯化反应也能顺利进行（图9-37）。

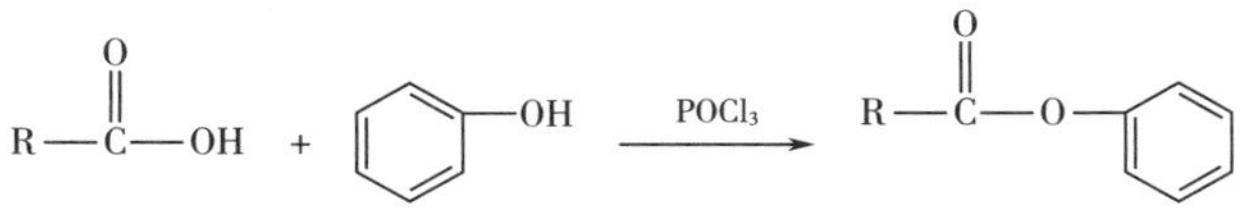

$$R-\overset{O}{\overset{\|}{C}}-OH + C_6H_5-OH \xrightarrow{POCl_3} R-\overset{O}{\overset{\|}{C}}-O-C_6H_5$$

图9-37 羧酸与酚的酯化反应

2. 醇、酚的酰化反应

醇或酚均可被酸酐所酰化（图9-38）。因此，此方法也是酯类香料的重要合成方法。常用的酸性催化剂有硫酸、盐酸、对甲基苯磺酸、氯磺酸、过氯酸等。常用的碱性催化剂有醇钠、吡啶、叔胺等。

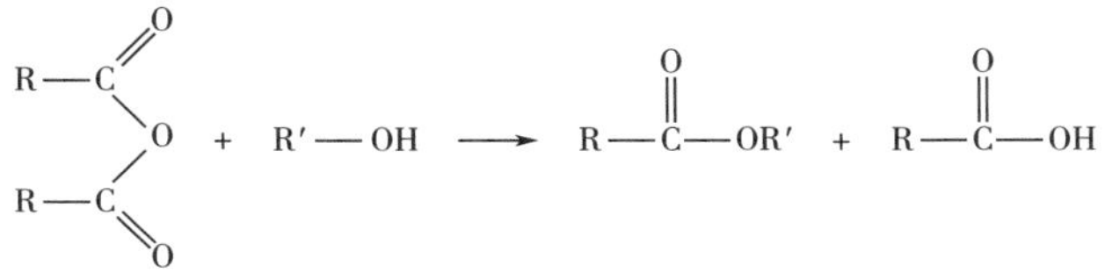

$$(RCO)_2O + R'-OH \longrightarrow R-\overset{O}{\overset{\|}{C}}-OR' + R-\overset{O}{\overset{\|}{C}}-OH$$

图9-38 醇、酚的酰化反应

醇或酚与酰卤反应生成酯的反应（图9-39）极易进行，因此，此方法广为用于酯的合成。反应过程中常用碱性试剂吸收生成的卤化氢。常用的碱性试剂有氢氧化钠水溶液、醇钠、氢化钠、吡啶等。

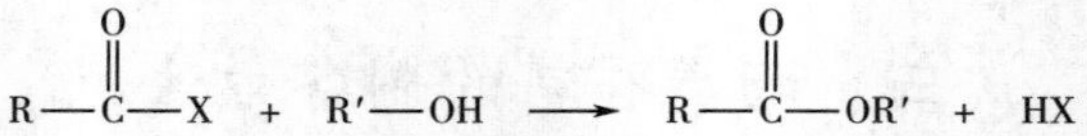

$$R-\overset{\overset{O}{\|}}{C}-X + R'-OH \longrightarrow R-\overset{\overset{O}{\|}}{C}-OR' + HX$$

图 9-39 醇、酚的酰卤反应

3. 腈的醇解

在硫酸或氯化氢存在下，腈与醇一起加热即可直接生成酯（图 9-40）。脂肪族、芳香族、杂环族的腈化物均可转变成相应的酯。

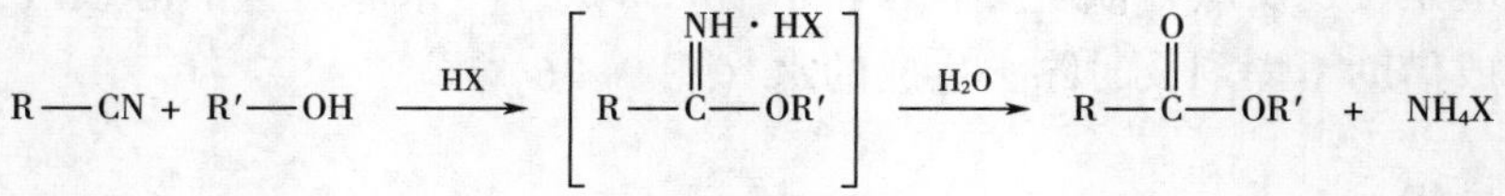

$$R-CN + R'-OH \xrightarrow{HX} \left[R-\overset{\overset{NH\cdot HX}{\|}}{C}-OR' \right] \xrightarrow{H_2O} R-\overset{\overset{O}{\|}}{C}-OR' + NH_4X$$

图 9-40 腈的醇解

4. 烷氧羰基化反应

在金属羰基化合物催化下，卤代烃与一氧化碳及醇反应生成酯（图 9-41）。常用的金属羰基化合物有四羰基镍、四羰基钴钠、四羰基铁二钠等。

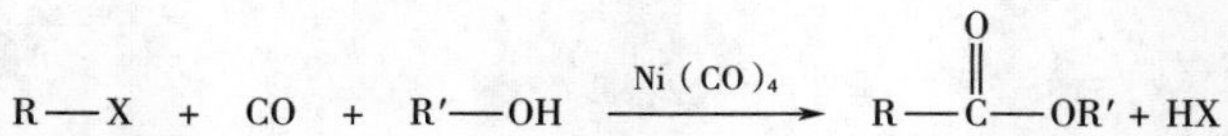

$$R-X + CO + R'-OH \xrightarrow{Ni(CO)_4} R-\overset{\overset{O}{\|}}{C}-OR' + HX$$

图 9-41 烷氧羰基化反应

5. Prins 反应

在酸性条件下，烯烃对甲醛的加成反应，在不同介质中可以得到不同的酯类产物。如在冰乙酸介质中 α-烯烃与甲醛可以制得 1,3-二乙酸酯（图 9-42）。

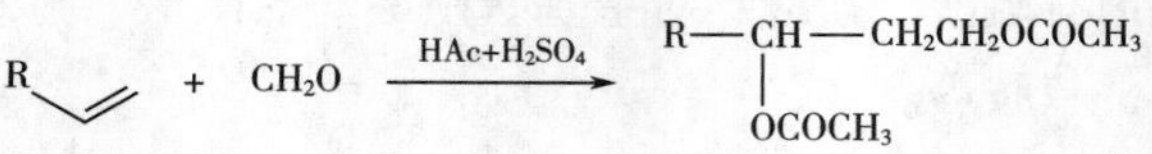

$$RCH=CH_2 + CH_2O \xrightarrow{HAc+H_2SO_4} R-\underset{\underset{OCOCH_3}{|}}{CH}-CH_2CH_2OCOCH_3$$

图 9-42 Prins 反应

四、酯类香料的生产工艺

1. 乙酸松油酯的生产工艺

乙酸松油酯为松油醇三种异构体的乙酸酯混合物，主要是 α-异构体乙酸酯，它为无色透明液体，沸点 220℃。乙酸松油酯具有香柠檬和薰衣草样香气，大量用于配制薰衣草型香精，亦可用来调和香柠檬油。

乙酸松油酯是由乙酸酐与松油醇在一定条件下合成的，在工业生产上，松油醇与乙酸酐在硫酸的存在下发生酯化反应生成乙酸松油酯（图 9-43）。

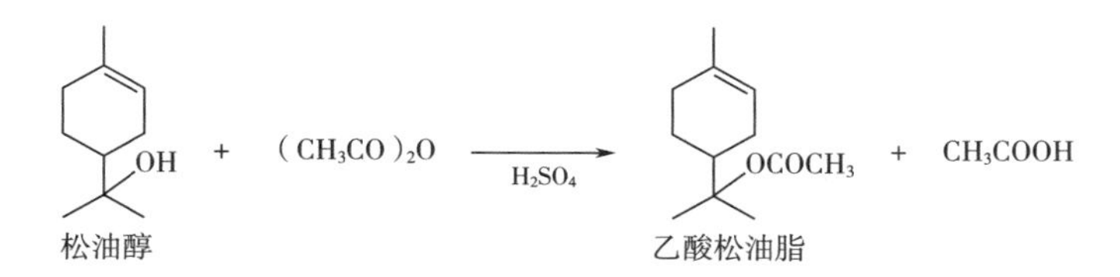

图 9-43　乙酸松油脂的制备

制备时，先将部分乙酸酐和硫酸配合成催化混合物，然后将混合物加至乙酸酐中，并在 26~28℃下加入松油醇进行酯化反应。此酯化反应是放热反应，因此要用冷却来保持反应物的温度。酯化反应结束后，用碳酸钠中和硫酸和乙酸，然后加热分解，洗涤，洗去酸后的乙酸松油酯再进行真空精馏，其工艺流程如图 9-44 所示。

图 9-44　乙酸松油脂制备工艺流程

上述工艺为国内外普遍采用的工艺，但合成过程时间长，反应剩余乙酸未能直接回收。因此，近年来在反应机制探讨基础上，提出的改进工艺就克服了上述工艺的缺点，工艺改进如图 9-45 所示。

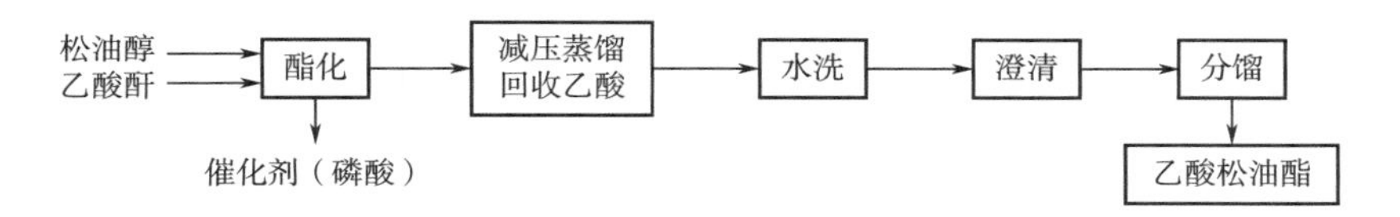

图 9-45　乙酸松油脂制备工艺流程（改进）

其改进工艺原理与工艺条件为，先加入一定量的乙酸酐与催化剂磷酸（用量为松油醇的 5%）于反应器中，加热搅拌。当温度升至 60℃时，滴加松油醇，反应 6h 后即可结束。乙酸酐与松油醇的加入量配比（摩尔比）为 1.05：1，即在过量乙酸酐的条件下进行酯化反应。因为松油醇为叔醇，虽然难于酯化，但酸催化水解却容易进行。因此乙酸酐与松油醇酯化时，必须保证在无水条件下进行，避免与水发生反应，过量的乙酸酐能保证达到无水条件。反应式如图 9-46 所示。

$$(CH_3CO)_2O + H_2O \longrightarrow 2CH_3COOH$$

图 9-46　乙酸酐的水解反应

反应结束后，在 100kPa 真空条件下将反应剩余乙酸蒸出。在此真空条件下，乙酸沸点为 36℃，乙酸松油酯为 110℃，因此很容易将乙酸回收。蒸出乙酸后，在 10~30℃下水洗，除去水分后，分馏出低沸点组分，即得产品乙酸松油酯。

2. 甲酸长叶酯的生产工艺

甲酸长叶酯是一种具有木香、龙涎香和青香气息的香料，它可用于调配多种木香型和花香型日用香精和化妆品香精。在调配香精中，甲酸长叶酯既可作为某些香精的主香原料，又可起到调和、修饰的效果。它和其他花香、膏香、动物香等香料能很好的调和，是调香中使用范围较广，用量可在相当范围内变动的一种香料。甲酸长叶酯除具有令人愉快的香气外，在各种香料商品和制品中还显示出较好的稳定性。

甲酸长叶酯还具有抗炎性和抗癌性，并具有促使生长素分泌的作用，它对抑制精神焦躁、调整内脏活动也有一定的功效。因此甲酸长叶酯不仅是一种香料，而且也是医治某些疾病的药物。

合成甲酸长叶酯的主要原料是重松节油。重松节油作为脂松香厂的副产物，我国年产量在 8500~10000t。重松节油中含有大量倍半萜烯烃，主要有长叶烯、石竹烯、雪松烯、α-檀香烯，其中长叶烯占 45%~65%。甲酸长叶酯的合成就是利用其中的长叶烯，其合成工艺流程如图 9-47 所示。

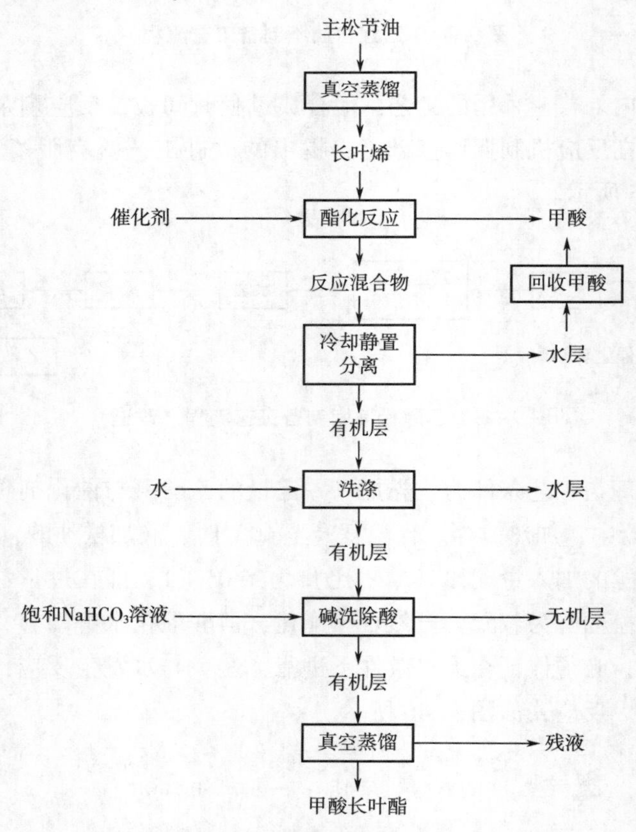

图 9-47 甲酸长叶酯制备工艺流程

（1）重松节油精馏 倍半萜烯多为热敏性物质，且长时间加热会发生同分异构、聚合或氧化作用，故采用真空精馏来提取长叶烯，系统真空度为 99.3kPa，长叶烯馏程为 124~131℃，料液温度比分馏头温度高出 10~20℃。回流比为单萜馏出段（3∶1）~（4∶1），长叶烯馏出时增加到（7∶1）~（9∶1）。长叶烯馏分在同样条件下再精馏一次，以提高长叶烯的含量。

（2）酯化反应 将长叶烯和甲酸（按 1∶1 摩尔比）计量后加入反应器，开动搅拌，缓慢滴加催化剂，催化剂用量为 0.34（质量比）、催化剂可采用 BF3、硫酸等路易斯酸，控制反应温度为 60℃（图 9-48）。在反应过程中反应物颜色由乳白色逐渐变深，经橙黄、浅红、砖红、深红到咖啡色，待反应终止时为紫褐色或黑褐色，反应时间为 5h。

CH_3 + HCOOH —催化剂→ CH_2—O—C(=O)—H

图 9-48 长叶烯的酯化反应

3. 乙酸苄酯的生产工艺

乙酸苄酯，别名乙酸苯甲酯。是无色液体，具有茉莉、铃兰花香、粉香及水果香气。稀释到 40μg/g 时具有甜的水果味道。不溶于水和甘油，微溶于丙二醇，溶于乙醇。广泛存在于依兰、苦橙花油、茉莉、风信子、晚香玉、橙花、苹果、覆盆子、红茶、红酒、丁香、威士忌、樱桃中。主要用于茉莉、栀子、白兰、风信子香精中，起主香剂作用。作为协调剂，可用在玫瑰、橙花、铃兰、依兰、紫丁香、金合欢、香石竹、晚香玉等日用香精中。

目前乙酸苄酯的主要制备方法为以下几种：一是从依兰油、橙花油中用精密分馏的方法单离出乙酸苄酯。二是由氯化苄和乙酸钠反应制取（图 9-49）。三是由苯甲醇和乙酸酯化反应制取（图 9-50）。

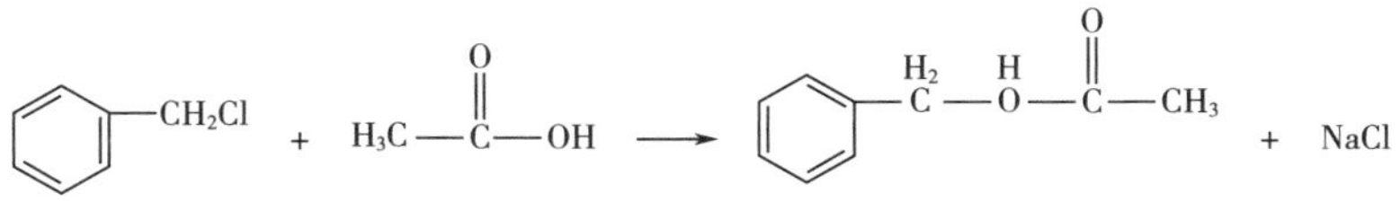

$$C_6H_5CH_2Cl + H_3C—C(=O)—OH \longrightarrow C_6H_5—CH_2—O—C(=O)—CH_3 + NaCl$$

图 9-49 氯化苄和乙酸钠反应制取乙酸苄酯

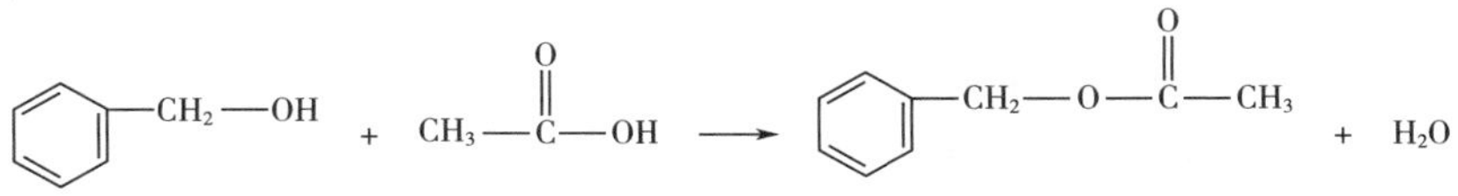

$$C_6H_5CH_2—OH + CH_3—C(=O)—OH \longrightarrow C_6H_5—CH_2—O—C(=O)—CH_3 + H_2O$$

图 9-50 苯甲醇和乙酸酯化反应制取乙酸苄酯

生产上，乙酸苄酯的制备工艺流程如图 9-51 所示。

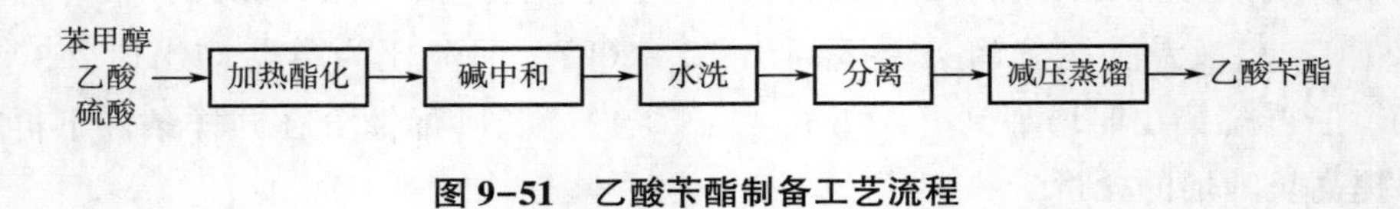

图 9-51　乙酸苄酯制备工艺流程

4. 邻氨基苯甲酸甲酯的生产工艺

目前，邻氨基苯甲酸甲酯常用的生产方法有苯酐氨水法、苯酐尿素法和邻硝基苯甲酸法等。

（1）邻硝基苯甲酸法　该方法以邻硝基苯甲酸为反应原料，首先使用铁粉或者硫化钠还原，之后再进行酯化。该法不仅邻氨基苯甲酸分子会形成内盐，还会有大量废水生成，并且为了使催化酯化反应能顺利进行，破坏分子内盐键，所消耗的酸性催化剂的量至少是邻氨基苯甲酸的 2 倍，酯化回收率也较低。为了克服上述问题，研究者对该工艺进行了改进，先进行酯化反应生产邻硝基苯甲酸甲酯，再进行催化加氢还原硝基。

第一步为酯化反应。反应物为邻硝基苯甲酸、甲醇、苯和酸性催化剂，反应过程中加热蒸出生成的水，不再有水馏出时，表明反应结束。蒸出过量的甲醇和苯后，将溶液冷却。产物反复用水和 10%（质量分数）$NaHCO_3$ 溶液洗涤至 pH 为 7 左右。进行减压蒸馏，收集 112～114℃馏分即为邻硝基苯甲酸甲酯。

第二步为加氢还原反应。反应物为甲醇、邻硝基苯甲酸甲酯和雷尼镍催化剂。密封高压反应釜，用氢气置换空气，开动搅拌升温，加氢压至不再吸氢，反应结束。过滤雷尼镍催化剂，蒸馏过滤液回收甲醇，收集 108～110℃的馏分即为邻氨基苯甲酸甲酯。邻硝基苯甲酸法制备邻氨基苯甲酸甲酯反应如图 9-52 所示。

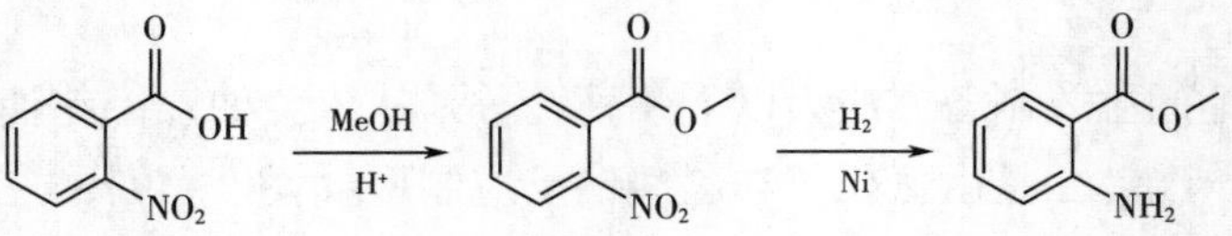

图 9-52　邻硝基苯甲酸法制备邻氨基苯甲酸甲酯

（2）苯酐氨水法　苯酐法是我国独创的邻氨基苯甲酸甲酯制备工艺，其生产原料包括苯酐、甲醇、氨水、氢氧化钠和次氯酸钠等，含有酰胺化、霍夫曼重排反应和酯化等化学反应过程。制备时，先将苯酐加入反应釜中，再将制冷的氨水放入并开始搅拌，搅拌至升温后慢慢加入氢氧化钠溶液，并控制 pH 在 11.5 左右，保温反应 30min 左右；排氨 3.5h（保证氨气排净），制得邻甲酰胺苯甲酸钠溶液（简称酰胺化液）；在降温到 0℃以下的酰胺化液中加入制冷的次氯酸钠和甲醇的混合溶液，在 0℃以下反应 45min，待其自然升温到 30℃左右时，用淀粉碘化钾溶液检测溶液至没有明显现象；加入适量亚硫酸氢钠溶液使中间产物邻苯甲酸钠异氰酸酯更加稳定，搅拌至溶液稀释，加入热水水解，待完全水解后静置分离，取出上层油层即为邻氨基苯甲酸甲酯产品。

生产中，苯酐氨水法制备邻氨基苯甲酸甲酯的生产工艺流程如图 9-53 所示。该工艺的主要特点是产品质量好、回收率高。相对于甲苯法与苯酐法产生的污染比较好治理，且生产周期比较短。

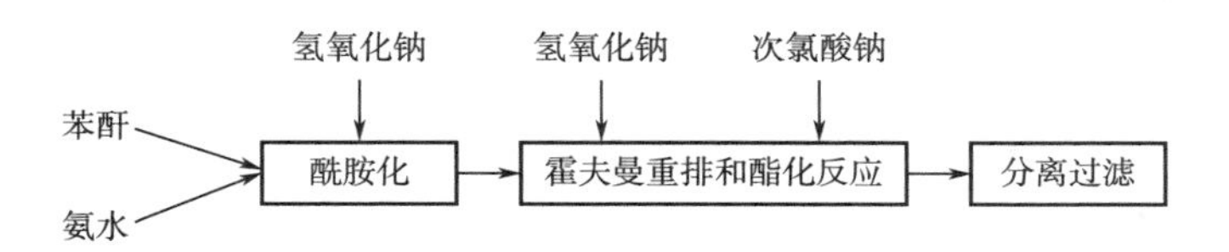

图 9-53　苯酐氨水法生产邻氨基苯甲酸甲酯工艺流程

第三节　内酯类香料及其制备方法

一、内酯香料概述

内酯化合物是羟基酸分子中的醇羟基和羧基脱去一分子水而生成的产物。反应通式见图 9-54。

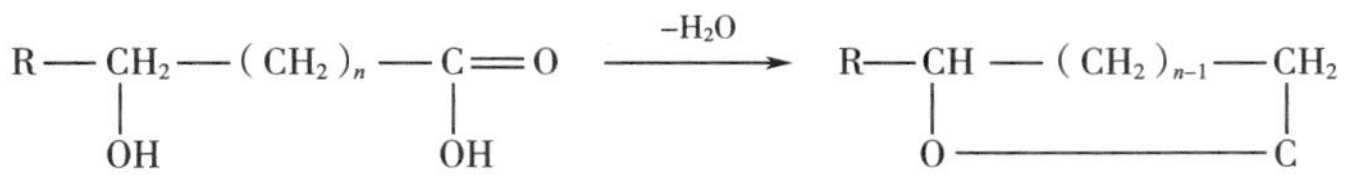

$$\underset{\displaystyle OH}{R-\underset{|}{CH_2}}-(CH_2)_n-\underset{\underset{\displaystyle OH}{|}}{C}=O \xrightarrow{-H_2O} R-\underset{\underset{\displaystyle O}{|}}{CH}-(CH_2)_{n-1}-\underset{\underset{\displaystyle C}{|}}{CH_2}$$

（式中 O 与 C 相连成环）

图 9-54　内酯化合物反应通式

根据分子中羟基与羧基相隔碳原子数 n 的不同，可将内酯化合物分为 β-内酯、γ-内酯、δ-内酯和大环内酯等。

当 $n=1$ 时，称为 β-内酯或丙内酯：

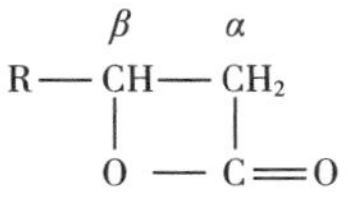

$$R-\overset{\beta}{CH}-\overset{\alpha}{CH_2},\quad \text{O}-\text{C}=\text{O}$$

当 $n=2$ 时，称为 γ-内酯或丁内酯：

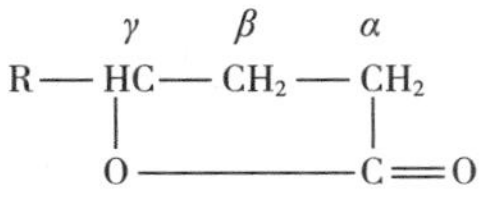

$$R-\overset{\gamma}{HC}-\overset{\beta}{CH_2}-\overset{\alpha}{CH_2},\quad \text{O}-\text{C}=\text{O}$$

当 $n=3$ 时，称为 δ-内酯或戊内酯：

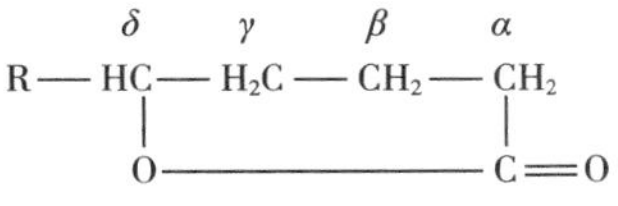

$$R-\overset{\delta}{HC}-\overset{\gamma}{H_2C}-\overset{\beta}{CH_2}-\overset{\alpha}{CH_2},\quad \text{O}-\text{C}=\text{O}$$

在内酯通式中，当 $n>12$ 时，称为大环内酯，一般具有麝香香气。

值得注意的是，酯类香料几乎在一切类型的香精中都能使用，而内酯类化合物虽然具有愉快的香气，但因个别的内酯生产过程较复杂，原料来源困难等原因，在香料工业上的应用受到一定的限制，尤其是几个巨环内酯化合物。

羟基酸在环化时（图 9-55），并非所有的羟基酸都能环化成内酯，如 α-羟基酸和 β-羟基酸要环化成为内酯化合物就不太容易，主要是由于环的张力造成的，即三元环和四元环不稳定之故。因此当 α-羟基酸或 β-羟基酸在加热时，前者容易生成双酯，而后者容易生成不饱和酸。

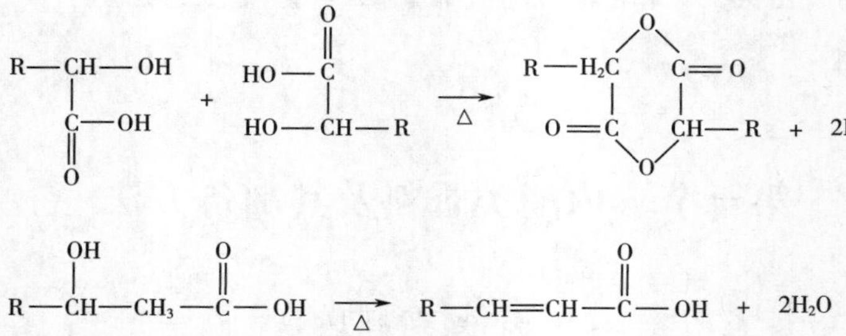

$$R-CH(OH)-COOH + HO-CO-CH(R)-OH \xrightarrow{\triangle} \text{(双酯)} + 2H_2O$$

$$R-CH(OH)-CH_3-C(=O)-OH \xrightarrow{\triangle} R-CH=CH-C(=O)-OH + 2H_2O$$

图 9-55 羟基酸的环化

而 γ-羟基酸和 δ-羟基酸却很容易形成 γ-内酯和 δ-内酯。事实上，γ-羟基酸只能在溶液中或以盐的形式存在，若在游离状态时总是以五元环的内酯形式呈现，如图 9-56 所示。

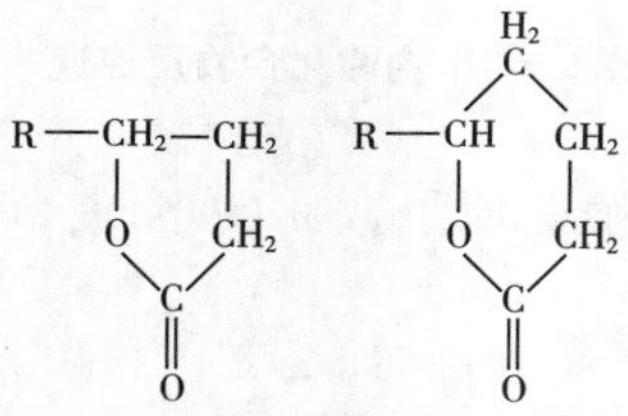

γ-内酯　　δ-内酯

图 9-56 内酯

二、内酯类香料的特点和分类

内酯化合物具有酯类的特性，内酯和酯在香气上有共同之处，均具有花香、果香和乳香香气，广泛应用于日用香精和食用香精中。但是当内酯的环状结构不同时，其香气就会有很大差别。如丙位内酯具有果香香气，丁位内酯具有乳香香气，具有香豆素结构的化合物会产生类似甜香和巧克力气息，而大环内酯则大都具有动物香气特征。作为香料使用的内酯品种最多的是五元环和六元环内酯，其次是大环内酯，内酯类香料在传统的甜味香精中应用非常广泛，在新型的咸味香精中也有使用。

1. γ-丁内酯

结构式见图 9-57。

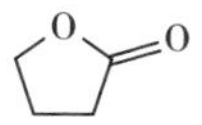

γ-丁内酯又称为 4-羟基丁酸内酯。无色至黄色液体，溶于水和乙醇等有机溶剂，沸点 204℃，折射率 15℃/1.4348。天然存在于白葡萄酒、啤酒、咖啡、芒果、炒榛子的挥发性香气成分中，具有类似奶油的芳香香气。常用于调配牛乳、奶油、巧克力、可可、桃子等食用香精和烟用香精，可增添柔和滋润的烟味。在食品加香中的建议用量为 10~20mg/kg。

图 9-57 γ-丁内酯结构式

2. γ-十一内酯

结构式见图 9-58。

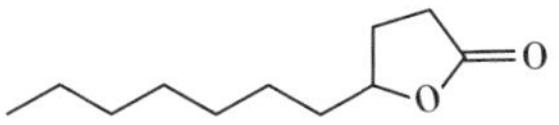

γ-十一内酯又称 γ-庚基丁内酯、十四醛、桃醛（商业俗名）。淡黄色至黄色黏稠液体，不溶于水和甘油中，溶于乙醇等有机溶剂，沸点 297℃，闪点 137℃。溶于乙醇（1mL 溶于 5mL 60%乙醇）。天然存在于桃子和杏仁中，具有强烈的果香香气，桃子和杏仁样香韵。常用于紫丁香、桂花、茉莉、栀子花、金合欢、铃兰、橙花、白玫瑰等日用香精，以及桃子、樱桃、杏子、椰子、甜瓜、牛乳、奶油、黄油、坚果、水香草、蘑菇等食用香精中。

图 9-58 γ-十一内酯结构式

3. δ-癸内酯

结构式见图 9-59。

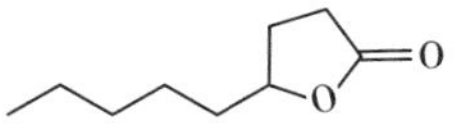

δ-癸内酯又称为 5-羟基癸酸内酯。无色黏稠液体，几乎不溶于水，溶于乙醇等有机溶剂，沸点 117~120 ℃（2.67Pa），相对密度 0.95，闪点>110℃。天然存在于椰子、覆盆子、芒果中，具有桃子、乳脂香气。用于调配坚果、浆果、奶油、椰子、杏仁等食用香精，在烟用香精中使用可改进和提高烟草的香味。在食品加香中的建议用量为 0.2~38mg/kg。

图 9-59 δ-癸内酯结构式

4. δ-辛内酯

结构式见图 9-60。

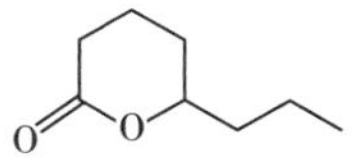

δ-辛内酯又称 5-羟基辛酸内酯。无色至浅黄色液体，折射率 1.4550，天然存在于覆盆子、牛油、椰子、牛乳中，具有椰子、奶油、脂肪、香豆素的甜香味道。可用于调配牛乳、奶油、黄油、脂肪、香草、椰子、桃子、杏子、芒果、热带水果等食用香精。在食品加香中浓度约为 20mg/kg。

图 9-60 δ-辛内酯结构式

5. δ-十一内酯

结构式见图 9-61。

δ-十一内酯为无色黏稠液体，几乎不溶于水，溶于乙醇等有机溶剂，沸点 129~

130.5℃（1×133.322Pa），折射率1.4564。天然存在于牛乳、奶油、椰子中，具有水果、牛乳、奶油、黄油、酯香、蜡香、椰子甜香味道。可用于花香、果香型等日用香精，以及桃子、杏子、椰子、脂肪、牛乳、奶油、黄油、坚果、热带水果等食用香精中。在食品加香中的建议用量为0.2~38mg/kg。

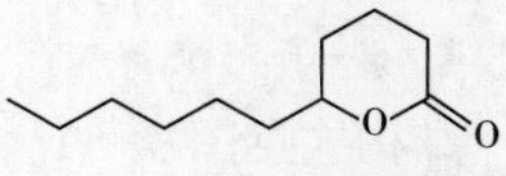

图9-61 δ-十一内酯结构式

6. δ-茉莉内酯

结构式见图9-62。

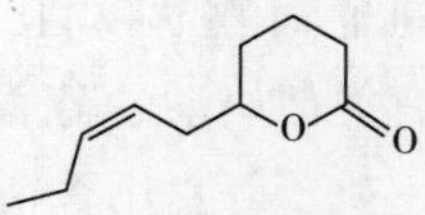

δ-茉莉内酯又称顺-7-癸烯-5-内酯、顺-2-戊烯-δ-戊内酯。无色至淡黄色液体，不溶于水，溶于乙醇等有机溶剂，沸点95~100℃/133.3Pa（82℃/30Pa），相对密度0.995~1.005，折射率（n_D^{20}）1.475~1.480。茉莉内酯有天然和合成的两种。天然的茉莉内酯的化学名称为左旋顺-7-癸烯-5-内酯，存在于大花茉莉净油、栀子花油、晚香玉油、含羞草油、金银花油中，具有强烈的果香香气，并有茉莉花的香韵。主要用于高档香水香精配方中，是茉莉香型日用香精的主香剂，是其他花香型日用香精的修饰剂。也可用于调配椰子、桃子、杏子、乳味、热带水果等食用香精中。

图9-62 δ-茉莉内酯结构式

7. α-当归内酯

结构式见图9-63。

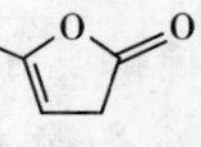

α-当归内酯又称为4-羟基-3-戊烯酸内酯、5-甲基-2(3H)-呋喃酮。针状结晶，微溶于水，溶于乙醇等有机溶剂，熔点18℃，沸点167~170℃或55~56℃（1600Pa）。天然存在于葡萄、白面包、大豆、干草中，具有奶油、椰子、药草香气，并有烟草香韵。可用于调配椰子、奶油、牛乳、坚果等食用香精；也用于烟用香精中，具有提调烟香，改善吃味的作用。在食品加香中的建议用量为0.2~4mg/kg。

图9-63 α-当归内酯结构式

8. 香紫苏内酯

结构式见图9-64。

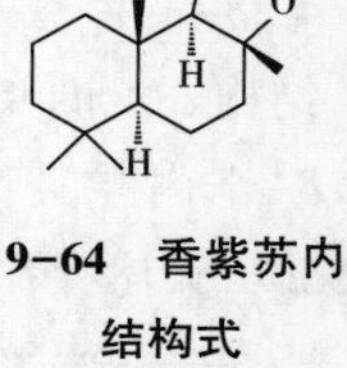

香紫苏内酯又称为四甲基十氢萘、降龙涎内酯。白色粉末，沸点（321.4±10.0）℃，天然存在于雪茄烟和东方型、香料型烟草的香气成分中。在1%的浓度下，具有强烈的木香和苔藓样的香气，并带有柏木和烟草香韵，在0.1~0.5mg/kg浓度下，具有强烈芳香的柏木样的木香和烟草风味，带有蘑菇和壤香以及漂浮不定的香水似的橡苔风韵。常用于烟用香精以及茶、槭树、胡椒和辛香风味的香精中，在混合型卷烟中可掩盖烟草的粗刺杂气，改进和提高烟香味，同时也是烟草的有效增香剂。在食品加香中的建议用量为1.0~4.0mg/kg。

图9-64 香紫苏内酯结构式

9. 黄葵内酯

结构式见图9-65。

黄葵内酯又称为氧杂环十七-10-烯-2-酮。无色或淡黄色性液体，沸点185~190℃

(2133Pa)，折射率（n_D^{20}）1.479（lit.），天然存在于麝葵子油中，具有极强烈的麝香味，浓烈而深邃，并伴随花香和甜味，留香时间长。此种大环内酯，其中碳原子数在13~17之间均具有麝香气味。其香气的韵调及强度取决于环的大小和分子结构中氧的位置，如果碳原子数在12以下或18以上，则香气明显减弱。黄葵内酯是一种大环麝香，它的香气极其透发而且细致，常用于高档的化妆品和皂用等日化香精中，是一个极好的定香剂，留香长久，并能以它独有的方式来提升配方的头香。

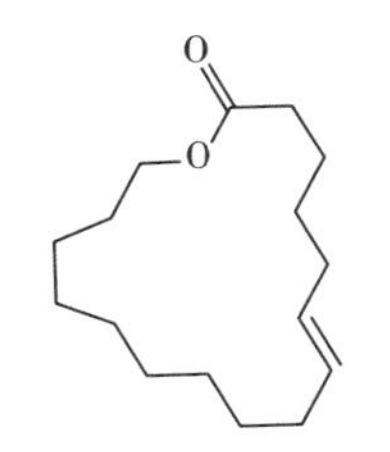

图 9-65 黄葵内酯结构式

三、内酯类香料的制备方法

内酯类香料的制备有许多方法，下面介绍几种常用的方法。

1. β-内酯的制备

β-内酯的制备方法，一是采用羟基酸脱水内酯化反应制备（图9-66）。二是采用甲醛和乙烯酮反应制取（图9-67）。

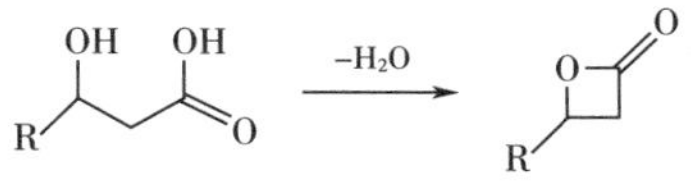

OH OH R O $\xrightarrow{-H_2O}$ O O R

图 9-66 羟基酸脱水内酯化反应制备 β-内酯

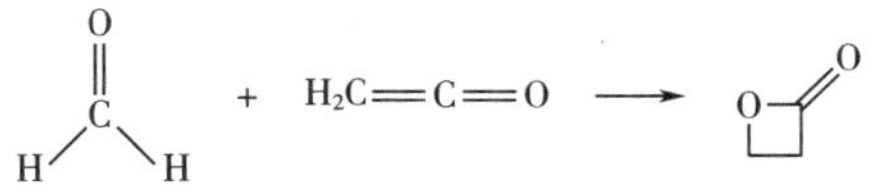

O C H H + $H_2C{=}C{=}O$ ⟶ O O

图 9-67 甲醛和乙烯酮反应制备 β-内酯

2. γ-内酯的制备

γ-内酯的制备方法主要有以下5种：一是由羟基酸制取（图9-68）；二是由羟基酸酯制取（图9-69）；三是由不饱和酸制取（图9-70）；四是由不饱和酸酯制取（图9-71）；五是酮酸还原环化制取（图9-72）。

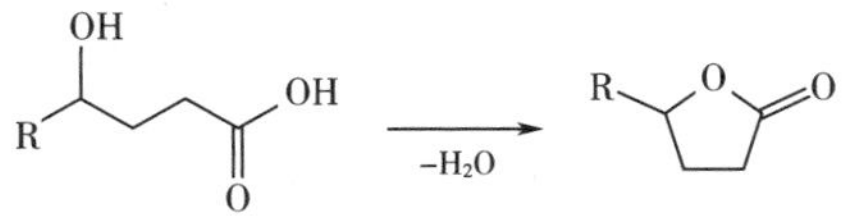

OH R OH O $\xrightarrow[-H_2O]{}$ R O O

图 9-68 羟基酸制取 γ-内酯

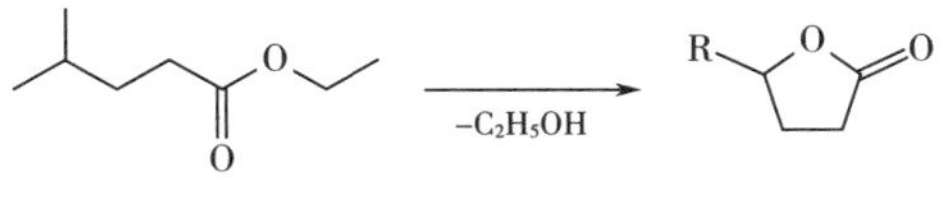

O O $\xrightarrow[-C_2H_5OH]{}$ R O O

图 9-69 羟基酸酯制取 γ-内酯

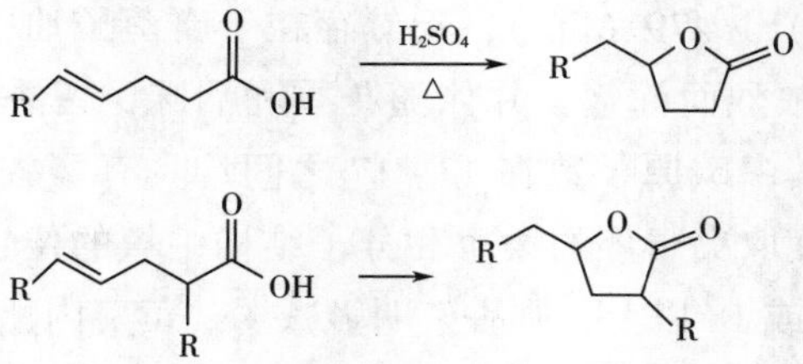

图 9-70 不饱和酸制取 γ-内酯

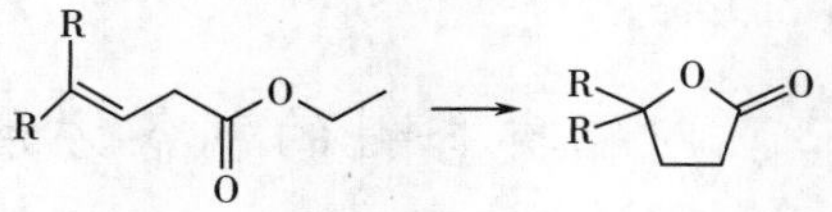

图 9-71 不饱和酸酯制取 γ-内酯

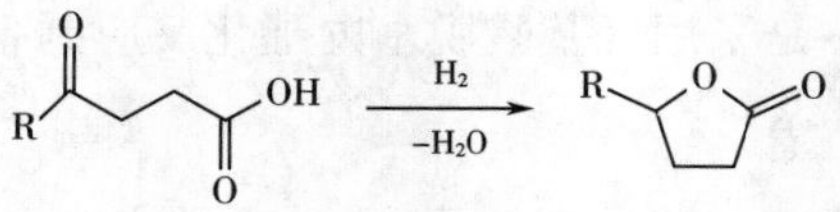

图 9-72 酮酸还原环化制取 γ-内酯

3. δ-内酯的制备

δ-内酯的制备方法主要有以下 6 种：一是采用羟基酸内酯化制取（图 9-73）；二是由羟基酸酯制取（图 9-74）；三是由酸酐与格氏试剂反应制取（图 9-75）；四是由环醚氧化制取（9-76）；五是由环酮氧化制取（图 9-77）；六是由 1,5-二戊醇环化制取（图 9-78）。

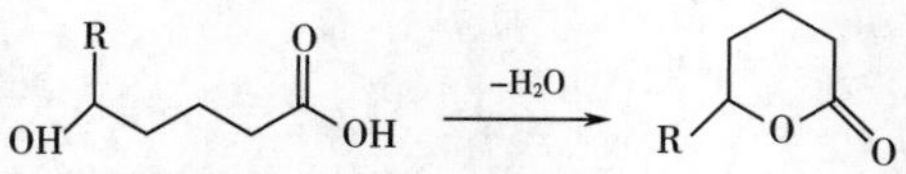

图 9-73 羟基酸内酯化制取 δ-内酯

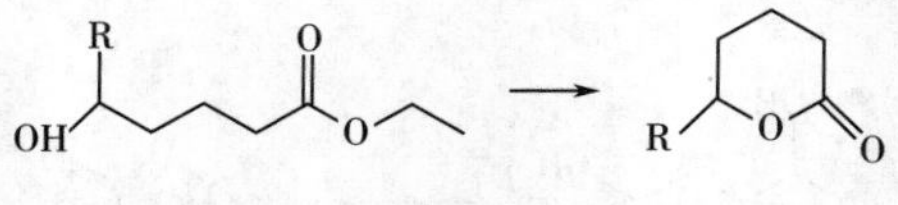

图 9-74 羟基酸酯制取 δ-内酯

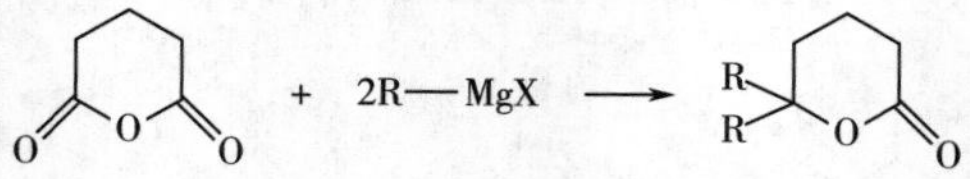

图 9-75 酸酐与格氏试剂反应制取 δ-内酯

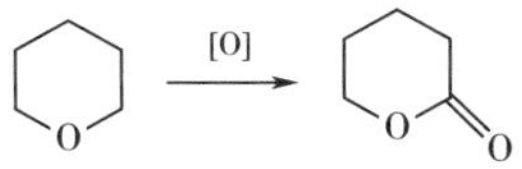

图 9-76 环醚氧化制取 δ-内酯

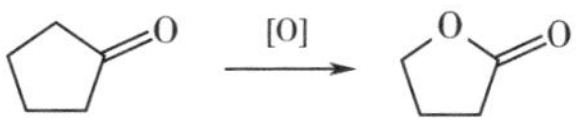

图 9-77 环酮氧化制取 δ-内酯

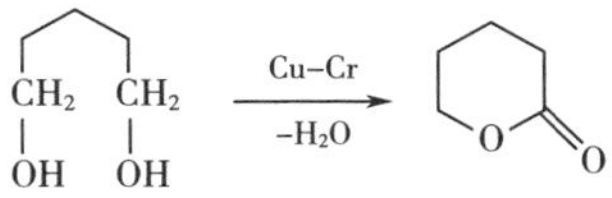

图 9-78 1,5-二戊醇环化制取 δ-内酯

四、内酯类香料的生产工艺

1. 环十五内酯的生产工艺

环十五内酯又名黄蜀葵素，是一种重要的大环麝香。1927 年克施鲍姆（Kerschbaum）从当归油的高沸点馏分中发现了具有麝香香气的环十五内酯。该化合物为白色针状结晶，熔点 34~37℃，沸点 280℃。其结构式如图 9-79 所示。

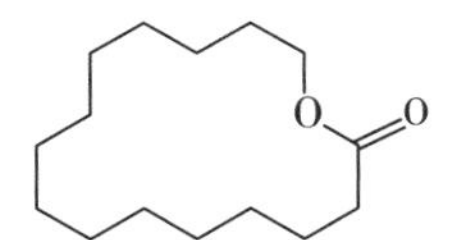

图 9-79 环十五内酯结构式

环十五内酯无毒，香气稳定持久，透发力强。它不仅具有细腻的麝香样甜的、强烈的香气，能使调香的香精具有高雅、润和的香气，另外又是一个很好的定香剂，留香力强，能使香精持久地保持芬芳气息，有优良的留香和定香作用。此外，它在相当低的浓度下使用时也具有定香作用，使香气整体圆润。这是其他的合成麝香所不具有的性质，有助于调制天然麝香韵调香气。

目前，已工业化的制备方法主要为以下两种：

（1）以 α,ω-十一炔酸和丁炔醇为原料进行制备　α,ω-十一炔酸与丁炔醇发生酯化反应，生成十一炔-（10）-酸-丁炔酯，然后加氢催化发生环化反应生成环十五内酯（图 9-80）。其工艺条件比较简单且成熟，而且回收率较高（43%），目前已实现工业化生产，但出于原料不易制得使得反应成本偏高。

（2）以壬二酸单乙酯为原料进行制备　壬二酸单乙酯（壬二酸可从油酸、发酵脂肪或利用硝酸氧化蓖麻油获取）经过电解制得十六烷二酸二乙酯；然后以汉斯狄克

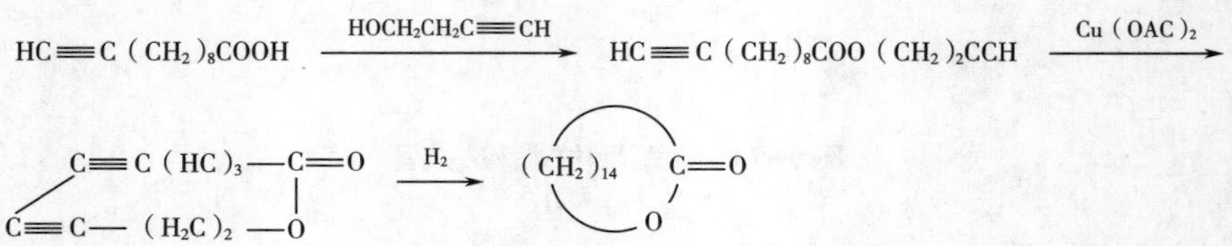

$$HC{\equiv}C(CH_2)_8COOH \xrightarrow{HOCH_2CH_2C{\equiv}CH} HC{\equiv}C(CH_2)_8COO(CH_2)_2CCH \xrightarrow{Cu(OAC)_2}$$

$$C{\equiv}C(HC)_3{-}C{=}O,\ C{\equiv}C{-}(H_2C)_2{-}O \xrightarrow{H_2} (CH_2)_{14}\ C{=}O,\ O$$

图 9-80 以 α,ω-十一炔酸和丁炔醇为原料制备环十五内酯

(Hunsdiecker) 方法减去一个碳原子制得溴代十五烷酸；并于碱性中反应获得 15-羟基十五烷酸；然后再经环化制得环内酯（图 9-81）。该方法工艺条件成熟，回收率较高(44%)，是最早工业化的一种方法。

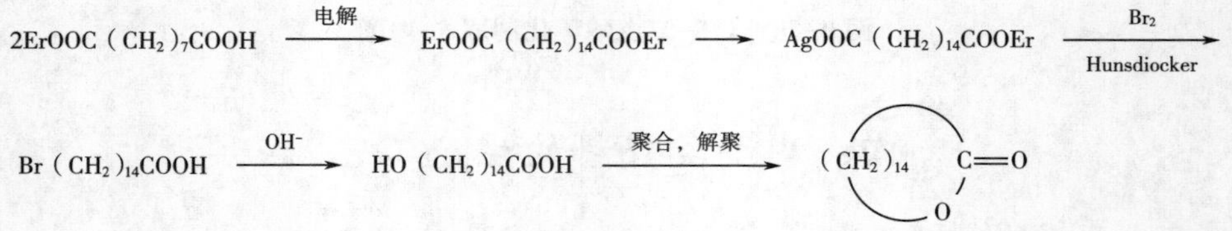

$$2ErOOC(CH_2)_7COOH \xrightarrow{\text{电解}} ErOOC(CH_2)_{14}COOEr \longrightarrow AgOOC(CH_2)_{14}COOEr \xrightarrow[Hunsdiecker]{Br_2}$$

$$Br(CH_2)_{14}COOH \xrightarrow{OH^-} HO(CH_2)_{14}COOH \xrightarrow{\text{聚合，解聚}} (CH_2)_{14}\ C{=}O,\ O$$

图 9-81 以壬二酸单乙酯为原料制备环十五内酯

2. γ-丁内酯的生产工艺

γ-丁内酯一般是由顺丁烯二酸酐制取，同时有四氢呋喃副产物生成（图 9-82）。

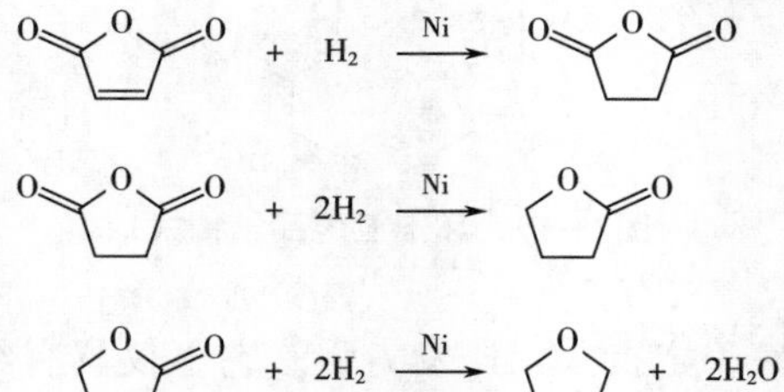

$$+ H_2 \xrightarrow{Ni}$$

$$+ 2H_2 \xrightarrow{Ni}$$

$$+ 2H_2 \xrightarrow{Ni} \quad + 2H_2O$$

图 9-82 γ-丁内酯的制取

日本三菱化学工业公司成功开发了由顺丁烯二酸酐生产 γ-丁内酯的技术，其工业流程如图 9-83 所示，该工艺由反应和精制两部分组成，可以同时生产 γ-丁内酯和四氢呋喃。二者的比例可以根据需要进行控制，γ-丁内酯：四氢呋喃为（10：1）~（1：3）。

在反应器中填充固体催化剂，其组成为含有镍的 4 种金属。反应在一定的温度和压力下进行，用 γ-丁内酯做溶剂。溶剂、氢气和酸酐一起送入反应器中。反应物经适当冷却后送入闪蒸器，由闪蒸器分出的气体循环至反应器，并用气体循环压缩机弥补系统中的压力损失。可以适当排出少量气体以保证循环气中氢含量稳定。液体产物进入由 3 个塔组成的精馏段。在第 1 塔中将四氢呋喃-水共沸物从顶部蒸出送入第 3 塔（四氢呋喃

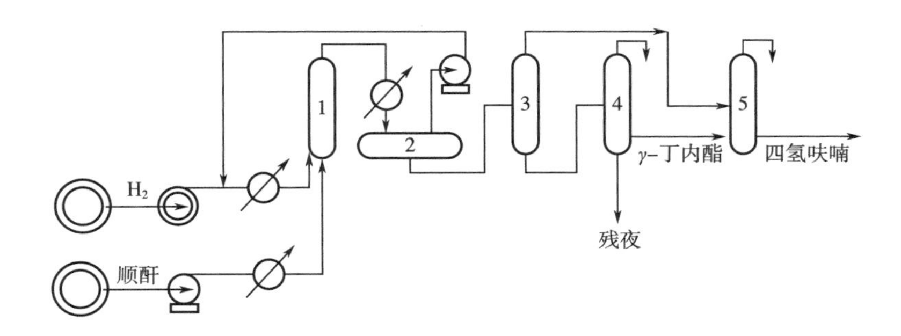

1—反应器；2—闪蒸器；3—共沸塔；4—γ-丁内酯；5—四氢呋喃塔。

图 9-83 顺丁烯二酸酐生产 γ-丁内酯工艺流程

塔)，蒸出水得到四氢呋喃产品。从第 1 塔底部出来的粗 γ-丁内酯送入第 2 塔（γ-丁内酯塔），从第 2 塔得到 γ-丁内酯产品。第 2 塔顶部馏出物为含醇、酯等的副产物。顺酐的转化率为 100%。

3. δ-癸内酯的生产工艺

工业上 δ-癸内酯的制备方法通常为以下两种。

（1）以环戊酮为原料制备　首先与正戊醛进行醇醛缩合反应，然后缩合产物经脱水、选择性还原后生成 2-戊基环戊酮，最后经氧化扩环反应生成 γ-癸内酯（9-84）。该法最具有工业生产价值。

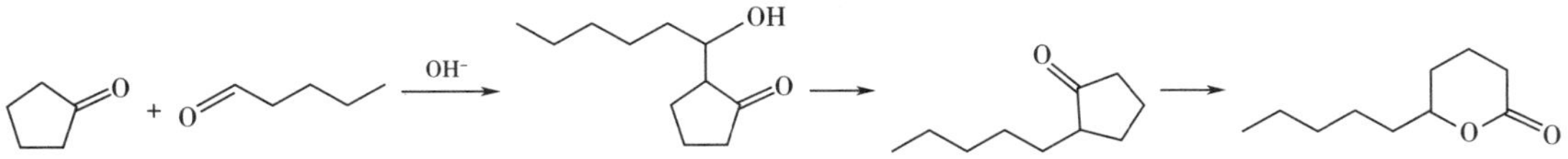

图 9-84 以环戊酮为原料制备 δ-癸内酯

（2）由石蜡裂解或相应的醇脱水得到的 1-戊烯或 1-庚烯为原料制备　在二叔丁基过氧化物引发下，与环戊酮进行游离基加成反应生成 2-戊基环戊酮（或 2-庚基环戊酮），再经氧化扩环反应后生成 γ-癸内酯（或 γ-十二内酯）（图 9-85）。

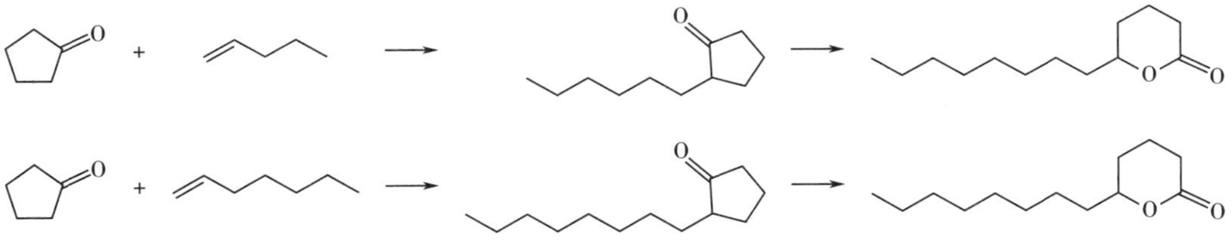

图 9-85 以脂肪族烯烃为原料制备 γ-癸内酯或 γ-十二内酯

4. δ-十一内酯的生产工艺

工业上制备 δ-十一内酯一般以己基环戊酮为原料，经氧化反应制取。

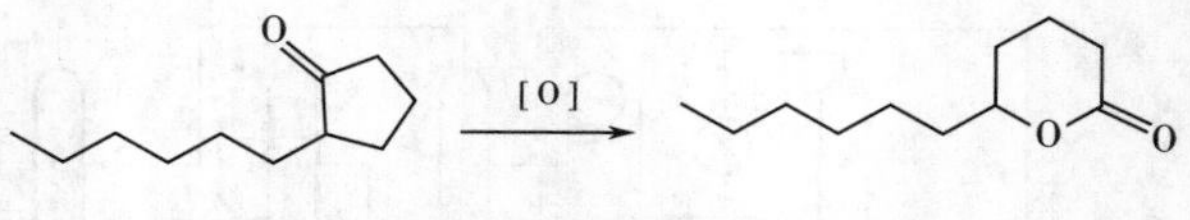

图 9-86 δ-十一内酯工业制备

其工艺流程如 9-87 所示：

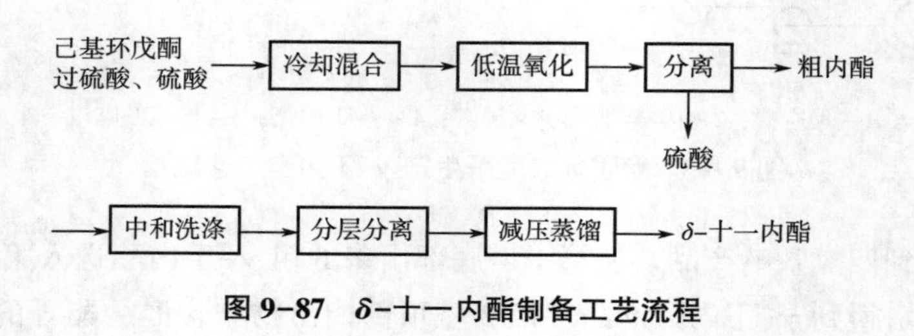

图 9-87 δ-十一内酯制备工艺流程

重点与难点

（1）羧酸、酯类香料分子的基本结构和分类方法；

（2）羧酸、酯类香料化合物的种类和理化性质；

（3）羧酸、酯类香料的制备方法和反应机制；

（4）典型羧酸、酯类香料的生产工艺。

思考题

1. 羧酸类香料的常见制备方法有哪些？
2. 酯类香料的常见制备方法有哪些？
3. 列举三种酯类香料，并简述它们在食品香精中的应用。
4. 简述柠檬酸的生产工艺。
5. 简述酯类香料在食用香精调配中的重要意义。
6. 简述甲酸长叶酯的生产工艺流程。
7. 列举三种内酯类香料，并简述它们的香气特征。
8. 简述 δ-癸内酯的生产工艺流程。

第十章
杂环类香料制备工艺

课程思政点

【本章简介】

本章主要介绍了杂环类香料的概念、结构特点及分类方法；五元杂环类香料的种类、性质、香味特征及制备方法；六元杂环类香料的种类、性质香味特征及制备方法；代表性杂环类化合物的制备工艺及工艺流程。

杂环类香料是近十几年来才发展起来的新型香料，主要包括吡嗪、吡咯、呋喃、吡啶和噻吩等。杂环类香料本身普遍存在于天然食品中，且具有阈值低，香气特征突出等特点，使其逐渐成为香料领域研究的热点。目前人们从各种食品中鉴出了的近万种杂环类香味化合物，获美国食用香料和萃取物制造者协会（FEMA）批准，可安全使用的杂环类香味物有近2000种，主要包括氮、氧和硫杂环类化合物。

第一节　杂环类香料概述

一、杂环化合物的概念

杂环化合物是指构成环的原子除碳原子之外还有其他原子（如氮、氧和硫等）的环状有机物（图10-1）。

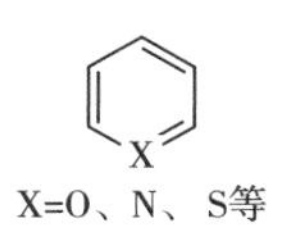

图10-1　杂环化合物结构通式

杂环上可以含有一个、两个或多个杂原子。杂环氢化后可成饱和的或部分饱和的环。例如呋喃氢化后形成四氢呋喃。我们习惯上把各种氢化的环如四氢呋喃看作杂环的衍生物，并将氢化前的杂环结构称为母核。但是，含有杂原子的环酸酐、内酯等环状化合物，因它们更多体现的是酸酐、酯的性质，所以习惯上不将它们归类为杂环化合物，如图 10-2 所示。

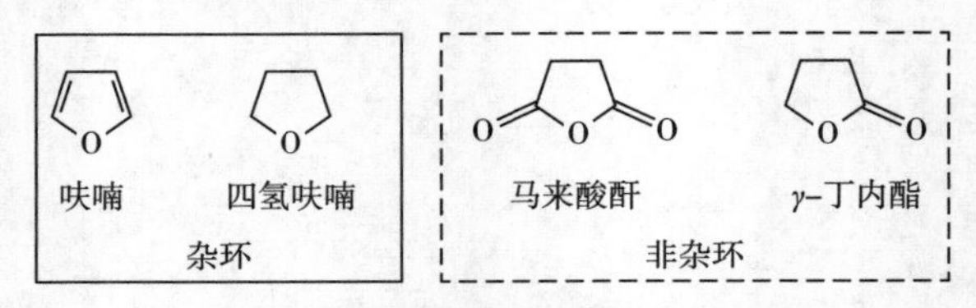

图 10-2　杂环化合物与非杂环化合物

二、杂环化合物的分类

（一）按照杂环结构的原子个数进行分类

按照杂环结构的原子个数可将杂环类化合物分为三元、四元、五元、六元、七元及更大杂环，其中，五元杂环和六元杂环的性质相对最稳定，也是目前研究和应用最为广泛的杂环化合物（图 10-3）。

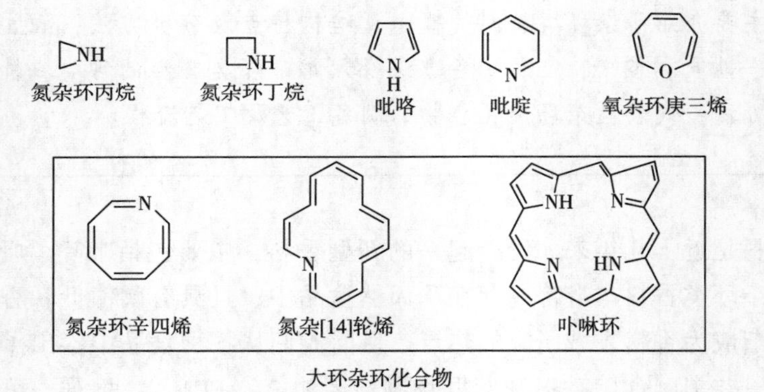

图 10-3　各种杂环化合物

（二）按照杂环结构环的个数进行分类

按照杂环结构环的个数可将杂环化合物分为单杂环（如吡啶）、稠杂环（如喹啉）、桥杂环（如新烟草灵）和连杂环（如头孢烷）等（图 10-4）。

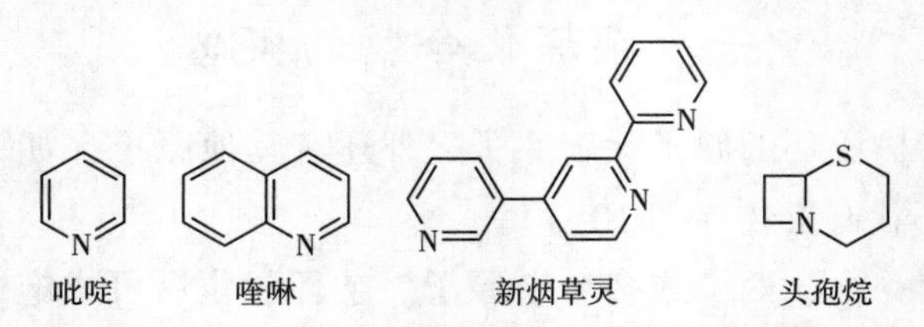

图 10-4　按杂环结构环的个数分类

（三）按照杂环结构的饱和度进行分类

按照杂环结构的饱和度可将杂环分为杂环烷烃（如哌啶）、杂环烯烃（如 3,4-二氢-2H-吡喃）、芳香杂环（如呋喃）等（图 10-5）。

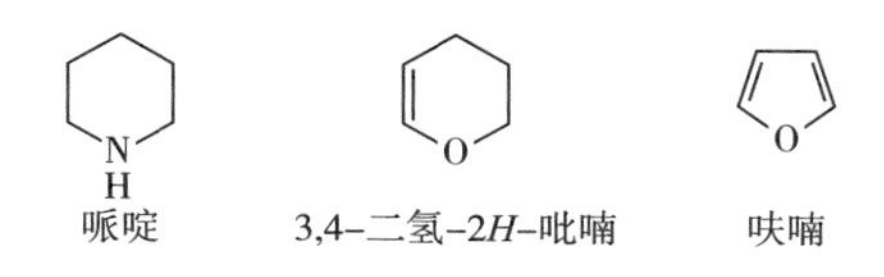

图 10-5 按杂环结构的饱和度分类

三、常见的芳香杂环化合物

芳香杂环化合物中最常见、稳定的杂环化合物可以分为五元杂环和六元杂环两大类，在每一类中又可根据杂原子种类和数目、环的数目等进行分类，如表 10-1。

表 10-1　　常见五元、六元杂环化合物

杂环类别（环数）	五元杂环		六元杂环	
	单环	稠环	单环	稠环
单杂环	 呋喃	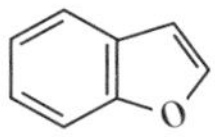 苯并呋喃	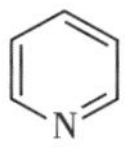 吡啶	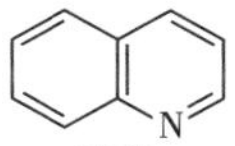 喹啉
双杂环	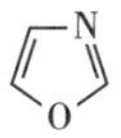 噁唑	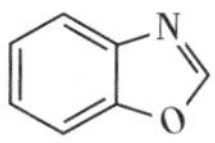 苯并噁唑	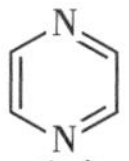 吡嗪	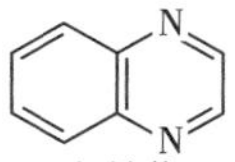 喹喔啉

第二节　五元杂环类香料

呋喃、噻吩、噻唑、吡咯等是最常见的五元杂环化合物。五元杂环化合物几乎没有环张力，很少发生开环反应。但是，五元杂环上的碳原子和杂原子形成了一个环状封闭的 6π 电子体系，符合 $4n+2$ 休克尔规则，具有芳香性。通常情况下，这些杂环化合物都能发生亲电取代反应，如硝化、磺化、卤化和 Friedel-Crafts 反应等。

一、呋喃类香料

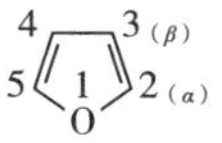

图 10-6 呋喃类结构通式

呋喃（图 10-6）是无色液体，不溶于水且具有芳香气味的五元杂环化物。其主要是由糠醛（呋喃-2-甲醛）气相催化脱羰基制备得到。早在 20 世纪初，科学家就从天然食品中鉴定出呋喃类化合物的存在，到了20世纪60年代，科学家开始合成出水果型呋喃衍生物，这类化合物一般表现出肉香、海鲜香、烤香以及咖啡香等香韵特征（图10-7）。

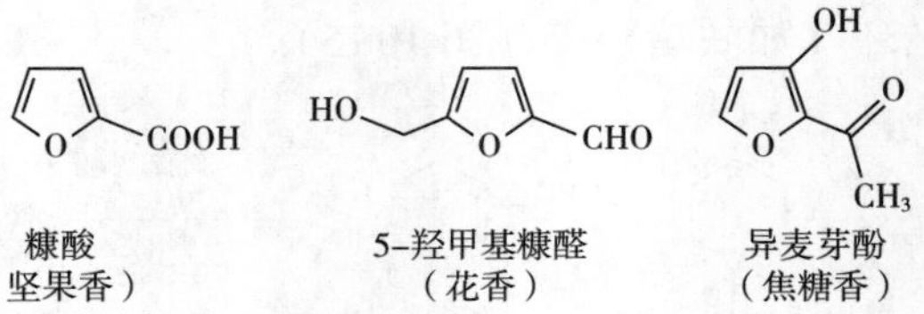
COOH
HO
CHO
OH
O
CH_3
糠酸
（坚果香）
5-羟甲基糠醛
（花香）
异麦芽酚
（焦糖香）

图10-7 常见的呋喃类香料

（一）呋喃类化合物的性质

由于受到氧原子的影响，呋喃类化合物的亲电活性比苯环高很多，可以发生硝化、磺化、卤代、Friedel-Crafts反应等亲电取代反应，且反应主要发生在2号位置上。这是因为进攻2号位所产生的共振杂化体比3号位稳定，如图10-8所示。亲电试剂进攻2号位时，所产生的正电荷在三个原子上离域，而进攻3号位时正电荷仅能在两个原子上离域。

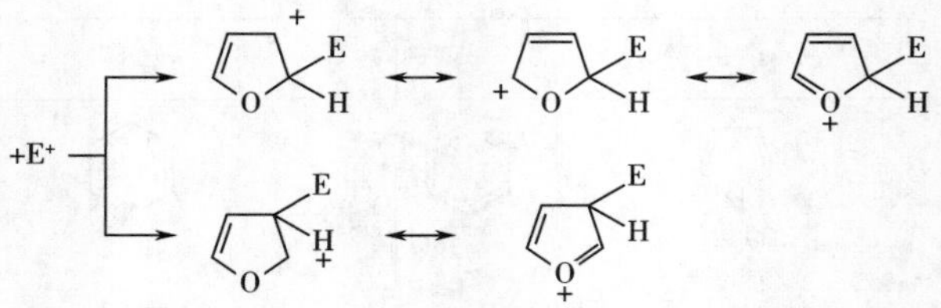
$+E^+$
E
H

图10-8 呋喃类化合物性质

1. 亲电取代反应

呋喃类化合物与强酸在一起能够破坏其共轭体系而发生水解、聚合等反应；其与亲电试剂可以发生硝化、磺化、Friedel-Crafts反应等亲电取代反应。下面以呋喃为例，对该类化合物的主要亲电取代反应进行介绍。

（1）硝化反应　由于呋喃类化合物比较活泼，不能直接用硝酸硝化，通常采用硝酸-醋酐硝化，并加入吡啶类弱碱最后得到2-取代的硝基呋喃。2-硝基呋喃进一步硝化可以生成2,5-二硝基呋喃（图10-9）。

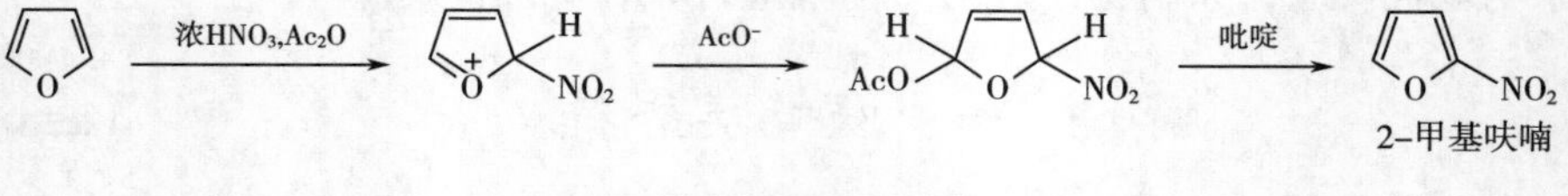
浓HNO_3,Ac_2O
AcO^-
吡啶
NO_2
AcO
2-甲基呋喃

图10-9 呋喃的硝化反应

（2）磺化反应　由于强酸会使呋喃类化合物发生分解，故通常用三氧化硫-吡啶络合物作为磺化试剂进行反应（图 10-10）。

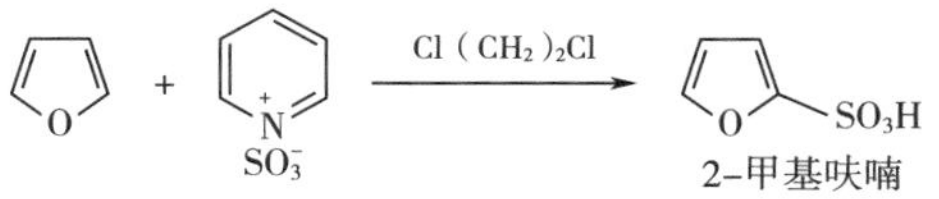

图 10-10 呋喃的磺化反应

（3）卤代反应 呋喃在常温与氯及溴发生剧烈反应生成多卤代产物，但与碘不反应。通常，可以用卤代氰作为卤化试剂来实现呋喃的单卤代反应（图 10-11）。

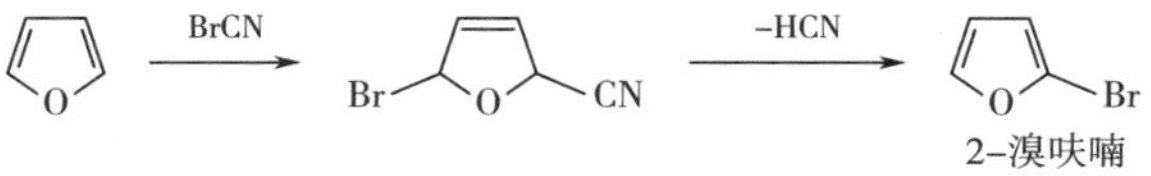

图 10-11 呋喃的卤代反应

（4）Friedel-Crafts 反应 呋喃与羧酸酐或酰卤发生的 Friedel-Crafts 酰基化反应通常需要 Lewis 酸（常为三氟化硼）作为催化剂，反应主要发生在 2 号位，得到酰基取代呋喃类化合物（图 10-12）。

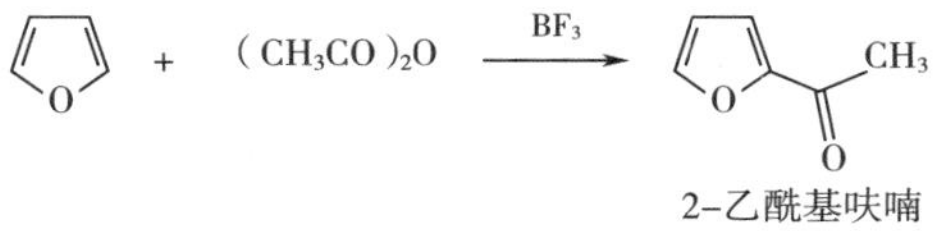

图 10-12 呋喃的 Friedel-Crafts 反应

呋喃的 Friedel-Crafts 烷基化反应经常用来合成一些具有实用价值的烷基取代呋喃类化合物。例如，用呋喃制备 2,5-二叔丁基呋喃（图 10-13）。

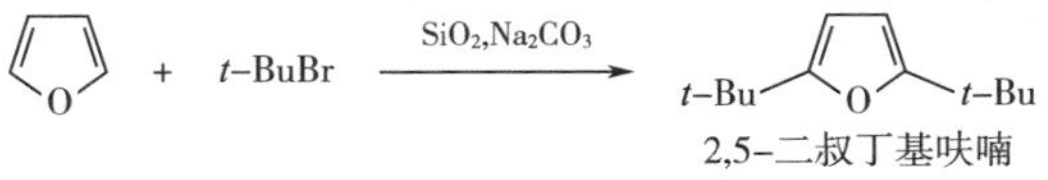

图 10-13 用呋喃制备 2,5-二叔丁基呋喃

（5）汞化反应 呋喃很容易实现汞化反应，在氯化汞和乙酸钠存在的条件下即可得到 2 号位取代的呋喃汞化合物（图 10-14）。

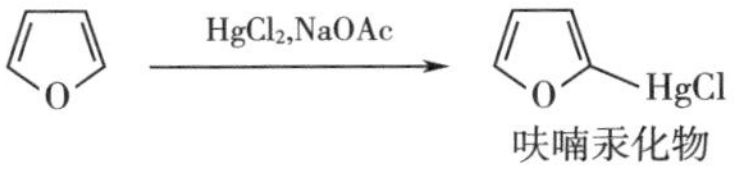

图 10-14 呋喃的汞化反应

2. 亲核试剂反应

简单的呋喃并不与亲核试剂发生加成或取代反应。但是硝基呋喃上的硝基取代基可以活化卤素的置换反应（图 10-15）。

图 10-15 呋喃的亲核试剂反应

3. 碱性反应

烷基锂试剂可以选择性地在呋喃的 2 号位发生金属反应。例如，在正丁基锂作用下，呋喃可在乙醚中回流得到 2-锂化呋喃，其在 TMEDA 和正己烷的催化下，进一步生成 2,5-二锂化呋喃代反应（图 10-16）。

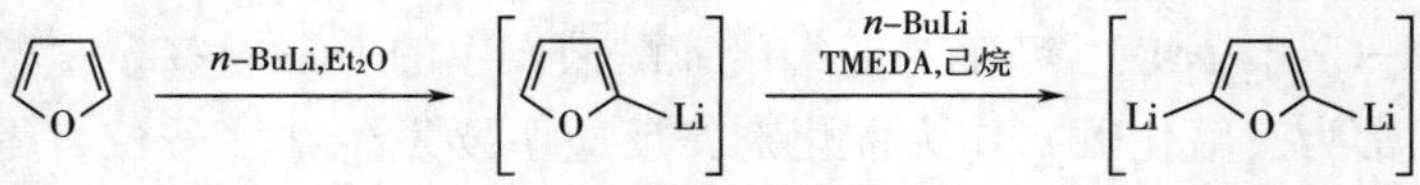

图 10-16 呋喃的碱性反应

呋喃类化合物也可以与二异丙基氨基锂（LDA）发生反应。例如，糠酸与 2 当量的二异丙基氨基锂可以选择性生成羧酸锂/5-锂化合物，并在官能化试剂催化条件下发生后续反应（图 10-17）。

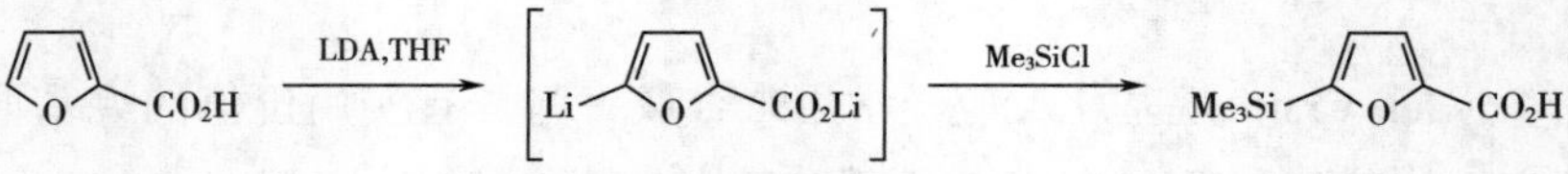

羧酸锂/5-锂化合物

图 10-17 呋喃与二异丙基氨基锂（LDA）的反应

4. 催化偶联反应

偶联反应是指在过渡金属配合物的催化下，有机卤化物（RX）与非过渡金属有机化合物（R′M′）偶联形成碳-碳键的反应。交叉偶联反应的效率高，选择性好，反应条件温和，是现代有机合成的有效路径。例如，可以通过钯催化的铃木（Suzuki）偶联反应将芳基引入呋喃的 2 号位，也可以通过钯催化的赫克（Heck）偶联反应将丙烯酸酯引入呋喃的 2 号位（图 10-18）。

3-（三正丁基锡烷基）呋喃也可以和卤代物发生钯催化的斯蒂尔（Stille）偶联反应得到各种呋喃类衍生物（图 10-19）。

5. 还原反应

雷尼（Raney）镍催化剂是将呋喃还原成四氢呋喃的最佳方法。大多数呋喃不会被

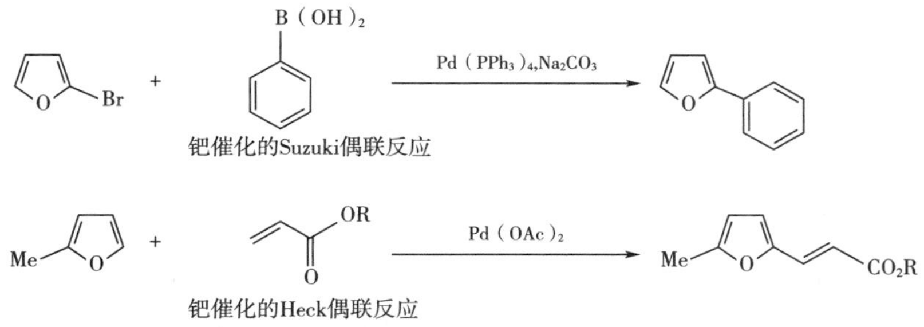

Br + B(OH)₂ → Pd(PPh₃)₄, Na₂CO₃

钯催化的Suzuki偶联反应

Me + OR, O → Pd(OAc)₂ → Me, CO_2R

钯催化的Heck偶联反应

图 10-18 呋喃的过渡金属催化偶联反应

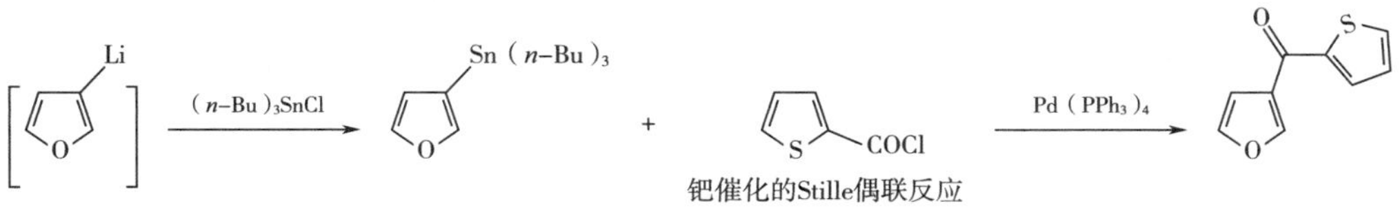

Li → $(n\text{-}Bu)_3SnCl$ → Sn$(n\text{-}Bu)_3$ + S COCl → $Pd(PPh_3)_4$ → O, S

钯催化的Stille偶联反应

图 10-19 呋喃与卤代物发生钯催化的 Stille 偶联反应

金属/氨体系所还原，但是糠酸可以被金属/氨体系还原生成二氢衍生物。例如，在催化剂作用下呋喃加氢生成四氢呋喃（图 10-20）。

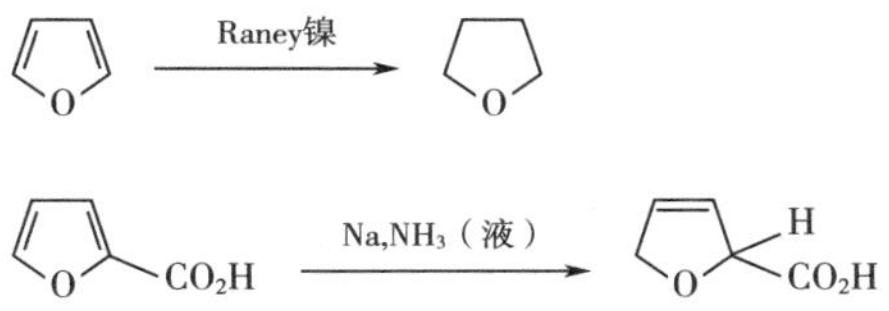

O → Raney镍 → O

O CO_2H → Na, NH_3（液） → O H CO_2H

图 10-20 呋喃还原反应

（二）呋喃类香料的基本特点

1. 糠醛

结构式见图 10-21。

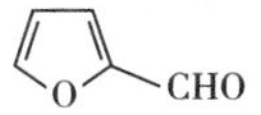

O CHO

图 10-21 糠醛结构式

糠醛又称 2-呋喃甲醛。无色透明液体，溶于水，溶于乙醇等有机溶剂。沸点 161~162℃，相对密度 1.154~1.155，折射率 1.5250~1.5261。在空气中逐渐变为黄色至棕褐色，具有甜香、烤香、木香等香气。存在于清炖牛肉、烤牛肉、茶、咖啡等食品中，主要用于烟草、糖果、烘烤食品等食用香精的调配，并作为制备其他取代的呋喃类化合物的原料。

2. 5-甲基糠醛

结构式见图 10-22。

5-甲基糠醛又称 5-甲基-2-呋喃甲醛。无色至淡黄色液体，沸点 187℃、78~

81℃/1.7kPa，相对密度 1.107，折射率 1.5310，闪点 72℃。微溶于水，溶于乙醇等有机溶剂。具有辛香、甜香、焦糖似的香味。存在于芦笋、洋葱、大蒜、覆盆子、可可、咖啡、茶叶、熟肉以及焙烤过的马铃薯、大麦、花生、芝麻、榛子等食品中。广泛用于日化香精调配，在食用香精中，主要用于烘烤食品、糖果制品和咖啡的加香。

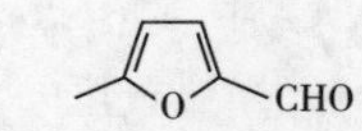

图 10-22 5-甲基糠醛结构式

3. 2-乙酰基呋喃

结构式见图 10-23。

2-乙酰基呋喃又称 2-呋喃基甲基酮。浅黄色液体或晶体，不溶于水，溶于乙醇等有机溶剂。熔点 29~30℃，沸点 67℃/1.33kPa，相对密度 1.098，折射率 1.5070，闪点 71℃。具有甜香、香脂、烤马铃薯香味和面包香味，存在于番茄、烤马铃薯、番茄、啤酒、茶、咖啡、香油中，主要用于烟草、糖果、焙烤食品、杏仁、坚果、可可、谷类、面包、肉味香精等香精的调配与加香。

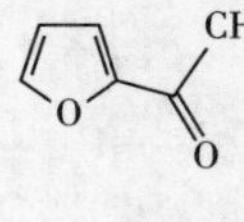

图 10-23 2-乙酰基呋喃结构式

4. 乙酸糠酯

结构式见图 10-24。

浅黄色液体或晶体，具有水果、焦糖、坚果、花香、酯香等香气。不溶于水，溶于乙醇等有机溶剂。沸点 175~177℃，相对密度 1.118，折射率 1.4618。存在于奶油、面包、茶、咖啡、炒花生、炒榛子等食品中，用于水果、咖啡等食用香精调配。

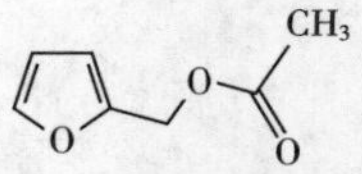

图 10-24 乙酸糠酯结构式

5. 2-戊基呋喃

结构式见图 10-25。

无色液体，沸点 57~59℃/1.33kPa，相对密度 0.884，折射率 1.4462。具有豆香、果香、青香等水果香气。不溶于水，溶于乙醇等有机溶剂，存在于清炖牛肉、烤牛肉、茶、咖啡、马铃薯片等食品中，用于软饮料、乳制品、糖果、烘烤食品等食用香精的调配。

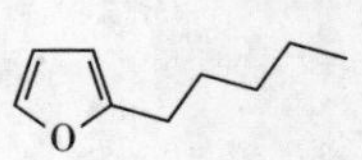

图 10-25 2-戊基呋喃结构式

（三）呋喃类香料的制备方法

1. 糠醛脱羰基法

糠醛气相脱羰基制备呋喃通常被认为是制备呋喃类化合物的重要途径。从可再生的生物质（如玉米芯、米糠等）中萃取得到戊聚糖，戊聚糖水解得到木糖，木糖在酸催化条件下脱水即可得到糠醛（图 10-26）。

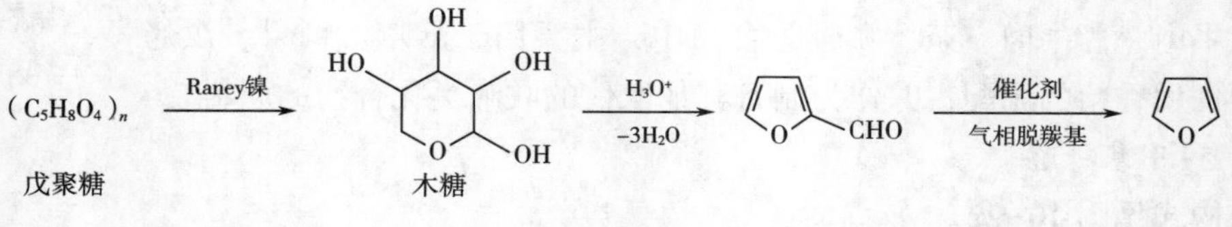

图 10-26 糠醛脱羰基法制备呋喃

2. 帕勒-克诺尔（Paal-Knorr）合成法

Paal-Knorr 合成法又称 1,4-二羰基化合物脱水环化法，是最广泛应用的合成呋喃类化合物的方法。如丁二醛在硫酸催化作用下发生脱水闭环可用来制备呋喃（图 10-27）。

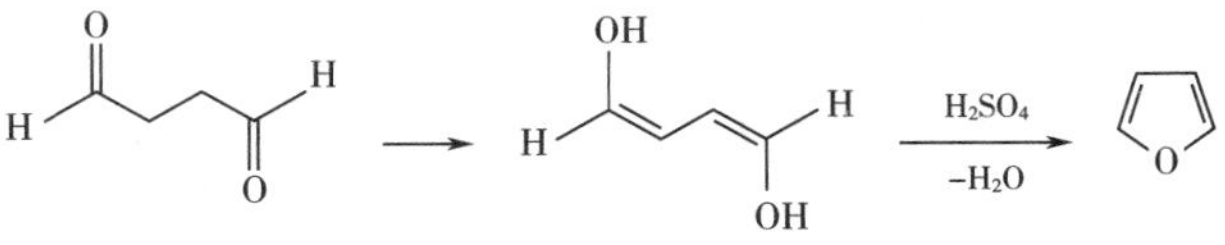

图 10-27 Paal-Knorr 合成法制备呋喃

采用 1,4-二羰基化合物在非水介质酸催化条件下脱水即得呋喃类化合物。此反应过程主要包括一个羰基的烯醇式氧加成到另一个羰基上，然后发生消除反应，脱去一分子水即可得到呋喃类化合物（图 10-28）。

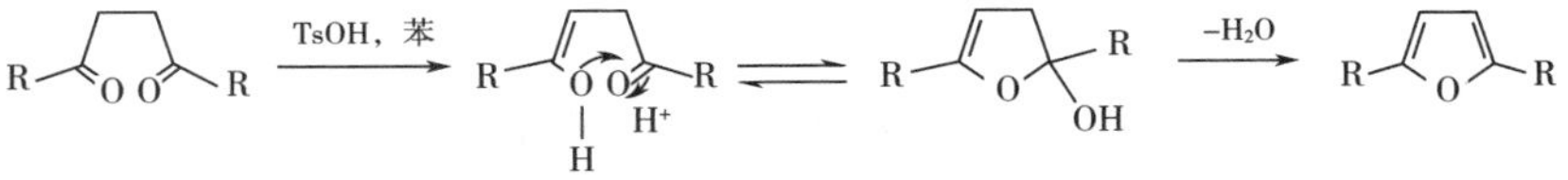

图 10-28 1,4-二羰基化合物非水介质酸催化脱水制备呋喃

3. 菲斯特-贝瑞（Feist-Beiiary）合成法

采用一个 α-卤代酮和一个 β-酮酸酯反应制得呋喃类化合物（图 10-29）。该反应大致经历的反应历程如图 10-30 所示。

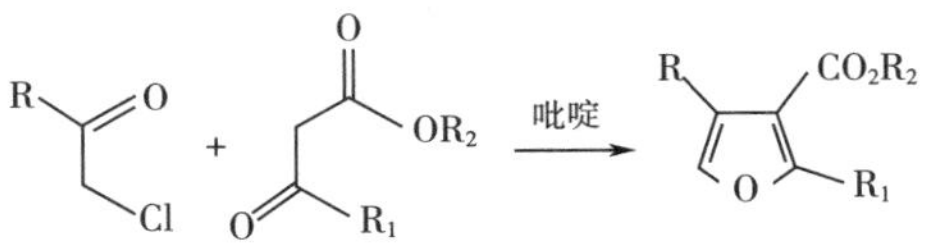

图 10-29 Feist-Beiiary 合成法制备呋喃

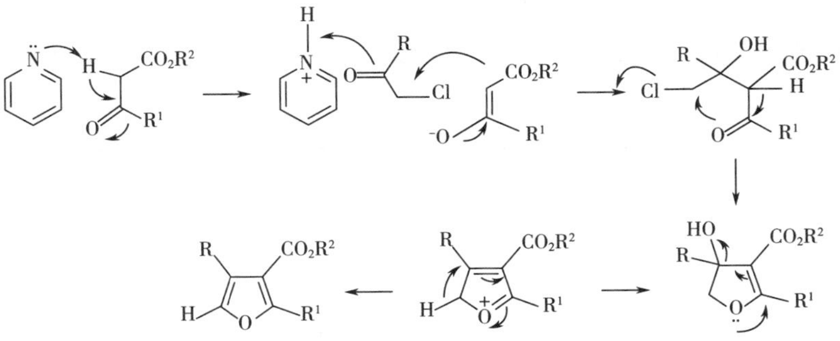

图 10-30 Feist-Beiiary 合成法反应历程

二、噻吩类香料

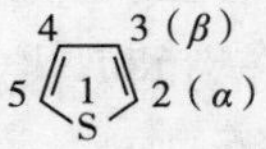

噻吩（图 10-31）是稳定的液体，存在于煤焦油的馏出物中。早在 19 世纪末，维克托·梅耶（Viktor Meyer）就从煤焦油中分离出了噻吩。噻吩及以其为母核的环状化合物在燃料、香料、医药以及有机合成中起着很大的作用。噻嘧啶（抗虫灵）是一种畜牧业中常用的驱虫剂，也是化学疗法中用到的少数噻吩化合物中的一种。噻吩类香料通常还具有肉香、葱蒜香、咖啡香和烤肉香等独特香气和味道，对食品的感官特性有巨大的贡献，使得该类化合物在香料中起着重要的作用（图 10-32）。

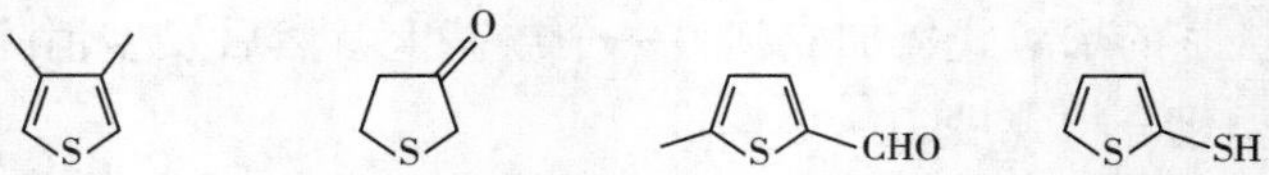

4 3 (β) 5 1 2 (α) S

图 10-31 噻吩类结构通式

S S O S CHO S SH

3,4-二甲基噻吩（洋葱香） 四氢噻吩-3-酮（烤香） 5-甲基-2-噻吩甲醛（杏仁香） 2-巯基噻吩（咖啡香）

图 10-32 各种噻吩类香料

（一）噻吩类化合物的性质

噻吩同样是由五个原子组成的环状 6π 电子共轭体系，符合 $4n+2$ 的休克尔规则，因此具有芳香性。噻吩类化合物由于受到硫原子的影响，使得它们的活性比苯环高。噻吩类化合物也可以发生硝化、磺化、卤代、Friedel-Crafts 反应等亲电取代反应，反应的位置主要发生在 2 号位点上，但是噻吩环比呋喃环相对稳定，它们的一些反应性质与呋喃类化合物有些不同，例如，噻吩不能作为二烯体参与狄尔斯-阿尔德（Diels-Aldel）反应，也不易发生聚合反应。

由于噻吩类化合物在动植物食品如罐头牛肉、炒洋葱、炒花生、茶叶及啤酒中的含量极低，其在香料中的重要地位到近年来才被人们所发现。噻吩类化合物香势特别强，虽然含量极微，但对食品的感官特性贡献极大。噻吩类化合物大多具有焦香、肉香、坚果香和葱蒜香，例如，2-乙酰基-3-甲基噻吩可以给糖浆提供蜜样香味，3-乙酰基-2-甲基噻吩可以用来修饰香烟的香气和味道。部分噻吩类化合物的香气特征见表 10-2。

表 10-2 部分噻吩类化合物的香气特征

名称	分子结构	香气特征
2-甲基噻吩	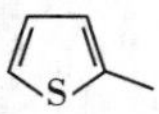 S	洋葱香
2-乙基噻吩	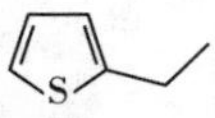 S	苏合香

续表

名称	分子结构	香气特征
2-乙酰基噻吩	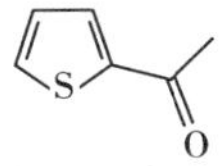 S O	炒麦芽香
2-乙酰基-5-甲基噻吩	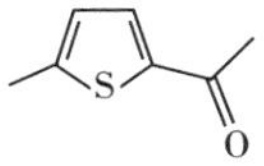 S O	甜花香
2-甲基-3-巯基噻吩	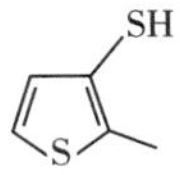 SH S	烤肉香
4-羟基-5-甲基-3（2*H*）-噻吩酮	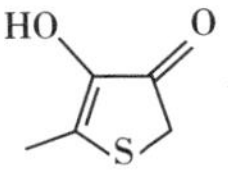 HO O S	坚果香
双（2-噻吩基）-二硫醚	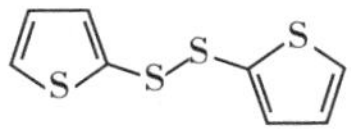 S S S S	烤肉香
2-噻吩酸丙酯	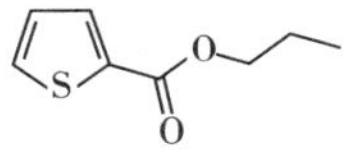 S O O	焦香

噻吩类化合物可以发生硝化、磺化、卤化、Friedel-Crafts反应等亲电取代反应。噻吩与强酸在一起也能够破坏其共轭体系而发生水解等反应。但噻吩比呋喃稳定，不易发生聚合反应。

1. 显色反应

含噻吩的苯溶液遇到亚硝酸钾和硫酸的水溶液会变成蓝-绿色；噻吩类化合物遇到菲酮-乙酸溶液时，加硫酸后会产生蓝-绿色沉淀。

2. 亲电试剂反应

（1）硝化反应　噻吩类化合物的硝化反应不能在亚硝酸环境中进行，否则会引起爆炸。如使用硝酸-乙酸进行硝化会取得令人满意的结果，主要得到2-硝化产物。若2-被占据，则可在5-位上发生反应（图10-33）。

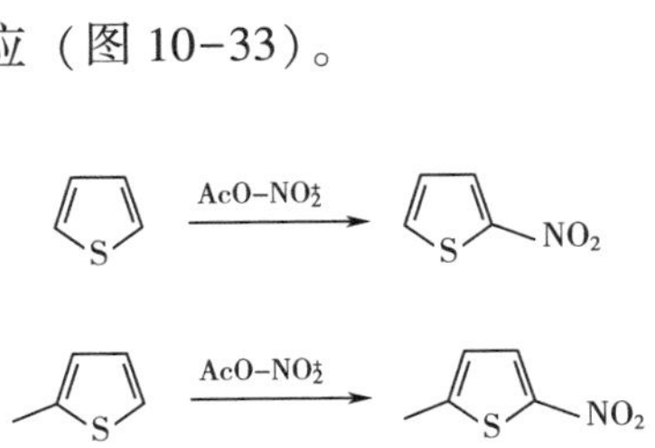

S $\xrightarrow{AcO-NO_2}$ S NO_2

S $\xrightarrow{AcO-NO_2}$ S NO_2

图10-33　噻吩硝化反应

（2）磺化反应　噻吩能够直接用浓硫酸进行磺化反应，反应很迅速，得到2-噻吩磺酸，如果再以水蒸气处理即脱去磺酰基又可得到噻吩，应用此法可以从煤焦油中提取噻吩（图 10-34）。

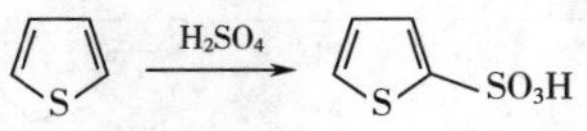

$$\text{噻吩} \xrightarrow{H_2SO_4} \text{2-噻吩磺酸}(SO_3H)$$

图 10-34　噻吩磺化反应

（3）卤代反应　由于氯气比较活泼，噻吩与氯气的反应常常得到噻吩加成的产物。溴代、碘代时，噻吩则比较容易发生反应（图 10-35）。

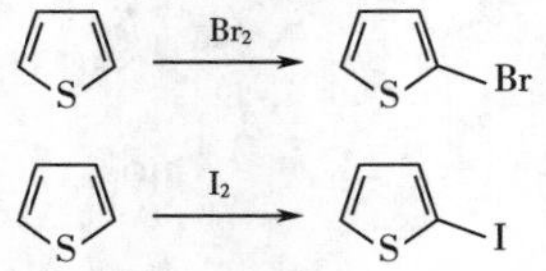

$$\text{噻吩} \xrightarrow{Br_2} \text{2-溴噻吩}$$

$$\text{噻吩} \xrightarrow{I_2} \text{2-碘噻吩}$$

图 10-35　噻吩卤代反应

（4）傅-克（Friedel-Crafts）反应　噻吩类化合物容易发生 Friedel-Crafts 酰基化和烷基化反应（图 10-36）。噻吩的酰基化反应比较容易进行，且应用非常广泛。在有磷酸和氯化锌等催化剂的作用下，主要得到 2 号位酰基取代产物，可获得较高的产率。噻吩的烷基化反应由于活性太高，反应难于控制，导致反应的选择性很差，并伴有聚合物的产生。

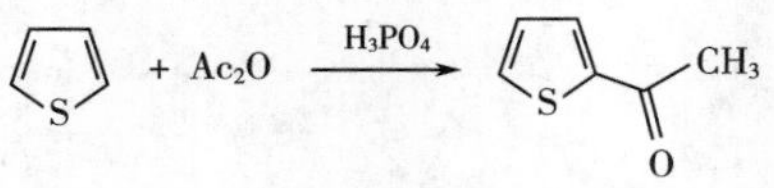

$$\text{噻吩} + Ac_2O \xrightarrow{H_3PO_4} \text{2-乙酰基噻吩}(C(=O)CH_3)$$

图 10-36　噻吩 Friedel-Crafts 反应

（5）汞化反应　噻吩极易汞化，用氯化汞和噻吩反应可以得到汞化产物（图 10-37）。噻吩汞是白色晶体，有狭窄的熔点，此性质在鉴定噻吩及其衍生物上有着重要意义，并且噻吩类汞化物容易提纯，提纯后容易水解重新生成噻吩类化合物。因此，可利用此方法提纯噻吩类化合物。

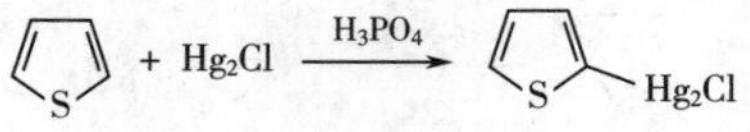

$$\text{噻吩} + Hg_2Cl \xrightarrow{H_3PO_4} \text{2-噻吩基}-Hg_2Cl$$

图 10-37　噻吩汞化反应

3. 亲核试剂反应

简单噻吩不与亲核试剂发生加成或取代反应，硝基取代基活化了噻吩上的卤原子，使其可与亲核试剂发生取代反应（图 10-38）。

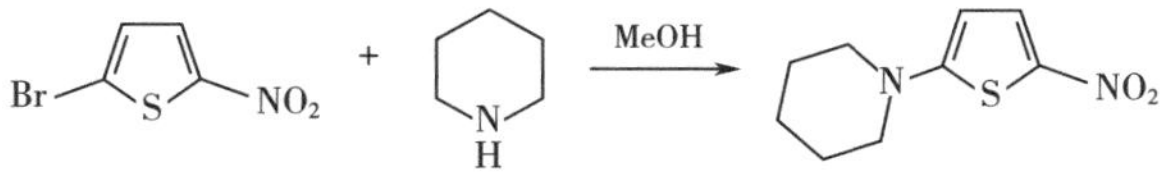

Br ... NO_2 + (piperidine, N-H) —MeOH→ ... NO_2

图 10-38 噻吩与亲核试剂反应

4. 碱性反应

噻吩的单锂化反应发生在 2 号位点上（图 10-39）。

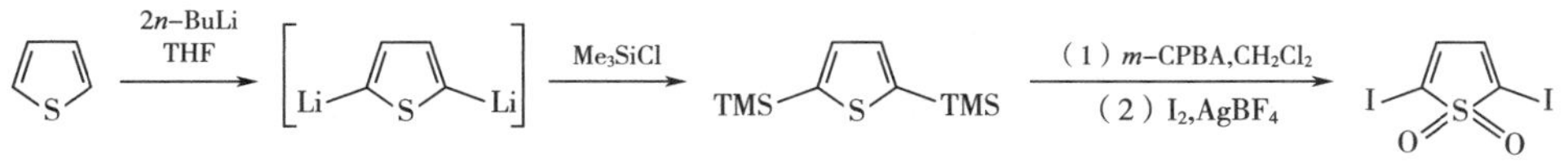

—$2n$-BuLi, THF→ [Li ... Li] —Me_3SiCl→ TMS ... TMS —（1）m-CPBA, CH_2Cl_2（2）I_2, $AgBF_4$→ I ... I (S, O, O)

图 10-39 噻吩碱性反应

5. 催化偶联反应

通过钯催化的偶联反应可将芳基和烯基等基团直接引入噻吩环上。例如，可以通过钯催化的 Suzuki 偶联反应制备联噻吩，也可以通过铜催化的 Stille 偶联反应制备烯基噻吩化合物（图 10-40）。

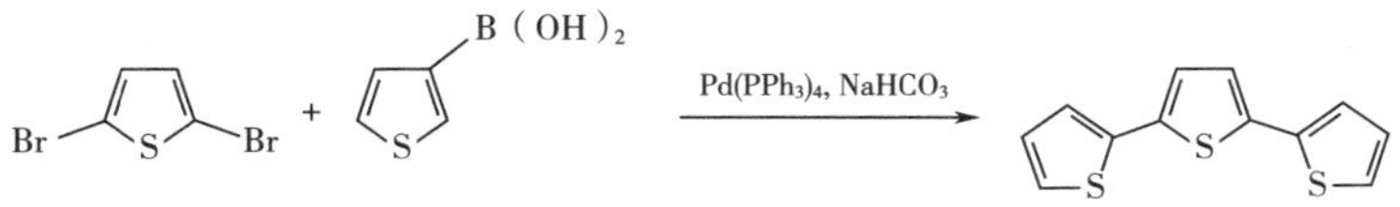

Br ... Br + B（OH）$_2$ —$Pd(PPh_3)_4$, $NaHCO_3$→

钯催化的Suzuki偶联反应

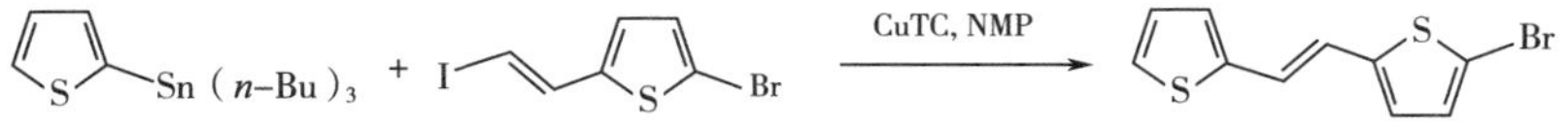

Sn（n-Bu）$_3$ + I ... Br —CuTC, NMP→ ... Br

铜催化的Stille偶联反应

图 10-40 噻吩偶联反应

6. 还原反应

噻吩环与还原剂（如 Raney 镍）发生的还原反应，由于催化剂中毒和硫的还原消去两个因素的影响而难以进行。钠/氨也会导致噻吩和简单酚类环的破裂。噻吩的氢化通常可以通过三烷基硅烷与三氟乙酸的共同作用来实现（图 10-41）。

CH_3 —Et_3SiH, CF_3CO_2H→ CH_3

图 10-41 噻吩还原反应

（二）噻吩类香料的基本特点

1. 四氢噻吩-3-酮

结构式见图 10-42。

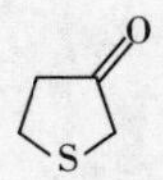

四氢噻吩-3-酮又称4,5-二氢-3（2*H*）噻吩酮。无色或淡黄色液体，不溶于水，溶于乙醇等有机溶剂。沸点175℃，相对密度1.194，折射率1.5280。具有烤香、烧肉香、葱香以及蔬菜香气。存在于牛肉、猪肉、咖啡、炒花生、炒榛子食品中，可用于肉味、咖啡、洋葱、坚果等食用香精的调配。

图10-42 四氢噻吩-3-酮结构式

2. 5-甲基-2-噻吩基甲醛

结构式见图10-43。

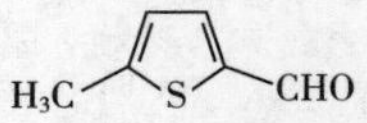

5-甲基-2-噻吩基甲醛为淡棕色液体，不溶于水，溶于乙醇等有机溶剂。沸点113~114℃，相对密度1.170，折射率1.574。具有甜的、杏仁、樱桃、木香香气以及杏仁、樱桃、坚果香气。存在于法国炸马铃薯片、炒花生、番茄、面包、生鸡肉、威士忌、咖啡等食品中，可用于浆果、杏仁、榛子、黑莓、樱桃、香草等食用香精的调配。

图10-43 5-甲基-2-噻吩基甲醛结构式

3. 2-噻吩硫醇

结构式见图10-44。

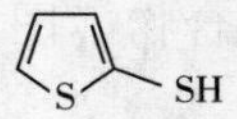

2-噻吩硫醇又称2-巯基噻吩。无色或淡黄色油状液体，在空气中易氧化，极微量溶于水，溶于乙醇等有机溶剂。沸点166℃，相对密度1.252，折射率1.62。具有焦煳-橡胶、烤咖啡香气以及烤香味道，可用于咖啡、烤香香精、糖果和烘烤食品等食用香精的调配。

图10-44 2-噻吩硫醇结构式

4. 2-噻吩基二硫醚

结构式见图10-45。

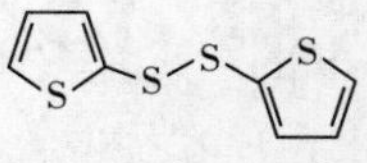

2-噻吩基二硫醚为淡黄色固体，熔点55~60℃，沸点132℃，相对密度1.45。具有坚果香、肉香、壤香，可用于坚果、花生、胡桃、肉、蘑菇香型的食用香精的调配。

图10-45 2-噻吩基二硫醚结构式

（三）噻吩类香料的制备方法

1. 缩合环化法

由共轭的二烯或二炔与硫源通过环化缩合制备噻吩，或者与硫在气相中反应也可以制得噻吩（图10-46）。

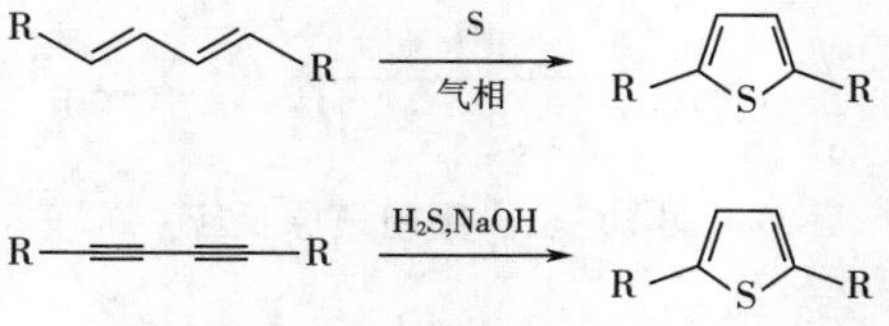

图10-46 缩合环化法制备噻吩

2. Paal-Knorr合成法

1,4-二羰基化合物与一个硫源在酸的催化作用下脱水可得噻吩化合物（图10-47）。

传统的硫源是用磷的硫化物，后来经常用劳森（Lawessson）试剂或双三甲基甲硅烷硫化物。

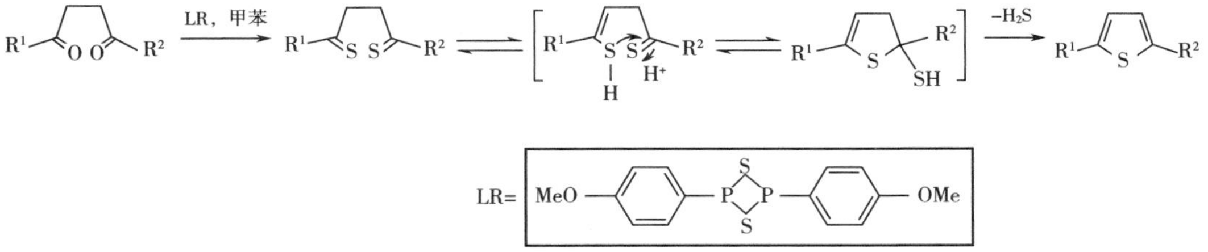

图 10-47 Paal-Knorr 合成法制备噻吩

当使用 1,4-二羧酸为二羰基化合物时，则反应必须在某个阶段完成还原步骤，因为需要的结果是生成噻吩而不是 2-/5-氧化噻吩（图 10-48）。

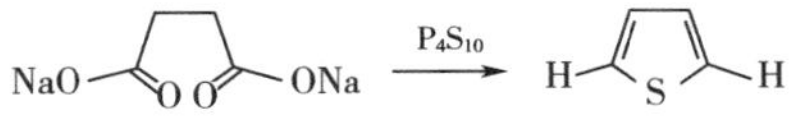

图 10-48 噻吩的制备反应

3. 兴斯堡（Hinsberg）合成法

采用一个 1,2-二酮和一个硫代二乙酯在碱的作用下反应制得噻吩。1,3-二酮和巯基乙酸酯也能发生类似的反应制得噻吩（图 10-49）。

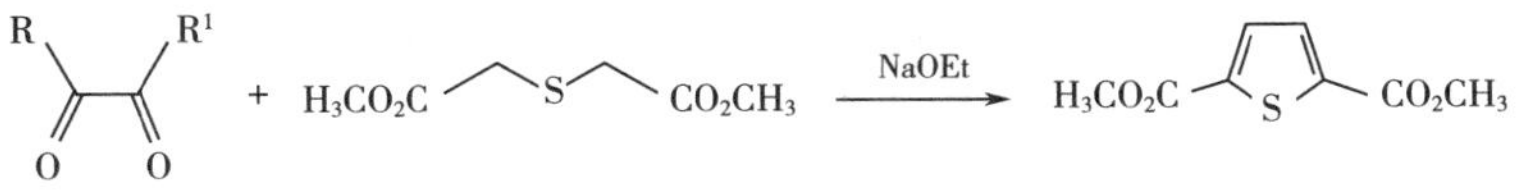

图 10-49 Hinsberg 合成法制备噻吩

三、噻唑类香料

噻唑（图 10-50）是含有氮和硫两种杂原子的五元杂环类化合物，化学性质非常稳定，不发生自动氧化反应。它是易溶于水的液体，具有芳香性。噻唑类化合物天然存在广泛，如咖啡、茶叶、爆米花、烤马铃薯、炒榛子、炒花生、米饭、炖牛肉、熟猪肝、葡萄酒、朗姆酒、啤酒、麦芽等均含有噻唑类化合物。噻唑类化合物一般具有鲜菜香、烤肉香、坚果香等香味特征，香势强，阈值低，是常用的杂环类香料化物（图 10-51）。

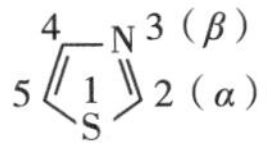

图 10-50 噻唑类结构通式

（一）噻唑类化合物的性质

噻唑环上的氮、硫和 3 个碳原子也能形成环状封闭的 6π 电子共轭体系，因此，噻

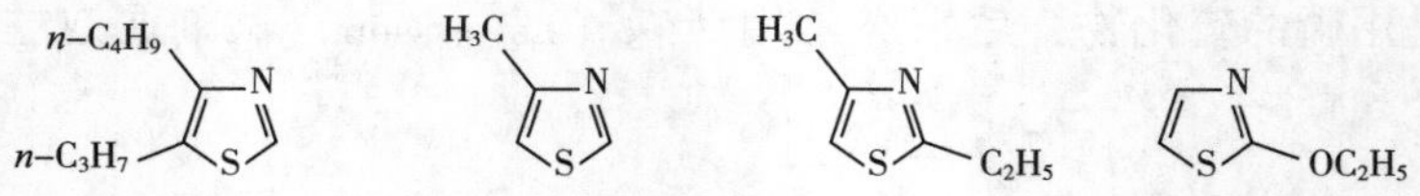

4-正丁基-5-正丙基噻唑（番茄香） 4-甲基噻唑（坚果香） 2-乙基-4-甲基噻唑（咖啡香） 2-乙氧基噻唑（青香）

图 10-51 各种噻唑类香料

唑环具有芳香性。另外，噻唑氮原子上有一对孤对电子未参与成环，因此其具有一定的碱性，可以与质子结合。噻唑环不容易发生亲电反应，这是由于通常情况下，3 号位上的氮原子是吸电子的，而亲电反应一般都是在酸性条件下反应，3 号位上氮的质子化，更增加了氮的吸电子能力，使得反应难于进行。噻唑的磺化反应需要在较强烈的条件下进行；卤化反应和硝化反应必须有供电子基团才能发生；2-甲基噻唑在丁基锂作用下生成 2-噻唑甲基锂，可以在甲基上进行烷基化反应。

1. 亲电取代反应

噻唑环是相对稳定的芳环，可以与亲电试剂反应，但是反应不易进行；如果环上有供电子基团时，反应则比较容易进行。

（1）磺化反应　噻唑的磺化反应需要在特殊的条件下才能进行（图 10-52）。

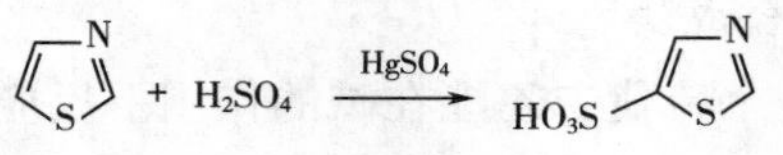

图 10-52 噻唑的磺化反应

（2）卤化反应　噻唑类化合物的卤化通常通过汞化产物得到（图 10-53）。

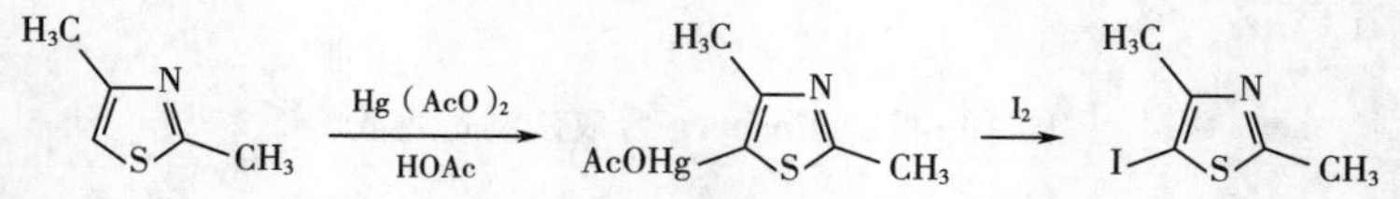

图 10-53 噻唑的卤化反应

（3）Friedel-Crafts 反应　噻唑类化合物的 Friedel-Crafts 酰基化和 Friedel-Crafts 烷基化反应等都要求噻唑环上带有供电子基团。此外，卤代烃和噻唑反应，一般发生在氮上则会生成噻唑盐（图 10-54）。

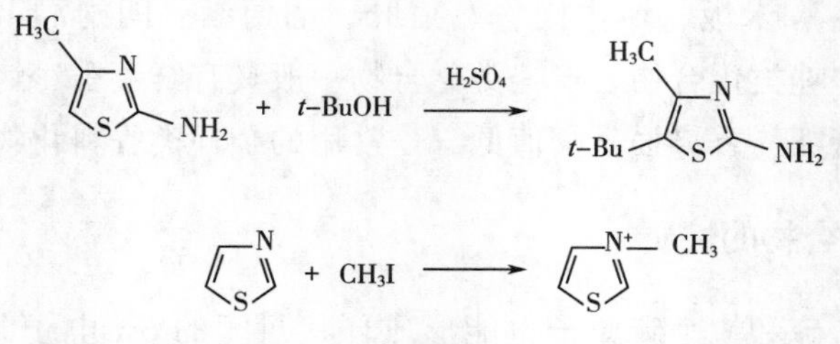

图 10-54 噻唑的 Friedel-Crafts 反应

2. 亲核试剂反应

噻唑和亲核试剂的反应很容易进行，通常反应的位置在 2 号位上（图 10-55）。

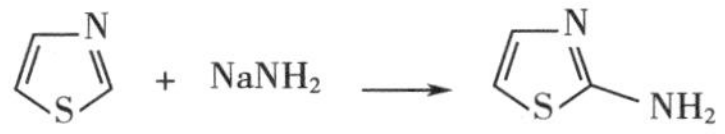

图 10-55 噻唑与亲核试剂的反应

（二）噻唑类香料的基本特点

1. 1,4-甲基噻唑

结构式见图 10-56。

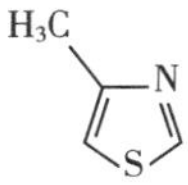

1,4-甲基噻唑为无色至淡黄色液体，不溶于水，溶于乙醇等有机溶剂。沸点 133~134℃，相对密度 1.090，折射率 1.5257。具有番茄、蔬菜、葱的香气。存在于煮过的芦笋中，主要用于调配番茄、坚果、肉类制品等食用香精。

图 10-56 1,4-甲基噻唑结构式

2. 4,5-二甲基噻唑

结构式见图 10-57。

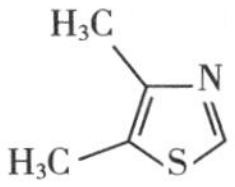

4,5-二甲基噻唑为白色晶体，不溶于水，溶于乙醇等有机溶剂。熔点 83~84℃，沸点 157~158℃，相对密度 1.070，折射率 1.5210，闪点 51℃。具有诱人的坚果香和青香香气。存在于桃子、烟草、咖啡、炒花生、猪肉、虾、扇贝等食品中，主要用于糖果制品、烘烤食品及虾类、贝类、蟹类、蔬菜、咖啡、坚果等食用香精的调配。

图 10-57 4,5-二甲基噻唑结构式

3. 2-乙酰基噻唑

结构式见图 10-58。

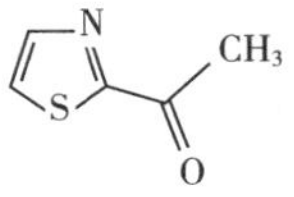

2-乙酰基噻唑为无色或黄色油状液体，微溶于水，溶于乙醇等有机溶剂。沸点 89~91℃，相对密度 1.227，折射率 1.5480~1.5491，闪点 78℃。具有爆米花、炒板栗、烤麦片、烤肉、坚果、面包香气。存在于牛肉汤、炖牛肉、牛肝、白面包、芦笋、马铃薯、猪肝、米饭等食品中，主要用于调配坚果、麦片、面包、爆米花、肉味等食用香精。

图 10-58 2-乙酰基噻唑结构式

4. 2,4,5-三甲基噻唑

结构式见图 10-59。

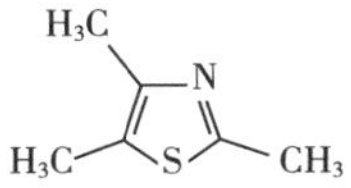

2,4,5-三甲基噻唑又称三甲基噻唑。无色液体，不溶于水，溶于乙醇等有机溶剂。沸点 166~167℃，相对密度 1.013，折射率 1.5091，闪点 56℃。具有烤香、肉香、可可、巧克力、坚果样香气。存在于牛肉、煮马铃薯、红豆和葡萄酒中，主要用于可可、巧克力、冰淇淋、肉类等食用香精和烟用香精的调配。

图 10-59 2,4,5-三甲基噻唑结构式

5. 4-甲基-5-羟乙基噻唑

结构式见图 10-60。

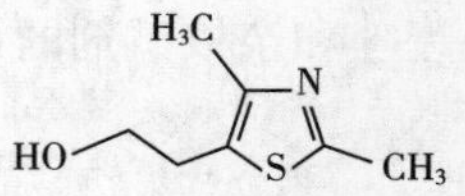

4-甲基-5-羟乙基噻唑为无色或黄色黏稠液体，溶于水，溶于乙醇等有机溶剂。沸点 135～136℃，相对密度 1.196～1.202，折射率 1.5480～1.5521。在稀释时具有令人喜爱的坚果香气，以及烤香和肉香香气。存在于烤牛肉、啤酒中，主要用于调配坚果、肉类、面包、乳制品等食用香精。

图 10-60 4-甲基-5-羟乙基噻唑结构式

6. 2,4-二甲基-5-乙酰基噻唑

结构式见图 10-61。

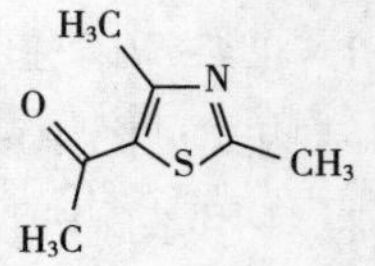

2,4-二甲基-5-乙酰基噻唑为无色透明液体，不溶于水，溶于乙醇等有机溶剂。沸点 228～230℃，相对密度 1.147，折射率 1.543。具有霉香、壤香、咖啡、肉香、木香、坚果香气，主要用于调配咖啡、榛子、坚果、调味品、谷物、巧克力等食用香精。

图 10-61 2,4-二甲基-5-乙酰基噻唑结构式

（三）噻唑类香料的制备方法

1. 汉奇（Hantzsch）合成法

以 α-卤代羰基物和硫代酰胺为原料进行反应制备（图 10-62）。

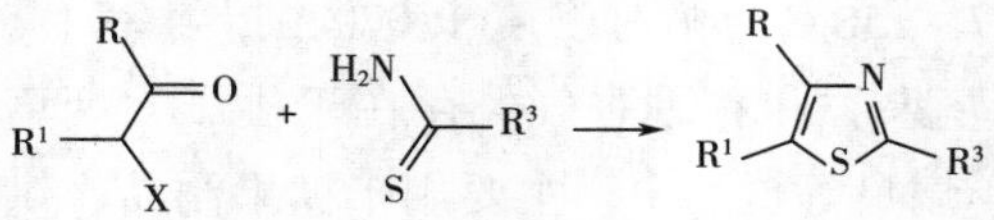

图 10-62 Hantzsch 合成法制备噻吩

2. 罗宾逊-加布里埃尔（Robinson-Gabriel）噻唑合成法

将 α-酰胺基酮以五硫化二磷处理后得到噻唑类衍生物（图 10-63）。

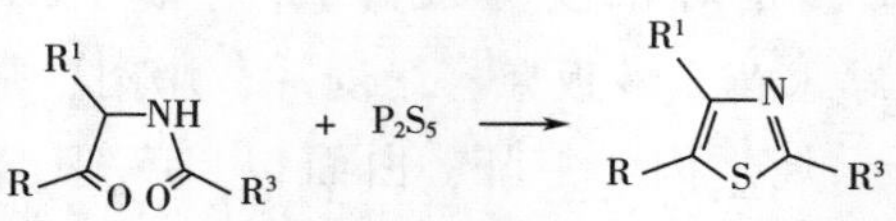

图 10-63 Robinson-Gabriel 噻唑合成法

3. 环化反应

以 α-氨基腈和硫代羧酸为原料合成，可以得到不同取代基的噻唑类化合物（图 10-64）。

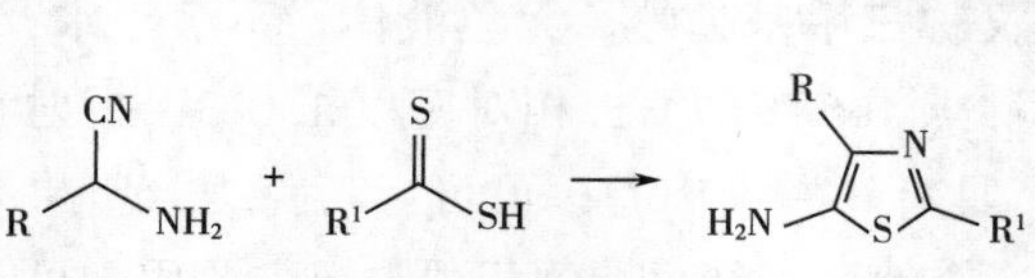

图 10-64 环化反应制备噻唑类化合物

四、吡咯类香料

吡咯（图 10–65）是无色的液体。1834 年，吡咯第一次从煤焦油中被分离出来。1857 年，科学家又从骨焦油中得到该化合物。吡咯是五元杂环中最重要的杂环母核，含有吡咯环的血红素和叶绿素在动植物界中均起到了举足轻重的作用。自然界中许多生物碱和蛋白质中也都含有吡咯类化合物。另外，吡咯类化合物还存在于咖啡、烤面包、炸牛肉、炒花生、烟草及许多谷物制品中。食品中吡咯类化合物（图 10–66）主要是氨基酸和糖类化合物在食品的烤、烘、炖、炸过程中通过美拉德反应或斯特雷克尔（Strecker）反应形成。

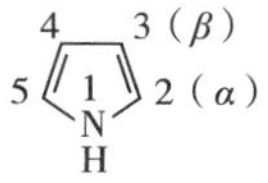

图 10–65　吡咯类结构通式

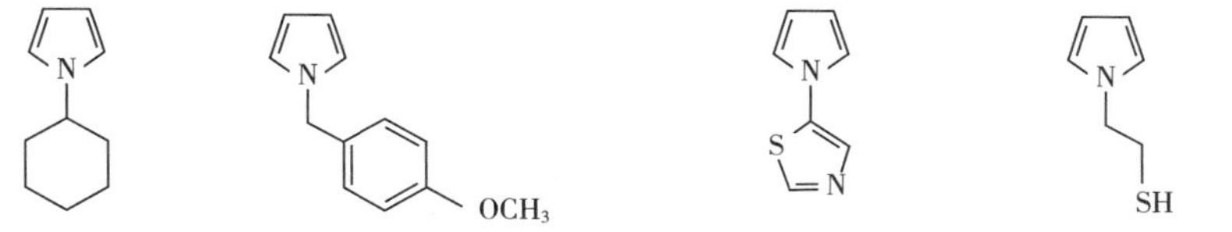

N–环己基吡咯（甜茴香）　*N*–（4–甲氧基苯基）甲基吡咯（青香）　*N*–（5–噻唑基）吡咯（果香）　*N*–巯乙基吡咯（咖啡香）

图 10–66　各种吡咯类香料

（一）吡咯类化合物的性质

与呋喃和噻吩类似，吡咯环上的五个原子也能组成环状 6π 电子共轭体系，符合 $4n+2$ 的休克尔规则，因此具有芳香性。吡咯比呋喃和噻吩更容易发生硝化、磺化、卤代、Friedel–Crafts 反应等亲电取代反应。亲电取代反应的位置主要发生在 2 号位点上，这是因为进攻 2 号位所产生的共振杂化体比 3 号位的稳定。当亲电试剂进攻 2 号位时，所产生的正电荷在三个原子上离域，而进攻 3 号位时正电荷仅能在两个原子上离域（图 10–67）。

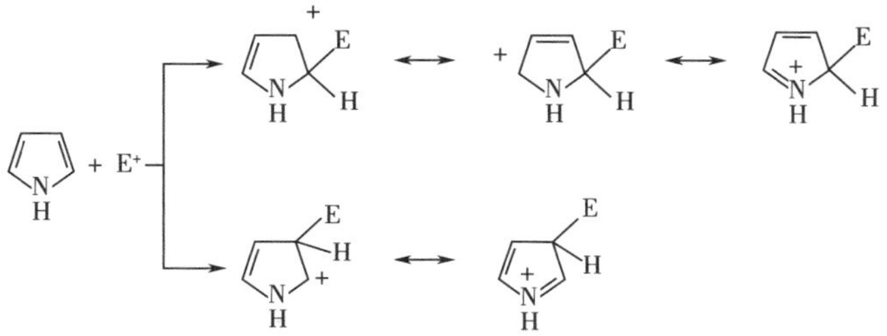

图 10–67　吡咯类化合物的性质

吡咯类化合物香气特征多样，分布广泛。例如，人们在烟草中发现至少 25 种吡咯类化合物，在咖啡和炒花生中分别检出 23 种和 14 种吡咯类化合物。部分吡咯类化合物的香气特征见表10-3。

表10-3 吡咯类化合物的香气特征

名称	分子结构	香气特征
乙酰基吡咯	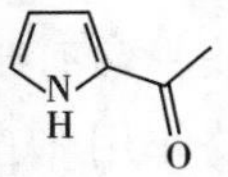	烘烤焦香
N-甲基-2-乙酰基吡咯	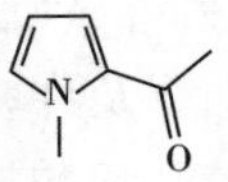	咖啡样焦香
N-环丙基吡咯	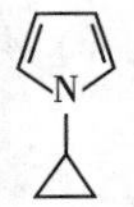	果香、肉汁香
N-辛基吡咯	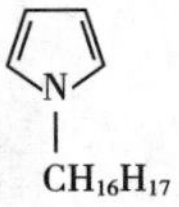 $CH_{16}H_{17}$	鸡肉香
N-苄基吡咯	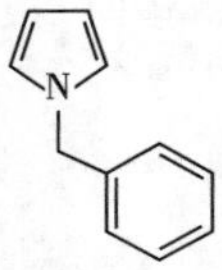	果香
N-（2-吡嗪基）吡咯	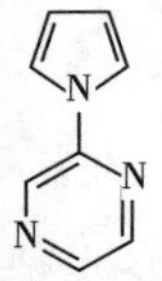	坚果香

1. 亲电取代反应

吡咯类化合物比呋喃类和噻吩类化合物更容易发生硝化、磺化、卤化、Friedel-Crafts反应等亲电取代反应。吡咯类化合物对亲电试剂的进攻非常敏感，取代反应基本可以发生在固定位置上。

（1）硝化反应　吡咯类化合物在硝酸的存在下会完全分解，但是如果反应在低温下进行，并用硝酸乙酸酯做硝化试剂，反应就能平稳进行，主要得到2-硝基吡咯（图10-68）。

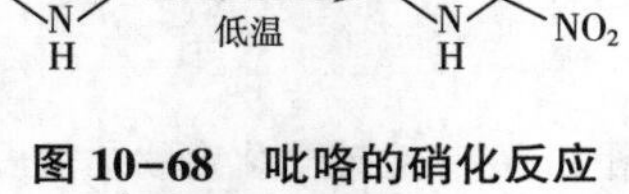

$AcO-NO_2$，低温 → NO_2

图10-68　吡咯的硝化反应

（2）磺化反应　由于强酸会使吡咯类化合物发生分解，故吡咯环的磺化不能用硫酸作为磺化试剂，可以选择三氧化硫吡啶络合物作为磺化试剂进行反应（图10-69）。

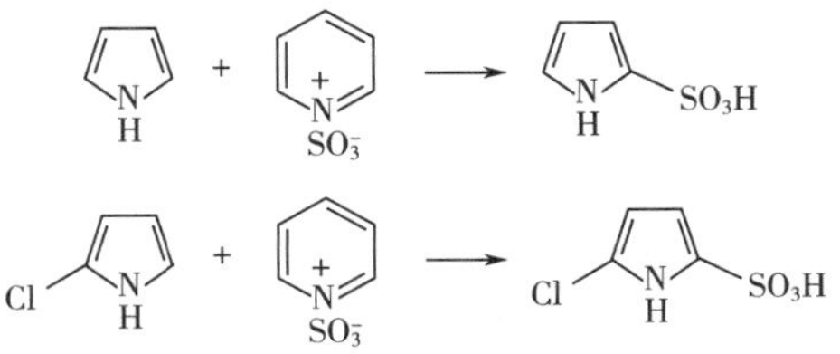

图 10-69 吡咯的磺化反应

（3）卤化反应 吡咯及其同系物十分容易被卤化，用单质卤素进行卤化反应容易得到多卤代产物；如果要得到比较单一的卤代吡咯，一般使用吡咯溴化镁作为原料（图 10-70）。

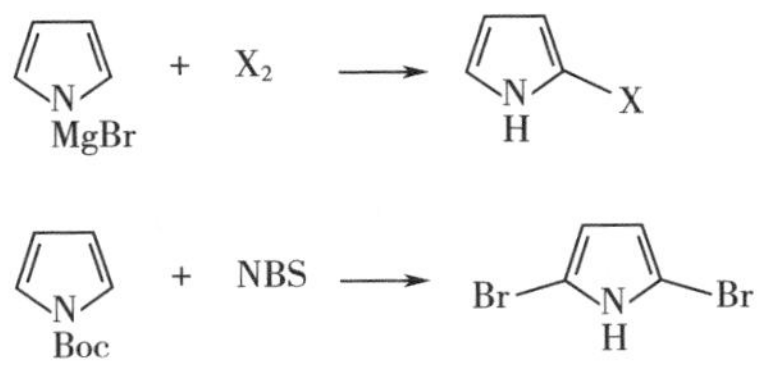

图 10-70 吡咯的卤化反应

（4）Friedel-Crafts 反应 吡咯与乙酸酐在 200℃条件下可直接发生乙酰化反应，主要得到 2-乙酰基吡咯，并伴随有少量 3-乙酰基吡咯生成。但是，没有见到 *N*-乙酰基吡咯生成。在 Lewis 酸的催化下，吡咯与乙酸酐发生的酰基化反应主要发生在 α 位点上；在 NaOAc 或三乙胺等碱性条件下，吡咯的酰基化反应主要发生在 *N* 位点上。吡咯与简单的卤代烷非催化，或者是在 Lewis 酸催化条件下都不能发生 *C*-烷基化反应。如吡咯与碘甲烷在 100℃条件下不会发生反应，在 150℃以上时就可以发生一系列反应生成复杂的混合物（图 10-71）。

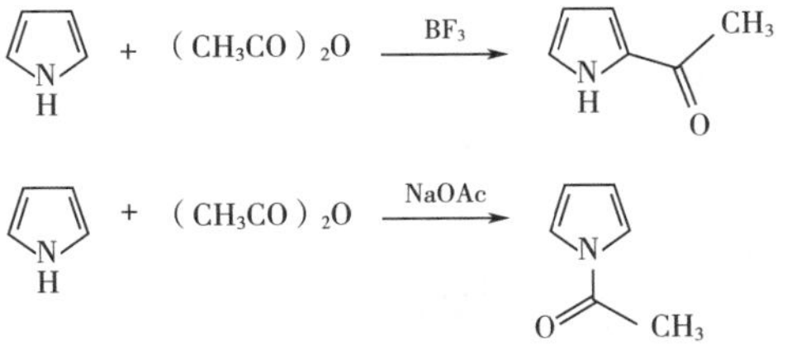

图 10-71 吡咯的 Friedel-Crafts 反应

2. 碱性反应

（1）*N*-氢的去质子化作用 吡咯中的 *N*-H（pK_a17.5）比饱和胺的酸性要强得多，如吡咯烷（四氢吡咯）（pK_a~44）、苯胺（pK_a30.7），其酸性与 2,4-二硝基苯胺相当。具有一定碱性的碱类都可以和吡咯的 *N*-H 发生反应，如最常见的正丁基锂，就很容易与其发生反应，在生成相应的 N-Li 产物之后，在烷基硅氯的作用下得到 N-烷基硅基吡咯（图 10-72）。

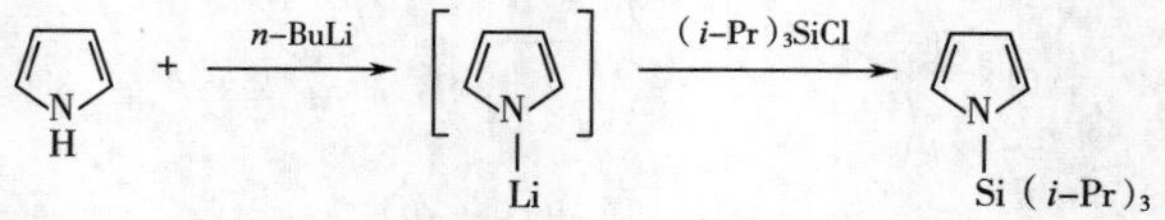

图 10-72 吡咯的 N-氢的去质子化作用

（2）C-氢的去质子化作用　吡咯的 C-去质子化需要先将具有一定酸性的 N-H 进行保护，可以用烷基、苯磺酸基、羧酸酯、三甲基硅乙氧基甲基或叔丁氨基、羰基作为保护基。例如，N-甲基吡咯的去质子化作用非常容易进行，在不同的条件下可得到 2,4-或是 2,5-二锂-1-甲基吡咯（图 10-73）。

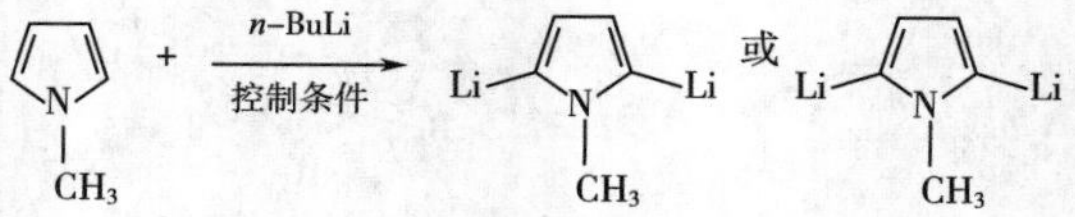

图 10-73 吡咯的 C-氢的去质子化作用

3. 催化偶联反应

吡咯硼酸和吡咯锡烷在钯催化下，可以与芳基卤代物发生偶联反应，得到芳基取代的吡咯衍生物（图 10-74）。

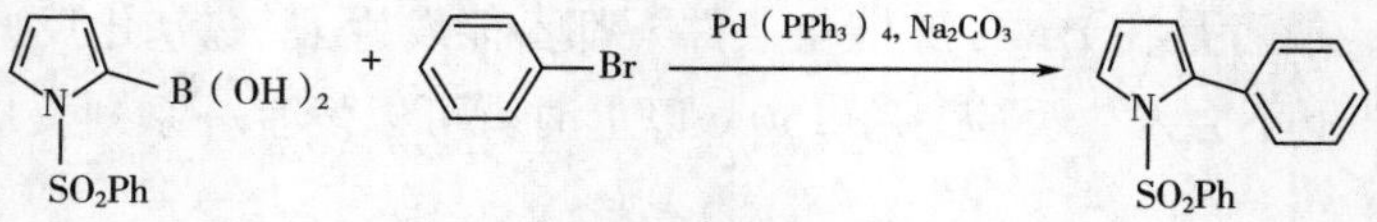

钯催化的Suzuki偶联反应

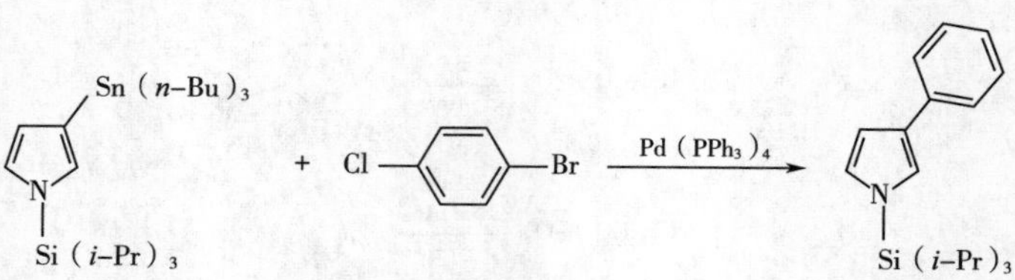

钯催化的Stille偶联反应

图 10-74 吡咯的钯催化偶联反应

（二）吡咯类香料的基本特点

1. 吡咯

结构式见图 10-75。

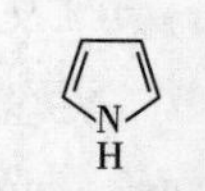

图 10-75 吡咯结构式

吡咯又称氮杂茂。为无色液体，不溶于水，溶于乙醇等有机溶剂。沸点 130~131℃，相对密度 0.968~0.969，折射率 1.5091~1.5101。具有甜的醚样香气。存在于骨油、马鞭草、炒花生、炒榛子、烤面包、咖啡、烟草、柠檬、柑橘中，主要用于烟草、水果型及肉味等食用香精的调配。

2. 2-乙酰基吡咯

结构式见图 10-76。

2-乙酰基吡咯又称甲基-2-吡咯基酮。白色针状晶体，溶于水，也溶于乙醇等有机溶剂。熔点 85~90℃，沸点 220~221℃。具有核桃、甘草、烤面包、炒榛子和鱼样香气。存在于烟草、茶叶、咖啡、炒榛子、烤面包、杏仁、柑橘、芦笋等挥发性香味组分中，主要用于咖啡、茶叶、榛子、坚果、可可、烟草及肉味香精的调配。

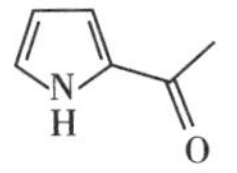

图 10-76 2-乙酰基吡咯结构式

3. *N*-甲基-2-乙酰基吡咯

结构式见图 10-77。

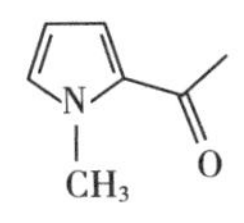

图 10-77 *N*-甲基-2-乙酰基吡咯结构式

N-甲基-2-乙酰基吡咯又称 1-甲基-2-乙酰基吡咯、*N*-甲基吡咯基酮。白色或浅黄色油状液体，溶于水，溶于乙醇等有机溶剂。沸点 200~202℃、92~93℃/2.93kPa，相对密度 1.048~1.052，折射率 1.5420~1.5460，闪点 68℃。具有诱人的咖啡香味和烤坚果、杏仁样的芳香香气。存在于烟草、茶叶、咖啡、芦笋、烤牛肉等挥发性香味组分中，主要用于调配咖啡、水果、可可等食用香精。

4. *N*-乙基-2-乙酰基吡咯

结构式见图 10-78。

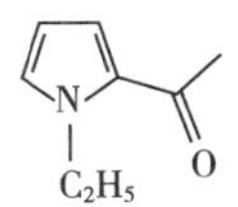

图 10-78 *N*-乙基-2-乙酰基吡咯结构式

N-乙基-2-乙酰基吡咯又称 1-乙基-2-乙酰基吡咯、*N*-乙基吡咯基酮。白色或浅黄色油状液体，溶于水，溶于乙醇等有机溶剂。沸点 82~83℃/1.06kPa，相对密度 1.008~1.009，折射率 1.5309~1.5310。具有咖啡和坚果样香气，存在于烟草、茶叶、咖啡等挥发性香味组分中，主要用于调配咖啡及水果等食用香精。

（三）吡咯类香料的制备方法

吡咯类香料的制备方法通常有以下 3 种。

1. Paal-Knorr 合成法

用氨或伯胺与 1,4-二羰基化合物反应合成吡咯类化合物。氨中的氮原子对两个羰基中的碳原子连续进行亲核加成，最终释去 2mol 的水分子，得到吡咯类化合物（图 10-79）。

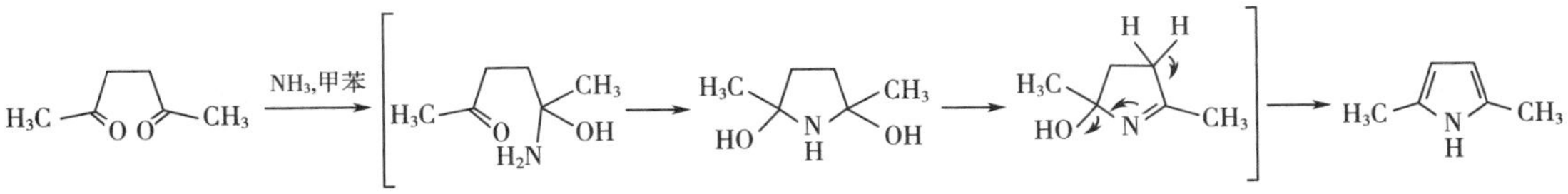

图 10-79 Paal-Knorr 合成法制备吡咯

2. Hantzsch 合成法

由 α-卤代酮和 β-酮酸酯及氨反应生成吡咯而制得（图 10-80）。

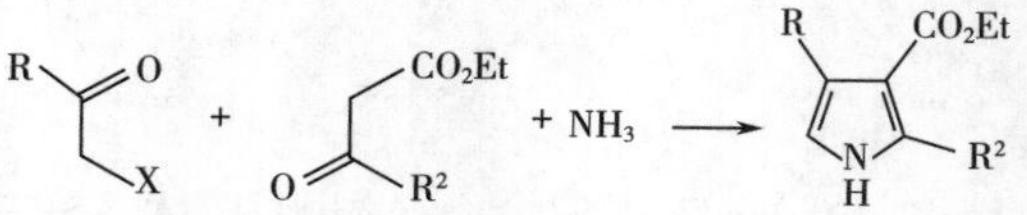

图 10-80 Hantzsch 合成法制备吡咯

3. 克诺尔吡咯合成法（Knorr 合成法）

由 α-卤代酮氨化后生成的 α-氨基酮，之后再与 β-酮酸酯反应合成制得吡咯（图 10-81）。

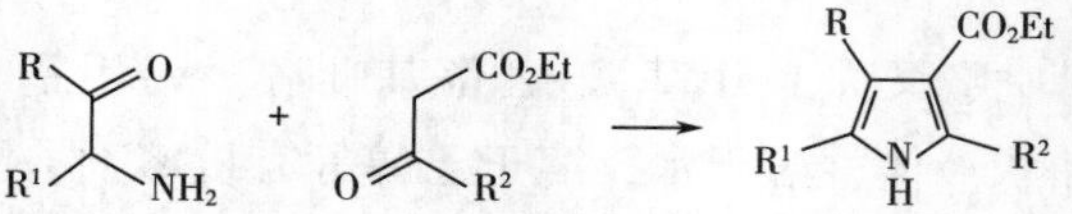

图 10-81 Knorr 合成法制备吡咯

五、吲哚类香料

吲哚（图 10-82）一词来源于印度（India）这个词，在 16 世纪从印度进口的蓝色染料被称作靛蓝。将此染料化学降解可得到氧化的吲哚，称作吲哚酚和羟基吲哚。1866 年，Baeyer 首次在锌粉作用下蒸馏羟基吲哚分离得到吲哚。吲哚和烷基吲哚都是无色晶体，具有粪的臭味，大部分吲哚在空气中性质稳定。吲哚不仅存在于 240~260℃ 馏分的煤焦油中，也存在于自然界的许多植物中，例如茉莉、水仙、柠檬、橙花等。稀释的吲哚具有淡淡的茉莉花香味，在香料工业中主要用于配制花香、果香等日用或食用香精。吲哚类化合物在香料、医药和染料等工业中有重要的作用。

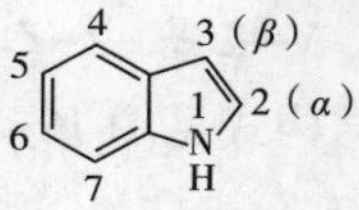

图 10-82 吲哚类结构通式

（一）吲哚类化合物的性质

吲哚是一种苯并吡咯类化合物，是苯环与氮杂五元环组成的稠环化合物。它是由 9 个原子构成的 10π 电子的芳香环。在吲哚的共振结构式中，3 号位是电子密度最高的部位，因此，当吲哚发生亲电反应时，首先发生在吡咯环的 3 号位上（图 10-83）。

1. 显色反应

（1）松木片反应　少量的吲哚蒸气遇到用盐酸浸湿的松木片时会显现红色。

（2）对二甲氨基苯甲醛-盐酸试剂反应　吲哚与二甲氨基苯甲醛-盐酸试剂反应时显紫红色。

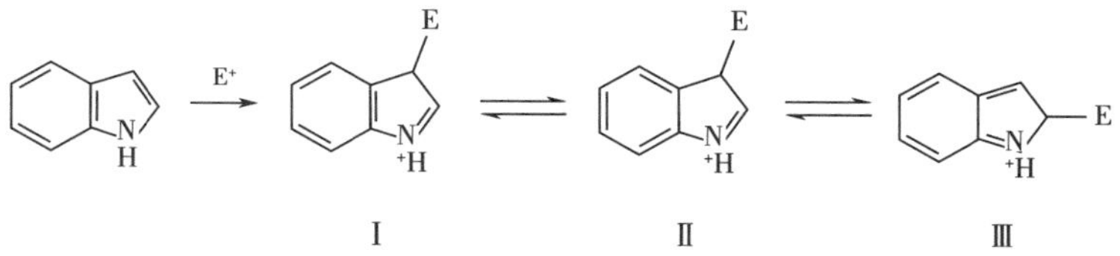

图 10-83 吲哚类化合物的性质

2. 亲电试剂反应

（1）硝化反应 吲哚用混酸硝化会生成较多的副产物，导致反应难以处理。在低温条件下用浓硝酸和乙酸酐进行硝化可避免这种情况发生（图 10-84）。

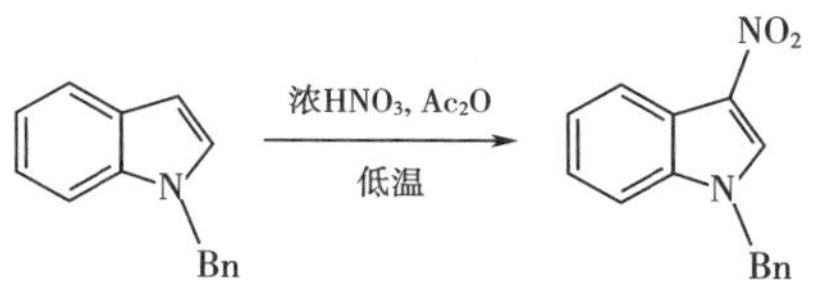

图 10-84 加入浓硝酸的硝化反应

此外，用非酸性硝基苯甲酰也可以进行硝化，反应通常发生在 3 位（图 10-85）。

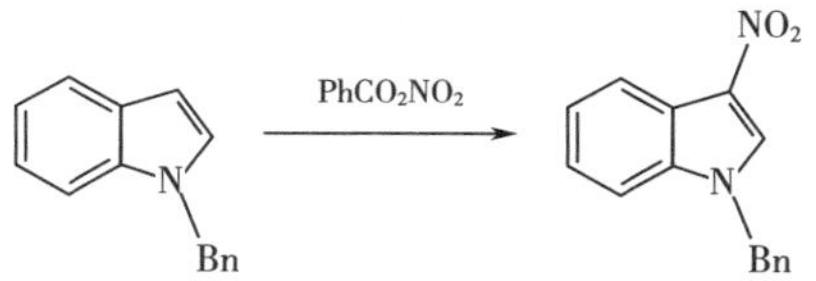

图 10-85 加入非酸性硝基苯甲酰的硝化反应

（2）磺化反应 吲哚的磺化反应可以用吡啶-三氧化硫络合物作为磺化试剂，通常在低温时得到 1-吲哚磺酸，在较高的温度时得到 2-吲哚磺酸（图 10-86）。

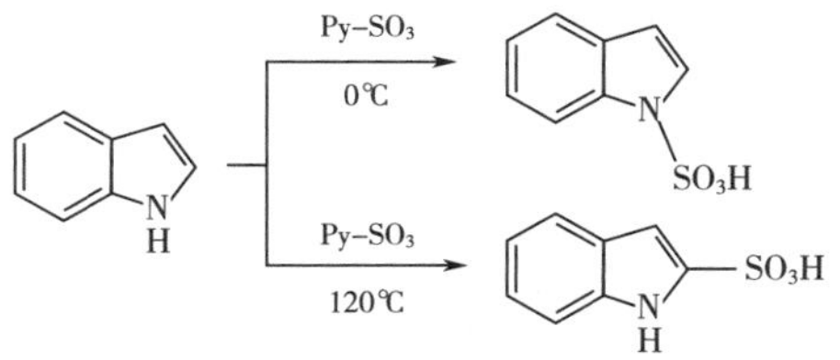

图 10-86 吲哚的磺化反应

（3）卤化反应 吲哚的卤化（氯、溴、碘）反应较容易进行，通常得到 C3 位取代的吲哚卤代物（图 10-87）。

（4）Friedel-Crafts 反应 吲哚的 Friedel-Crafts 酰基化反应通常先发生在氮上，再在

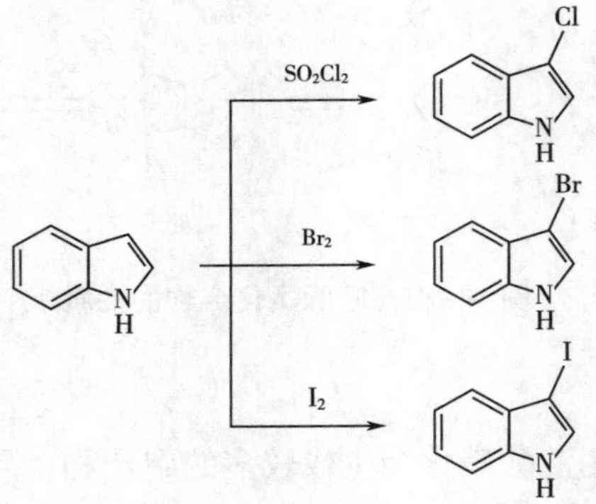

SO_2Cl_2 Cl N H

Br_2 Br N H

I_2 I N H

图 10-87 吲哚的卤化反应

3 号位发生反应，如果氮上已有取代基，则酰基化直接发生在 3 号位上。吲哚的 Friedel-Crafts 烷基化反应通常会得到多烷基化产物，反应比较难以控制。因此，烷基取代的吲哚通常由费舍尔（Fishcer）法或比西勒（Bischler）法合成得到（图 10-88）。

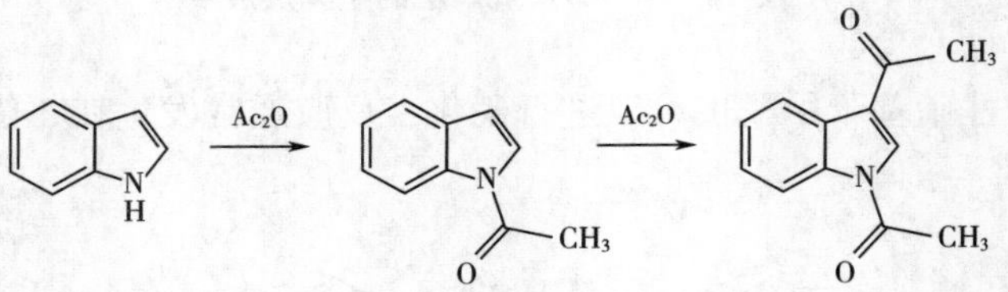

N H Ac_2O N O CH_3 Ac_2O O CH_3 N O CH_3

图 10-88 吲哚的 Friedel-Crafts 反应

3. 亲电性金属化反应

（1）汞化反应 *N*-酰基吲哚在温和条件下即可与乙酸汞发生反应，生成的 3-汞化物可以作为偶联试剂进行钯催化的偶联反应（图 10-89）。

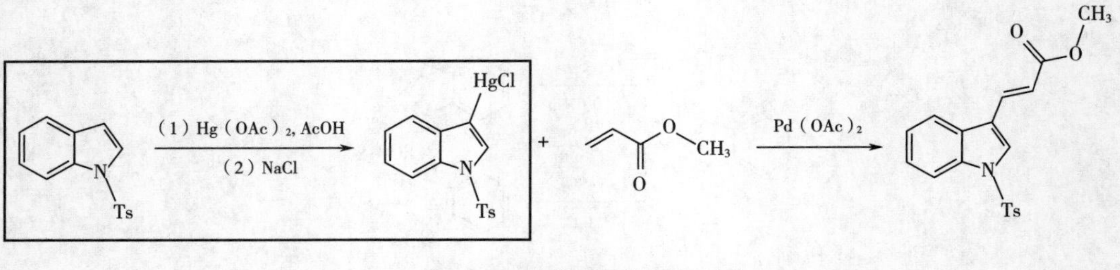

N Ts （1）Hg（OAc）$_2$, AcOH （2）NaCl HgCl N Ts + O CH_3 O Pd（OAc）$_2$ CH_3 O O N Ts

图 10-89 *N*-酰基吲哚的汞化反应

（2）钯化反应 在适中的温度下，*N*-酰基（或其他保护基）取代的吲哚都容易发生钯化反应（图 10-90）。取代一般发生在 C3 位上，若 C3 位被占据，则反应发生在 C2 位上。钯化产物很少被分离，但可以原位发生反应，如和丙烯酸酯发生 Heck 偶联反应。

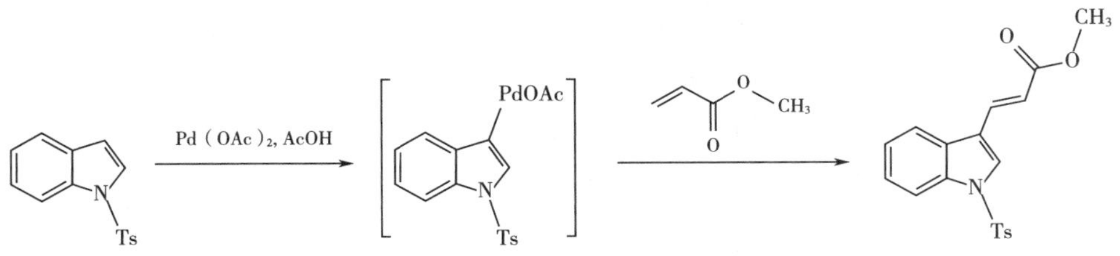

图 10-90 吲哚的钯化反应

4. 钯催化的偶联反应

N-酰基保护的卤代吲哚和正常的芳基卤化物一样发生钯催化的偶联反应，吲哚的有机金属衍生物如 2-锌和 2-甲锡烷衍生物和 2-硼酸衍生物也能发生此类偶联反应（图 10-91）。

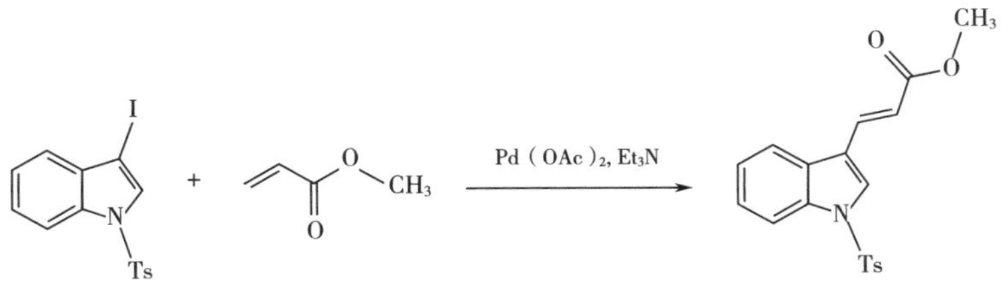

图 10-91 吲哚的钯催化偶联反应

此外，吲哚还会发生曼尼希（Mannich）反应、维尔斯迈尔-哈克（Vilsmeier-Haack）反应，Gatterman 反应等亲电反应。吲哚也能发生亲核反应，如吲哚与氨基钠反应得到氨基吲哚等。

（二）吲哚类香料基本特点

1. 吲哚

结构式见图 10-92。

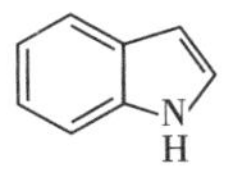

图 10-92 吲哚结构式

吲哚又称 1-氮杂茚、2,3-苯并吡咯。白色晶体，几乎不溶于水，溶于乙醇等有机溶剂。熔点 51～53℃，沸点 253～254℃，相对密度 1.220，折射率 1.6090。浓度高时具有强烈的动物粪便的气息，稀释后具有令人愉快的茉莉花、橙花样香气。存在于茉莉花、橙花、柠檬、水仙、长寿花、香罗兰等精油及咖啡等天然食品中，主要用于茉莉、紫丁香、橙花、荷花、水仙、白兰、依兰等花香型、动物香型等日用香精的调配，用量在 1%以内。极少量用于巧克力、草莓、苦橙、咖啡、坚果、干酪、柑橘、混合水果等食用香精的调配。

2. 3-甲基吲哚

结构式见图 10-93。

3-甲基吲哚为白色结晶，微溶于冷水，溶于沸水，溶于乙醇等有机溶剂。熔点 93~96℃，沸点 265~266℃。浓度高时具有令人不愉快的粪便臭气味，浓度低时具有优雅的花香、过熟的水果味道。存在于粪便、灵猫香、不同种的奈克坦木中。作为定香剂，以极微量用于花香型和动物香型日用香精中，极微量地用于葡萄、浆果、坚果、鸡蛋、干酪等食用香精的调配。

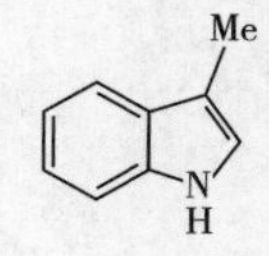

图 10-93 3-甲基吲哚结构式

（三）吲哚类香料的制备方法

由于吲哚类化合物比较重要，科学家对吲哚环的合成研究得很多，下面简要介绍各种取代吲哚的合成制备方法。

1. Fischer 合成法

Fischer 合成法是合成吲哚环最重要的方法。本方法以芳香肼与醛酮为原料在 Lewis 酸的催化条件下关环制备吲哚（图 10-94）。

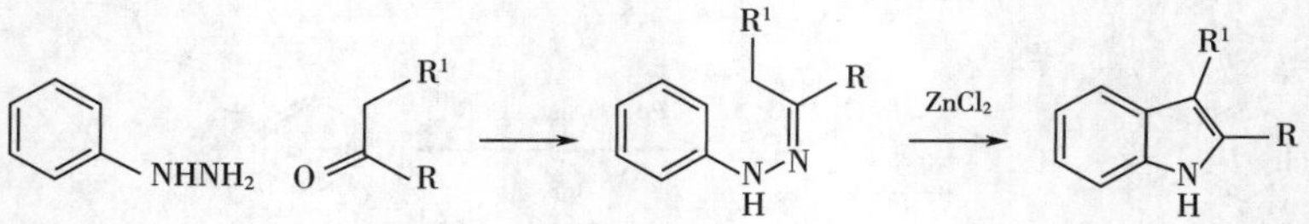

图 10-94 Fischer 合成法制备吲哚

2. 巴托利（Bartoli）合成法

该方法主要用于制备 7-位取代吲哚化合物。以邻硝基取代烷基苯和乙烯基格氏试剂为反应原料制备得到该类化合物（图 10-95）。

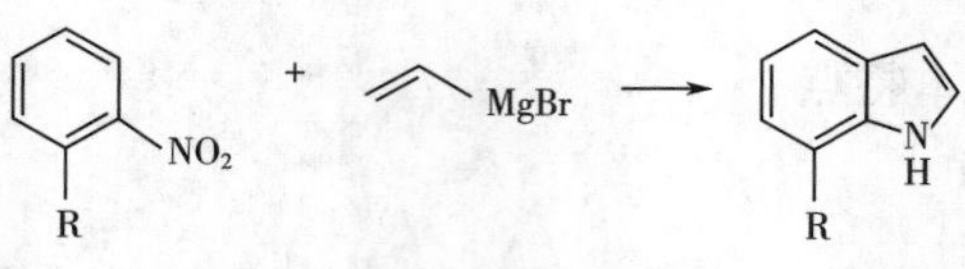

图 10-95 Bartoli 合成法制备 7-位取代吲哚化合物

3. 比西勒-莫劳（Bischler-Mohlau）合成法

该合成法是 α-卤代酮和芳香胺反应生成吲哚类化合物（图 10-96）。

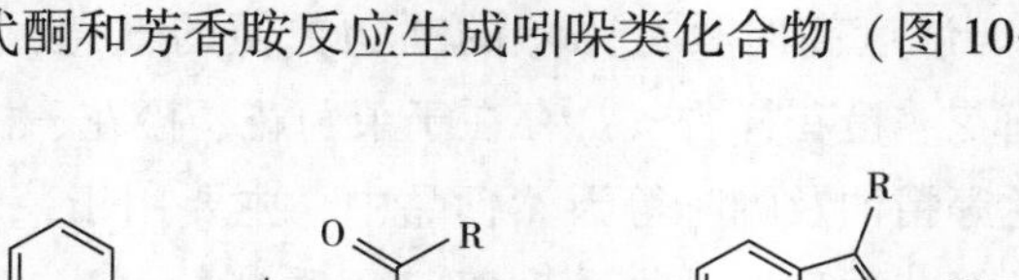

图 10-96 Bischler-Mohlau 合成法制备吲哚类化合物

4. 加斯曼（Gassman）合成法

该方法以 N-氯代苯胺和 α-甲硫基酮为原料制备 3-位甲硫基取代的吲哚衍生物（图 10-97）。

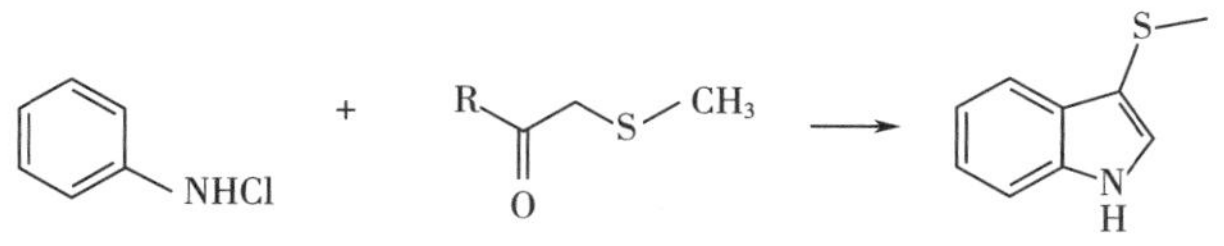

图 10-97 Gassman 合成法制备吲哚衍生物

5. 海格杜斯（Hegedus）合成法

该合成法是利用邻位的烯丙基苯胺在化学计量钯催化下关环成为吲哚衍生物（图 10-98）。

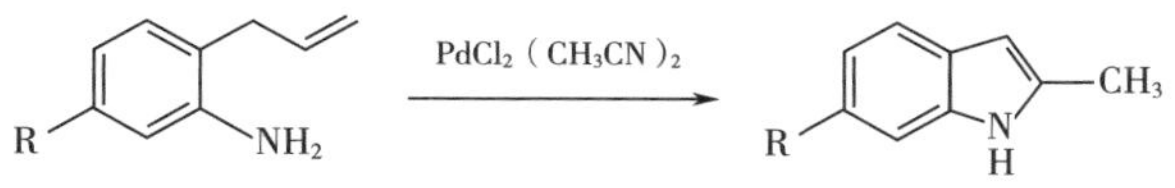

图 10-98 Hegedus 合成法制备吲哚衍生物

6. 拉若克（Larock）合成法

该合成法是利用邻碘苯胺和一个丙炔醇在钯催化条件下发生关环反应制备吲哚衍生物（图 10-99）。

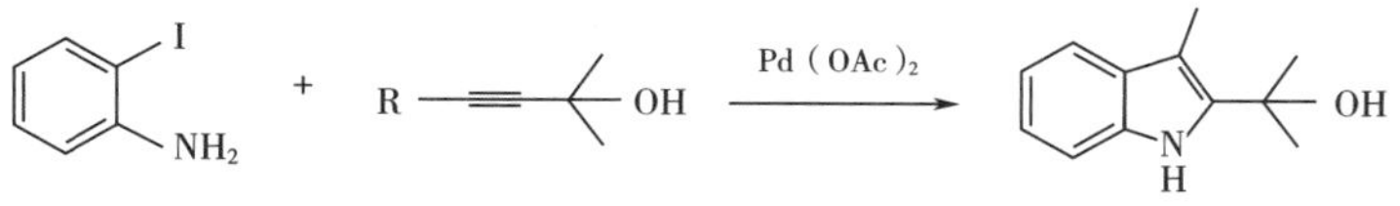

图 10-99 Larock 合成法制备吲哚衍生物

第三节 六元杂环类香料

六元杂环是最重要的一类杂环化合物，在医药、材料及香料工业领域均有广泛应用。在六元杂环中最常见的杂原子之一是氮原子，相应的杂环有吡啶、吡嗪、嘧啶、三嗪、喹啉、异喹啉和喹喔啉等。六元杂环同五元杂环一样，基本上没有环张力，且大多数杂环具有芳香性和较高的稳定性。

一、吡啶类香料

吡啶（图 10-100）是最简单的含氮杂环化合物，其结构与苯相似，只是苯环中的一个 CH 被 N 替代。而由于环上杂原子的存在，使得吡啶偏离了苯规则的正六边形对称结构，C—N 键长稍短。20 世纪 70 年代，科学家在茉莉、玫瑰、薰衣草等精油及马铃薯、大麦、茶叶、咖啡、烟草等食品中发现了少量的吡啶类化合物。到目前为止，吡啶类香料广泛地应用于烘烤食品、肉制品等食用香精中，发展前景广阔。调香中所使用的吡啶类香料（图 10-101）均为合成品，其中以烷基吡啶类香料最多，还有烷氧基吡啶类香料，以及用作食品增香剂的吡啶硫化物等。

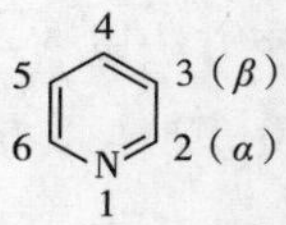
4
5
3（β）
6
N
2（α）
1

图 10-100　吡啶类结构通式

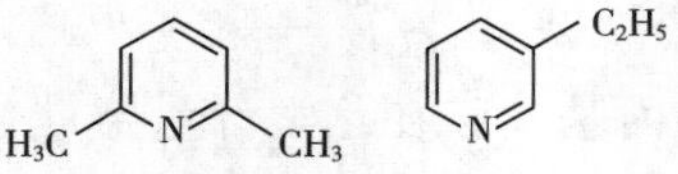
H3C
N
CH3
C2H5
N
2,6-二甲基吡啶
（坚果香）
3-乙基吡啶
（烤香）

图 10-101　吡啶类香料

（一）吡啶类化合物的性质

吡啶环上的碳原子和氮原子均以 sp^2 杂化轨道成键。与吡咯不同，吡啶的成环氮原子只提供了一个 p 电子，五个碳原子各提供一个 p 电子参加大 6π 体系的形成，符合 $4n+2$ 的休克尔规则，因此具有芳香性。由于吡啶环是一个缺电子体系，因此进行亲电取代反应比较困难。亲核取代反应，通常先发生在氮原子上，其次是在 2 号位发生反应。吡啶由于具有一定的碱性，在许多化学反应中被用作催化剂。

1. 硝化、磺化反应

吡啶环上的碳原子较难发生亲电反应，其反应类似硝基苯，亲电试剂进入氮的间位。硝化需要强烈的条件，产率也较低（图 10-102）。

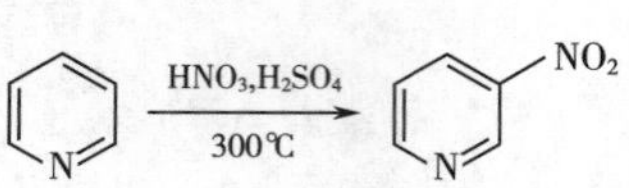
N
HNO3,H2SO4
300℃
NO2
N

图 10-102　吡啶类化合物的硝化反应

磺化的条件也比较强烈，需用发烟硫酸作磺化试剂，产率也较低（图 10-103）。

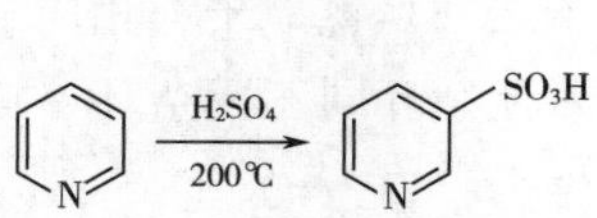
N
H2SO4
200℃
SO3H
N

图 10-103　吡啶类化合物的磺化反应

2. 亲核试剂反应

吡啶是缺电子体系，环上的碳很容易与亲核试剂反应，并主要发生在 2、4、6 号位上，如卤代吡啶和醇钠、硫氢化钾都很容易反应（图 10-104）。

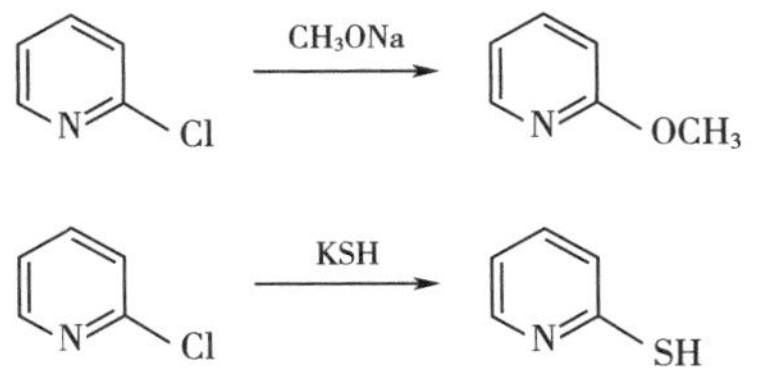

图 10-104 吡啶与亲核试剂的反应

卤代吡啶与含有活泼亚甲基的化合物在碱催化下也能发生反应（图 10-105）。

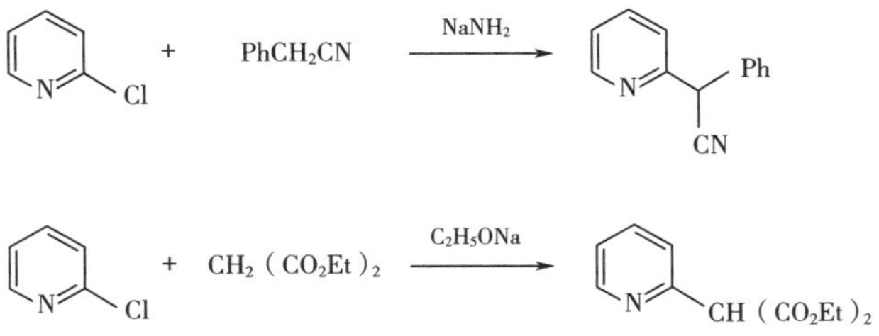

图 10-105 卤代吡啶的亲核试剂的反应

此外，吡啶还能进行许多亲核取代反应，在此不详细介绍。

（二）吡啶类香料的基本特点

1. 吡啶

结构式见图 10-106。

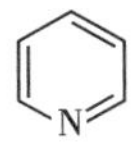

吡啶又称氮杂苯。无色液体，溶于水以及乙醇等有机溶剂。熔点 -42℃，沸点 115～116℃，相对密度 0.980～0.981，折射率 1.5090～1.5101，闪点 21℃。具有强烈的、刺鼻的胺味和辛辣味、恶臭味。存在于煤焦油、页岩油和骨焦油中，极少量用于咖啡、巧克力、海鲜、烟熏等食用香精的调配。

图 10-106 吡啶结构式

2. 2,6-二甲基吡啶

结构式见图 10-107。

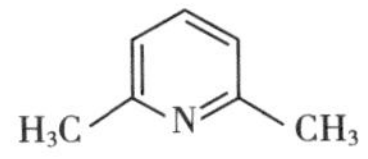

2,6-二甲基吡啶为无色液体，易溶于水以及乙醇等有机溶剂。熔点 -6℃，沸点 143～145℃，相对密度 0.920，折射率 1.4970。具有咖啡、肉香、坚果、可可、面包香、木香香气。存在于绿茶、白面包、威士忌中，用于各种坚果、酵母、可可、

图 10-107 2,6-二甲基吡啶结构式

咖啡、巧克力、面包、肉类、蔬菜等食用香精和烟用香精的调配。

3. 2-乙酰基吡啶

结构式见图 10-108。

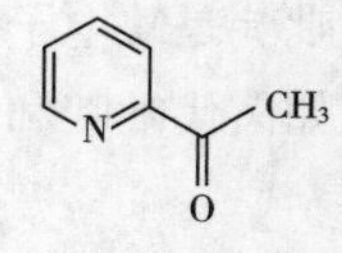

图 10-108 2-乙酰基吡啶结构式

2-乙酰基吡啶为无色液体，不溶于水，溶于乙醇等有机溶剂。沸点 192~193℃，折射率 1.5203。具有爆米花、坚果香气，如暴露于空气中会逐渐变为黄色。用于调配烤香、乳味、肉味、烟草、爆米花等食用香精。

4. 3-乙酰基吡啶

结构式见图 10-109。

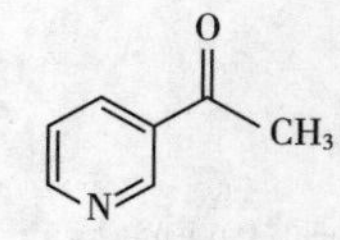

图 10-109 3-乙酰基吡啶结构式

3-乙酰基吡啶又称β-乙酰基吡啶、3-吡啶基甲基酮。无色液体，溶于水，溶于乙醇等有机溶剂。沸点 220~221℃。具有爆米花、花生、坚果、烟草等香气。主要用于爆米花、面包、花生、肉味等食用香精和烟草香精的调配。

5. 3-乙基吡啶

结构式见图 10-110。

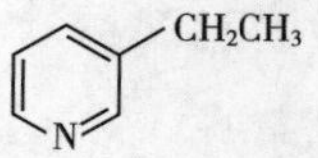

图 10-110 3-乙基吡啶结构式

3-乙基吡啶又称β-乙基吡啶。无色或浅棕色液体，微溶于水，溶于乙醇等有机溶剂。沸点 163~165℃，相对密度 0.940，折射率 1.5020~1.5030。具有烟草的香气、烤香和熏香香味。少量存在于咖啡、茶叶和茉莉中，极少量用于咖啡、巧克力、海鲜、烟熏、肉味等食用香精和烟草香精的调配。

（三）吡啶类香料的制备方法

1. 齐齐巴宾（Chichibabin）合成法

该合成法由氨/胺类化合物与醛反应制备吡啶化合物（图 10-111）。

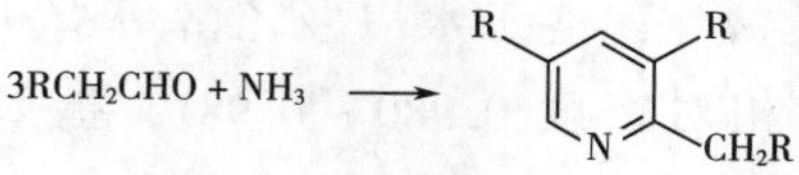

$3RCH_2CHO + NH_3 \longrightarrow$

图 10-111 Chichibabin 合成法制备吡啶类化合物

2. Hantzsch 合成法

该法主要由 1,3-二羰基化合物与醛在氨的作用下反应制备吡啶类化合物（图 10-112）。

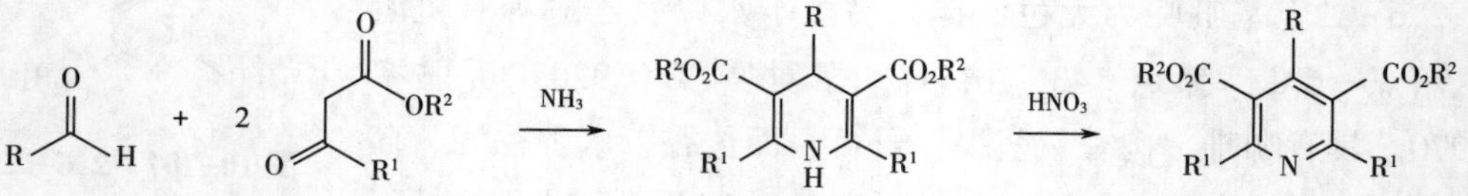

图 10-112 Hantzsch 合成法制备吡啶类化合物

3. 克若亨克（Krohnke）合成法

该合成法以α-卤代酮的吡啶盐和β-不饱和酮发生加成反应后，再环化制得（图10-113）。

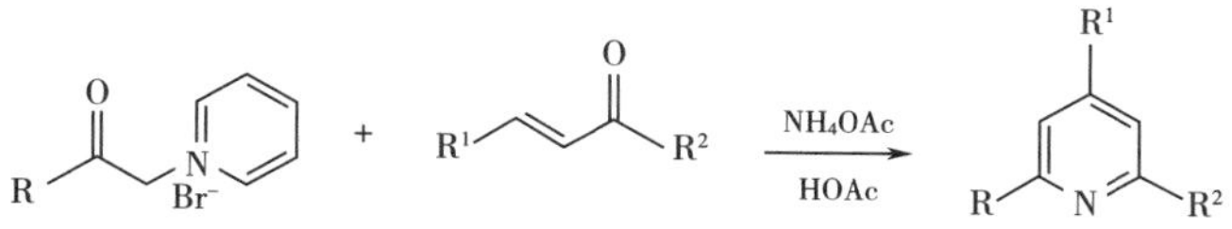

图10-113 Krohnke合成法制备吡啶类化合物

另外，通过吡啶类化合物的亲电和亲核反应，也可以得到一系列吡啶类衍生物。

二、吡嗪类香料

早在1879年，科学家就从食品中分离出烷基吡嗪，并于1888年实现吡嗪的首次合成。20世纪60年代后，科学家发现许多天然食品中存在大量含有吡嗪环的化合物，如炸马铃薯、咖啡、大麦、大豆产品、面包、豌豆等。吡嗪类化合物（图10-114）对某些食品的香味起着明显的作用，是构成它们香味的重要成分，并且该类化合物具有香气特征突出、阈值低、香势特别强等特点，在食品中使用量极少，因而可以使加香成本降低，安全可靠性增加。吡嗪类化合物大多数具有咖啡、巧克力、坚果样香味以及焙烤焦香样香气，它们广泛应用于饮料、糖果、糕点、肉制品和乳制品中，用于调配咖啡、可可、核桃、桃子、巧克力、糖果、花生、芝麻、奶油、饮料、饼干、烟酒等食用香精。

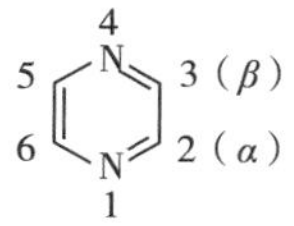

图10-114 吡嗪类结构通式

（一）吡嗪类香料的性质

吡嗪环上的碳原子和氮原子均以 sp^2 杂化轨道成键。其中，吡嗪的成环氮原子各提供了一个 p 电子，四个碳原子各提供一个 p 电子参加大 6π 体系的形成，符合 $4n+2$ 的休克尔规则，因此具有芳香性。吡嗪环是比较稳定的，由于吡嗪环强烈地缺电子，因此环上的碳比吡啶还难发生亲电取代反应，但是吡嗪类化合物容易发生亲核取代反应。

1. 亲电取代反应

（1）氧化作用 吡嗪类化合物与过酸反应可生成吡嗪氮氧化物（图10-115）。

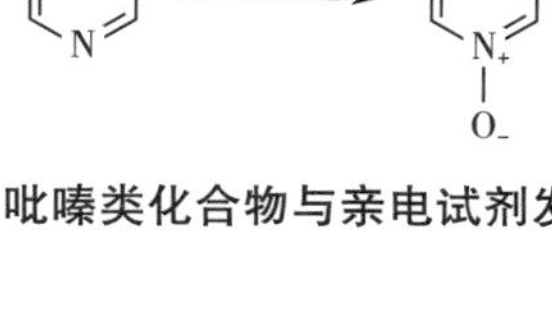

图10-115 吡嗪类化合物与亲电试剂发生氧化作用

（2）卤代反应 2-甲基吡嗪的氯代反应条件温和，反应过程包括一个加成/消除过程（图10-116）。

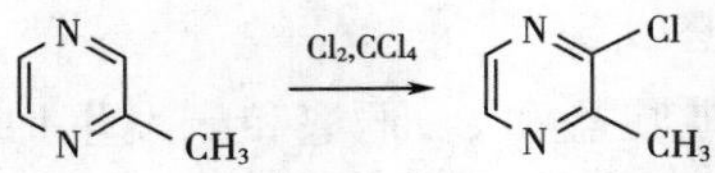

图 10-116 2-甲基吡嗪的氯代反应

2. 氧化反应

烷基取代的吡嗪类化合物可以被氧化，生成吡嗪羧酸类化合物（图 10-117）。

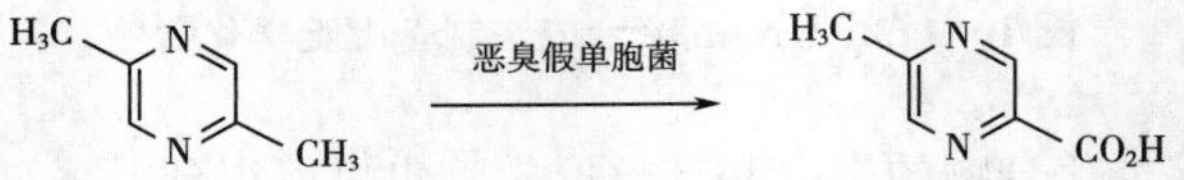

图 10-117 2,5-二甲基吡嗪与氧化剂反应

3. 亲核试剂反应

（1）氨基化反应 吡嗪与氨基钠反应可以得到 2-氨基吡嗪（图 10-118）。

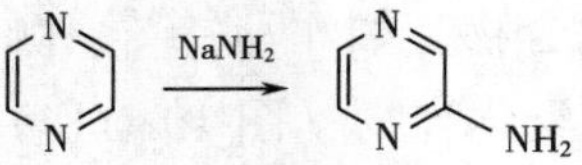

图 10-118 吡嗪的氨基化反应

（2）羟基化反应 吡嗪与有机锂试剂容易发生烃基化反应（图 10-119），实际应用中我们可以利用该反应制备多烃基取代的吡嗪类衍生物。

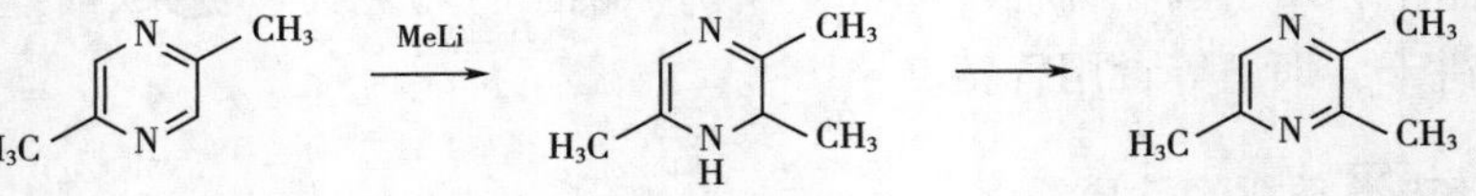

图 10-119 吡嗪与有机锂试剂的亲核反应

卤代吡嗪与各类亲核试剂均能发生反应，如我们常见的氨基化反应、烷氧基化反应和硫化反应等（图 10-120）。

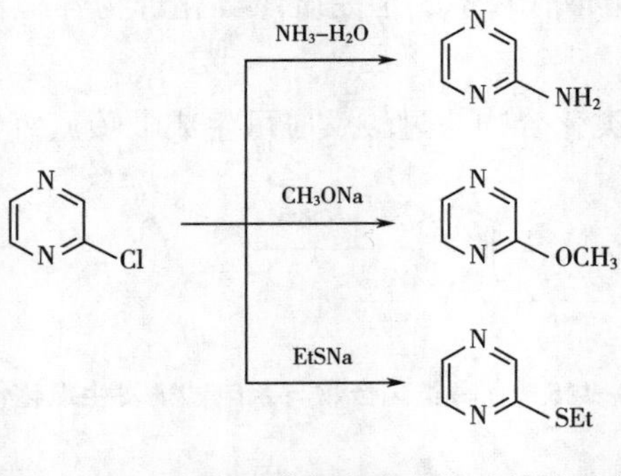

图 10-120 卤代吡嗪与各类亲核试剂的反应

（二）吡嗪类香料的特点

1. 2-甲基吡嗪

结构式见图 10-121。

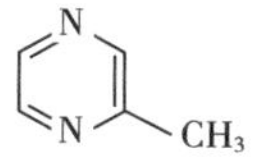

2-甲基吡嗪又称甲基吡嗪、2-甲基-1,4-二嗪。无色或淡黄色液体，溶于水，也溶于乙醇等有机溶剂。沸点 136~137℃，相对密度 1.029，折射率 1.5050~1.5067，闪点 50℃。具有烤香、坚果香香气。存在于烤胡桃、炒大麦、炒花生、可可、咖啡、马铃薯制品等多种食品中，主要用于可可、肉汤、巧克力、马铃薯、坚果、乳制品等食用香精的调配。

图 10-121 2-甲基吡嗪结构式

2. 甲氧基吡嗪

结构式见图 10-122。

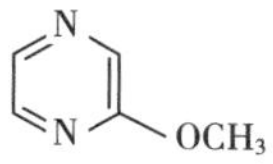

甲氧基吡嗪又称 2-甲氧基吡嗪。无色或淡黄色液体，不溶于水，溶于乙醇等有机溶剂。沸点 60~61℃/3.87kPa，相对密度 1.110~1.114，折射率 1.5081~1.5110。具有咖啡、坚果、可可、巧克力等香气。可用于水果、咖啡、可可、烤香、坚果等食用香精的调配。

图 10-122 甲氧基吡嗪结构式

3. 2-乙酰基吡嗪

结构式见图 10-123。

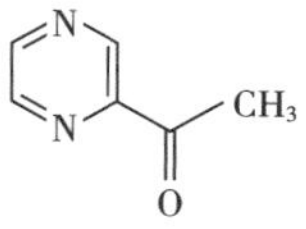

2-乙酰基吡嗪又称乙酰基吡嗪、甲基吡嗪基酮。白色晶体，几乎不溶于水，溶于乙醇等有机溶剂。熔点 79~80℃。具有爆米花、烤香、坚果、烤花生样香气。存在于爆米花、炒花生、炒榛子、芝麻油等食品中，用于调配水果、坚果、面包、咖啡、谷制品、马铃薯、爆米花等食用香精。也可用于调配烟用香精。

图 10-123 2-乙酰基吡嗪结构式

4. 2-乙基吡嗪

结构式见图 10-124。

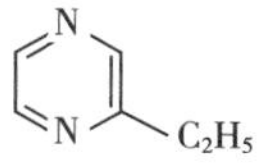

2-乙基吡嗪为无色或淡黄色液体，溶于水，溶于乙醇等有机溶剂。沸点 155~156℃，相对密度 0.984，折射率 1.4980。具有烤香、坚果香等香气。存在于马铃薯、炒花生、可可、咖啡、煮牛肉、河虾等多种食品中，主要用于烤肉、马铃薯、巧克力等食用香精的调配。

图 10-124 2-乙基吡嗪结构式

5. 2,5-二甲基吡嗪

结构式见图 10-125。

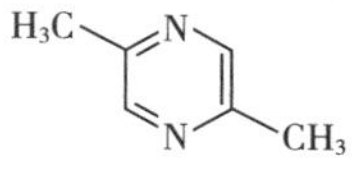

2,5-二甲基吡嗪又称 2,5-二甲基-4-二嗪。无色或淡黄色液体，遇冷会凝固。溶于水，也溶于乙醇等有机溶剂。熔点 15~16℃，沸点 154~155℃，相对密度 0.990，折射率 1.4997~1.5000，闪点 63℃。具有坚果香气和烤马铃薯片似的香气。存

图 10-125 2,5-二甲基吡嗪结构式

在于炒大麦、炒花生、炒榛子、炒核桃、爆米花、乳制品、炸马铃薯、烘焙咖啡、烘焙胡桃、爆米花、可可、河虾、猪肉、炖牛肉、朗姆酒、威士忌酒等多种食品中，主要用于马铃薯、面包、花生、咖啡、乳制品、菜肴等食用香精的调配。

6. 2,3,5-三甲基吡嗪

结构式见图 10-126。

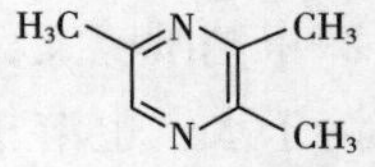

图 10-126 2,3,5-三甲基吡嗪结构式

2,3,5-三甲基吡嗪又称三甲基吡嗪。白色液体，溶于水以及乙醇等有机溶剂。沸点 171~172℃，相对密度 0.979，折射率 1.5048，闪点 54℃。具有炸马铃薯、坚果、糖蜜、朗姆酒等香气。存在于烘烤制品、炒大麦、榛子、爆米花、绿茶、花生、牛肉、马铃薯制品等多种食品中，用于坚果、可可、巧克力、马铃薯、谷物、咖啡等食用香精的调配。也可用于烟用香精的调配，作为增香剂使用。

7. 2,3-二乙基吡嗪

结构式见图 10-127。

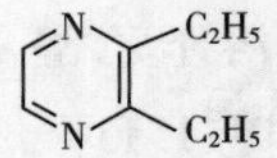

图 10-127 2,3-二乙基吡嗪结构式

2,3-二乙基吡嗪又称 2,3-二乙基-1,4-二嗪。无色或淡黄色液体，溶于水，溶于乙醇等有机溶剂。沸点 180~181℃，相对密度 0.970，折射率 1.4991。具有马铃薯、坚果、青香、咖啡香气。存在于烤马铃薯、炒榛子、可可等多种食品中，主要用于奶油、马铃薯、豆芽、爆米花、坚果等食用香精的调配。

8. 2,3,5,6-四甲基吡嗪

结构式见图 10-128。

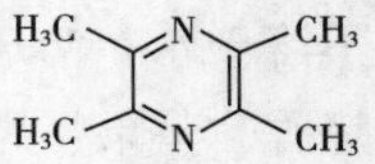

图 10-128 2,3,5,6-四甲基吡嗪结构式

2,3,5,6-四甲基吡嗪又称四甲基吡嗪。白色晶体，溶于水，溶于乙醇等有机溶剂。熔点 85~86℃，沸点 190~191℃，相对密度 1.080。具有香荚兰、可可、巧克力、坚果等香气。存在于煮鸡蛋、烤牛肉、绿茶、咖啡、可可、威士忌等多种食品中，用于肉类、花生、可可、坚果、巧克力、咖啡等食用香精的调配。

（三）烷基吡嗪类香料的制备方法

1. 由含活泼亚甲基的酮类化合物合成

用亚硝酸处理含有活泼亚甲基的酮得到异亚甲硝基酮，然后还原为 α-氨基酮，再脱水环化得二氢吡嗪。二氢吡嗪受强的芳构化趋势影响，易脱氢转化为吡嗪（图 10-129）。这是制备烷基吡嗪的常用方法。

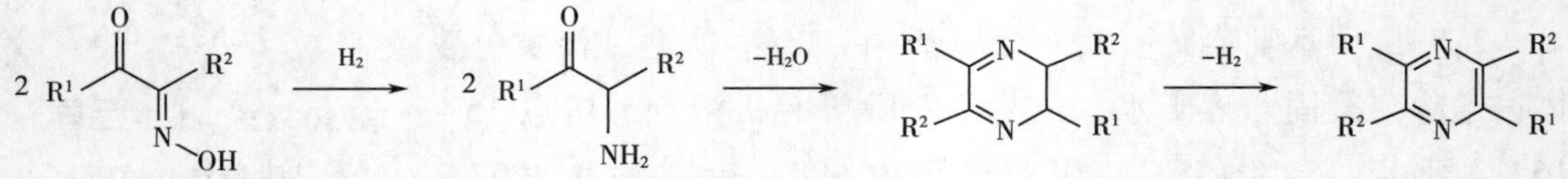

图 10-129 由含活泼亚甲基的酮类化合物制备烷基吡嗪

2. 由1,2-二羰基化合物和邻二胺类化合物合成

邻二酮和邻二胺首先缩合生成二氢吡嗪，然后由空气自动氧化或催化脱氢生成吡嗪（图10-130）。

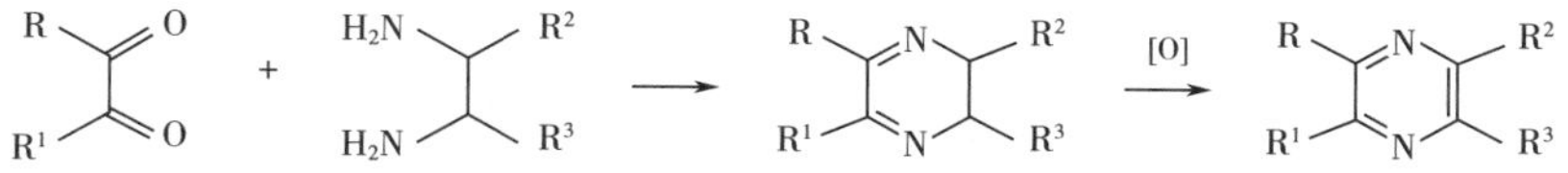

图10-130 由1,2-二羰基化合物和邻二胺类化合物制备吡嗪

3. 由α-卤代甲基酮合成

α-卤代甲基酮和氨在高压釜中于高温下进行反应，卤素被氨基取代生成α-氨基酮，α-氨基酮进一步缩合闭环生成二氢吡嗪，最后被空气氧化生成吡嗪，此法常用于制备2,5-二取代吡嗪（图10-131）。

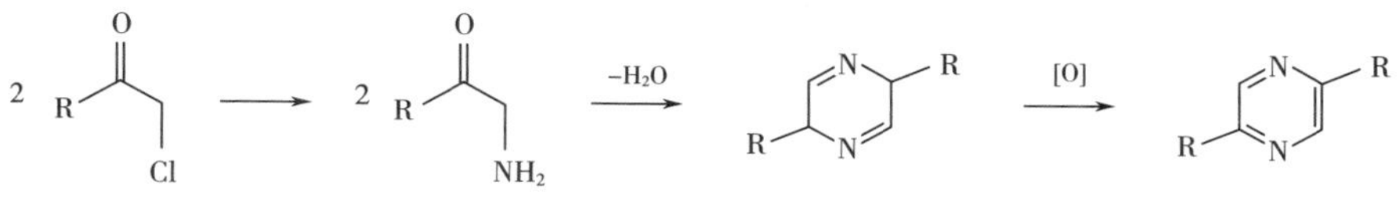

图10-131 由α-卤代甲基酮制备吡嗪

4. 由吡嗪或烷基吡嗪与醛或酮反应合成

吡嗪或烷基吡嗪与醛或酮在钠和液氨存在下反应，这是由吡嗪或烷基吡嗪制备多一个烷基取代吡嗪的方法（图10-132）。

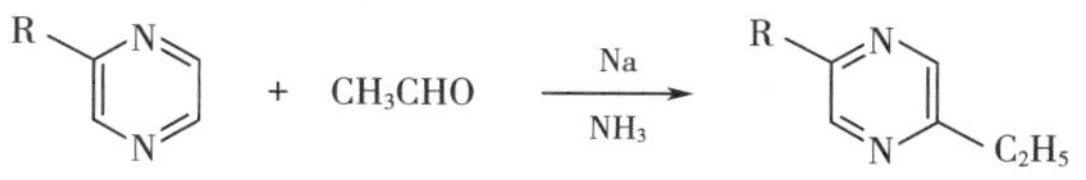

图10-132 由吡嗪或烷基吡嗪与醛或酮反应制备吡嗪

5. 由邻二醇和邻二胺反应合成

这是合成烷基吡嗪的常用方法（图10-133）。

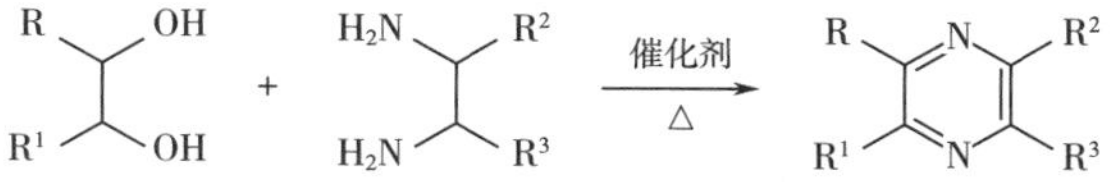

图10-133 邻二醇和邻二胺反应制备吡嗪

三、喹啉类香料

喹啉（图10-134）存在于煤焦油、页岩油和骨焦油中。有些生物碱（如金鸡纳树

皮中的生物碱奎宁）具有喹啉杂环的结构，它的甲基和二甲基衍生物在杂醇油、米糠、烟草、茶叶和威士忌酒中有微量存在。

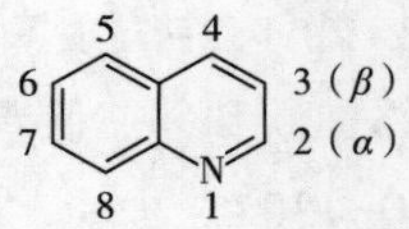

5 4 6 3（β） 7 2（α） N 8 1

图 10-134 喹啉类结构通式

（一）喹啉的化学性质

喹啉又称苯并吡啶，属于苯环与六元杂环组成的稠环化合物。由于吡啶环上氮原子的电负性使得吡啶环上的电子云密度相对比苯环少，通常亲电取代基进入苯环（5 位或 8 位），亲核取代基进入吡啶环（2 位或 4 位）。

1. 硝化反应

喹啉的硝化反应比较容易发生，通常在低温下直接用浓硝酸和浓硫酸的混酸硝化可得到 5 位和 8 位取代的硝基喹啉（图 10-135）。

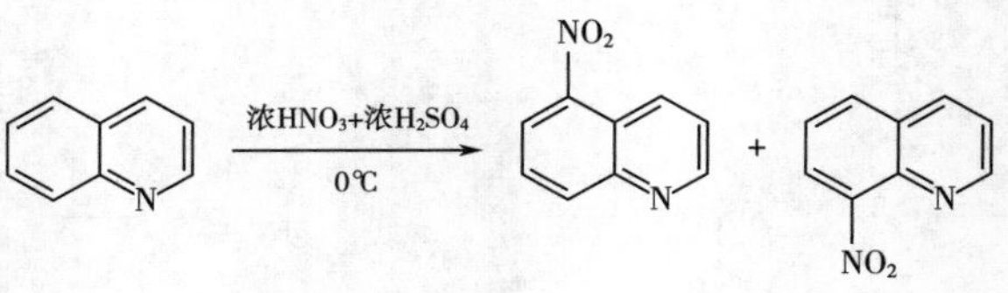

浓HNO_3+浓H_2SO_4 0℃ NO_2 N + N N NO_2

图 10-135 喹啉的硝化反应

2. 磺化反应

喹啉磺化时主要生成 8 位取代的磺化喹啉（图 10-136）。

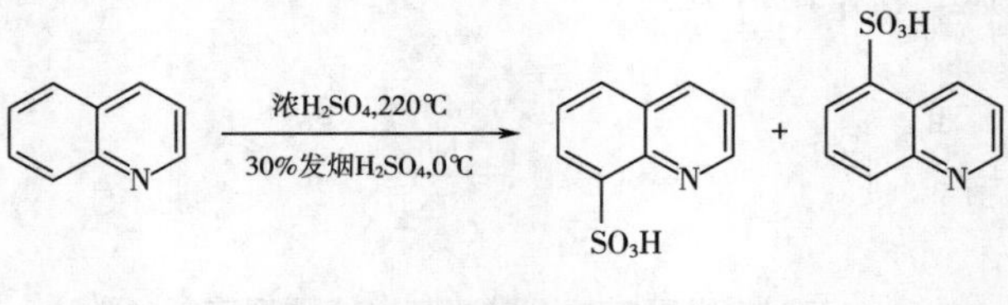

浓H_2SO_4,220℃ 30%发烟H_2SO_4,0℃ N N SO_3H + SO_3H N

图 10-136 喹啉的磺化反应

3. 卤化反应

喹啉卤化时得到 5 位和 8 位取代的卤代喹啉（图 10-137）。

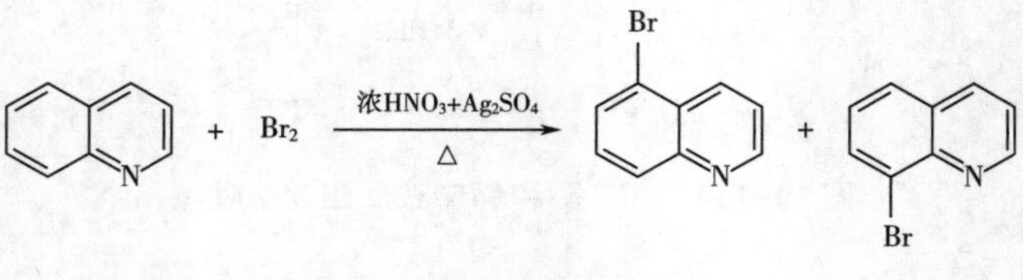

N + Br_2 浓HNO_3+Ag_2SO_4 △ Br N + N Br

图 10-137 喹啉的卤化反应

4. 还原反应

喹啉在不同的条件下可以分别还原生成四氢喹啉和十氢喹啉（图 10-138）。

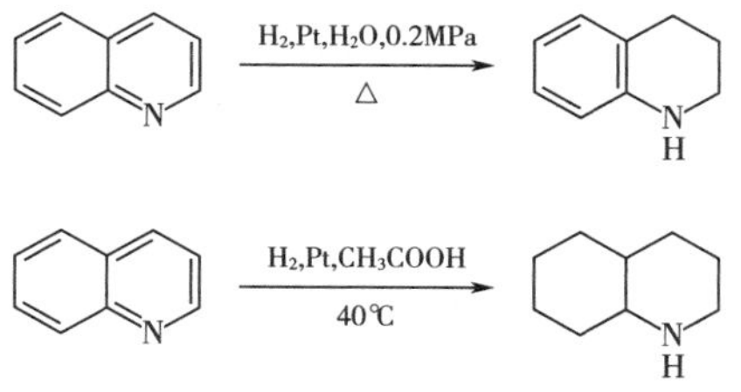

图 10-138 喹啉的还原反应

5. 氧化反应

喹啉在高锰酸钾或硝酸存在条件下，可发生氧化反应，氧化时主要是苯环被氧化（图 10-139）。

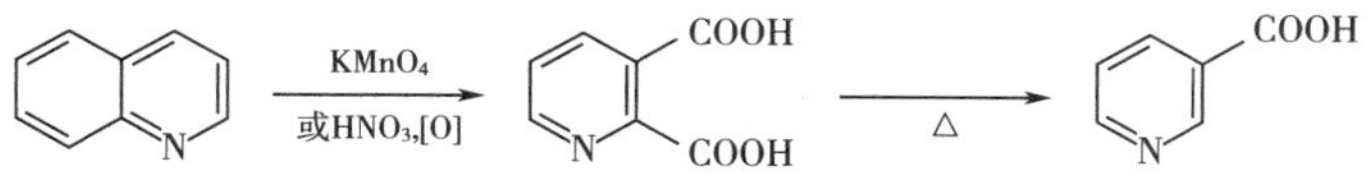

图 10-139 喹啉的氧化反应

（二）喹啉类香料的基本特点

1. 喹啉

结构式见图 10-140。

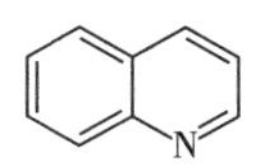

图 10-140 喹啉结构式

喹啉又称氮杂萘、苯并吡啶。无色或橙色吸湿性油状液体，遇光或空气变成黄色。微溶于水，溶于乙醇等有机溶剂。熔点 -19.5℃，沸点 238℃，相对密度 1.095，折射率 1.6245。具有尖刺的灵猫香气以及吡啶样味道。存在于煤焦油中，主要用于调配海鲜、鱼香精和香荚兰等食用香精。

2. 6-甲基四氢喹啉

结构式见图 10-141。

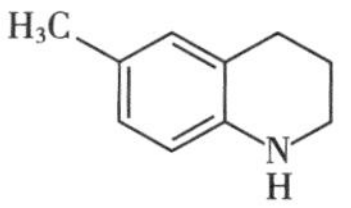

图 10-141 6-甲基四氢喹啉结构式

6-甲基四氢喹啉又称四氢对甲基喹啉，人造灵猫香。无色至淡黄色晶体，微溶于水，溶于乙醇等有机溶剂。熔点 38℃，沸点 265℃，折射率 1.5770~1.5820（过冷液体），闪点>100℃。浓度高时具有令人不愉快的气味，浓度低时具有强烈的灵猫香似的动物香韵，并伴有龙涎香和吲哚样的香调。可用于忍冬花、紫丁香、东方型和动物香型的日用香精中，但用量很少，在 2%（质量分数）以内，主要用作定香剂使用，并能赋予香精优美的动物香韵。

3. 异丁基喹啉

结构式见图 10-142。

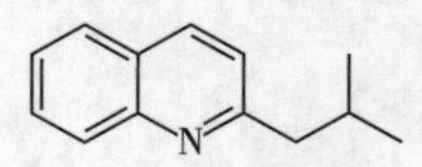

图 10-142 异丁基喹啉结构式

异丁基喹啉又称 2-异丁基喹啉。无色液体，不溶于水，溶于乙醇等有机溶剂。沸点 255℃，相对密度 0.992～0.996，折射率 1.5720～1.5760，闪点>100℃。具有强烈的橡苔、皮革和木香香气。可用于调配日化香精，主要作为定香剂使用，用量在 2%以内。

（三）喹啉类香料的制备方法

1. 斯克劳普（Skraup）法

用苯胺与甘油、浓硫酸以及一种氧化剂如硝基苯共热，是制备喹啉最常用的方法之一（图 10-143）。

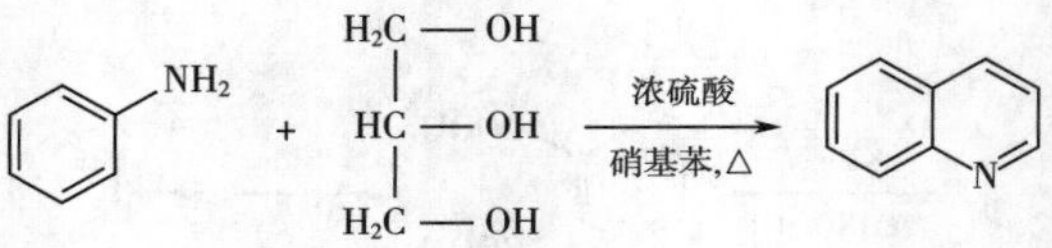

图 10-143 Skraup 法制备喹啉

2. 甲基取代喹啉的制备

以乙醛为原料通过缩合反应生成 2-丁烯醛，然后再经环化和脱氢反应生成 2-甲基喹啉（图 10-144）。

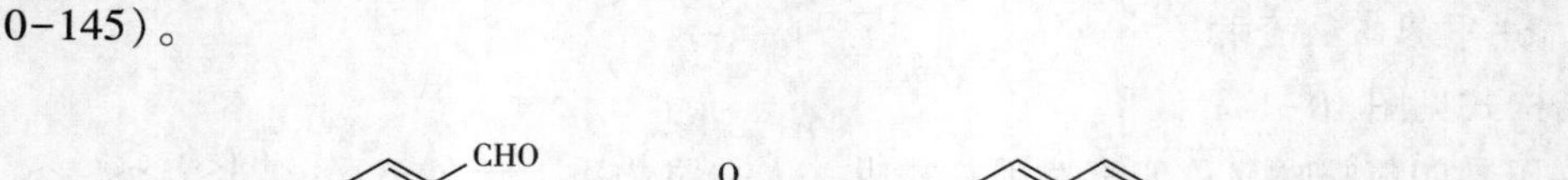

图 10-144 甲基取代喹啉的制备

此外，以邻氨基苯甲醛为原料，与酮类化合物进行缩合反应制得 2-甲基喹啉（图 10-145）。

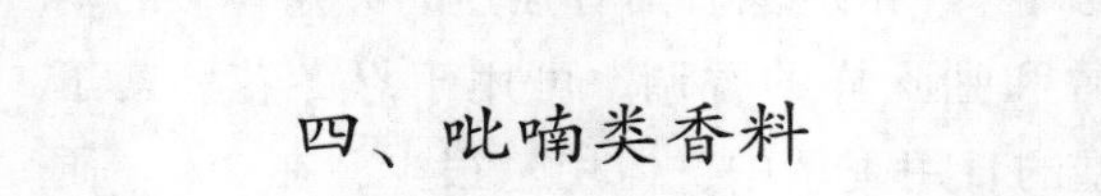

图 10-145 邻氨基苯甲醛与酮缩合制备 2-甲基喹啉

四、吡喃类香料

吡喃是含有一个氧原子的六元杂环化合物，环上有两个双键，由于双键的位置不同而有两种异构体，即α-吡喃和γ-吡喃（图 10-146）。

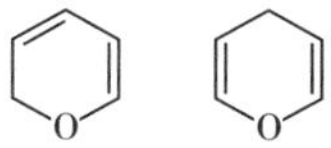

α-吡喃 γ-吡喃

图 10-146 吡喃结构式

（一）吡喃类化合物的性质

α-吡喃和γ-吡喃本身并不单独存在，但它们的某些衍生物却是珍贵的香料。例如，麦芽酚和乙基麦芽酚就是两种十分重要的食品香料。

（二）吡喃类香料的特点

1. *麦芽酚*

结构式见图 10-147。

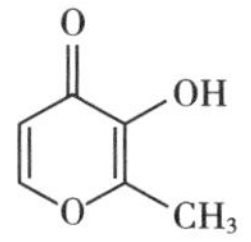

图 10-147 麦芽酚结构式

麦芽酚又称 2-甲基-3-羟基吡喃酮。白色针状晶体或粉状晶体，熔点 160~163℃，沸点 105℃/670Pa。具有愉快的焦甜香味，稀释时有草莓和覆盆子似的果香香气。存在于落叶松、针叶松的树皮中，以及木焦油和焙烤的麦芽中。广泛用于食用香精中，主要作为增香剂和矫香剂使用，常用于巧克力、糖果、饮料、酒类、果汁、软饮料、冰淇淋、糕点和乳制品等食用香精的增香，还可用于烟用香精中。

2. *乙基麦芽酚*

结构式见图 10-148。

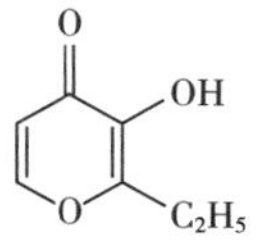

图 10-148 乙基麦芽酚结构式

乙基麦芽酚又称 2-乙基-3-羟基-γ-吡喃酮。白色或淡黄色针状晶体，熔点 89~93℃。它的香气特征和麦芽酚相似，但比麦芽酚更为强烈、更为甜蜜，具有非常持久的焦糖样香味，强度是麦芽酚的 46 倍。广泛用于食用香精配方中，应用范围和麦芽酚一样，但其增香作用更强，是更佳的香味增效剂，此外它又是良好的矫味剂和改良剂，并可作为除腥剂、除膻剂使用，效果极佳。

（三）吡喃类香料的制备方法

吡喃类香料主要包括麦芽酚和乙基麦芽酚，下面主要介绍一下它们的制备方法。

1. *麦芽酚的制备方法*

以淀粉为原料，经犁头霉发酵制得曲酸；曲酸与氯化苄经醚化反应生成曲酸苄醚；将曲酸苄醚用二氧化锰氧化成考门酸苄醚；考门酸苄醚在盐酸存在下脱苄基生成考门酸，再脱羧成为焦袂康酸；焦袂康酸和甲醛缩合，发生羟甲基化反应，最后还原生成麦芽酚（图 10-149）。

2. *乙基麦芽酚的制备方法*

以糠醛为原料，经 Grignard 反应制得 2-（α-羟基）-呋喃，再经甲氧基化制得二甲氧基二氢呋喃；酸性条件下重排得到二氢吡喃酮衍生物；该衍生物与原甲酸三乙酯反应生成乙氧基二氢吡喃酮衍生物，再用过氧化氢的甲醇溶液处理，碱性条件下得到环氧

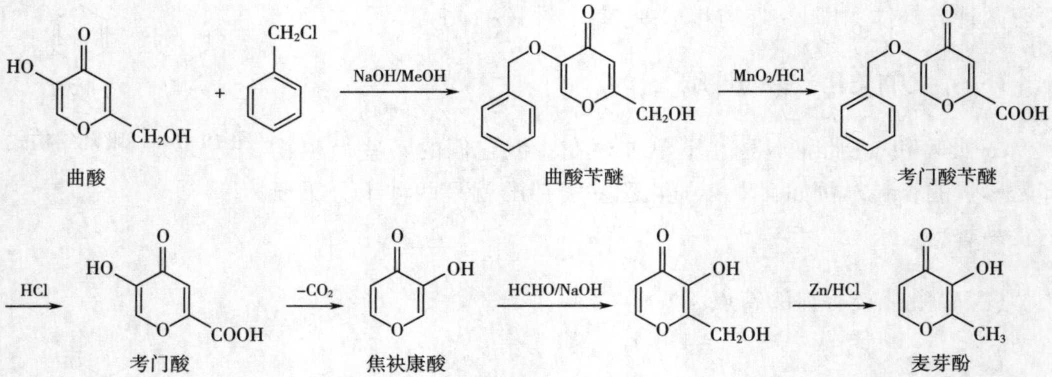

曲酸 + 氯化苄（CH_2Cl）$\xrightarrow{NaOH/MeOH}$ 曲酸苄醚 $\xrightarrow{MnO_2/HCl}$ 考门酸苄醚 $\xrightarrow{HCl}$ 考门酸 $\xrightarrow{-CO_2}$ 焦袂康酸 $\xrightarrow{HCHO/NaOH}$ $\xrightarrow{Zn/HCl}$ 麦芽酚

图 10-149 麦芽酚制备方法

酮，最后经重排得到乙基麦芽酚（图 10-150）。

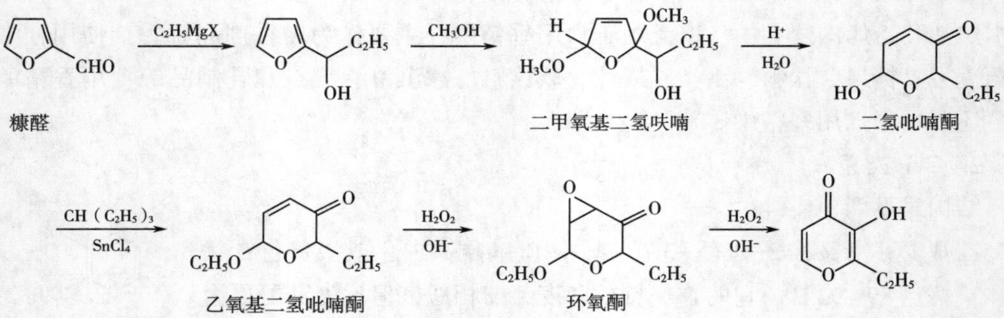

糠醛 $\xrightarrow{C_2H_5MgX}$ $\xrightarrow{CH_3OH}$ 二甲氧基二氢呋喃 $\xrightarrow[H_2O]{H^+}$ 二氢吡喃酮 $\xrightarrow[SnCl_4]{CH(C_2H_5)_3}$ 乙氧基二氢吡喃酮 $\xrightarrow[OH^-]{H_2O_2}$ 环氧酮 $\xrightarrow[OH^-]{H_2O_2}$

图 10-150 乙基麦芽酚制备方法

第四节 杂环类香料的制备示例与生产实例

本节选取数个具有代表性香气特征的杂环类香料化合物，对其制备或生产工艺进行举例分析。

一、杂环类香料制备示例

（一）5-甲基糠醛的合成

1. 反应式

见图 10-151。

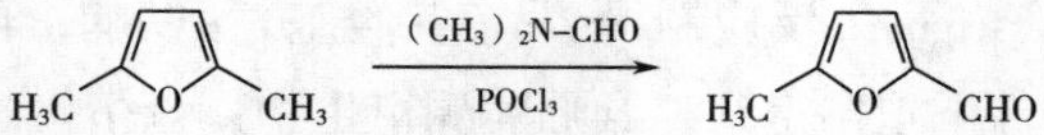

$$H_3C\text{-}C_4H_2O\text{-}CH_3 \xrightarrow[POCl_3]{(CH_3)_2N\text{-}CHO} H_3C\text{-}C_4H_2O\text{-}CHO$$

图 10-151 5-甲基糠醛合成反应式

2. 实验步骤

装有电动搅拌器、温度计、滴液漏斗的2000mL四口烧瓶中，加入77.4mL *N*，*N*-二甲基甲酰胺，200mL 1,2-二氯乙烷。混合物搅拌下冷却至0℃，滴加81.4mL三氯氧磷，在此期间控制温度在25℃以下。上述化合物控制温度在250℃以下滴加66.1mL 2-甲基呋喃，加完后在0℃下搅拌1h，在常温下搅拌过夜。然后缓慢加入400mL饱和碳酸钠溶液。所得溶液用250mL×3的乙醚萃取，用无水硫酸镁干燥。常压蒸除乙醚，减压蒸馏，收集44~45℃/40Pa馏分为产品。

（二）2,4-二甲基噻唑的合成

1. 反应式

见图10-152。

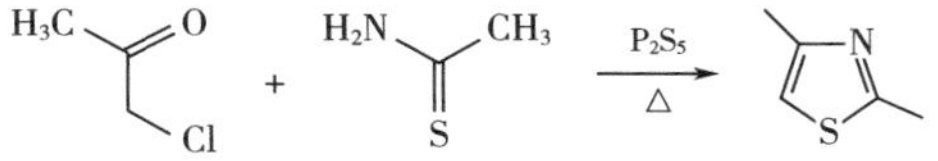

图10-152　2,4-二甲基噻唑合成反应式

2. 实验步骤

向配有回流冷凝器的250mL四口烧瓶中，加入20mL无水苯、30g研细的乙酰胺和20g粉状五硫化二磷。将40mL氯丙酮和15mL无水苯配成溶液，取出2mL加入反应瓶中。在水浴上小心地加热，使放热反应开始。撤去水浴，将氯丙酮的苯溶液经回流冷凝器慢慢加入。在氯丙酮全部加完而且反应不明显时，使混合物在水浴上加热回流30min。

在搅拌下向反应混合物中加入75mL水。30min后，将反应混合物移入分液漏斗，弃去含有苯和微红色物质的上层液。向下层液中加入5mol/L氢氧化钠溶液使呈碱性，分层。用乙醚溶解上部黑色油状物，下部水层用乙醚提取（5×12mL）。合并乙醚液，用无水硫酸钠干燥，用玻璃棉过滤。在蒸汽浴上蒸除乙醚，残留油状物在常压下分馏，收集143~145℃的馏分为产品2,4-二甲基噻唑。

（三）2,3-二甲基吡嗪的合成

1. 反应式

见图10-153。

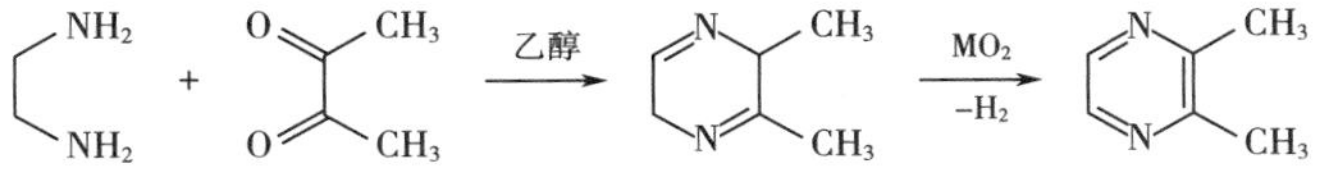

图10-153　2,3-二甲基吡嗪合成反应式

2. 实验步骤

在装有搅拌器、温度计、回流冷凝管和滴液漏斗的 500mL 四口瓶中，加入 15g（0.25mol）乙二胺和 150mL 乙醇，冷却至 0℃左右，在搅拌下滴加 17.6g（0.2mol）丁二酮溶于 100mL 的乙醇溶液。滴加完毕后，加热回流 30min。待反应液稍冷却以后，加入 40g 氢氧化钾和 0.4mol 金属氧化物，在搅拌下再回流 18h，反应完毕后，过滤除去催化剂。常压下蒸馏回收乙醇，进行减压分馏，在（75~78℃）/6.7kPa 收集 2,3-二甲基吡嗪。

（四）3-甲基吲哚的合成

1. 反应式

见图 10-154。

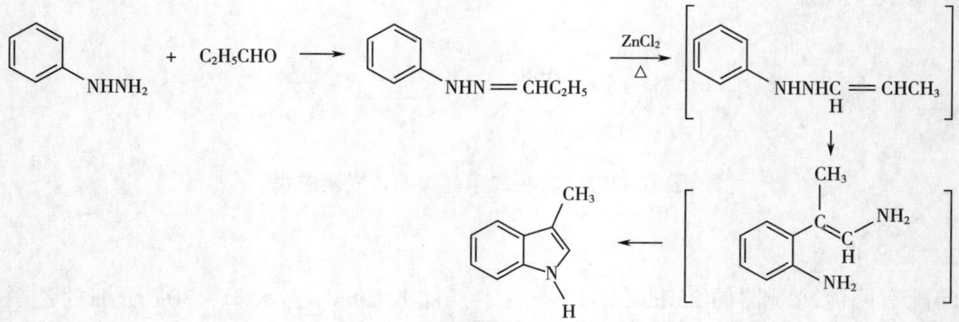

$$C_6H_5NHNH_2 + C_2H_5CHO \longrightarrow C_6H_5NHN{=}CHC_2H_5 \xrightarrow[\triangle]{ZnCl_2} [C_6H_5NHNHCH{=}CHCH_3] \longrightarrow [\text{o-}H_2NC_6H_4C(CH_3){=}CHNH_2] \longrightarrow \text{3-甲基吲哚}$$

图 10-154　3-甲基吲哚的合成反应式

2. 实验步骤

该反应共分为两步：①将苯肼与丙醛反应制取丙苯腙。②250mL 圆底烧瓶中加入 29.6g（0.2mol）丙苯腙和新熔融的氯化锌 28g，加热至有激烈的放热反应开始为止。振荡反应瓶，直到反应缓和，反应物开始固化为止。进行水蒸气蒸馏，直至油状物全部蒸出。对油状物进行减压蒸馏，在 100~110℃/133.3Pa 下收集 3-甲基吲哚。计算粗产率，用石油醚对粗 3-甲基吲哚进行重结晶，可以得到白色结晶状 3-甲基吲哚。

二、杂环类香料生产示例

以吲哚为例，介绍杂环类香料生产工艺。

（一）反应式

见图 10-155。

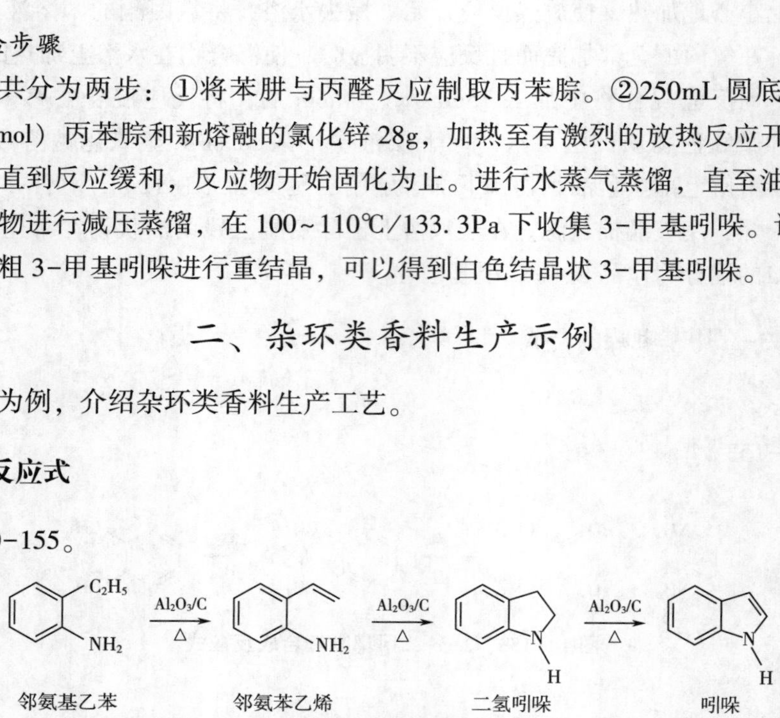

$$\underset{\text{邻氨基乙苯}}{\text{o-}C_2H_5C_6H_4NH_2} \xrightarrow[\triangle]{Al_2O_3/C} \underset{\text{邻氨苯乙烯}}{\text{o-}CH_2{=}CHC_6H_4NH_2} \xrightarrow[\triangle]{Al_2O_3/C} \text{二氢吲哚} \xrightarrow[\triangle]{Al_2O_3/C} \text{吲哚}$$

图 10-155　吲哚的合成反应式

（二）原料规格

（1）邻氨基乙苯　含量（GC）≥99%（质量分数）；折射率：15582；馏程：210～216℃，纯度≥95%。

（2）石油醚　香料化学规格　相对密度：0.660；馏程：60～90℃，纯度≥95%。

（3）氮气　无色无臭气体，高氮或普氮。

（4）活性炭　黑色圆柱形颗粒多孔固体，具有吸附接触催化剂的性能。

（5）活性氧化铝　直径 0.5cm。

（三）工艺过程

（1）检查整个设备系统一切正常后，将 200kg 邻氨基乙苯抽入高位槽 V101 内，然后放入汽化预热器 E101 至一定液位（2/3 体积处）。

（2）反应在管道 R101 内进行。R101 是外径 100、高度 2m 的不锈钢管，内填 3kg 载有 Al_2O_3 的活性炭颗粒和直径 1.2cm 小瓷圈 2kg 拌和物，先在管道底部放 5～6 个瓷圈衬底，再把拌和的催化剂均匀地加入管道内直到离出料口 3cm 左右为止。管道上、下部有温控装置。先开氮气赶走管道内空气，接着对管道反应器 R101 加热，把管道上部温度调节在 610～630℃，下部调节在 590～610℃，汽化预热器 E101 内温调节在 220～230℃，待仪表指示缓缓上升设定值并稳定在范围内时，表示已能正常进行生产，这时邻氨基乙苯的蒸汽再经加热到 300℃后由反应器 R101 底部进入，从顶部出料，每小时约出反应物 2.5kg，脱氢-环化连续进行，转化率>20%，当管道阻力超过 2×10Pa 时，说明催化剂已经结炭明显，需拆换催化剂，一般每周更换催化剂 1 次。

（3）经过加热的邻氨基乙苯蒸气在氮气流下和催化剂接触后，按不同温度逐步进行脱氢、环化、二次脱氢等反应；邻氨基乙苯在约 550℃脱氢为邻氨基苯乙烯，再环化成二氢吲哚，最后在约 610℃脱氢而得吲哚。反应气体经冷凝器 E102 冷却到粗品槽 V102 得管道反应物。管道反应物经精馏釜 R102 在减压下回收未反应的原料后，收集 124～133℃/1.3kPa 馏分为粗品吲哚。

（4）粗品吲哚的结晶精制　1 份粗品吲哚加 35 份香料用石油醚在结晶釜 R103 内搅拌溶解到 45℃左右停止加热。然后冷却到-2℃，经过滤得到第一次结晶物。第一次结晶物再溶解入新鲜石油醚中，让其在室温下先自然冷却晶体，然后冷却至 5℃左右，可得到白色鱼鳞状晶体，过滤后在 28～30℃的热风烘箱中烘干，最后在 38～40℃干燥 8h 即得熔点合格的成品。

（四）吲哚成品规格

（1）色状　白色片状晶体。

（2）熔点　51～53℃。

（3）香气　浓烈不愉快的气息，高度稀释后似茉莉花香。

（4）溶解度　1g 样品全溶于 3mL 70%乙醇中。

（五）吲哚生产工艺流程图

见图 10-156。

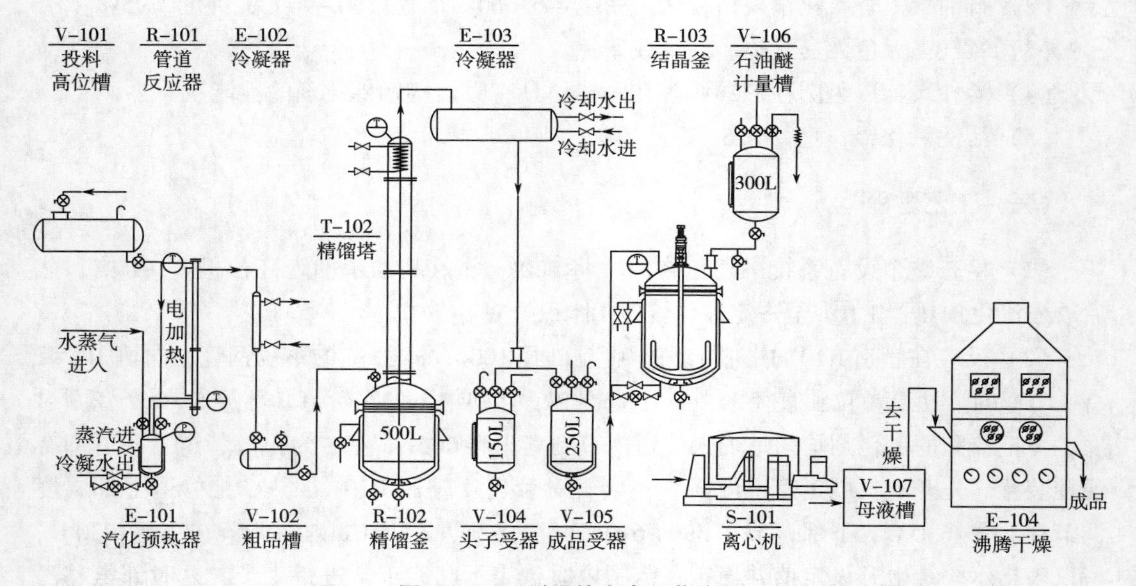

图 10-156　吲哚的生产工艺流程

重点与难点

（1）杂环化合物的概念、分类；
（2）呋喃类香料的特点、化学性质、香味特征及制备方法；
（3）吡咯类香料的特点、化学性质、香味特征及制备方法；
（4）糠醛的制备方法；
（5）吲哚的生产流程。

思考题

1. 简述杂环类香料主要包括哪些？
2. 简述 2-甲基糠醛的制备工艺流程？
3. 简述噻吩主要发生的亲电反应有哪些？
4. 简述吡嗪主要发生的反应有哪些？
5. 简述 2-甲基吡嗪的制备工艺流程？
6. 乙基麦芽酚特点及制备方法。
7. 简述吲哚的制备工艺？

第十一章 含硫类香料制备工艺

课程思政点

【本章简介】

本章主要介绍了含硫类香料的概念、结构特点及分类方法；硫醇类香料的种类、性质、香味特征及制备方法；硫醚类香料的种类、性质香味特征及制备方法；代表性含硫类化合物的制备工艺及工艺流程。

含硫类有机化合物由于其具有独特的气味性质，在很多情况下很难将其和香料联系起来。但是，随着现代分析手段的不断提高，越来越多的含硫化合物在食品中被检测出来，如菠萝中含有甲硫醇、2-甲硫基乙酸甲酯、3-甲硫基丙酸甲酯、3-甲硫基丙酸乙酯、二甲基二硫等；哈密瓜中含有硫代乙酸甲酯、硫代戊酸丙酯、2-巯基丙酸乙酯、二甲基二硫等。含硫香料主要表现出与食物特别是副食品和菜肴相关的特征香味，如各种肉香、海鲜、洋葱、韭菜等香味特征。由于香味浓郁、阈值低、特征性强等特点，含硫香料日益受到香料界的青睐。从含硫香料的结构来看，其主要可分为：硫醇类、硫醚类、硫代羧酸酯类、硫代缩羰基类等。

第一节 硫醇类香料

一、硫醇类香料概述

硫醇即醇分子中的氧原子被硫原子取代而形成的化合物（图 11-1）。硫醇（R—

SH，R 为烃基）也可看作是烃分子中的氢原子被巯基（—SH）（通称）所取代的化合物。如果巯基直接与苯环相连的化合物称为硫酚。

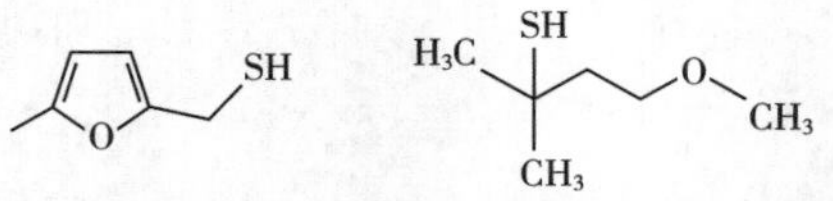

5-甲基糠硫醇　　4-甲氧基-2-甲基-2-丁硫醇

图 11-1　硫醇类香料结构式

相对分子质量较小的硫醇有毒，且有极其难闻的臭味。硫醇为环境污染中恶臭的主要来源。黄鼠狼散发出来的防护剂中就含有丁硫醇。但是，低浓度的硫醇类化合物却常常呈现出令人愉快的食品类香味。硫醇类香料是 20 世纪 70 年代以后发展起来的一类新型香料，许多含硫的有机化合物被发现存在于天然香花挥发性组分、精油和食物香味成分中，它们大都是食品中的微量香成分，一般在食品中含量在 $10^{-6}\sim10^{-9}$ 级，有的甚至低到 10^{-12} 级，即使含量极微，但对香气、香味和特色风味的形成起着很重要的作用。例如，在大蒜中含有烯丙硫醇，在洋葱中含有丙硫醇，在咖啡中含有糠硫醇，在牛肉香成分中含有甲硫醇和乙硫醇，在洋葱、胡萝卜、牛乳、咖啡中均发现含有甲硫醇。又如,5-甲基糠硫醇的浓度在 $>1\mu g/kg$ 时具有硫黄样气息，但当进一步稀释至 $0.5\sim1\mu g/kg$ 时，就变成肉香味；4-甲氧基-2-甲基-2-丁硫醇是黑加仑花蕾香气中的关键成分。

二、硫醇类化合物的性质

硫醇形成氢键的能力比醇类弱很多，因此，它们的沸点及在水中的溶解度都比相应的醇低得多。例如，乙醇的沸点为 78.5℃，与水完全混溶；而乙硫醇的沸点则为 37℃，在 100mL 水中只能溶解 1.5g。硫醇、硫酚在形式上与醇、酚类似，但是在化学性质上存在着显著的差异。

硫醇和硫酚的酸性要比相应的醇、酚强得多。例如，乙硫醇的 pK_a 为 10.5（乙醇的为 18），虽然它难溶于水，但易溶于稀的氢氧化钠水溶液中，生成乙硫醇钠（图 11-2）。

$$C_2H_5SH + NaOH \longrightarrow C_2H_5SNa + H_2O$$

图 11-2　硫醇与碱的反应

硫酚的酸性更强（pK_a 为 7.8），甚至比碳酸还强，所以硫酚可溶于碳酸氢钠水溶液中。而苯酚的酸性则比碳酸弱，它不溶于碳酸氢钠水溶液中。

硫醇不仅能与碱金属生成盐，还可与重金属汞、铜、银、铅等形成不溶于水的硫醇盐（图 11-3）。因此，硫醇可用作重金属中毒的解毒剂。

$$2C_2H_5SH + (CH_3COO)_2Hg \longrightarrow \underset{\text{白色}}{(C_2H_5S)_2Hg\downarrow} + 2CH_3COOH$$

图 11-3　硫醇与重金属的反应

硫醇类化合物的化学反应主要有以下几种类型。

（一）亲核取代反应

硫醇负离子（RS^-）很容易与卤代烷烃发生 S_N2 取代反应生成硫醚，该反应是制备硫醚的常用方法。由于 RS^-具有强亲核性和较弱的碱性，所以取代反应发生速度快，且几乎不发生消除反应，使得硫醚的产率一般较高（图 11-4）。

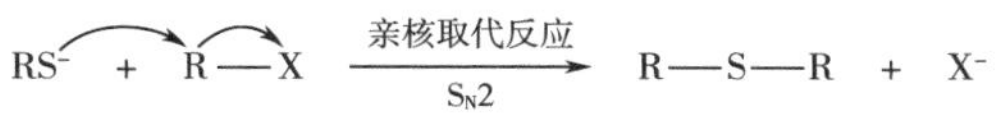

$$RS^- + R—X \xrightarrow[S_N2]{\text{亲核取代反应}} R—S—R + X^-$$

图 11-4 硫醇类化合物的亲核取代反应

（二）氧化反应

硫醇可以被氧化，且氧化反应主要发生在硫原子上。例如，硫醇在氧化剂（I_2、稀 H_2O_2 等）溶液中，甚至在空气中氧的作用下（以铜、铁作催化剂），都可以进行温和的氧化反应生成二硫化物（图 11-5）。

$$RS—H + \text{稀}H_2O_2 \longrightarrow RS—SR + H_2O$$

$$RS—H + O_2 \longrightarrow RS—SR + H_2O$$

图 11-5 硫醇类化合物的氧化反应

（三）酯化反应

与醇相似，硫醇也可以和羧酸发生酯化反应（图 11-6）。

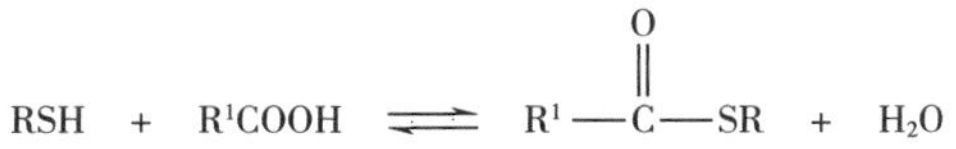

$$RSH + R^1COOH \rightleftharpoons R^1—\overset{\overset{\displaystyle O}{\|}}{C}—SR + H_2O$$

图 11-6 硫醇类化合物的酯化反应

三、硫醇类香料基本特点

（一）甲硫醇

$$H_3C—SH$$

图 11-7 甲硫醇结构式

甲硫醇（图 11-7）常温下为无色气体，在低温或压缩情况下为无色液体，其水合物为白色晶体。微溶于水，溶于乙醇等有机溶剂。熔点-123℃，沸点 6℃，相对密度 0.849，阈值 0.01mg/kg。具有硫化物样气味，稀释到一定程度具有甘蓝、洋葱、肉香、鸡蛋、干酪和咖啡味道，少量存在于咖啡、朗姆酒、猪肉、煮鸡蛋中，微量用于洋葱、大蒜、咖啡、蔬菜、乳制品、肉味等食用香精中。

（二）丙硫醇

丙硫醇（图 11-8）又称巯基正丙烷。无色透明液体，沸点 67~68℃，相对密度 0.840~0.842，折射率 1.4370~1.4380，阈值 0.002mg/kg。具有洋葱及甘蓝香气。微溶于水，溶于乙醇等有机溶剂。少量存在于洋葱中，主要用于大蒜、洋葱和肉味等食用香精中。

$CH_3CH_2CH_2—SH$

图 11-8 丙硫醇结构式

（三）2-丙硫醇

2-丙硫醇（图 11-9）又称异丙硫醇。无色透明液体，沸点 57~60℃，相对密度 0.8200，折射率 1.4255。具有洋葱、肉香、鸡肉、家禽肉香气以及熟鸡蛋、硫化氢、家禽、韭菜、洋葱味道。存在于洋葱、大蒜、啤酒中，主要用于鸡蛋、鸡肉、咖啡和可可等食用香精中。

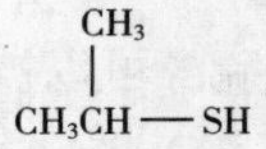

$CH_3CH(CH_3)—SH$

图 11-9 2-丙硫醇结构式

（四）烯丙硫醇

烯丙硫醇（图 11-10）又称 2-丙烯-1-硫醇。无色液体，不溶于水，溶于乙醇等有机溶剂。沸点 67~68℃，相对密度 0.930，折射率 1.4765。具有强烈的大蒜气味。存在于大蒜和洋葱中，可用于调配蒜、葱、肉味香精等食用香精。

$CH_2═CH—CH_2—SH$

图 11-10 烯丙硫醇结构式

（五）1-丁硫醇

1-丁硫醇（图 11-11）又称 1-巯基丁烷。无色透明液体，微溶于水，极易溶于乙醇等有机溶剂。沸点 98℃，相对密度 0.842，折射率 1.4430。具有硫化物样、蔬菜、肉香、洋葱、大蒜气味。存在于煮鸡蛋、牛肉、鸡肉、干酪、啤酒中，用于配制干酪、牛肉、鸡蛋、洋葱、大蒜等食用香精。

$CH_3CH_2CH_2CH_2—SH$

图 11-11 1-丁硫醇结构式

（六）3-巯基-2-丁醇

3-巯基-2-丁醇（图 11-12）又称 2-巯基-3-丁醇、“935”。无色透明液体，不溶于水，溶于乙醇等有机溶剂。沸点 59~61℃，相对密度 0.999，折射率 1.4779。具有肉香、烤肉香、洋葱、大蒜香气，用于调配烤牛肉、猪

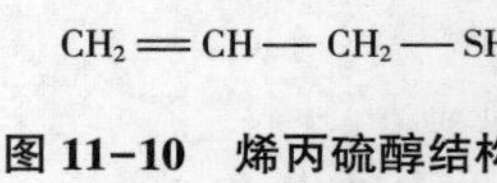

$H_3C—CH(SH)—CH(OH)—CH_3$

图 11-12 3-巯基-2-丁醇结构式

肉、鸡肉、洋葱、大蒜、辛香味等食用香精。

（七）2,3-丁二硫醇

2,3-丁二硫醇（图 11-13）又称 2,3-二巯基丁烷、“865”。淡黄色液体，不溶于水，溶于乙醇等有机溶剂。沸点 86~87℃，相对密度 0.995，折射率 1.5194。具有肉香、烤牛肉香、猪肉、脂肪、鸡蛋香，用于调配烤牛肉、煮牛肉、猪肉、鸡蛋、咖啡等食用香精。

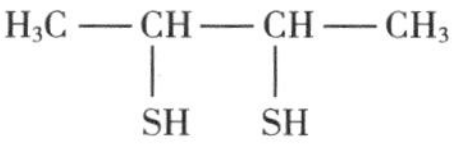

$H_3C—CH—CH—CH_3$（两个 CH 上各连 SH）

图 11-13 2,3-丁二硫醇结构式

（八）糠硫醇

糠硫醇（图 11-14）又称 2-呋喃基甲硫醇、咖啡醛。无色至淡黄色透明油状液体，不溶于水，溶于乙醇等有机溶剂。沸点 155℃、47℃/1.6kPa，相对密度 1.131~1.132，折射率 1.5320~1.5330，闪点 45℃。稀释时具有强烈的咖啡香气和甜润的焦糖香气。存在于香油、咖啡、牛肉、猪肉、鸡肉中，主要用于调配咖啡、巧克力、焦糖、芝麻、烤香味等香型食用香精，也可用于烟用香精中。

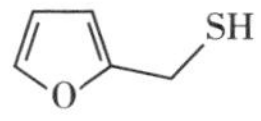

图 11-14 糠硫醇结构式

（九）2-甲基-3-四氢呋喃硫醇

2-甲基-3-四氢呋喃硫醇（图 11-15）又称 2-甲基-3-巯基四氢呋喃。无色至淡黄色透明液体，具有顺反两种异构体，在调香中使用的是异构体的混合物。不溶于水，溶于乙醇等有机溶剂。沸点 32~36℃/90Pa。具有肉香和烤肉香气。存在于煮牛肉、猪肉、鸡肉、生鸡肉及金枪鱼中，用于调配猪肉、牛肉、鸡肉等食用香精。

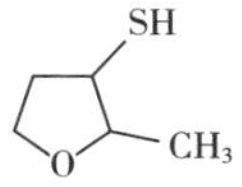

图 11-15 2-甲基-3-四氢呋喃硫醇结构式

（十）环己硫醇

环己硫醇（图 11-16）为无色至淡黄色液体，不溶于水，溶于乙醇等有机溶剂。沸点 158~160℃，相对密度 0.950，折射率 1.4921。具有葱、蒜香气。用于调配辛香味、大蒜、洋葱等食用香精。

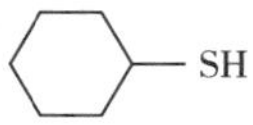

图 11-16 环己硫醇结构式

（十一）硫代香叶醇

硫代香叶醇（图 11-17）沸点（125~130℃）/2.34kPa，折射率 1.5030。具有青香、浆果香、薄荷香、橡果香。用于调配薄荷、热带水果、黑醋栗、悬钩子、覆盆子等食用香精。

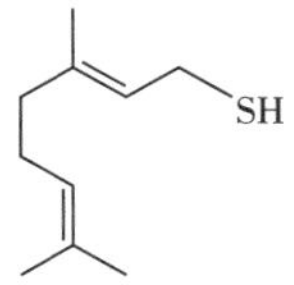

图 11-17 硫代香叶醇结构式

四、硫醇类香料主要制备方法

（一）卤代烷与硫氢化钠（或硫氢化钾）在乙醇溶液中共热制备

这是制备硫醇类香料常用的方法之一，在反应过程中，生成的硫醇将会进一步被烷基化而产生相当量的副产物硫醚（图 11-18）。

$$RX + NaSH \xrightarrow[\triangle]{\text{乙醇}} RSH + NaX$$

图 11-18 硫醇类化合物的制备方法

（二）卤代物与硫化氢反应制备

见图 11-19。

$$R—Br + H_2S \longrightarrow R—SH$$

图 11-19 卤代物与硫化氢反应制备硫醇类化合物

（三）二硫醚经还原反应制备

见图 11-20。

$$R—S—S—R \xrightarrow{H_2} 2R—SH$$

图 11-20 二硫醚还原反应制备硫醇类化合物

（四）由烷基磺酰氯或烷基磺酸经还原反应制备

见图 11-21。

$$RSO_3Cl \xrightarrow{Zn+HCl} R—SH$$

$$RSO_3H \xrightarrow{H_2/Ni} R—SH$$

图 11-21 烷基磺酰氯或烷基磺酸经还原反应制备硫醇类化合物

（五）氧化钍催化制备硫醇

醇的蒸气与硫化氢混合后在 400℃ 下通过氧化钍，经加热缩合脱水制备硫醇（图 11-22）。

$$R—OH + H—SH \xrightarrow[400℃]{ThO_2} R—SH + H_2O$$

图 11-22 氧化钍催化制备硫醇

（六）α,β-不饱和烯烃与硫化氢发生加成反应制备

见图 11-23。

$$R—CH=CH_2 + H_2S \longrightarrow R—CH_2CH_2—SH$$

图 11-23 α,β-不饱和烯烃与硫化氢发生加成反应制备硫醇

（七）卤代烃与硫代硫酸盐反应制备

卤代烷烃与硫代硫酸盐反应生成邦特（Bunte）盐，该盐接着在酸性催化下水解生成硫醇（图 11-24）。

$$RX + Na_2S_2O_3 \longrightarrow NaRS_2O_3 \longrightarrow RSH$$

图 11-24 卤代烃与硫代硫酸盐反应制备硫醇

（八）用 Grignard 反应制备

某些结构比较复杂的硫醇类香料，也可通过 Grignard 反应来制取。例如，从黑茶藨子花芽中提取到的一种微量花香成分 HSC（CH_3）$_2$$CH_2CH_2OCH_3$，它可以用氯甲基甲醚在氯化亚汞的存在下与异丁烯进行加成反应，生成（CH_3）$_2$$CClCH_2CH_2OCH_3$，将其制成格氏试剂，然后与硫黄反应，生成 RSMgCl。最后经水解可以得到硫醇香料（图 11-25）。

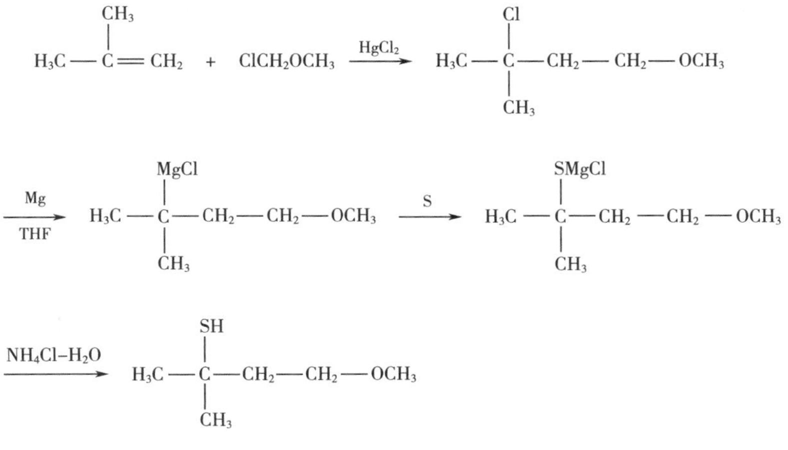

$$H_3C—C(CH_3)=CH_2 + ClCH_2OCH_3 \xrightarrow{HgCl_2} H_3C—C(Cl)(CH_3)—CH_2—CH_2—OCH_3$$

$$\xrightarrow[THF]{Mg} H_3C—C(MgCl)(CH_3)—CH_2—CH_2—OCH_3 \xrightarrow{S} H_3C—C(SMgCl)(CH_3)—CH_2—CH_2—OCH_3$$

$$\xrightarrow{NH_4Cl\text{-}H_2O} H_3C—C(SH)(CH_3)—CH_2—CH_2—OCH_3$$

图 11-25 Grignard 反应制备硫醇类香料

（九）醇和硫脲（或溴化氢）反应制备

该反应首先生成 *S*-烷基代异硫酸盐，然后碱性水解、酸化制备硫醇（图 11-26）。

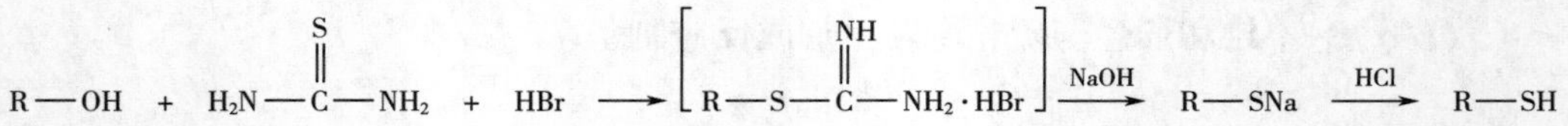

$$R-OH + H_2N-\overset{\overset{\displaystyle S}{\|}}{C}-NH_2 + HBr \longrightarrow \left[R-S-\overset{\overset{\displaystyle NH}{\|}}{C}-NH_2\cdot HBr\right] \xrightarrow{NaOH} R-SNa \xrightarrow{HCl} R-SH$$

图 11-26　醇和硫脲（或溴化氢）反应制备硫醇

第二节　硫醚类香料

醚分子中的氧原子被硫原子所取代的化合物，称为硫醚。硫醚分为硫醚、二硫醚和多硫醚。低级硫醚为无色液体，有臭味，沸点比相应的醚低。硫醚不能与水形成氢键，不溶于水，可溶于醇和醚中。硫醚的化学性质相当稳定，但硫原子易形成高价化合物。硫醚类分子通式见图 11-27。

$$\underset{\text{硫醚}}{R-S-R^1} \qquad \underset{\text{二硫醚}}{R-S-S-R^1} \qquad \underset{\text{多硫醚}(n\geqslant 3)}{R-(S)_n-R^1}$$

图 11-27　硫醚类结构通式

一、硫醚类香料

具有 R—S—R^1 结构的化合物称为硫醚，R、R^1 为烃基或芳基。硫醚与一般醚相类似，属于中性物质，化学性质稳定。硫醚类化合物存在于很多食品中，如二甲硫醚存在于牛油、牛肉、啤酒、酱油中。二乙硫醚存在于啤酒、蒸馏酒中。大多数硫醚类化合物具有菜香、葱蒜香、肉香香气，阈值低而香势又特别强烈，在食品中用量一般为 10^{-6} 级。

（一）硫醚类化合物的性质

1. 亲核反应

硫醚的亲核性小于 RS^-，但比醚强。例如，硫醚可与 $HgCl_2$、$PtCl_2$ 等金属盐形成不溶性的络合物，而乙醚则需与强的 Lewis 酸如 BF_3、RMgX 才能形成络合物。

2. 氧化反应

硫醚同硫醇一样，也可以被氧化为高价含硫化合物。例如，硫醚在常温时用浓硝酸、三氧化铬或过氧化氢氧化可生成亚砜；若使用 N_2O_4、$NaIO_4$ 以及间氯过氧苯甲酸等作为氧化剂，可防止过氧化，将反应控制在生成亚砜的阶段上。若在强烈氧化条件下，如用发烟硝酸、高锰酸钾则生成砜（图 11-28）。

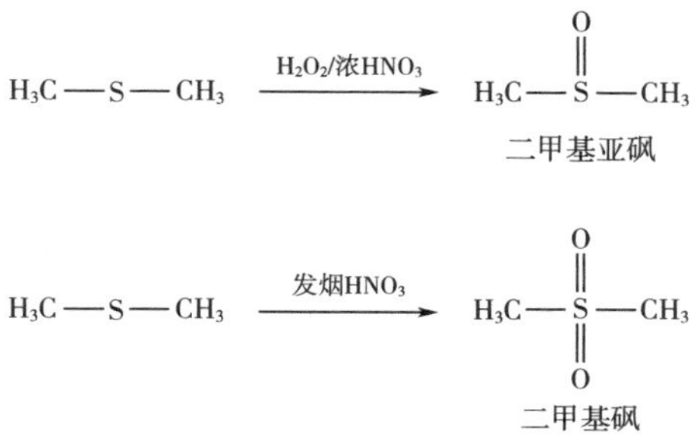

$$H_3C-S-CH_3 \xrightarrow{H_2O_2/浓HNO_3} H_3C-\overset{\overset{O}{\|}}{S}-CH_3$$

二甲基亚砜

$$H_3C-S-CH_3 \xrightarrow{发烟HNO_3} H_3C-\overset{\overset{O}{\|}}{\underset{\underset{O}{\|}}{S}}-CH_3$$

二甲基砜

图 11-28 硫醚类化合物的氧化反应

（二）硫醚类香料的特点

1. 甲硫醚

结构式见图 11-29。

$$H_3C-S-CH_3$$

图 11-29 甲硫醚结构式

甲硫醚又称二甲基硫醚。无色透明液体，不溶于水，溶于乙醇、乙醚等有机溶剂。沸点 38℃，相对密度 0.846，折射率 1.4351~1.4360，闪点-36℃。极度稀释时具有蔬菜似的香气。存在于某些精油，以及牛肉和牛乳中，可用于调配番茄、谷物、马铃薯、乳制品、鱼、果汁香韵的食用香精。

2. 乙硫醚

结构式见图 11-30。

$$C_2H_5-S-C_2H_5$$

图 11-30 乙硫醚结构式

乙硫醚又称二乙硫醚。无色液体，不溶于水，溶于乙醇、乙醚等有机溶剂。沸点 90~92℃，相对密度 0.837，折射率 1.4420。存在于啤酒、蒸馏酒中，主要用于肉味、葱蒜、海鲜香精。在最终加香食品中浓度为 0.01~1000μg/g。

3. 二丙基硫醚

结构式见图 11-31。

$$C_3H_7-S-C_3H_7$$

图 11-31 二丙基硫醚结构式

二丙基硫醚（图 11-31）为无色液体，沸点 146℃，相对密度 0.8350，折射率 1.4460~1.4540。具有葱、蒜香味。存在于熟鸡肉、炒花生、洋葱、大蒜中，可用于调配葱、蒜、韭菜等食用香精。

4. 烯丙基硫醚

结构式见图 11-32。

$$H_2C=HCH_2C-S-CH_2CH=CH_2$$

图 11-32 烯丙基硫醚结构式

烯丙基硫醚又称二烯丙基硫醚。无色液体，不溶于水，溶于乙醇、乙醚等有机溶剂。沸点 139℃，相对密度（d_{25}）0.886~0.888，折射率（n_D^{20}）0.487~0.489。具有洋葱、大蒜、蔬菜、辣根、小萝卜香气和味道。存在于大蒜、辣根中，微量用于大蒜、辣根、洋葱、芥菜、蔬菜、菜肴、小萝卜香精中。在肉类食品中用量为37μg/g，调味料中为13μg/g。

5. 丁硫醚

结构式见图11-33。

$C_4H_9—S—C_4H_9$

图11-33 丁硫醚结构式

丁硫醚又称二丁基硫醚。不溶于水，溶于乙醇、乙醚等有机溶剂。沸点188~189℃，相对密度0.838~0.839，折射率1.4530。无色液体，具有紫罗兰叶青香、花香、洋葱、葱蒜、辣根、蔬菜香气和味道。存在于葱、蒜中，用于调配葱蒜类、蔬菜、肉味、果香型、花香型香精。食品中用量为0.01~1μg/g。

6. 糠基甲基硫醚

结构式见图11-34。

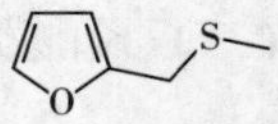

图11-34 糠基甲基硫醚结构式

糠基甲基硫醚（图11-34）为淡黄色液体，沸点66~67℃/3.07kPa，相对密度1.070，折射率1.5220，闪点63℃。是咖啡香味组分中的微量成分，具有咖啡、可可样的香气。存在于香油、咖啡中，主要用于配制咖啡、可可以及坚果类的食用香精。

7. 二糠基硫醚

结构式见图11-35。

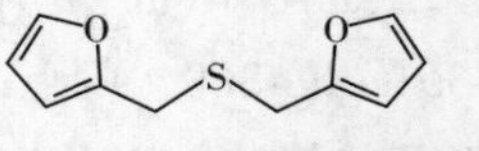

图11-35 二糠基硫醚结构式

二糠基硫醚又称糠硫醚、二糠硫醚。无色液体，熔点31~32℃，沸点135~143℃/1.87kPa，折射率1.5560，闪点110℃。是天然咖啡的挥发性成分之一，不仅具有咖啡香味，还具有肉香味。存在于咖啡和香油中。

（三）硫醚类香料的主要制备方法

1. 卤代烃和硫化钾或硫化钠反应制备对称硫醚

反应式如图11-36所示。

$$R—X + K_2S \xrightarrow{\triangle} R—S—R + 2KX$$

图11-36 卤代烃和硫化钾或硫化钠制备硫醚类化合物

2. 硫酸酯和硫化钾或硫化钠反应制备对称硫醚

反应式如图11-37所示。

$$2R_2SO_4 + K_2S \xrightarrow{\triangle} R—S—R + 2KRSO_4$$

图11-37 硫酸酯和硫化钾或硫化钠反应制备对称硫醚

3. 醚和五硫化二磷反应制备对称硫醚

反应式如图11-38所示。

$$5R—O—R + P_2S_5 \xrightarrow{\triangle} 5R—S—R + P_2O_5$$

图 11-38 醚和五硫化二磷反应制备对称硫醚

4. 硫醇与卤代烷在氢氧化钠存在下反应制备不对称硫醚

反应式如图 11-39 所示。

$$R—SH \xrightarrow{NaOH} R—SNa \xrightarrow{R^1-X} R—S—R^1 + NaX$$

图 11-39 硫醇与卤代烷在氢氧化钠存在下反应制备不对称硫醚

二、二硫醚和多硫醚类

二硫醚和多硫醚的结构通式如图 11-40 所示，当 $n=2$ 时为二硫醚，当 $n>3$ 时为多硫醚。二硫醚和多硫醚类化合物存在于很多食品中，如二甲二硫醚存在于清酒中；2,4,5-三硫杂己烷是烤肉的香成分。由于大多数硫醚类化合物具有菜香、葱蒜香、烤肉香，而香势又特别强，食品用量一般为 10^{-6} 级。

$$R—(S)_n—R^1$$

图 11-40 二硫醚和多硫醚的结构通式

(一) 二硫醚和多硫醚类香料的特点

1. 二甲基二硫醚

结构式见图 11-41。

$$H_3C—S—S—CH_3$$

图 11-41 二甲基二硫醚结构式

二甲基二硫醚又称甲基二硫醚。浅黄色液体，微溶于水，溶于乙醇等有机溶剂中。沸点 116～118℃，相对密度 1.064，折射率 1.526。具有强烈的、洋葱、甘蓝、玉米罐头样香气和味道。存在于清酒、香油中，主要用于肉、奶油、马铃薯、可可、大蒜、洋葱等香精。

2. 二丙基二硫醚

结构式见图 11-42。

$$C_3H_7—S—S—C_3H_7$$

图 11-42 二丙基二硫醚结构式

二丙基二硫醚为无色透明液体，不溶于水，溶于乙醇等有机溶剂。沸点 193～195℃，相对密度 0.960，折射率 1.4981。具有大蒜和洋葱香气。存在于大蒜、洋葱、猪肉、烤花生中，主要用于调配大蒜、洋葱、猪肉、牛肉、鸡肉、蔬菜、热带水果等食用香精。

3. 二烯丙基二硫醚

结构式见图 11-43。

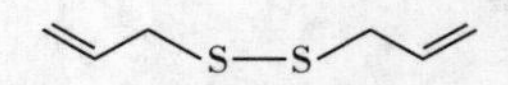

图 11-43 二烯丙基二硫醚结构式

二烯丙基二硫醚又称二烯丙基二硫醚、烯丙基二硫醚。无色液体，不溶于水，溶于乙醇等有机溶剂。沸点 138~139℃，相对密度 1.008，折射率 1.5410，闪点 62℃。具有特征性的大蒜香气。存在于大蒜油和洋葱油中，主要用于各种调味品的加香。

4. 二糠基二硫醚

结构式见图 11-44。

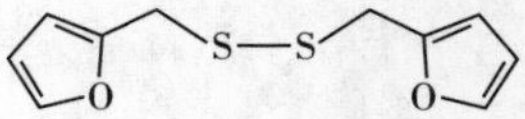

图 11-44 二糠基二硫醚结构式

二糠基二硫醚又称二糠基二硫醚、糠基二硫醚。淡黄色液体，熔点 10~11℃，沸点 112~115℃/66.6Pa，相对密度 1.233，折射率 1.5850。高度稀释时具有焙炒香味、坚果香、咖啡、肉香香气。存在于煮牛肉、咖啡、香油中，主要用于烘烤食品、软饮料、糖果、汤料、调味品等食用品的加香。

5. 环己基二硫醚

结构式见图 11-45。

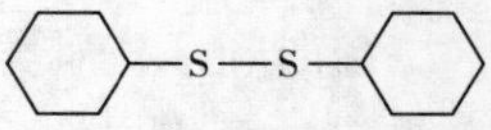

图 11-45 环己基二硫醚结构式

环己基二硫醚为红棕色油状液体，沸点 280℃，相对密度 1.0190。具有鸡蛋、洋葱、大蒜、蛤肉、蟹肉、咖啡香气，以及洋葱、肉香、蛤肉、蟹肉、咖啡、可可味道。用于调配洋葱、咖啡、蛤、螃蟹、肉味香精。在食品加香中的浓度约为 0.05μg/g。

6. 二甲基三硫醚

结构式见图 11-46。

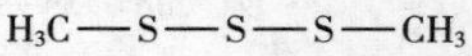

$H_3C—S—S—S—CH_3$

图 11-46 二甲基三硫醚结构式

二甲基三硫醚，又称二甲基三硫。无色至浅黄色液体，微溶于水，溶于乙醇、丙二醇等有机溶剂中。沸点 165~170℃，折射率 1.601。具有洋葱、大蒜、蔬菜、菜肴、肉香、鸡蛋香气以及葱蒜、青香、薄荷、热带水果味道，是白葡萄酒、威士忌酒、红茶、番茄、卷心菜、花菜、花椰菜、洋葱的香成分。可用于洋葱、大蒜、大葱、细香葱、留兰香、菠萝、芒果、牛肉、蔬菜香精。在食品加香中的用量约为 1μg/g。

7. 烯丙基三硫醚

结构式见图 11-47。

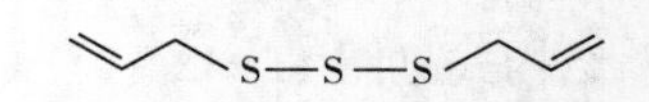

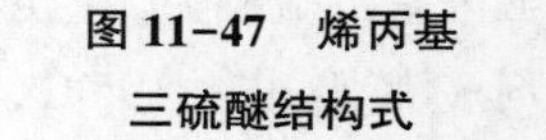

图 11-47 烯丙基三硫醚结构式

烯丙基三硫醚又称烯丙基三硫。无色至浅黄色液体，不溶于水，沸点 112~122℃/2133Pa，折射率 1.0845。具有洋葱、大蒜样香气。存在于大蒜油中，用于调配洋葱、大蒜等食用香精，在食品加香中的浓度约为 1μg/g。

（二）二硫醚和多硫醚类香料的制备方法

（1）由卤代烷和二硫化二钠在醇溶液中加热制备多硫醚类化合物（图 11-48）。

$$R—S—X + Na_2S_2 \longrightarrow R—S—S—R + NaCl$$

图 11-48 醇加热制备多硫醚类化合物

（2）由硫醇氧化制备二硫醚（图 11-49）。

$$R—S—OH + I_2 \longrightarrow R—S—S—R + HI$$

图 11-49 硫醇氧化制备二硫醚

（3）烷基硫化钠和烷基硫化氯在碱性溶液中加热制备二硫醚（图 11-50）。

$$R—S—Cl + R—S—Na \xrightarrow[\triangle]{} R—S—S—R + NaCl$$

图 11-50 碱性溶液加热制备二硫醚

（4）硫醇与二氯化硫反应制备三硫醚（图 11-51）。

$$R—SH + SCl_2 \longrightarrow R—S—S—S—R + HCl$$

图 11-51 三硫醚的制备（一）

（5）硫醇与元素硫在胺存在下反应制备三硫醚（图 11-52）。

$$R—SH + S \xrightarrow{RNH_2} R—S—S—R + HCl$$

图 11-52 三硫醚的制备（二）

（6）硫醇与二氯化二硫反应制备四硫醚（图 11-53）。

$$R—SH + S_2Cl_2 \longrightarrow R—S—S—S—S—R + HCl$$

图 11-53 四硫醚的制备

第三节 硫代羧酸酯类及硫代缩羰基类香料

一、硫代羧酸酯类香料

（一）硫代羧酸酯类香料的特点

1. 硫代乙酸甲酯

结构式见图 11-54。

$H_3C—C(=O)—S—CH_3$

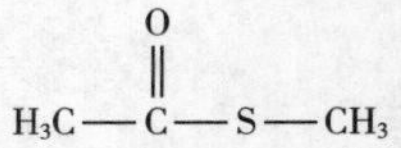

图 11-54 硫代乙酸甲酯结构式

硫代乙酸甲酯为无色至浅黄色液体，沸点 95~96℃，折射率 1.4624~1.4627。具有强烈的洋葱、大蒜、萝卜样香味。用于肉味、蔬菜、乳制品、调味品香精中。在食品加香中的浓度为 0.1~1000μg/g。

2. 硫代乙酸乙酯

结构式见图 11-55。

$H_3C—C(=O)—S—C_2H_5$

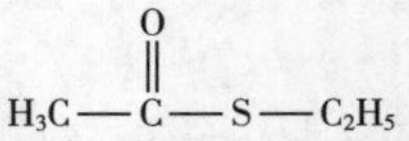

图 11-55 硫代乙酸乙酯结构式

硫代乙酸乙酯又称 2-氧代乙硫醚。无色至浅黄色液体，不溶于水，溶于乙醇等有机溶剂中。沸点 116~117℃，相对密度 0.979~0.980，折射率 1.458~1.459。具有洋葱、大蒜、果香、肉香香气以及洋葱、大蒜味道。存在于啤酒、白酒、咖啡中，可微量用于洋葱、大蒜、蔬菜、芒果、葡萄、调味品、乳制品、肉汁、汤类鸡肉等香精。在食品中用量一般为 1μg/g 左右。

3. 硫代乙酸丙酯

结构式见图 11-56。

$H_3C—C(=O)—S—C_3H_7$

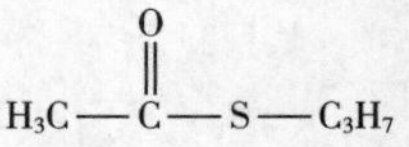

图 11-56 硫代乙酸丙酯结构式

硫代乙酸丙酯为无色透明液体，沸点 138~140℃。具有青香、洋葱、大蒜、蔬菜香气和味道。用于调配洋葱、大蒜、鸡蛋、甘蓝香精，在食品加香中的浓度约为 1μg/g。

4. 硫代乙酸糠酯

结构式见图 11-57。

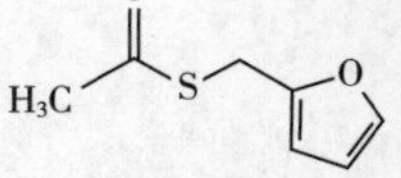

图 11-57 硫代乙酸糠酯结构式

硫代乙酸糠酯为浅黄色油状液体，沸点 90~92℃/1.6kPa，相对密度 1.171，折射率 1.5260。具有干酪、烤香、葱蒜、蔬菜、咖啡香气以及干酪、葱蒜、咖啡、香辣可口、肉香味道。存在于香油中，用于调配干酪、麦芽、咖啡、大蒜、洋葱、香辣酱、熏肉、肉味等香精。在食品加香中的浓度为 0.2~1.5μg/g。

5. 硫代丁酸甲酯

结构式见图 11-58。

硫代丁酸甲酯为无色至浅黄色透明液体，沸点 142~143℃，相对密度 0.966，折射率 1.4610。具有干酪、番茄、霉香、葱蒜香气，以及干酪、番茄、青香、热带水果味道。存在于甜瓜、草莓、干酪、鱼油、河虾中，用于调配干酪、番茄、洋葱、大蒜、辣根、可可、奶油香型的食用香精。在食品加香中的浓度为 0.0005~7μg/g。

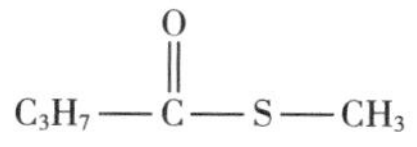

$$C_3H_7-\overset{O}{\overset{\|}{C}}-S-CH_3$$

图 11-58 硫代丁酸甲酯结构式

6. 硫代糠酸甲酯

结构式见图 11-59。

硫代糠酸甲酯为无色至浅黄色液体，沸点 63℃/2mmHg，相对密度 1.2300，折射率 1.5711。具有肉香、海鲜样香味。存在于咖啡、香油中，用于调配肉类、咖啡、乳制品等食用香精。在食品加香中的浓度为 3~5μg/g。

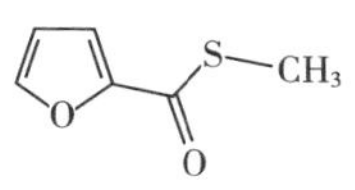

图 11-59 硫代糠酸甲酯结构式

（二）硫代羧酸酯类香料的制备方法

（1）通过羧酸（酰氯）与硫醇（钠盐）反应制取硫代羧酸酯类香料　两种原料混合后加入碱性催化剂（无水碳酸钠、无水乙酸钠、醇钠等），在适宜的条件下进行反应可得相应的硫代羧酸酯（图 11-60）。

$$RCOOH + R^1SH \xrightarrow{\text{碱}} RCOSR^1$$

图 11-60 硫代羧酸酯类香料的制备方法

（2）通过酰氯或酸酐与格氏试剂（RSMgX）反应制备硫代羧酸酯类香料　该反应分两步进行，第一步为硫醇与格氏试剂反应，所得的中间产物与相应的酰氯或酸酐反应得到最终产物硫代羧酸酯（图 11-61）。

第一步：$RSH + R^1MgX \longrightarrow RSMgX$

第二步：$RSMgX + R^2COCl \longrightarrow R^2COSR$

图 11-61 酰氯或酸酐与格氏试剂（RSMgX）反应制备硫代羧酸酯类香料

（3）通过硫代羧酸（盐）与卤代烃或磺酸酯反应制取　硫代羧酸在碱性催化剂存在下与卤代烃反应生成相应的硫代羧酸酯（图 11-62），产率可达 60%以上。

$$RCOSH + R^1X \xrightarrow{\text{碱}} RCOSR^1$$

图 11-62 硫代羧酸（盐）与卤代烃或磺酸酯反应制备硫代羧酸酯类香料

二、硫代缩羰基类香料

硫代缩羰基类香料是一类新型的含硫香料，目前允许使用的品种不多，但其开发前景广阔。

（一）硫代缩羰基类香料的特点

1. 2-甲基-4-丙基-1,3-氧硫杂环己烷

结构式见图 11-63。

2-甲基-4-丙基-1,3-氧硫杂环己烷具有强烈的天然的水果香味，并稍带青味和焦味。存在于西番莲中，用于烤香、焦香、乳味、肉味、热带水果香精。在最终加香食品中浓度为 005~0.1μg/g。

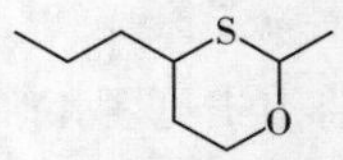

图 11-63　2-甲基-4-丙基-1,3-氧硫杂环己烷结构式

2. 二甲硫基甲烷

结构式见图 11-64。

二甲硫基甲烷又称 2,4-二硫杂戊烷，二甲硫醇缩甲醛。无色透明液体，相对密度 1.059，折射率 1.5340。存在于干酪中，主要用于鸡蛋、肉味、焙烤、脂肪、调味等香精。在食品加香中的浓度为 0.01~1000μg/g。

$H_3CS—CH_2—SCH_3$

图 11-64　二甲硫基甲烷结构式

3. 2-甲基-1,3-二硫杂环己烷

结构式见图 11-65。

2-甲基-1,3-二硫杂环己烷为无色至浅黄色液体。难溶于水，易溶于乙醇、乙醚等有机溶剂，沸点 56~59℃/3mmHg，相对密度 1.121，折射率 1.5610。主要用于肉味、干酪、咖啡、茶、鸡蛋、坚果香精。在食品中的用量为 0.05~3μg/g。

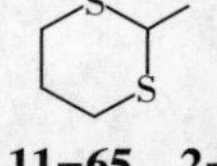

图 11-65　2-甲基-1,3-二硫杂环己烷结构式

（二）硫代缩羰基类化合物的制备方法

1. 一硫代缩羰基类化合物的制备方法

一硫代缩羰基（*O*,*S*-缩醛）是缩醛的一个烷氧基被烷硫基取代的产物，结构特点是在同一个碳原子上连有一个烷氧基和一个烷硫基。由于其结构上的特殊性，导致其性能上的特殊性，在有机合成中常作为羰基保护基团和反应中间体。其中,2-甲基-4-丙基-1,3-氧硫杂环己烷已被允许作为食用香料使用，应用前景广阔。一硫代缩羰基类化合物的制备方法很多，现以如下两种方法举例说明。

（1）烯醚与硫醇或硫酚加成　烯醚与硫醇（硫酚）加成可以在 $AlCl_3$ 催化下，在四氢呋喃溶剂中选择性地直接合成一硫代羧酸羰基化合物（图 11-66）。

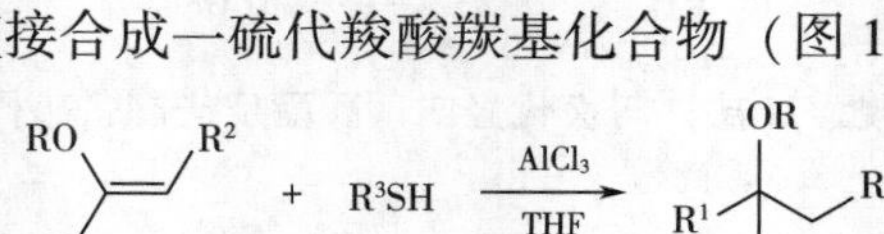

图 11-66　硫醚的制备反应

（2）醛和硫醇、醇反应可以制备一硫代缩醛（图 11-67）。

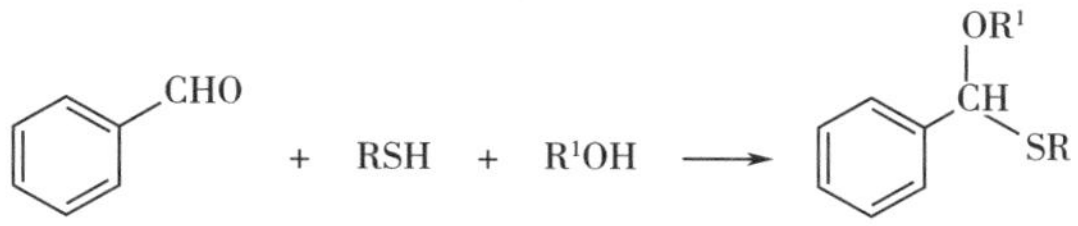

$$C_6H_5CHO + RSH + R^1OH \longrightarrow C_6H_5CH(OR^1)SR$$

图 11-67　一硫代缩醛的制备方法

2. 二硫代缩羰基类化合物的制备方法

二硫代缩羰基类香料的制备方法很多，现以如下两种方法举例说明。

（1）由醛或酮与硫醇在盐酸等催化剂存在下直接反应制备（图 11-68）。

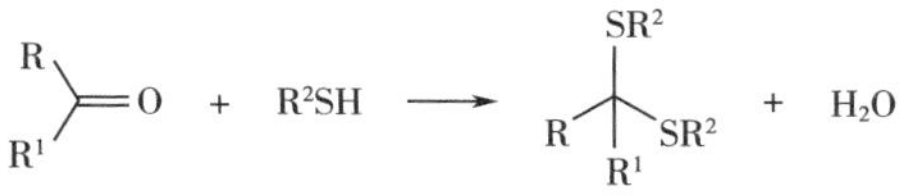

$$RR^1C{=}O + R^2SH \longrightarrow RR^1C(SR^2)_2 + H_2O$$

图 11-68　醛或酮与硫醇在盐酸催化下制备二硫代缩羰基类化合物

（2）由醛或酮与二硫化物反应制备（图 11-69）。

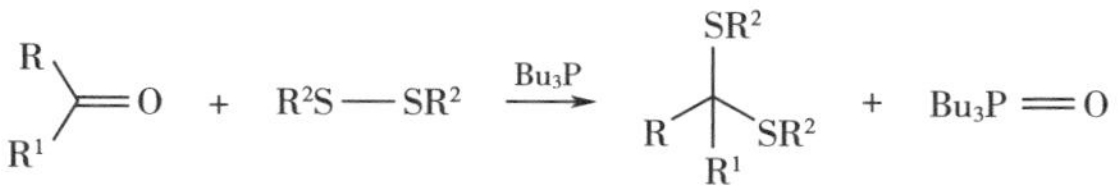

$$RR^1C{=}O + R^2S{-}SR^2 \xrightarrow{Bu_3P} RR^1C(SR^2)_2 + Bu_3P{=}O$$

图 11-69　醛或酮与二硫化物反应制备二硫代缩羰基类化合物

第四节　含硫类香料的生产实例

本节选取具有代表性香气特征的含硫类香料化合物（甲硫醇），对其生产工艺进行举例分析。

如图 11-70 所示，甲硫醇工业生产中，醇和硫化氢气相反应生成硫醇，常用的脱水催化剂有氧化钍担载浮石上和钨酸钾担载活性氧化铝上。本方法不仅适用于甲硫醇的生产，也适用于乙硫醇、丙硫醇和丁硫醇的生产。甲醇和硫化氢首先进入汽化塔中进

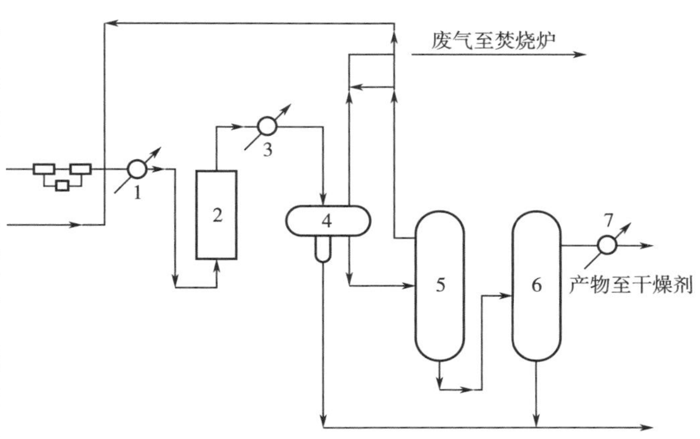

1—汽化器；2—反应器；3—冷却器；4—分离器；
5—稳定器；6—分馏塔；7—冷凝-冷却器。

图 11-70　甲硫醇的工业生产工艺流程

行混合，然后进入装有催化剂的反应器中进行脱水反应，经冷却后将反应物转至分离器中，粗醇经稳定器至分馏塔中分馏，最后干燥压缩收集产品。

重点与难点

（1）硫醇类香料的性质及结构特点；

（2）硫醇类香料的制备方法；

（3）硫醚类香料的性质及制备方法；

（4）二硫醚与多硫醚类香料的结构特点及制备方法。

思考题

1. 简述硫醇类香料的制备方法。
2. 简述硫醚类香料的概念。
3. 简述硫醚类化合物的制备方法。
4. 硫代羧酸酯类及硫代羧酸羰基类香料有哪些？
5. 简述硫代羧酸酯类及硫代缩羰基类香料的制备方法。

第十二章
香精及其制备工艺

课程思政点

【本章简介】

本章主要介绍了香精的基本概念以及分类方法。进而，介绍了香精的制备方法和制备工艺。最后，介绍了各类香精在不同工业中的应用。

香精是由香料经过特定的制备工艺加工而成的复合物，其作用是增强、改善或修饰物品的气味。香精作为一种常见的添加剂，被广泛应用于日化、食品、烟草等各个领域。了解香精的分类、组成和制备工艺等方面的知识，有助于更好地理解香精的功效与应用，提高香精的质量和效益。

第一节　香精概述

一、香精和调香

香料工业生产出的天然香料和人造香料，由于其香气品质单一，风味特色相对单调，往往不能满足人们的要求，除极个别的品种外，一般均不单独使用，必须由数种乃至数十种香料，按照适当的比例调配成具有一定香型的混合制品以后，才能用于加香产品之中。这种将几种乃至几十种香料（天然香料和合成香料）通过一定的调配技艺配制出酷似天然鲜花、鲜果、蔬菜、肉食等含香产品，或创造出具有一定香型、香韵的含香混合物称为调和香料，习惯上称为香精。调配香精的过程则称为调香。

调香由来已久。古代用香料植物粉末调香，用于制作薰香或香囊。后来由于天然精油及合成香料的陆续问世，才逐步过渡到近代的调香技术。尽管现代科学技术已经相当发达，但欲配出令人满意的香精，鼻子是迄今仪器所不能替代的。香料的选用，用量的配比以及香精品质的评价均用鼻子来鉴别。

香料的调配无一定的模式可循，调香不仅是一项工业技术，同时也是一门艺术，它是技术与艺术的结合。它往往可同音乐和绘画艺术相提并论，音乐家以一系列音符建立主题，画家以色调创作题材，调香师则通过调配一定的香基配制出令人喜爱的香气。

调香与美学领域中其他学科一样，拥有许多流派。18 世纪以前，调香师全部采用天然的动植物香料，模仿天然花果香型调配香水和香精，在创作方法上是以天然花配花香，天然果配果香，这个时期的创作风格属自然派。合成香料出现后，调香师开始利用合成香料来弥补天然香料的不足，在仿制天然花果香方面取得了重大突破，调香师不仅可以调配出某些花朵的香气，而且还能表现出阳光绚丽、鲜花盛开的意境来，赋予一种类似天然花朵的真实感，形成了所谓的真实派。近年来，调香作品趋向于表现派与真实派相结合，从大自然中捕捉灵感，结合天然实际来创作，如深受人们青睐的青香型作品就是以大自然的青香为创作主题，调配出一种如同自然晨曦中散发出的清新气息。

要完成某种香精的配制，需经过拟方—调配—修饰—加香等多次反复实践才能确定。同样的香原料，不同的调香师，所调配出来的香精品质有很大的不同，这是因为调香本身是一种艺术的创作过程，每个调香师的创作观点和艺术手法不同。为了调配出人们所喜爱的香精，除了灵敏的嗅觉、丰富的经验、高超的艺术修养是调香师不可缺少的条件外，调香师还必须掌握下面几方面的知识和能力。

一是要不断加强训练嗅觉，提高辨香能力。一个好的调香师不仅要有一个嗅觉灵敏的鼻子，而且要有好的嗅觉记忆力。这种嗅觉记忆力要通过调香实践不断地训练培养，使鼻子能牢记不同的单体香料的香气和复合香料的香韵，还要有一定的鉴别能力。如原料的真伪、香气浓淡以及不同来源的产品。要熟悉和掌握各种香料的性能，如了解各种天然香料的挥发香成分、产地来源、取香部位、加工方法等；对于合成香料，则应掌握其起始原料、合成路线、精制方法、理化性质等。这些因素都会直接影响到香气的质量，造成同一产品存在细微的香气差别。比如芳樟醇，可通过单离植物精油或化学合成法得到，虽然都是芳樟醇，理化性质也相同，但其香气有一定的差别。从玫瑰木油中单离出的芳樟醇质量最佳，具有较高的香料使用价值，而来自芳樟油的芳樟醇带有樟脑气息，香气质量就会大打折扣。

二是要学习和掌握各种典型的香型配方，提高仿香能力。仿香是创香的开始，因此掌握各种经典的香型配方尤为重要，可以为以后的创香工作打下基础，尤其是对某些著名的成熟香精配方以及某些基础花香型配方结构要熟悉和牢记。

三是要注意和熟悉各种香原料的品质特性。要深度学习和掌握各种香原料的理化性质、使用范围、浓淡程度以及它们在调香过程中或调香后可能产生的后果；了解不同的加香产品对香精的质量要求、介质的适应性以及香精对加香产品可能引起的变化和副作用，如变色、刺激性等。

四是要了解消费者的生理需要与心理诉求。不同消费者，由于民族文化、风俗习惯、年龄性别、生活环境、职业特点等情况的不同，对香型和香韵的认识和爱好就会有所不同。例如男性多喜欢玫瑰型，女性则喜欢茉莉型；北方人多喜欢香气浓郁，而南方人则喜欢高雅清淡；欧洲人多喜欢清香型，而东方人则喜欢沉厚香型。因此要求调香者在有一定辨香能力和仿香才能的基础上，不断提高艺术修养，深入生活，在实践中寻找设计灵感，不断调配出各种风格不同的新型香精。

二、香精的分类

香精是由数种乃至数十种香料，按照适当比例调配成具有一定香型的混合香料。好的香精留香时间长，且自始至终香气圆润纯正、绵软悠长，给人以愉快的享受。因此，为了解香精配制过程中各种香料对香精性能、气味风格及生产条件等方面的影响，首先必须对香精进行分类。依据出发点的不同，香精的分类方法有很多种，大体上可以从以下两个方面进行分类。

（一）根据香型和用途分类

1. 花香型香精

这类香精大都是模仿天然花香调配而成的，如玫瑰、茉莉、紫罗兰、铃兰、丁香、合欢花、橙花、水仙花、风信子、葵花、桂花、康乃馨、兔耳草、薰衣草、郁金香等花香型香精。这类香精常见于化妆品中。

2. 幻想香型香精

这类香精一部分是模仿实物调配，如檀香、蜜香、皮革香、松针香、木香、麝香等；另一部分是从自然界中捕捉灵感，从而创造出的娴雅而赋予幻想的香型。这些香精的名字千奇百怪，有的取自神话传说，有的取自地名，如素心兰、馥奇、力士、古龙、微风、黑水仙、吉卜赛少女等。这类香精常见于香水中。

3. 果味香型香精

这类香精都是依据果实的香味模仿调和而成的，如苹果、香蕉、橘子、柠檬、葡萄、杨梅、樱桃等。这类香精常见于食品和洁齿用品中。

4. 酒味香型香精

例如，柑橘酒香、朗姆酒香、杜松子酒香、白兰地酒香、威士忌酒香等。

5. 烟用香型香精

例如，可可香、蜜香、薄荷香、马尼拉香、哈瓦那雪茄香等香型。

6. 食用香型香精

在饮料中常用果味香精；在糖果，糕点中常用薄荷香、杏仁香、胡桃香、可可香等；在方便食品中常用各种肉味香精。

7. 其他用途香型香精

除上述应用场景外，香精还被应用于卫生用品、工艺美术、生物用品、医药工业、化学工业等领域，如在熏香、香袋、香片、香毛线、除臭剂、除虫剂、昆虫性引诱剂、油墨、涂料、皮革等产品中均需要进行特殊加香。

（二）根据香精的剂型分类

1. 水溶性香精

这类香精通常采用40%~60%乙醇水溶液进行溶解，具有较好的水溶性，其在水中也具有较高的透明度，具有清淡的头香气息。这类香精的一个显著缺点是耐热性较差。水溶性香精普遍应用于果汁、汽水、果冻、果酱、冰淇淋、烟酒中，在香水和化妆品中也不可或缺。

2. 油溶性香精

这类香精使用所选的天然香料和合成香料溶解在油性溶剂中配制而成。所谓油性溶剂一般可以被分成两大类，一类是天然油脂，如花生油、菜籽油、芝麻油、橄榄油、茶树油等；另一类是有机溶剂，如苯甲醇、甘油三乙酸酯等。也有的油溶性香精无须额外使用油性溶剂，而是由香料本身互溶配制而成的。这类香精的优点是浓度高，耐热性好，留香时间比较长，缺点是在水相中不易分散。以植物油脂配制的油溶性香精主要应用于需要热加工的糖果、糕点等食品领域；以有机溶剂或香料之间互溶而配制的油溶性香精主要应用于膏霜、唇膏、发脂、发油等化妆品领域。

3. 乳化香精

这类香精是将选用的天然香料和合成香料通过适当的乳化剂、乳化稳定剂来乳化分散于水中形成乳化状态而得到的。在乳化香精中，除少量香料、表面活性剂（乳化剂）、稳定剂外，主要是通过蒸馏水乳化可以抑制香料挥发，大量使用蒸馏水而不用乙醇，可以降低生产成本。例如，单硬脂酸甘油酯、大豆磷脂、山梨糖醇酐脂肪酸酯等都是常见的乳化剂；果胶、明胶、阿拉伯胶、琼脂、淀粉等都是常见的乳化稳定剂，其作用是起到增稠效果。乳化香精常用于果汁、奶糖、巧克力、糕点、冰淇淋等食品领域，特别是添加到饮料中不但可以赋予饮料可口的香味，还能赋予饮料以适当的浑浊度，提升饮料天然真实感。乳化香精也常用于发乳、发膏、粉蜜等化妆品领域。

4. 粉末香精

这类香精可通过三种手段配制：其一，将固体香料磨碎混合制成；其二，将香料附着在乳糖之类的载体上制成；其三，在水溶液中将香精、乳化剂、赋形剂进行乳化分散，再经喷雾干燥形成微胶囊粉末制成。粉末香精普遍应用于香粉、香袋、固体饮料、固体汤料、工艺品、毛纺品等领域。

（三）根据香料对香精的支撑作用分类

香精中的每种香料对香精整体香气都发挥着作用，但所起的具体作用不尽相同，有的起主体香气的作用；有的起协调主体香气的作用；有的起修饰主体香气的作用；有的是为减缓挥发香料的挥发速度等。按照香料在香精中的作用和功效来分，大致可分为以下4种组分。

1. 主香剂

主香剂又称为主剂或打底原料。主香剂是形成香精主体香韵的基础，是构成香精香型的基本原料，在配方中用量较大，是赋予香精特征香气的必不可少的成分。在香精配方中，有时只用一种香料作主香剂，例如，橙花香精中往往只用橙叶油作为主香剂；但多数情况下都是用多种香料作主香剂，如茉莉香精中的乙酸苄酯、邻氨基苯甲酸甲酯、芳樟醇等；玫瑰香精中的香茅醇、香叶醇等；檀香型香精中的檀香油、合成檀香等。可见，若要模仿调配某种香精，首先应确定基本香气特性，筛选出可使用的主香剂，然后才能进行配置。

2. 辅助剂

辅助剂又称为配香原料或辅助原料，其作用是辅助主香剂的不足，使香精的香气呈现出优美、清新、强烈、微弱等不同风格，进而充分发挥主香剂的作用。辅助剂又可以分为如下两类。

（1）协调剂　也被称为和香剂。协调剂常用来调和主体香料的香气，使香精中单一香料的气味不至于太突出，从而产生协调一致的香气，使主香剂的香气更加明显突出。因此，用作协调剂的香料香型应和主香剂的香型相同。例如，茉莉香精中的和合剂常用丙酸苄酯、松油醇等；玫瑰香精中常用芳樟醇、羟基香茅醛作协调剂。

（2）变调剂　也被称作修饰剂。变调剂作用是使香精变化格调，增添某种新的风韵。用作变调剂的香料香型与主香剂香型不同，它是香精配方中一种用量较少的暗香成分，但却十分奏效。广泛采用高级脂肪族醛类来突出强烈的醛香香韵，增强香精的扩散性能和头香功效。例如，茉莉香精中常以玫瑰类原料来变调，玫瑰香精中又常以茉莉或其他花香来变调。

3. 定香剂

定香剂又称作保香剂。它不仅本身不易挥发，而且能抑制其他易挥发香料的挥发速度，从而使整个香精的挥发速度减慢，同时使香精的香气特征或香型始终保持一致，是保持香气持久稳定性的香料。它可以是单一的化合物，也可以是多种香料的混合物；可以是有香物质，也可以是无香物质。天然麝香与灵猫香是常用于香水香精的优秀“提扬”定香剂，能使整个香精香气扩散力与持久力均有所提升。

某种定香剂在不同的香型香精中有不同的效果，所以说定香剂的合理选择是比较困难的，因为这里要涉及不同香型、不同档次、不同等级、不同加香介质或基质、不同安全性的要求等复合因素。可以从原则上对选用定香剂的品种和用量上作出一些规定，例如，在不妨碍香型或香气特征的前提下，通过使用蒸气压偏低一点、相对分子质量稍大一点、黏度稍高一些的香料来达到定香目的。这也是水杨酸苄酯等大分子酸酯、大环化合物、固体物质、香味的树脂胶用作定香剂的原因。常见的定香剂可分为三类：其一，动物性天然香料，如麝香、灵猫香、海狸香、龙涎香等；其二，树脂类天然香料，如秘鲁树脂、吐鲁树脂、橡苔树脂、安息香脂、鸢尾香脂等；其三，大环香料化合物以及香豆素晶体香料等。

4. 顶香剂

顶香剂是比较容易挥发的原料，其作用是使香精头香突出强烈，传递给消费者良好的第一印象。配制香精时，通常采用柑橘类精油以及高级脂肪族醛类作为顶香剂，例如，茉莉香精常以癸醛、十二醛作为顶香剂，而玫瑰香精常以壬醛、十一醛作为顶香剂。

(四) 根据香料在香精中的功效分类

根据香料的挥发性及其在香精中的功效又可以将香精分为头香、体香和基香三部分。

1. 头香

头香又称作顶香。头香是对香精嗅辨时最初片刻所感到的香气，也就是人们首先嗅到的香气特征，即给人们的第一印象，相当于食物的“口味”。头香是香精香气中不可或缺的重要组成部分，一般由挥发度高、香气扩散能力强的香料组成，一般在评香纸上的留香时间约在2h以下。头香能赋予人们最初的优美感，使香精富有感染力，消费者比较容易接受头香香韵的影响，但头香绝不是香精的特征香韵。常用作头香的香原料有如下种类。

柑橘香：如香柠檬油、柠檬油、甜橙油、橘油、红橘油、圆柚油、白柠檬油等。

醛香：如癸醛、十一醛、十二醛、甲基壬基乙醛等。

果香：如桃香（γ-癸内酯、γ-十一内酯）、苹果香、菠萝香（环己基丙酸烯丙酯、乙酸麦芽酚酯）、草莓香（草莓醛）、覆盆子香（覆盆子酮）、香蕉香（乙酸异戊酯）、果香兼青香的异戊氧基乙酸烯丙酯（俗称格蓬酯）等。

草（或药草）香：如罗勒油、薰衣草油、迷迭香油、薄荷油、留兰香油、艾蒿油、百里香油、万寿菊油、龙蒿油、春黄菊油、桉叶油等。

辛香：如丁子香油、肉桂皮油、黑胡椒油、枯茗籽油、芫荽籽油、芹菜籽油、生姜油等。

青香：如叶醇、乙酸叶醇酯、柳酸叶醇酯、女贞醛、艾薇醛、格蓬净油、二丁基硫醚等。

2. 体香

体香是在头香过去之后，继之而来的一股丰盈香气，也称作“中段香韵”(middle note)。体香在评香纸上的停留时间在2~6h。体香是构成香精香韵的主要组成部分，一般具有中等程度挥发度的香料可以用作体香。常用作体香的香原料有如下种类。

玫瑰香：如玫瑰油、香叶醉、香茅醇、玫瑰醇、苯乙醇、香叶油、乙酸香叶酯、乙酯苯乙酯、大马酮、玫瑰醚、香茅氧基乙醛等。

茉莉香：如乙酸苄酯、芳樟醇、乙酸芳樟酯、α-己基桂醛、二氢茉莉酮酸甲酯、顺-茉莉酮、茉莉酯、邻氨基苯甲酸甲酯、吲哚、茉莉净油（大花或小花）等。

铃兰香：如铃兰醛（lilial）、新铃兰醛（lyral）、羟基香茅醛、兔耳草醛、松油醇、二甲基庚醇、二甲基苄基原醇、二氢月桂烯醇等。

桂花（或紫罗兰）香：如α-紫罗兰酮、β-紫罗兰酮、二氢-β-紫罗兰酮、甲基紫罗兰酮、异甲基紫罗兰酮、桂花净油等。

康乃馨香：如丁香酚、异丁香酚、异丁香酚甲醚等。

橙花香：如橙花净油、橙叶油、橙花醇、白兰叶油等。

水仙香：如乙酸对甲酚酯、苯乙酸对甲酚酯等。

依兰香：如依兰油、卡南加油等。

木香（包括木香兼有龙涎香或壤香）：如檀香油（天然品）、803 檀香、208 檀香、檀香醚、伊斯波（ISO Esuper）、乙酰基柏木烯、甲基柏木醚、柏木油、乙酸柏木酯、广藿香油、香根油、乙酸香根酯等。

3. 基香

基香也称作尾香，是香精头香和体香挥发后残留下来的最后香气。基香在评香纸上留香时间超过 6h，一般可以保持数日之久。主要是由挥发性比较低的橡苔、檀香、香根、柏木、广藿香等木香成分以及起定香剂作用的麝香、灵猫香、龙涎香、海狸香、香脂、香豆素等香料组成。常见基香的香原料有如下种类。

动物香：如二甲苯麝香、酮麝香、葵子麝香、佳乐麝香、吐纳麝香、麝香丁（又称昆仑麝香）、麝香 105、东京麝香、天然麝香（制成酊剂）、海狸香净油、灵描香净油、赖百当净油、龙涎香醚、异丁基喹啉、吲哚、十五内酯、萨利麝香等。

苔香：如橡苔净油、合成橡苔、树苔净油等。

膏香：如安息香香膏、苏合香香树脂、乳香净油、秘鲁香膏、没药香膏、肉桂酸肉桂酯等。

豆香：如香兰素、乙基香兰素、香荚兰豆净油、香豆素、黑香豆净油、洋茉莉醛、甲基萘酮、茴香腈等。

第二节 香精的制备工艺

一、香精调配的技术性与艺术性

人们对香的反应既有共同性，也会随着自然地理条件、风俗习惯、年龄和性别的不同而产生特异性。要想满足各类人的需求实属不易，因此香精的调配既是一项细致的技术工作，又是一项高度的艺术工作。

一种香精在制造之前首先要拟定配方，配方的拟定是一个细致的重复、修改与研究的过程，是一名调香师在其掌握大量有关香料的知识和积累丰富经验的基础上创作的过程，一般拟定一个香精配方需要经历以下几个步骤：①要首先确定调香的目标，要明确制造的香精香型。②要按照香精香型及香精应用的要求，选择质量等级相应的头香、体香、基香香精原料。③要试制香精的主体部分即香基模块。④要使香精主体部分符合要求，必要时可以加入有魅力的顶香部分。⑤加入可使香气浓郁的调和剂，使香气美妙的变调剂，以及使香气持久的定香剂。⑥经过反复拟配后，先试配 5~10g 香精小样进行香气质量评估。⑦待小样评估认可后，再配制 500~1000g 香精大样，考查其在加香产品中的应用效果。考察通过之后，香精配方拟定才算最后完成。

在设计调香配方时，还需要注意以下事项：①有些香料对皮肤有刺激作用。除一次性皮炎外，还有和变态反应（过敏症）有关的或与光线有关的累积性刺激。②香料在高温、日光，特别是紫外线、微量金属离子、pH、强酸强碱的场合下可能发生的质量变化。③香料是有机物，往往燃点比较低，可能会发生易燃现象。④可能发生的聚合以及其他缓慢的化学反应。⑤产生的嗅觉疲劳现象。⑥人的嗅香感觉会因浓度而存在偏差。总之，要针对香精应用的对象不同，应注意香料的安全性与稳定性，必要时可预先对某些香料进行技术处理。

二、各种香精的配方组成

（一）日用香精

1. 花香型日用香精

常见的香型有甜豆花香精、铃兰香精、水仙香精、丁香香精、薰衣草香精、康乃馨香精、栀子香精、玫瑰香精、茉莉香精、木犀草香精、晚香玉香精、紫罗兰香精、橙花香精等。下边以玫瑰香精为例，其香精配方组成如表 12-1 所示。

表 12-1 玫瑰香精配方组成 单位：份

原料	份数	原料	份数
玫瑰醇	40	二苯醚	6
乙酸苄酯	10	柏木油	6
香叶油	8	苯乙醇	20
芳樟醇	5	甲基柏木酮	5

2. 非花香型日用香精

常见的香型有：素心兰香精、馥奇香精、琥珀香精、麝香香精、灵猫香精、龙涎香香精、东方香型香精、古龙香精、檀香香精等。以琥珀香精为例，其香精配方组成如表 12-2。

表 12-2 琥珀香精配方组成 单位：份

原料	份数	原料	份数
岩蔷薇树脂	15	香兰素	6
香根油	10	广藿香油	6
香茅油	10	溶剂	40
玫瑰香基	3		

（二）食用香精

常见的香型：水果味香精、乳类香精、肉味香精、酒用香精等。以苹果香精为例，其香精配方组成如表 12-3。

表 12-3 苹果香精配方组成 单位：份

原料	份数	原料	份数
戊酸戊酯	24	戊醇	2
乙酸乙酯	15	芳樟醇	2.1
丁酸戊酯	20	香兰素	0.9
乙酰乙酸乙酯	1.8		

（三）烟用香精

常见的香型有烤烟型烟用香精、混合型烟用香精、凉香型烟用香精、雪茄烟烟用香精、香料烟烟用香精、嚼烟用香精、鼻烟用香精、斗烟用香精等。以哈瓦那型雪茄烟烟用香精为例，其香精配方组成如表 12-4。

表 12-4 哈瓦那型香精配方组成 单位：份

原料	份数	原料	份数
玫瑰油	1	檀香油	2
卡藜油	4	白兰地	14
玉桂叶油	6	乙醇（95%）	150
香荚兰酊（10%）	20	香豆素	3

三、香精制备与生产工艺流程

(一) 不加溶剂的液体香精生产工艺

工艺流程见图 12-1。

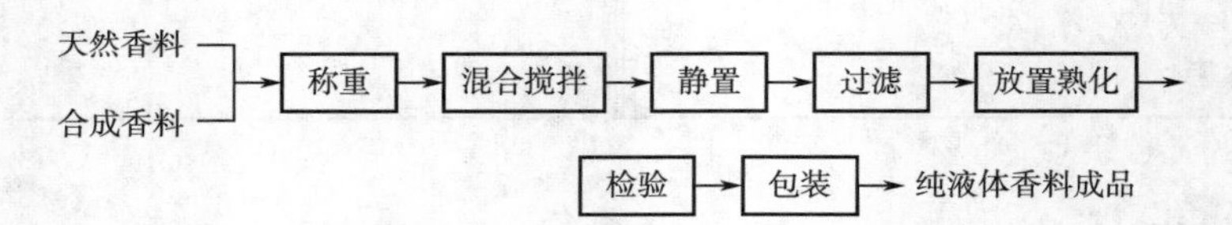

图 12-1 不加溶剂的液体香精生产工艺流程

熟化是香料生产中的一个重要环节，初产生的天然香料和刚调和的香精，香气比较粗糙，在阴凉放置一定时间后，香气变得和谐、圆润和柔和。熟化是一个复杂的化学过程，目前尚不能得到科学的解释。现有观点认为熟化过程中可能有酯的生成，酯基转移、酯的醇解、乙缩醛的生成以及乙缩醛基转移、聚合、自动氧化等反应。在熟化过程中这种数量虽小，但是种类诸多的变化使香气变得甜润而更加芳馥。香精生产中一般采用自然熟化，即把制得的调和香料在阴凉处放置一段时间。

(二) 水溶性和油溶性香精制备与生产工艺

工艺流程见图 12-2。

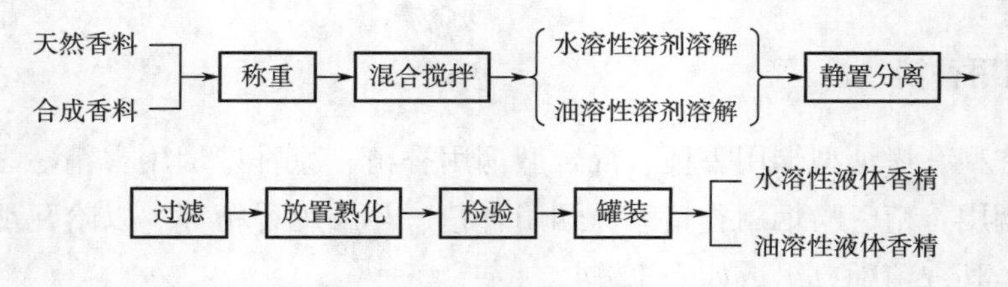

图 12-2 水溶性和油溶性香精生产工艺流程

水溶性香精常用 40%~60%乙醇溶液溶解，其用量占香精总量的 80%~90%，也可用丙二醇、甘油溶液代替乙醇溶液。

油溶性香精一般用精制天然油脂（如芝麻油、橄榄油、花生油等）溶解，其用量占香精总量的 80%左右，也可用丙二醇、苯甲酸、甘油三乙酸酯等代替天然油脂。

(三) 乳化香精生产工艺

工艺流程见图 12-3。

常用的配制外相液的乳化剂：单硬脂酸甘油酯、大豆磷脂、二乙酰蔗糖六异丁酸酯（SAIB）等；常用的稳定剂：阿拉伯胶、果胶、明胶、淀粉、羧甲基纤维素钠（CMC-Na）等。

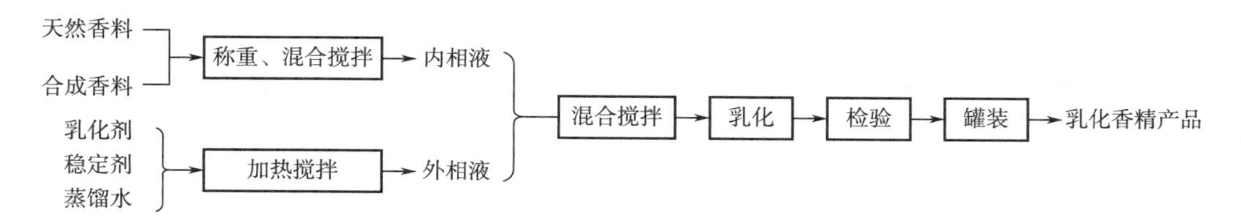

图 12-3 乳化香精生产工艺流程

香料的乳化系统广泛采用油包水（O/W）型制备。即预先按配方调制好香基作为内相油类，另外将乳化剂、稳定剂溶于温水中，经加热杀菌后制成外相。用搅拌器对外相进行搅拌，同时加入预先调制好的内相，搅拌混合均匀。经过预乳化的乳液通过乳化分散设备将分散粒子调配成一定大小的粒度后便制成了乳化香精。分散粒子最佳粒度直径为 1μm 左右。

目前，国产的机械乳化分散设备主要有胶体磨、高速乳化泵、超声波乳化器和高压均质器等。其中高压均质器也被称作高压均浆泵，是目前应用较多的一种乳化分散设备，主要有剪切式、桨式、涡轮式、簧片式等不同类型。他们是利用互不相溶的物料在高压（5.89×10^4kPa）下突然释放，物料以平均每秒几百米的线速度从高压阀喷出，压差可达 1.96×10^4kPa，阀门出口处平均线速度大约是 150m/s。物料在缝隙停留时间大约只有 2.8μs。在这种强烈的能量释放和强大液流冲击下，加之空穴与剪切作用，使物料颗粒在瞬间被强烈破碎，形成分散粒子。

（四）粉末香精生产工艺

根据原料和用途以及加工方法的不同，粉末香精的生产可分为粉碎混合法、熔融体粉碎法、载体吸收法、微粒型快速干燥法和微胶囊型喷雾干燥法。

粉碎混合法适用于香原料均为固体，只需将各种香原料分别粉碎成粉末后混合即可制成粉末香精，该方法是最简单的方法。

熔融体粉碎法是先将糖质熬成糖浆后，把香基混入糖浆并冷却，凝固成硬糖状，再粉碎成粉末。由于加工过程中需要加热，香料易挥发、变质，吸湿性较强，该方法应用上受限制。

载体吸收法常用于制造化妆品所需要的粉末香精，此种粉末香精的载体常用精制的碳酸镁和碳酸钙粉末，其工艺流程如图 12-4 所示。

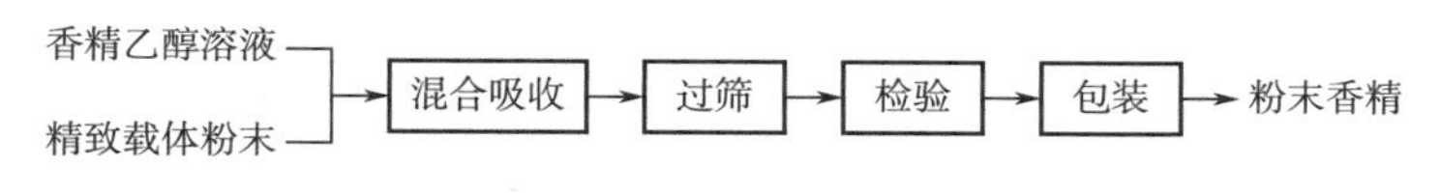

图 12-4 粉末香精生产工艺流程

喷雾干燥法制造粉末香精是广泛采用的方法，特别是生产微胶囊型粉末香精，由于具有香料成分稳定性好，香气持续释放时间长，贮运使用方便等特点，在粉末汤料、粉末饮料、混合糕点、果子冻等食品中以及在加香纺织品、工艺品、医药及塑胶工业中已得到广泛应用。

能够形成胶囊皮膜的材料称为赋形剂，其主要成分有明胶、阿拉伯胶、变性淀粉等天然高分子和聚乙烯醇等合成高分子。微胶囊型粉末香精生产工艺流程如图 12-5 所示。

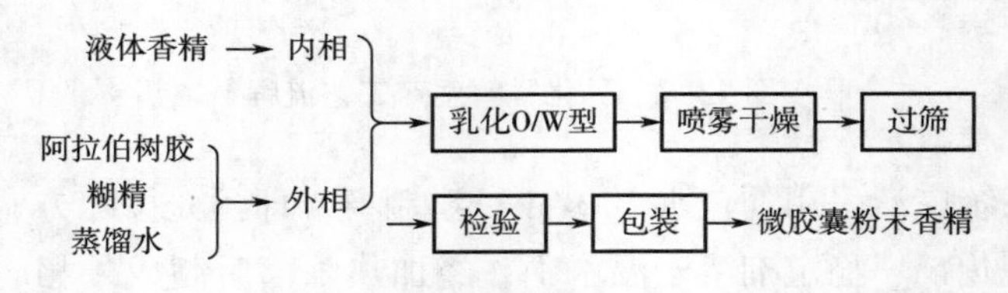

图 12-5 微胶囊型粉末香精生产工艺流程

(五) 日用香精的生产工艺

1. 水果香型的调制工艺

一般来说，一个好的日用香精由五种基本香韵组成：花香、果香、木香、辛香、东方香。果香香韵通常在配方中几乎是不可或缺的，它能使香水香精有声有色，带有一种快活感，使日用香精清鲜而具有现代气息。如桃醛的香气近似桃子，留香长。当将它涂在皮肤上时，其作用不仅使人本能地想去品尝它，接触它，还使人感到桃子皮的甜蜜温柔。正因为如此，从最昂贵的女用香水到最便宜的膏霜香精都要用到它。又如椰子醛，它的香气为奶油香、椰子香、淡弱的果香。此外，它还有花香-麝香气息，香气持久力好。椰子醛几乎总是与其他具有水果香韵或东方香韵的香料如香兰素、洋茉莉醛、安息香等一起使用，或与具有檀香-麝香香韵的香料一起使用。

由于直接从水果中提取的香料有限，因此，人工调配水果香型变成为必然。图 12-6 展示了由分析天然产物的香气组成来调配香精的流程。

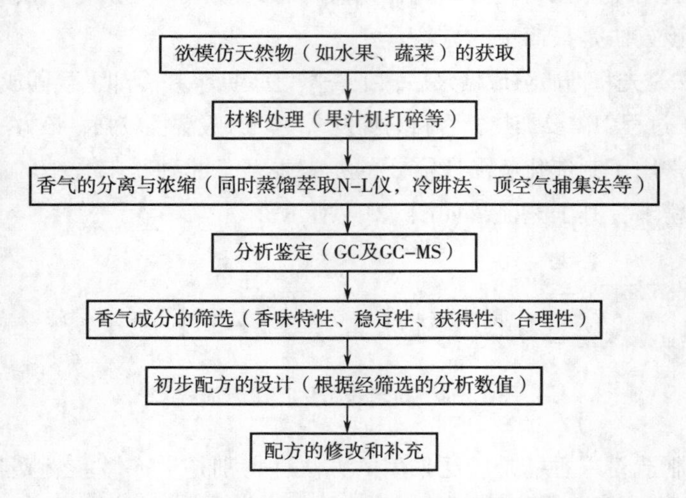

图 12-6 利用天然产物的香气组成调配香精的流程

随着分离、分析和合成等技术水平的日益提高，人们可以从多种天然花果中提取香料成分并加以分析研究，确定其化学成分和合成方法，不断开发出新的香料，调香师利用这些香料能够调配出更接近天然的香气和香味，也可以创造出人们所喜爱的新奇香型。

香精的调配是由各种香料与稀释剂按一定比例和适当的程序来调配的。调配没有固定公式，调香师的经验起着很大的作用，其调配程序大致如下。

一是根据加香产品要求，确定香精的形态、香型和档次，以便选择适当的香料和稀释剂；二是根据加香产品香型的要求，选择香精的主题香料，将天然的和合成的主体香料按一定比例混合；三是香精的主体配好以后，加入相应的协调剂，使香味在幅度和深度上得到扩展。在调香过程中，还常添加保留剂（如麦芽酚、香草醛、胡椒醛等）以减少香气损失，或通过物理性的固定（如植物油和硬脂酸丁酯等），以降低香气的蒸气压，使香料更具热稳定性；将所得香基经稀释剂（如酒精、丙二醇等水溶性溶剂或脂类、植物油、甘油和二元酸二酯等油溶性溶剂）。稀释后，再经过进一步加工处理，可制得水溶性香精、油溶性香精、乳化香精或粉末香精等。

2. 香水类香精的调制与生产工艺

香水中通常含有10%~25%的香精。混合好的香水至少要经过1~3个月的低温陈化，陈化期有一些不溶性物质沉淀出来，应过滤除去，以保证香水透明清澈。在陈化期间，香水的香气会渐渐由粗糙转变为和润芳馥，这称之为成熟或圆熟。如调配香精不当，也可能会产生不够理想的变化，这需要6个月至1年的时间，才能确定陈化的效果。

（1）香水的酒精精制　酒精对香水、古龙水、花露水等的影响很大，原则上不能带有任何余味，特别是香水，否则会对香气产生严重的破坏作用。一般香水、花露水都需要使用90%酒精精制，其精制方法是：在酒精中加入1%氢氧化钠（也用硝酸银等药品）煮沸回流数小时后，再经1次或多次分馏，收集其气味最纯正的部分来制备香水。

配制高级香水所用酒精，除了经过上述方法脱臭外，还要在酒精中预先加入少量香料，再经过较长时间的陈化。所用香精如秘鲁香脂、吐鲁香脂、安息香树脂等，加入量约为0.1%；橡苔浸膏、防风根油等，加入量约为0.05%。最高贵的香水常采用加入天然动物香料或香荚兰豆等经过陈化的酒精来配制。

（2）香水类化妆品的生产工艺　香水、古龙水、花露水的制造操作技术基本相似，主要包括产前准备、配料混合、储存陈化、冷冻过滤、成品罐装等。

①产前准备：首先检查机器设备运转是否正常，管道、阀门是否畅通。然后按当天生产数量，根据配方比例准备各种原料，按规定操作程序配料。色基应事先按规定浓度用蒸馏水配好溶解过滤，密封备用，以保证色基的稳定性。色基应放在玻璃瓶或不锈钢桶内，以防止金属离子混入而影响产品质量。

②配料混合：根据规定配方以质量为单位进行配制，先称适量酒精放入密闭容器内，同时加入香精、颜料，进行搅拌（也可用压缩空气搅拌），最后加入去离子水（或蒸馏水）混合均匀。然后开动泵把配制好的香水或花露水输送到陈化槽。

③储存陈化：为了保证香气质量，先要静置储存配制好的香水或花露水。陈化有两个作用：一是可以使香味匀和成熟，减少粗糙的气味。即刚制成香水后，香气未完全调和，香气比较粗糙，需要在低温下放置较长时间，使香气趋于和润芳馥，这段时间称为陈化期或成熟期，这需要经过6个月至1年的时间，才能确定陈化的效果。二是可以使容易沉淀的水不溶物自溶液内离析出来，以便过滤。

香精的成分很复杂，由醇类、酯类、内酯类、醛类、酸类、酮类、胺类及其他香料组成，酒精液香水大量采用酒精作为介质。它们之间在陈化过程中，可能会发生某些化学反应，如酸和醇作用生成酯，而酯也可能分解生成酸和醇；醛和醇能生成缩醛和半缩醛；胺和醛或酮能生成席夫碱化合物以及其他氧化、聚合等反应。一般的愿望是，香精在酒精溶液中经过陈化后能够使一些粗糙的气味消失而变得和润芳香。

一般认为，香水至少要陈化3个月；古龙水和花露水要陈化2周。也有人认为，香水陈化6~12个月，古龙水和花露水陈化2~3个月时，其香气质量会更好。具体陈化期的长短需要视香料种类以及实际生产情况而定。如果古龙水的香精中含萜及不溶物较少，则可缩短陈化期；如果产销周期较长，则生产过程中的陈化期可以适当短一些。有关陈化时间和效果的研究很多，据相关研究，有采用在38~40℃的较高温度下置密封容器中陈化数星期至1个月的；也有利用微波、超声波等在极短时间达到成熟效果的。但香水制造商还是多采用低温自然陈化的方法。一般陈化是在有安全装置的密闭容器中进行的，容器上的安全管用以调节因热胀冷缩而引起的容器内压力的变化。

④冷冻过滤：制造酒精液香水（及化妆水）等液体状化妆品时，过滤是十分重要的一个环节。陈化期间，溶液内所含少量不溶物质会沉淀下来，可采用过滤的方法使溶液透明清澈，为了保证产品在低温时也不至于出现浑浊，过滤前一般应经过冷冻使蜡质等析出以便滤除，冷冻可在固定的冷冻槽内进行，也可在冷冻管内进行。

过滤一般用板框式压滤机，以碳酸镁作助滤剂，其最大压力一般不得超过（1.5~2）×10^5Pa。根据滤板的多少和受压面积大小，规定适量的碳酸镁用量。先用适量的碳酸镁混合一定量的香水或花露水，均匀混合后吸入压滤机，待滤出液达到清晰度要求后进行压滤。香水压滤出来时温度不超过5℃，花露水、古龙水压滤出来时的温度不超过10℃，这样才能保证香水水质清晰度5℃的指标和花露水、古龙水水质清晰度10℃的指标。

⑤成品罐装：罐装前必须对水质清晰度和瓶子清洁度进行检查。按不同品种产品的灌水标准（指高度）进行严格控制，不得灌得过高或过低。对特种规格产品和香水按照特定的要求罐装。

（六）食用香精的生产工艺

柑橘油是重要的天然香料，是调制食品、烟草、日化产品香精不可缺少的香料。配制天然食用柑橘香精的过程为：先将10kg冷榨柑橘油溶解在65kg 95%酒精中，再加入25kg蒸馏水，充分搅拌15~20min，静置片刻。等橘子萜浮起而下层橘子香精澄清时，将二者分别取出。在取出的橘子香精中，再加入橘子香精质量10%的95%酒精，即可得食用天然柑橘香精。

由于在加香产品中绝大多数都是使用调和香料，因此需调配成水溶性香精、油溶性香精和乳化香精。相关工艺流程见图12-7~图12-9。

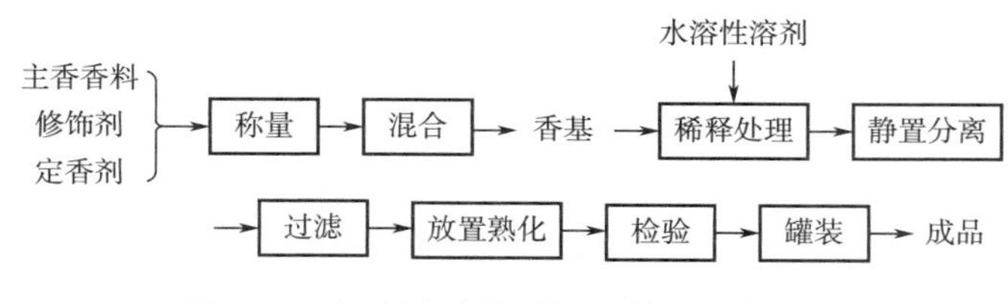

图12-7 调制水溶性柑橘香精的工艺流程

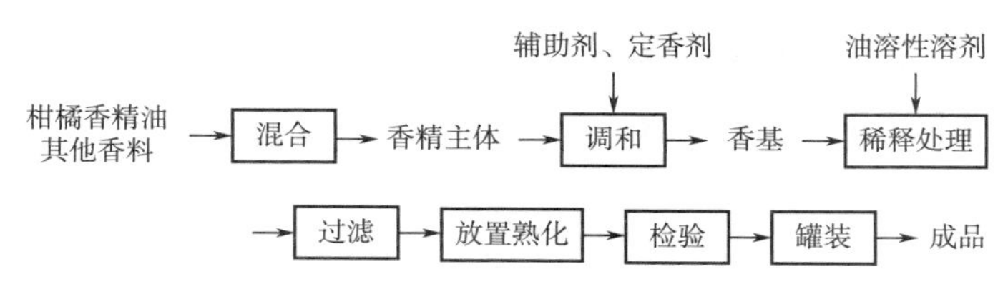

图12-8 调制油溶性柑橘香精的工艺流程

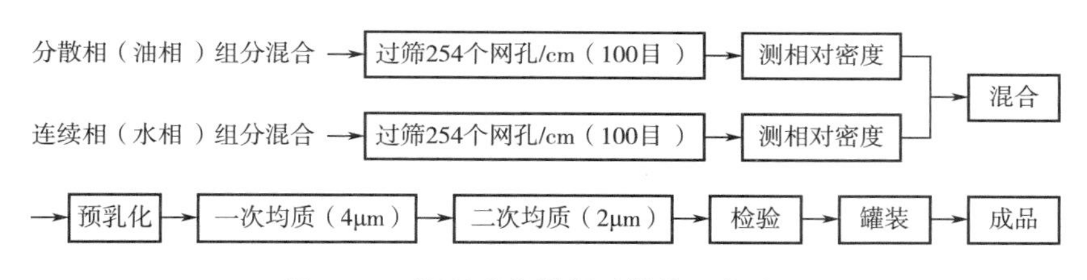

图12-9 调制乳化柑橘香精的工艺流程

（七）烟用香精的生产工艺

烟草香精是由两种以上的香料，按一定比例配制而成的。是专供烟草制品使用且能给卷烟烟气产生不同效果的添加剂。所以烟草香精与其他香精既有共性，又有特殊性。虽然烟草香精属于食品门类，却与食品是完全不同的概念。它不仅讲究色香味，更是为了满足感官的兴奋与愉悦，没有任何的营养价值和食用效果。

烟草香精的原料基本以天然为主，也用一部分合成原料以及反应类香料。常用天然原料有：烟草浸膏、茅香浸膏、菊苣浸膏、香紫苏浸膏、玫瑰油（浸膏）、芫荽籽浸膏、岩蔷薇浸膏、红茶酊、枣子酊、可可壳酊、独活酊、甘草膏、山荻油、茴香油、桂油、丁香酚、吐鲁浸膏、柠檬油、香荚兰酊、黑香豆酊、胡萝卜籽油、肉豆蔻油、当归油、春黄菊油、甜橙油、康乃馨油、薰衣草油、金合欢油、香柠檬油、黑香豆净油等。常用合成原料有：香兰素、香豆素、乙酸芳樟酯、丙位十一内酯、洋茉莉醛、丁酸戊酯、乙酸龙脑酯、覆盆子酮、2-甲基吡嗪、乙位突厥酮、乙位突厥烯酮、朗姆醚、叶醇、苯乙酸、丁酸乙酯、戊酸乙酯、甲基紫罗兰酮、二氢大马酮等。现代科学技术的发展使反应类原料运用于烟草香精，如美拉德反应的各种产出物。

烟用香精品种目前主要可分为5种类型：即烤烟型（如中华、利群、黄金叶、红塔、云烟等）、混合型（如万宝路、七星等）、薄荷型（如摩尔、沙龙等）、雪茄型（如长城、哈瓦那等）；异香型（如凤凰、金圣、人参等）。

烟草香精的调配，首先要熟悉各种烟草的香气特征，掌握烟丝的制作以及处理方法，不断调整烟丝的湿度和保润效果，常用的保湿剂有乙二醇、甘油、山梨醇、乳酸等。调整烟丝酸度，所使用的酸味剂有柠檬酸、苹果酸、酒石酸等。要调整烟丝回甜感和含糖量，所使用的甜味剂有砂糖、红糖、葡萄糖、蜜糖等。调整烟丝风味与抽吸品质，所使用的添加剂有甘草、可可、葡萄、枣子等酊剂以及蜂蜜、树脂类等。

掌握烟草香精在各类烟草中的适用性，还要熟悉其香气、风味、性能，熟练掌握香精使用的强度。要明确卷烟品牌加香的针对性，对于添加何种料香香精或表香香精，才能达到增补香气或是矫正味道，要做到心中有数。烟草香精品种非常多，用于不同时段的生产加香，可分为料香香精和表香香精。此外，混合型卷烟还要添加晒料香精。

关于烟用香精制备技术，从原理与生产工艺来讲，基本上同于食用香精的制备方法与生产工艺。

第三节　香料香精及其应用

一、香料香精在日化中的应用

香料香精在日用品化学工业中应用大体可分为化妆品类、皂用类、洁齿类、熏香辟秽类等。

（一）化妆品类

化妆品是一种保护人类皮肤健康，增进容貌美观的日用化学工业品。随着世界美容科学水平的提高，各国化妆品工业也呈现出飞速发展的趋势。消费者已经从皮肤构造及其生理现象中认识到保护和滋养皮肤的重要意义，因此化妆品的消费量与日俱增，同时消费者对化妆品质量的要求也随之提高，化妆品的生产前景十分广阔。

化妆品的花色品种繁杂，按照他们的作用大致可以分为：美容品类（如香粉、香脂、胭脂、唇膏、眉笔、指甲油等）、护肤用品类（如雪花膏、香脂、面蜜、蛤蜊油、花露水等）、毛发用品类（如发油、发蜡、发水等）、芳香用品类（如香水、香水精等）。

按照生产品种类型，化妆品又可以大致分为：膏霜类（如雪花膏、香脂、冷霜等）、油脂类（如发蜡、发油、唇膏等）、水类（如香水、花露水、古龙水等）、粉类（如香粉、爽身粉、痱子粉等)。

1. 膏霜类化妆品香精的选择

膏霜类化妆品色泽洁白，犹如雪花，具有舒适愉快的香气，香气文静，留香持久。其原香料的选择应以不变色、刺激性弱、稳定性好的香精原料为宜，如醇类和酯类香料。一般情况下，膏霜类化妆品应以轻型而新鲜的香型为佳，如铃兰、玫瑰、茉莉、白兰、三花型香精很受欢迎，用量在2%左右。

膏霜类化妆品都是乳状胶体，因此在调香时需要适当加大顶香部分的香料用量，这样做的目的在于弥补乳化所造成的香料分散所导致的香料不易挥发的问题。由于霜膏具有微弱的碱性，因此原料中吲哚、丁香酚、香兰素、橙花素、洋茉莉醛等容易遇碱变色的原料尽量不用。加之，丁香酚使用日久会使皮肤呈现红色，安息香酯类对皮肤有不愉快的灼热感，苯乙酸对皮肤有硬化以及起皱的作用，大多醛类、萜类化合物对皮肤刺激较重，因此，上述这类香料应尽量不用或少用。

2. 油脂类化妆品香精的选择

油脂类化妆品大多使用矿物油、植物油和动物油脂配制而成，因此应选择对油脂溶解度较好的香原料，否则日久会变浑浊或产生油滴而影响产品质量。

发油由于溶解度的关系，香精用量在0.5%左右；发蜡往往又使香精的香气难于透发。因此发油和发蜡产品使用的香精香势要浓重，要能掩盖油脂的气息。

嘴唇的皮肤敏感性较强，而且容易进入口腔中，因此切勿使用有毒性和有刺激性的香精。唇膏香精用量较多，一般在1%~3%。

3. 水类化妆品香精的选择

香水、花露水、古龙水等水类化妆品多使用大量的酒精作稀释剂，所以极容易暴露香精本身的缺陷，因此对水类香精的调和要求较高。例如，若是头香不足，那么香气的扩散程度就差；基体香气调配不和，整个香气就参差不齐；天然香料需要剔除所含萜类化合物，以使完全溶解，防止产品浑浊。

调制香水香精要突出花香，还要注意香气的持久性。很多高级香水都使用温暖生动的动物性香料，如麝香、龙涎香、灵猫香等。一般产品可选用洋茉莉醛、香豆素、合成麝香、树脂浸膏、木香香料等。

在以水和酒精为主要组成的化妆水和护发水制品中，在调香方面与香水大体相近，但因为这些制品大多放入透明容器中，而且加入色素，所以应该选用不会使色素发生褪色、变色的香原料，特别是对于酚类、醛类化合物更应注意。对于pH偏碱性的制品，由于酯类化合物会发生水解，所以在使用相对分子质量较小的酯类化合物时也要加以留意。为了使香水香气飘逸，顶香剂常使用八到十二醛类物质。

香水类化妆品应使用新鲜的蒸馏水、去离子水或去矿物质水，不允许有微生物存在。由于微量金属离子能促进某些香料的氧化，所以在生产中常加入0.005%~0.02%乙二胺四乙酸钠、柠檬酸钠、柠檬酸或葡萄糖酸等螯合剂，以及0.02%~0.1%二叔丁基对甲酚等抗氧化剂。

不同种类的水类化妆品香精与乙醇的用量不同，香水中香精的用量在15%~20%，乙醇浓度在90%~95%；古龙水香精的用量在2%~5%，乙醇浓度在75%~80%；花露水香精的用量在2%~5%，乙醇浓度在70%~75%，常用香精香型为薰衣草和麝香玫瑰。发水与花露水相似，溶剂乙醇浓度较低，仅60%~70%，香精用量在0.5%，常使用玫瑰香型；化妆水乙醇含量在20%~50%，香精微量。

4. 粉类化妆品香精的选择

香粉、爽身粉、痱子粉等粉类化妆品，粉粒之间有一定空间，与空气接触面积较大，香精极易挥发，因此对定香剂要求较高，用量较多。常用天然芳香浸膏、动物性香料以及高沸点挥发慢的香料，如硝基麝香、香豆素、洋茉莉醛、桂醇、丁香粉、紫罗兰酮、香根油等。

香粉香精的香韵以花香或混合花香较为理想，要求香气浓厚、天润、花香生动而持久。爽身粉、痱子粉要有滑润肌肤、抑汗防痱的功效，常含有氧化锌等成分，不宜采用酸类或易被皂化的酯类原料，产品要求有清凉感，因此薄荷、龙脑、桉叶油用量较大，香精香气则以橙花、铃兰、薰衣草香韵居多。

（二）皂类及洗涤类

在日常生活中，清洁卫生用品与人们的物质文化生活水平密切相关，并且用品种类也很多。在这些用品中使用香料必须不能损害用品功能，并且要满足下列条件：能掩盖令人不悦的原料气味；香气符合使用目的，能够使用户对制品产生好感；香气性质稳定，产品质量安全；香气透发清爽，使人产生舒适愉悦感。

从适用于这类制品的加香条件来看，能够使用的香料种类局限性较大，可使用的香料种类不多。同时，为了明确基质和香料的稳定性，必须进行疲劳试验。疲劳试验是指在温度变化和日光、紫外线照射等种种条件下检验香气的稳定性和制品颜色是否发生变化的程度。

1. 皂类香料香精的选择

皂用香料香精必须对碱性环境和日光照射下具有良好的稳定性，否则会引起变质、变色而使质量降低。例如，酸类香料会和碱发生中和反应；酯类香料在碱性环境下会发生水解反应；萜类香料会发生自身氧化；醛类、酚类、吲哚、硝基麝香等容易引起皂类香精变色。

上述类型香料均不适用于皂类香精中，为此常采用下列改性措施：用缩醛代替醛，可使稳定性增强；酚类甲基化、苄基化后再使用，可以在碱性和白光中更加稳定；用多环或巨环麝香代替硝基麝香，以减轻变色程度；用乙基香兰素替代香兰素，前者香气较浓，用量可减少，相应地降低了变色因素；白色香皂不能使用颜色较重的浸膏，应该使用净油较为适宜。

皂类香精香气要求浓厚、和谐、留香时间要长久，因此，檀香、茉莉、馥奇、百花香型、现代素心兰型香精在皂类制品中应用较多。而醇、醚、酮、内酯、缩醛类香料在碱性环境中较为稳定，也可以用到皂类香精当中。

2. 洗涤剂香料香精的选择

洗涤剂原料有脂肪臭，而且香料用量少，加香率只有0.1%~0.2%，因此必须选用香气强烈、有魅力，能掩盖脂肪臭的香气。在重垢型洗涤剂中，由于基质呈现弱碱性，所以香料在基质中的存在情况与在肥皂中类似，因此每种香原料都必须进行疲劳试验。一般来讲，化学性质稳定、香气良好的香料主要有醇类、醚类、氧化物等。粉装洗涤剂与空气接触面积较大，因此香气的散发比其他制品大，因而要求选用香料的香气散发均匀、持久性好，洗后衣服上可少量残留香气。

目前，洗涤剂香精类型已由单一花香型转化为百花型，并在香基中加入木香、麝香、琥珀等成分。洗涤剂香精应呈现清洁、明朗、愉快的香气，能让使用者感受到愉悦和美好，而且洗后衣服上留有柔和的残香。

3. 洗发剂香料香精的选择

早期对于洗发剂制品来说，主要是考虑它的功能方面，对香气的考虑居于次要地位，但是近年来形势发生了变化，香气也开始成为考虑的重点，因此选择符合要求的香型已经成为提升商品价值的关键要素。

洗发剂按功能可以分为如下4类：泛用洗发剂（透明洗发剂、洗发膏）、去头屑洗发剂、护发香波、特殊洗发剂（婴儿洗发剂、香水洗发剂、洗发粉）。透明洗发剂必须保持清澈透明的状态，如果发生混浊便会降低商品价值。因此必须选用溶解性好，颜色变化少的香料香精；洗发膏必须注意香气强度，从香气类型来看，单一花香型和百花型占绝对优势；在去屑洗发剂中，一般含有1%的吡啶硫氢锌或硫化硒作为香原料，因此它具有一种特殊气味。为了掩盖这种原料臭，要求使用稳定性很高的香料，香型以薰衣草和馥奇型为主；护发香波是指当洗发、吹风过于频繁以致造成头发损伤时用以保护头发的制品，护发剂中含有各种蛋白质、油脂和起到保持水分作用的甘油等成分，使头发湿润，有自然光泽。在护发剂的原料中，含有气味较强的成分，因此必须选择能永久掩盖这种气味的香料，如素心兰型、木香型、麝香型、甜韵东方型香料等；特殊洗发剂中的婴儿香波实际上是一种香料含量较少，对头发和皮肤无刺激性，专供婴儿使用的洗发剂，一般多采用馥奇、木香、粉香、玫瑰、麝香等香气比较柔和的香料。

在配制洗发剂香精时要注意香料的溶解性要好，不发生变色、褪色现象。

（三）洁齿类

香精对牙膏（粉）的关系尤为重要，一款牙膏能够受到消费者的喜爱，首先取决于它的香味。牙膏使用的香精应使口腔感到清爽凉快，它不但要赋予牙膏（粉）以一定类型的香气，而且要赋予一定类型的口味。调配牙膏（粉）香精应注意以下几点：一是清爽效果。牙膏（粉）香精为了使刷牙后有一种清爽感，一般在配方中添加较多的薄荷脑（30%~50%）。儿童牙膏为了减少对口腔的刺激，可以少用一些。二是掩蔽效应。要与牙膏（粉）中发泡剂和矫味剂的含量相结合，以薄荷脑为主形成一个能掩盖牙膏（粉）

各种成分所具有不好的气味和口味的基香。三是香型风格。在基香的基础上再突出各种类型的香味，如在基香上突出橘子、菠萝、草莓等香味则为果香型；突出留兰香香味的称为留兰香型，突出茴香香味的称为茴香香型。四是定香功能。为了使香精中各成分协调，并且在刷牙后能有愉悦的留味，还需要加入某些定香剂。极少量的定香剂如香花净油香兰素及其衍生物往往能收到良好效果。五是合理用量。牙膏中香精的用量一般在1%左右，用量过多不但会影响到牙膏的发泡性能，还会强烈地刺激口腔黏膜。碱性较重的牙膏会使酯类香料水解；醛类香料易于聚合；酚类香料易于变色。上述问题在调配牙膏（粉）香精时，需要更加注意。

（四）熏香辟秽类

熏香对香精的要求是：在焚烧时能散发香气，香气要舒适、醒脑。使用木香浸膏和树脂浸膏比较理想，如檀香、沉香、乳香、芸香、枫香、藿香、香根、肉桂、豆蔻、动物性香料、香豆素、洋茉莉醛、茉莉、树兰、橙花等较为常用。

空气清洁剂主要用于剧场、电影院等公共场所及家庭室内。在夏季应具有去秽、防暑的作用，使人有凉快清爽的感觉。一般多用低廉的清凉香料，如薄荷素油、桉叶油、柏木油、松针油、柑橘类精油等，来制备固体、液体、烟雾剂三种形态的空气清洁剂。

二、香料香精在食品中的应用

食品中应用香料香精的目的可分为3类。

（1）强化功能　香料使用目的在于加强食品本来具有的香气，例如，在香橙果汁中加入香橙香料，用来强化香气特征，提高嗜好性。

（2）着香功能　积极提供香气，使食品具有鲜明特征，例如，口香糖、苹果酒中使用的香料，加入后才具备独有的特征。

（3）掩蔽功能　一般食品及其原料都具有本身固有的气味，例如，发酵食品的发酵臭，煮果汁时的加热臭，以及来自原料的谷物臭、动物臭、鱼臭等种种不愉快气味。为此经常用加入香料的方法遮蔽这些气味。

按照上述加香功能，食品香料香精广泛应用于饮料、冰淇淋等冷点、糖果糕点、烤制食品、蜜饯、果酱、乳制品、肉类制品及各种方便食品中。

（一）清凉饮料

用于饮料的香料有如下4种形态。

（1）水溶性香精　把香料成分溶于乙醇溶液中，用于饮料时通常加入0.1%的用量，可起到调香作用。溶解后饮料清澈透明，因为香精中含有相当量的乙醇，所以挥发性很好，应尽量选择在制造后期加入，香气特征轻快、细腻。

（2）油溶性香精（香油）　这类香料由于使用高沸点溶剂（如甘油、丙二醇等），所以头香完整、保香性能好。

（3）乳化香精　应用于果味饮料、果汁饮料中，在调香同时可增加其真实感、天然感。

（4）饮料香基　这是美国使用的一种食品乳化香料，这种香料除了含有香气成分外，还有酸味剂。因此，综合加香效果突出，使用较为简便，只要在调香时加入水和甘味剂就可调配完毕。

（二）冰糕类（冷点）

冰糕类香料必须满足如下条件：

（1）香料香气与冰糕基质气味必须调和一致。在冰淇淋等乳类含量多的食品中，所用香料的香气要和奶油等乳类香气相协调。

（2）低温时必须能达到香气平衡，而且香气散发性要好。在低温条件下，只有大胆使用光敏性强的天然香料，才有可能产生种类丰富的香气。

（3）香料在基质中需均匀分散。

冰糕中使用的香料主要形态如下。

（1）水质香精　一般着香率在0.1%左右。

（2）乳化香料　香气比较柔和，并可产生很强的浓厚感，有牛乳、咖啡、果仁等多种类型，一般着香率在0.1%左右。

（3）粉末香料　多用于粉末甜食、软质冰淇淋的粉末基质等食品中，香气特征与乳化香料类似，食用时浓度在0.1%左右。

（4）调味香料　调味汁中使用多量巧克力、咖啡等主味成分和果汁香料，调制成香味具备的沙司状，使用时浓度可高达5%~20%，这类香料色香味俱全，发展前途广阔。

冰糕中使用的香气种类非常多，过去以香草、巧克力、草莓三种占比达70%左右，近年来由于冰糕品种不断增加，其他香料的使用也随之大幅增加。

（三）糕点与糖果类

糕点和糖果的香气由以下3部分构成：一是原料本身固有的香气；二是加工过程中生成的香气；三是外加的辅助香料物质。因而糕点、糖果的香气品质主要是由上述3个因素的调和效果决定的。

在糕点和糖果中，使用香料的目的在于提振香气，使食品更具鲜明特征，如水果糖中使用水果香料便属此类；加强或修饰主要原料中固有的或加工过程中产生的香气，如奶糖中的牛乳香料，巧克力中的香草香料等；加入香料掩蔽主要原料本身固有的或制造过程中产生的不愉快气味，以及补充制造过程中香气的损失，例如饼干中使用香草香料、黄油香料等。

糕点与糖果中使用的香料一般要选用那些受热时不会发生异臭、异味、挥发性低的香料。糖果中一般加香率大约为0.3%，口香糖在香气表现上的柔和性和持续性很重要，一般使用油性香料，入口前香气要有诱人魅力，入口后在咀嚼过程中刺激性要相当强烈，一般加香率为0.5%~1%，应选用香气强度高、扩散性能好的香料。

(四) 乳制品类

乳制品中应用的香料以不能损害乳类固有的香气，与乳类香气和谐一致为首要条件。从乳制品的性质来看，要求加入的香料为天然香料，如香草、咖啡、柑橘类、水果香类香料。

其他如肉类、水产加工、汤类等食品中也应用各种产香类香料，如肉味香料等。

三、香料香精在烟草中的应用

烟叶本身虽具有独特的香味，但是即使完全选用优质的烟叶制造卷烟，在燃烧时也必然会产生具有刺激臭、异臭等不愉快气味，这是植物燃烧不可避免的现象。因此需要通过调香来矫正不良气味，加强和补充烟叶自身原有的香味。调香一般分为叶片加料处理和烟丝加香处理两个阶段。

(1) 叶片加料处理　这种处理可以使用甘草、可可、洋李、葡萄干、无花果等提取物、槭糖和蜂蜜等糖浆类以及辛香类和树脂等，并且使用柠檬酸、酒石酸、苹果酸等调整烟叶 pH，来达到降低刺激性，改善余味的目的。把上述材料混合在一起制成烟叶处理料液，一般香料烟叶片几乎无须处理，烤烟叶片只作轻微加料处理，白肋烟需使用以果实浸提物和可可为主的重加料处理（又称里料），待烟叶叶片处理完毕后，按照各种烟草制品的设计要求，进行切丝掺配、烘丝加香后制成成品烟丝。

(2) 烟丝加香处理　经烟丝加香处理后用卷烟纸卷成卷烟成品，俗称香烟。烟叶叶片加料处理一般因烟叶产地、品种、等级而异，但是烟丝加香处理是根据卷烟品牌进行最终加工，使不同品牌的卷烟分别具有不同风格的香气特征。

对于卷烟来说，选择香料最重要的标准是所用香料必须和原料烟丝香气质量相协调，应有增强卷烟香气或抑制刺激和杂气的效果。此外，卷烟在保存期内的质量稳定性也必须是要慎重考虑的问题。

四、香料香精在其他工业中的应用

(一) 饲料香料

饲料中使用的香料称作饲料香料。在饲料中使用香料的目的在于，利用动物喜爱的香味引起动物食欲，增加饲料摄取量。

饲料香料是由各种天然香料和合成香料等成分组成的。饲料香料的形态随使用目的的改变而改变，大致可以分为油溶性液体香料和粉末香料两大类。油溶性液体香料用喷雾法喷洒在颗粒饲料中，香气就可以很好地散发出来，用于加强饲料的芳香感。但要设法防止饲料贮存过程中香气的挥发与散失。粉末香料又分吸附型和喷雾干燥型两种类型。吸附型香料主要用于粥状饲料中，喷雾干燥型粉末香料因有胶层包囊，所以易保存、挥发小，可用于伴有加热过程的颗粒饲料中。

鸡饲料香料中大蒜具有较高使用价值，大蒜可增进鸡的食欲，杀死肠内致病菌，防止下痢，从而提升产蛋率。猪仔饲料香料中添加带有甜味的牛乳味香料，可以使猪仔联想起母乳的香气，使猪仔的消化酶作用活跃，促进消化。牛仔的人工乳中所用香料仍以牛乳味香料为主，还可以使用茴香油、乳酸酯、香兰素、柠檬酸、丁二酮、砂糖等。猫狗饲料香料中有牛肉味香料、干酪味香料、鸡肉味香料、鱼味香料等。

（二）引诱剂和忌避剂

1. 引诱剂

引诱剂是作用于昆虫和动物嗅觉器官，对昆虫和动物等有引诱气味的物质。现在这类物质中最引起人们重视的是昆虫信息素。信息素是昆虫体内产生的，排出体外后引起同种其他个体发生特异行为的物质，例如，同种异性间互相吸引的性信息素，召集同种昆虫或动物的集合信息素，效力可与危险信号相比的警报信息素等。

在天然的植物精油和植物成分中，存在各种对昆虫产生引诱性的物质，如 α-蒎烯、3-蒈烯、苧烯、莰烯等对于木蠹科昆虫有一次引诱性。香料中经常使用的叶醇（顺-3-己烯醇）是白蚁集合信息素。6-（*E*）-壬烯酸甲酯、6-（*E*）-壬烯醇是地中海果蝇的性信息素。丁香油中的主要成分甲基丁香酚和4-（*P*-乙酰氧基苯）-2-丁酮分别是东洋果蝇和瓜蝇最强的引诱剂。

2. 忌避剂

和引诱剂起相反作用的物质称作忌避剂，有很多香料物质能对某些动物、昆虫有忌避作用。

重点与难点

（1）根据功能不同对香精进行分类；
（2）各种香精的调配方法及适用场景；
（3）香精在各个领域中的应用。

思考题

1. 香精中的主香剂、辅助剂、定香剂和顶香剂在调香过程中的作用与功效有哪些？请举例说明。

2. 在日化、食品、烟草中使用的香精有哪些不同之处？请比较它们的异同点。

3. 简述不同用途香精的原料来源、制备过程存在的差异性。

4. 在日用品香精制备过程中如何避免有害成分的产生和伤害？

5. 简述香料香精在烟草中应用效果。

参考文献

[1] Aloum L, Alefishat E, Adem A, et al. Ionone is more than a violet' s fragrance: A review [J]. Molecules, 2020, 25 (24): 5822.

[2] Bal B S, Childers Jr W E, Pinnick H W. Oxidation of α, β-un saturated aldehydes [J]. Tetrahedron, 1981, 37 (11): 2091-2096.

[3] Burger P, Plainfossé H, Brochet X, et al. Extraction ofnatural fragrance ingredients: History overview and future trends [J]. Chemistry & Biodiversity, 2019, 16 (10): e1900424.

[4] Cai D, Hughes D L, Verhoeven T R. A study of the lithiation of 2, 6-dibromopyridine with butyllithium, and its application to synthesis of L-739, 010 [J]. Tetrahedron Letters, 1996, 37 (15): 2537-2540.

[5] Carnduff J. Recent advances in aldehyde synthesis [J]. Quarterly Reviews, Chemical Society, 1966, 20 (2): 169-189.

[6] Cook N C, Lyons J E. Dihydropyridines from silylation of pyridines [J]. Journal of the American Chemical Society, 1966, 88 (14): 3396-3403.

[7] Corey E J, Helal C J. Reduction of carbonyl compounds with chiral oxazaborolidine catalysts: A new paradigm for enantioselective catalysis and a powerful new synthetic method [J]. Angewandte Chemie International Edition, 1998, 37 (15): 1986-2012.

[8] Corey E J, Zheng G Z. 2, 6-Bis (triisopropylsilyl) pyridine, an extreme example of the effect of strong steric screening on basicity [J]. Tetrahedron letters, 1998, 39 (34): 6151-6154.

[9] De Carvalho C C C R, Da Fonseca M M R. Carvone: Why and how should one bother to produce this terpene [J]. Food Chemistry, 2006, 95 (3): 413-422.

[10] Feron V J, Til H P, De Vrijer F, et al. Aldehydes: Occurrence, carcinogenic potential, mechanism of action and risk assessment [J]. Mutation Research/Genetic Toxicology, 1991, 259 (3-4): 363-385.

[11] Guerry P, Neier R. Reduktion von 4-Pyridionen [J]. Synthesis, 1984, 6: 485-488.

[12] Gutierrez A, Caramelo L, Prieto A, et al. Anisaldehyde production and aryl-alcohol oxidase and dehydrogenase activities in ligninolytic fungi of the genus *Pleurotus* [J]. Applied and Environmental Microbiology, 1994, 60 (6): 1783-1788.

[13] Hao Y, Yang T, Shi C, et al. An Effective sentiment analysis model for tobacco

consumption [C] //Proceedings of the 2022 11th International Conference on Computing and Pattern Recognition. 2022: 496-502.

[14] Kamochi Y, Kudo T. The novel reduction of pyridine derivatives with samarium diiodide [J]. Heterocycles, 1993, 36 (10): 2383.

[15] Klaschka U. Risk management by labelling 26 fragrances?: Evaluation of Article 10 (1) of the Seventh Amendment (Guideline 2003/15/EC) of the Cosmetic Directive [J]. International Journal of Hygiene and Environmental Health, 2010, 213 (4): 308-320.

[16] Kraft P. Design and synthesis of violet odorants with bicyclo [6. 4. 0] dodecene and bicyclo [5. 4. 0] undecene skeletons [J]. Synthesis, 1999, 1999 (4): 695-703.

[17] Morcia C, Tumino G, Ghizzoni R, et al. Carvone (*Mentha spicata* L.) oils [M]//Essential oils in food preservation, flavor and safety. Academic Press, 2016: 309-316.

[18] Nishioka K, Niidome Y, Yamada S. Photochemical reactions of ketones to synthesize gold nanorods [J]. Langmuir, 2007, 23 (20): 10353-10356.

[19] Peterson M A, Mitchell J R. Efficient preparation of 2-bromo-6-lithiopyridine via lithium bromine exchange in dichloromethane [J]. The Journal of Organic Chemistry, 1997, 62 (23): 8237-8239.

[20] Shu P, Johnson M J. Citric acid [J]. Industrial & Engineering Chemistry, 1948, 40 (7): 1202-1205.

[21] Soccol C R, Vandenberghe L P S, Rodrigues C, et al. New perspectives for citric acid production and application [J]. Food Technology and Biotechnology, 2006, 44 (2): 141-149.

[22] Xuefeng J. Sulfur chemistry [M]. Berlin: Springer, 2018.

[23] Ye T, McKervey M A. Organic synthesis with alpha-diazo carbonylcompounds [J]. Chemical Reviews, 1994, 94 (4): 1091-1160.

[24] Zhichkin P E, Peterson L H, Beer C M, et al. The use of formamidine protection for the derivatization of aminobenzoic acids [J]. The Journal of Organic Chemistry, 2008, 73 (22): 8954-8959.

[25] 陈娟, 尹学琼. 香料香精的安全性及防范措施与评价标准 [J]. 日用化学工业, 2019, 44 (2): 100-104.

[26] 高海有, 刘秀明, 高莉, 等. 烟用香精香料研究现状与发展趋势 [J]. 香料香精化妆品, 2019, 4 (2): 70-73.

[27] 高学敏. 中药学 [M]. 北京: 中国中医药出版社, 2004.

[28] 龚千锋. 中药炮制学 [M]. 北京: 中国中医药出版社, 2004.

[29] 黄致喜, 王慧辰. 萜类香料化学 [M]. 北京: 中国轻工业出版社, 1999.

[30] 霍斯特·舒伯格. 常见的日用和食用香料——制备、性质、用途 [M]. 蒋举兴, 译. 北京: 科学出版社, 2019.

[31] 金琦．香料生产工艺学 [M]．哈尔滨：东北林业大学出版社，1996.
[32] 金琦．香料生产工艺学 [M]．哈尔滨：东北林业大学出版社，1996.
[33] 孔令义，冯卫生．中药化学 [M]．北京：人民卫生出版社，2021.
[34] 李明．香料香精应用基础 [M]．北京：中国纺织出版社，2010.
[35] 李兴海．基础杂环化学 [M]．北京：中国纺织出版社，2018.
[36] 林翔云．调香术 [M]．北京：化学工业出版社，2001.
[37] 林翔云．香味世界 [M]．北京：化学工业出版社，2021.
[38] 刘树文．合成香料技术手册 [M]．北京：中国轻工业出版社，2009.
[39] 刘树文．合成香料技术手册 [M]．北京：中国轻工业出版社，2009.
[40] 毛多斌．卷烟配方和香精香料 [M]．北京：化学工业出版社，2001.
[41] 毛海舫，李琼．天然香料加工工艺学 [M]．北京：中国轻工业出版社，2006.
[42] 孙宝国，何坚．香料化学与工艺学 [M]．北京：化学工业出版社，2004.
[43] 孙宝国．含硫香料化学 [M]．北京：科学出版社，2007.
[44] 孙宝国．食用调香术 [M]．北京：化学工业出版社，2003.
[45] 孙宝国．香料与香精 [M]．北京：中国石化出版社，2000.
[46] 汪秋安．香料香精生产技术及其应用 [M]．北京：中国纺织出版社，2008.
[47] 王德强，孙超，王凯，等．微反应器一步法连续合成苯甲醚 [J]．化工进展，2022，41（12）：6255-6260.
[48] 王玉炉．有机合成化学 [M]．4 版．北京：科学出版社，2019.
[49] 魏文德．有机化工原料大全 [M]．北京：化学工业出版社，1999.
[50] 吴毓林，何子乐．天然产物全合成荟萃——萜类 [M]．北京：科学出版社，2010.
[51] 肖作兵，牛云蔚．香精制备技术 [M]．北京：中国轻工业出版社，2019.
[52] 邢其毅，裴伟伟，徐瑞秋，等．基础有机化学 [M]．3 版．北京：高等教育出版社，2005.
[53] 徐静．天然产物化学 [M]．北京：化学工业出版社，2021.
[54] 许建营．烟草工艺与调香技术 [M]．北京：中国纺织出版社，2007.
[55] 易封萍，毛海舫．合成香料工艺学 [M]．2 版．北京：中国轻工业出版社，2016.
[56] 由业诚，高大彬．杂环化学 [M]．北京：科学出版社，2004.
[57] 章雪锋，陈群，洪祖灿，等．烟用香精调配工艺方案 [J]．轻工科技，2019（3）：33-34.
[58] 赵临襄．化学制药工艺学 [M]．北京：中国医药科技出版社，2015.
[59] 周耀华，肖作兵．食用香精制备技术 [M]．北京：中国纺织出版社，2007.
[60] 朱亮锋，陆碧瑶，李宝灵，等．芳香植物及其化学成分 [M]．增订版．海口：海南出版社，1993.